C#面向对象程序设计教程

微课视频版

夏 磊 仲宝才 张 翀 ◎ 编著

计算机

科学与技术丛书·新形态教材

清华大学出版社

北京

内 容 简 介

本书分为 7 篇，共 17 章，分别为入门篇、编程基础篇、面向对象基础篇、面向对象进阶篇、数据操作篇、表现层技术篇和综合案例篇。

本书注重可读性和可用性，逻辑结构缜密，知识点前后关系合理，内容实用新颖。全书涉及 89 个实例、16 个案例，通过大量示例引领读者体验实际项目。本书将趣味性和实用性相结合，非常适合作为零基础读者的学习参考书和相关专业学生的教材，也可以作为相关培训机构师生和软件开发人员的参考用书。

图书在版编目（CIP）数据

C#面向对象程序设计教程：微课视频版 / 夏磊，仲宝才，张翀编著. —北京：清华大学出版社，2023.1
（计算机科学与技术丛书）

新形态教材

ISBN 978-7-302-61986-4

Ⅰ. ①C… Ⅱ. ①夏… ②仲… ③张… Ⅲ. ①C语言－程序设计－教材 Ⅳ. ①TP312.8

中国版本图书馆CIP数据核字（2022）第179936号

责任编辑：曾　珊　李　晔
封面设计：李召霞
责任校对：申晓焕
责任印制：朱雨萌

出版发行：清华大学出版社
　　　　网　　　址：http://www.tup.com.cn, http://www.wqbook.com
　　　　地　　　址：北京清华大学学研大厦 A 座　　　　　　邮　　编：100084
　　　　社 总 机：010-83470000　　　　　　　　　　　　邮　　购：010-62786544
　　　　投稿与读者服务：010-62776969, c-service@tup.tsinghua.edu.cn
　　　　质量反馈：010-62772015, zhiliang@tup.tsinghua.edu.cn
　　　　课件下载：http://www.tup.com.cn,010-83470236
印 装 者：三河市龙大印装有限公司
经　　销：全国新华书店
开　　本：185mm×260mm　　　　印　　张：25.75　　　　字　　数：625 千字
版　　次：2023 年 1 月第 1 版　　　　　　　　　　　　印　　次：2023 年 1 月第 1 次印刷
印　　数：1～1500
定　　价：79.00 元

产品编号：097170-01

前 言
PREFACE

本书力争成为易懂、专业、新颖、实用的 C#语言教材和参考手册，适用于程序设计初学者和想更深入了解 C#语言的读者。行文以把问题讲清楚、讲明白、讲透彻且不累赘为目标，把 C#语言程序设计领域最新、最有价值的思想和方法融入其中。

全书分为 7 篇，共 17 章。其中第 1、2 章属于入门篇，详细介绍了 C#语言及其开发环境、C#程序结构等概述性内容；第 3~6 章为编程基础篇，详细介绍了编程所需要的变量、常量、运算符、流程控制和数组等内容；第 7~9 章为面向对象基础篇，详细介绍了面向对象的思想所衍生出的类、对象、封装、继承、多态及异常处理等内容；第 10~12 章为面向对象进阶篇，详细介绍了一些面向对象的高级技术，如泛型、集合以及目前较新的 C#前沿技术内容；第 13~15 章为数据操作篇，详细介绍了使用 C#语言进行数据操作与数据访问、文件与流等相关理论和技术；第 16 章为表现层技术篇，详细介绍了 WPF 技术的使用方法；第 17 章为综合案例篇，详细介绍了使用 C#语言开发完整的 WPF 项目的全过程。

本书配有教学课件、89 个实例的代码、16 个案例的代码、上机指导参考等相关资源。上述资源都可在清华大学出版社官方网站的本书页面免费下载。

本书由成都东软学院的夏磊、仲宝才、张翀老师共同编著。其中，第 1~3 章由仲宝才老师编著，第 4~6 章由张翀老师编著，其余章节由夏磊老师编著。全书由夏磊老师统稿、修改和定稿。在编写过程中，得到了史可凡、张铭飞、杨子恒、谢雨恒等同学的支持与帮助，在此表示感谢。

限于编者水平和认识，书中难免有疏漏之处，恳请读者批评指正。

编 者

2022 年 6 月

学习建议
LEARNING SUGGESTIONS

　　本书作为教材使用时，前面加星号的章节为有一定深度和开放性的选学内容。如果授课学时为 64 学时，则课堂教学建议安排 48 学时左右，上机指导教学建议安排 16 学时左右，带星号的部分可留给学生自学；如果授课学时为 96 学时，则课堂教学建议安排 64 学时左右，上机指导教学建议安排 32 学时左右，对带星号的部分可以有选择地讲授。各章主要内容和学时建议见表 1，教师可以根据实际教学情况进行调整。

表 1

序号	主要内容	64 学时		96 学时	
		课堂教学	上机指导	课堂教学	上机指导
第 1 章	.NET 基础介绍、C#语言特点介绍	1	0	2	0
第 2 章	C#程序结构说明、语句和注释、关键字与标识符	1	0	2	1
第 3 章	变量、常量的声明与使用、数据类型、运算符介绍	2	1	4	1
第 4 章	顺序结构、选择结构、循环结构介绍	4	1	4	2
第 5 章	数组及使用、字符串及相关应用	3	1	4	2
第 6 章	函数的声明与使用	3	1	2	2
第 7 章	面向对象思想概述、类及对象的声明与使用	4	1	5	2
第 8 章	继承、多态、委托和事件的声明与使用	4	1	5	4
第 9 章	异常处理	1	0	2	2
第 10 章	泛型概述、可空类型及可空运算符、*各种泛型成员介绍	2	0	3	2
第 11 章	集合概述、泛型集合、*迭代器与比较	4	1	4	2
*第 12 章	*类型推理、*扩展方法、*记录类型	0	0	4	0
第 13 章	LINQ 技术概述、查询语句、查询方法	2	1	3	2
第 14 章	文件、流和*序列化技术介绍	4	1	2	2
第 15 章	ADO.NET 数据访问技术介绍	2	1	2	2
第 16 章	桌面编程 WPF 技术介绍	4	2	4	2
第 17 章	综合案例——超市收银系统	4	0	4	4
其他	分组汇报	4		4	
	总复习、综合练习	1		2	
	机动	2		2	

目 录
CONTENTS

入 门 篇

面向对象基础篇

数据操作篇

表现层技术篇

综合案例篇

微课视频清单

编号	视频名称	时长/min	位置
视频 1	C#语言介绍及 VS 安装、卸载和项目创建范例	9	1.5 节节首
视频 2	编写第一个 C#程序	7	2.1 节节首
视频 3	数据类型	15	3.3 节节首
视频 4	运算符	11	3.7 节节首
视频 5	整钱兑零案例	4	3.9 节节首
视频 6	选择结构	10	4.3 节节首
视频 7	彩票案例	6	4.3.4 节节首
视频 8	循环结构	9	4.4 节节首
视频 9	减法表达式自动生成器案例	4	4.4.6 节节首
视频 10	跳转语句	4	4.5 节节首
视频 11	显示素数案例	5	4.6 节节首
视频 12	一维数组	2	5.2 节节首
视频 13	生成一副扑克牌案例	4	5.2.3 节节首
视频 14	二维数组	4	5.3 节节首
视频 15	数独游戏判定案例	10	5.3.4 节节首
视频 16	Array 类及数组遍历	2	5.5 节节首
视频 17	字符串	11	5.6 节节首
视频 18	StringBuilder 类	3	5.7 节节首
视频 19	参数	20	6.4 节节首
视频 20	函数重载和递归	4	6.5 节节首
视频 21	常用函数	3	6.6 节节首
视频 22	生成随机验证码案例	7	6.7 节节首
视频 23	定义类成员	8	7.4 节节首
视频 24	对象的创建与销毁	7	7.5 节节首
视频 25	以面向对象的思想生成扑克牌案例	12	7.7 节节首
视频 26	继承	7	8.1 节节首
视频 27	多态	17	8.3 节节首
视频 28	模拟银行存取系统案例	8	8.3.4 节节首
视频 29	委托	14	8.4 节节首
视频 30	事件	3	8.5 节节首
视频 31	异常处理的流程	4	9.3 节节首
视频 32	自定义异常类	3	9.5 节节首
视频 33	泛型类	3	10.3 节节首

续表

编号	视频名称	时长/min	位置
视频 34	泛型方法	3	10.4 节节首
视频 35	泛型接口	3	10.5 节节首
视频 36	泛型委托	3	10.6 节节首
视频 37	泛型矩阵案例	14	10.9 节节首
视频 38	常见的集合类型	15	11.2 节节首
视频 39	单词出现次数统计案例	5	11.2.7 节节首
视频 40	比较	13	11.4 节节首
视频 41	类型转换	5	11.5 节节首
视频 42	商品信息分页展示案例	17	13.5 节节首
视频 43	DriverInfo 类	4	14.3 节节首
视频 44	文件和目录相关类	6	14.4 节节首
视频 45	流及流的操作	21	14.5 节节首
视频 46	网络爬虫案例	12	14.7 节节首
视频 47	商品销售统计案例	15	15.9 节节首
视频 48	数据绑定	23	16.4 节节首
视频 49	命令	7	16.5 节节首
视频 50	天气预报案例	10	16.6 节节首

入 门 篇

　　本篇为入门篇，是本书的基础，旨在使读者对将要学习的编程语言、编程语言的开发平台、编程语言的运行环境有所了解。通过本篇的学习，读者可以了解到.NET 的基础知识、C#语言的基本特性、使用 C#语言进行开发的编程平台 Visual Studio2022 的安装与卸载、使用 Visual Studio2022 进行简单编程的方法等。本篇作为全书的第一篇，其起到了对全书的铺垫作用，有助于帮助读者学习后续章节的内容。

第 1 章
CHAPTER 1

.NET 基础

本章要点:

- .NET、.NET Framework、.NET Core 简介;
- C#的发展历史及特点;
- Visual Studio 2022 的安装;
- 了解 C#可开发的应用程序类型。

1.1　.NET

.NET 是微软的操作平台,它允许人们在其上构建各种应用程序,使人们尽可能通过简单的方式,多样化地、最大限度地从网站获取信息,完成网站之间的协同工作,并打破计算机、设备、网站、各大机构和工业界间的障碍,即所谓的"数字孤岛",从而发挥 Internet 的全部潜能,搭建起第三代互联网平台。.NET 的使命是要改变开发模式,并使应用程序的性能和使用方式发生一次飞跃。.NET 的整体架构如图 1.1 所示。

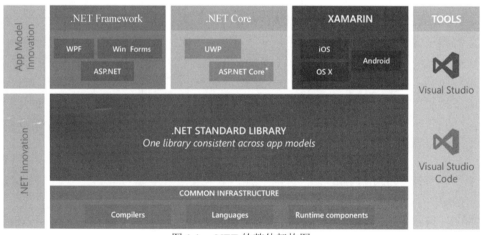

图 1.1　.NET 的整体架构图

1.2　.NET Framework

.NET Framework 是微软公司开发的一个致力于敏捷软件开发（agile software development）、快速应用开发（rapid application development）、平台无关性和网络透明化的

软件开发平台。.NET Framework 是一个多语言组件开发和执行环境，它提供了一个跨语言
的统一编程环境。.NET Framework 旨在使开发人员更容易地建立 Web 应用程序和 Web 服
务，使得 Internet 上的各应用程序之间可以通过 Web 服务进行沟通。从层次结构来看，.NET
框架包括 3 个主要组成部分：公共语言运行库（Common Language Runtime，CLR）、服务
框架（Services Framework，SF）和上层的两类应用模板——传统的 Windows 应用程序模
板（Win Forms）和基于 ASP.NET 的面向 Web 的网络应用程序模板（Web Forms 和 Web
Services），如图 1.2 所示。

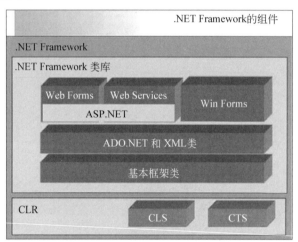

图 1.2   .NET Framework 组件图

公共语言运行库（CLR）是一个运行时环境，其可用于管理代码的执行并使开发过程
变得更加简单。CLR 是一种受控的执行环境，其功能通过编译器与其他工具共同展现。

在 CLR 之上的是服务框架，它提供了一套开发人员希望在标准语言库中存在的基类库，
包括集合、输入/输出、字符串及数据类等。

.NET Framework 主要包含一个庞大的代码库，可以在客户端或服务器端语言中通过面
向对象编程技术来使用这些代码。这个库分为多个不同的模块，这样就可以根据希望得到
的结果来选择使用其中的各个部分。例如，一个模块包含 Windows 应用程序的模块，另一
个模块包含网络编程的代码块，还有一个模块包含 Web 开发的代码块。一些模块还分为更
具体的子模块，例如，在 Web 开发模块中有用于创建 Web 服务的子模块。其目的是对于不
同的操作系统可以根据各自的特征，支持其中的部分或全部模块。比如智能手机支持所有
的基本.NET 功能，但不需要某些更高级的模块。

1.3   .NET Core

.NET Core 是一个开源通用的开发框架，支持跨平台开发即支持在 Windows、macOS、
Linux 等系统上的开发和部署，并且可以在硬件设备、云服务和嵌入式/物联网方案中使用。
它和传统的.NET Framework，属于"子集-超集"的关系，或者也可以简单地认为它就是.NET
Framework 的跨平台版本。

由于.NET Core 的开发目标是跨平台，因此 .NET Core 会包含.NET Framework 的类库，
但与.NET Framework 不同的是，.NET Core 采用包（Package）化的管理方式，应用程序只

需要获取需要的组件即可。与.NET Framework 打包式安装的做法截然不同,同时各包亦有独立的版本线,不再硬性要求应用程序跟随主线版本。

.NET Core 是由许多项目组成的,除了基本的类库(Core FX)之外,也包含采用 RyuJIT 编译的运行平台 Core CLR、编译器平台.NET Compiler Platform、采用 AOT 编译技术运行最优化的包 Core RT(.NET Core Runtime),以及跨平台的中间语言编译器 LLILC (LLVM-based MSIL Compiler)等项目。其架构如图 1.3 所示。

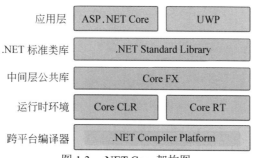

图 1.3 .NET Core 架构图

1.4 使用.NET Framework 或.NET Core 编写应用程序

使用.NET Framework 或.NET Core 来编写应用程序,就是使用.NET 代码库编写代码。本书采用的 Visual Studio 2022 是一种强大的集成开发环境。这个环境的优点是便于将.NET 功能集成到代码中,我们创建的代码完全是 C#代码,但使用了.NET Framework,并在需要时利用 Visual Studio 中的其他工具。为执行 C#代码,必须将它们转换为目标操作系统能理解的语言,即本机代码(native code)。这种转换称为编译(compiling),由编译器执行。但在.NET Framework 和.NET Core 下,此过程包含两个阶段:先将代码编译为通用中间语言(Common Intermediate Language, CIL)代码,再将 CIL 代码编译为专用于操作系统和目标机器架构的本机代码。

1.4.1 CIL 和 JIT

编译是把计算机语言变成计算机可以识别的二进制语言。由于计算机只识别 0 和 1,所以编译程序就是将使用计算机语言编写的程序编译成计算机可以识别的二进制程序的过程。

在编译使用.NET Framework 或.NET Core 代码时,不是立即创建专用于操作系统的本机代码,而是把代码编译为通用中间语言代码,这些代码并非专门用于任何一种操作系统,也非专门用于 C#。.NET 语言也会在第一阶段编译为这种语言。在开发 C#应用程序时,这个编译步骤由 Visual Studio 2022 完成。

想要执行应用程序,必须完成更多工作。操作系统要能执行应用程序,需要将程序代码转变为操作系统可以识别和运行的本地代码,这一过程是 JIT(Just-In-Time)编译器的任务。它把 CIL 代码编译为专用于操作系统和目标机器架构的本机代码。JIT 反映了 CIL 代码仅在需要时才编译的事实。这种编译可以在应用程序的运行过程中动态发生,不过开发人员一般不需要关心这个过程。

1.4.2　程序集

除包含 CIL 外，程序集还包含元信息（程序集中包含的数据信息也称为元信息）和一些可选的资源。元信息允许程序集是完全自描述的，不需要其他信息就可以使用程序集。也就是说，我们不会遇到把不需要的数据添加到系统注册表中这样的问题，而在使用其他平台进行开发时这个问题常常出现。因此部署应用程序就非常简单了，只需要将程序文件复制到远程计算机的目录下即可，因为不需要目标系统上的其他信息，所以对于针对.NET Framework 的应用程序，只需要从该目录中运行可执行文件即可。而针对.NET Core 的应用程序，运行该程序需要的所有模块都包含在部署包中，不需要进行其他配置。

总结上述所讨论的创建.NET 应用程序所需的步骤为：

（1）使用某种.NET 兼容语言编写应用程序代码。

（2）将代码编译为 CIL，存储在程序集中。

（3）在执行代码时，首先必须使用 JIT 编译器将代码编译为本机代码。

（4）在托管的 CLR/CoreCLR 环境下运行本机代码，以及其他应用程序或进程。

1.5　C#语言介绍

微课视频 1-1

C#（读作 C Sharp）是一种最新的、面向对象的编程语言。它是微软公司于 2000 年 6 月发布的一种编程语言，主要由 Anders Hejlsberg 主持开发。它是微软公司为配合.NET 战略推出的一种全新的编程语言。它使得程序员可以快速编写各种基于 Microsoft .NET 平台的应用程序。

C#是一种安全的、稳定的、简单的、优雅的，由 C 和 C++衍生出来的面向对象的编程语言。它在继承 C 和 C++强大功能的同时去掉了一些它们的复杂特性。C#综合了可视化操作和 C++的高运行效率，以其强大的操作能力、优雅的语法风格、创新的语言特性和便捷的面向组件编程的支持成为.NET 开发的首选语言。并且 C#成为 ECMA 与 ISO 标准规范。C#看似基于 C++写成，但融入了其他语言，如 Pascal、Java、VB 等。

Microsoft .NET 提供了一系列的工具和服务来最大限度地开发、利用计算与通信领域的资源。由于 C#面向对象的卓越设计，使它成为构建各类组件的理想选择——无论是高级的商业对象还是系统级的应用程序。使用简单的 C#语言结构，这些组件可以方便地转化为 XML 网络服务，从而使它们可以由任何语言在任何操作系统上通过 Internet 进行调用。最重要的是，C#使得 C++程序员可以高效地开发程序，而绝不损失 C/C++原有的强大功能。因为这种继承关系，C#与 C/C++具有极大的相似性，熟悉类似语言的开发者可以很快地掌握 C#。

1.5.1　C#语言的发展历史

由于 C#语言本身是为了配合.NET 战略推出的，因此其发展变化一直与.NET 的发展相辅相成，其具体版本的发展历程如图 1.4 所示。

1.5.2　C#语言的特点

C#语言具有如下主要特点。

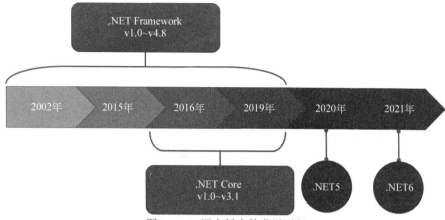

图1.4 C#语言版本的发展历程

- 简洁的语法：语法简单，不允许直接操作内存，去掉了指针操作。
- 精心的面向对象设计：彻底地遵循面向对象思想，C#具有面向对象语言所应有的一切特性。
- 与 Web 的紧密结合：C#支持大多数的 Web 标准。
- 完整的安全性与错误处理能力：强大的安全性机制，可以消除软件开发中常见的错误；.NET 提供的垃圾回收机制还能够帮助开发者有效地管理内存资源。
- 完善的异常处理机制：C#提供了完善的错误和异常处理机制，使程序在交付应用时能够更加健壮。
- 灵活性与语言兼容性好：因为 C#遵循.NET 的公共语言规范，从而保证能够与其他语言开发的组件兼容。

1.5.3 C#语言的应用领域

C#使用的是.NET Framework 或.NET Core，所以没有限制应用程序的类型。C#可以编写的常见应用程序类型有如下几类：

- 桌面应用程序。这类应用程序具有我们熟悉的 Windows 外观和操作方式，使用.NET Framework 的 Windows Presentation Foundation（WPF）模块就可以简便地生成这种应用程序。WPF 模块是一个控件库，其中的控件可用于建立 Windows 用户界面。
- Windows Store 应用程序。这是 Windows 8 中引入的一类新的应用程序，此类应用程序主要针对触摸设备，通常全屏运行，侧重点在于简洁清晰。创建这类应用程序的方式有多种，包括使用 WPF。
- 云/Web 应用程序。.NET Framework 和.NET Core 包括一个动态生成 Web 内容的强大系统——ASP.NET。它们允许对 Web 内容进行个性化和实现安全性定制等，另外，这些应用程序可以在云中驻留和访问，例如 Microsoft Azure。
- Web API。这是建立 REST 风格的 HTTP 服务的理想框架，支持许多客户端，包括移动设备和浏览器。
- WCF 服务。这是一种灵活创建各种分布式应用程序的方法。使用 WCF 服务可以通过局域网或 Internet 交换各种数据。无论使用什么语言创建 WCF 服务，无论 WCF 服务驻留在什么系统上，都使用一样简单的语法。

　　扩展资源：对于 Visual Studio 2022 的安装、卸载以及使用 Visual Studio 2022 来创建项目的过程等相关扩展资源，读者可扫描 1.5 节节首的二维码观看微课视频进行学习。

1.6　小结

　　本章首先对.NET 和 C#语言的几个基本概念进行了简单介绍，然后对 C#语言的发展历史、C#与.NET Framework 的关系及 C#的应用领域进行了介绍，最后重点讲解了 Visual Studio 2022 开发环境的安装及使用。学习本章应该重点掌握 Visual Studio 2022 的安装过程以及如何使用 Visual Studio 2022。

1.7　练习

　　(1) C#的主要特点有哪些？

　　(2) 简述 CIL 和 JIT 的作用。

　　(3) 简述.NET Core 和.NET Framework 的区别。

　　(4) 试述 C#语言的应用领域。

第 2 章

C#初识

本章要点：

- 如何创建一个 C#程序；
- C#程序的基本结构；
- 讲解 C#中的语句和注释方式；
- 讲解 C#中的关键字与标识符。

2.1 编写第一个 C#程序

微课视频 2-1

大多数编程语言的学习中，编写的第一个程序通常都是输出"Hello World！"，这里将使用 Visual Studio 2022 和 C#语言来编写这个程序。基本的开发步骤为"新建项目"→"编写代码"→"运行"。通过上述步骤，开发人员即可很方便地创建并运行一个 C#程序。编写"Hello World！"控制台程序的具体步骤如下：

（1）在 Windows 10 操作系统的"开始"菜单中选择 Visual Studio 2022，单击进入 IDE 的开发环境。

（2）按 1.5 节扩展资源中给出的步骤，将项目命名为 Hello_World，单击"确定"按钮完成控制台程序的创建。

（3）控制台应用程序创建完成后，会自动打开 Program.cs 文件。在打开的.cs 源代码文件中，IDE 已经自动生成了"Hello World！"的显示代码。如代码 2.1 所示。

代码 2.1 Hello_World 项目示例代码

```
01    using System;
02
03    namespace Hello_World
04    {
05        class Program
06        {
07            static void Main(string[] args)
08            {
09                Console.WriteLine("Hello World!");
10                Console.ReadLine();
11            }
12        }
13    }
```

（4）代码编写完成后，单击开发环境中的 ▶ ConsoleApp1 ▾ 图标按钮，运行该程序，效果如图2.1所示。

上述示例的带注释的代码如图2.2所示。

（1）第7行代码是自动生成的Main()方法，用来作为程序的入口方法，每一个C#程序都必须有一个Main()方法。

図 2.1 Hello_World 项目运行效果图

（2）第8行和第11行的大括号是成对出现的。C#中方法的代码均需要使用一对大括号将代码包裹起来。

（3）第9行代码中的 Console.WriteLine()方法，主要用来向控制台中输出括号中的内容。括号中的内容的专业称谓为"参数"。

（4）第10行代码中的 Console.ReadLine()方法，主要用来等待接收用户输入。这里主要是希望固定控制台界面，方便观察运行结果。

```
1    using System;
2
3    namespace Hello_World
4    {
5        class Program
6        {
7            static void Main(string[] args)      //Main方法，程序的主入口方法
8            {
9                Console.WriteLine("Hello World!");   //在控制台界面输出"Hello World!"
10               Console.ReadLine();                  //通过等待接收用户输入，实现固定控制台界面的目的，方便观察运行结果
11           }
12       }
13   }
14
```

图 2.2　带注释的 Program.cs 源代码截图

扩展资源：实例 2.1-输出"我爱 C#。"及自己的名字。创建一个控制台应用程序，使用 Console.WriteLine()方法输出"我爱 C#。"。完整的代码及代码解析请扫描 2.1 节节首的二维码观看微课视频进行学习。

2.2　C#程序结构概述

在 2.1 节中编写了第一个 C#程序，其完整的代码效果如图 2.3 所示。可以看出，一个

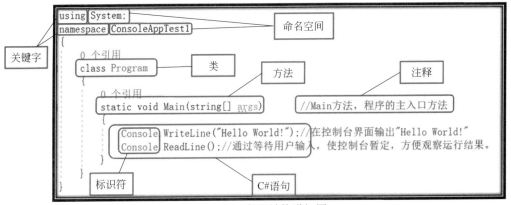

图 2.3　C#源代码结构讲解图

C#的源代码程序总体可以分为命名空间、类、方法等几部分。这些部分中又包含若干 C# 语句、注释等。一个 C#语句又由关键字、标识符等若干部分组成。本章将对上述各组成部分进行详细讲解。

2.2.1　命名空间

在 Visual Studio 2022 开发环境中创建项目时，会自动生成一个与项目名称相同的命名空间，例如在 2.1 节中创建 Hello_World 项目时，会自动生成一个名称为 Hello_World 的命名空间。

命名空间在 C#中起到组织程序的作用。定义命名空间的语法如下：

```
namespace 命名空间名
```

例如：

```
namespace Demo
```

在大型的计算机程序中，往往会出现成百上千的标识符，命名空间提供隐藏区域标识符的机制。通过将逻辑上相关的标识符构成相应的命名空间，可以使整个系统更加模块化。简言之，不同的命名空间可以同时存在，但是彼此独立，互不干扰。

命名空间既用作程序的内部组织系统，也用作向外部公开的组织系统。.NET Framework 中有若干预定义的程序集。按程序集的功能进行划分，分别存放于不同的命名空间中。当开发人员需要使用某种已经定义好的程序集时，需要使用 using 关键字先对程序集所在的命名空间进行引用，这样就可以直接使用该命名空间中所包含的成员（属性、类或方法等）。引用命名空间的语法如下：

```
using 命名空间名;
```

例如：

```
using Demo;
```

为了更好地组织命名空间之间的关系，命名空间也是可以相互嵌套的。如 System.Net 则表示 System 命名空间下名为 Net 的子命名空间，它们之间使用"."来进行嵌套。这种方式可以更为有效地对命名空间进行按功能划分和组织。

2.2.2　类

C#程序的主要功能代码都是放在"类"中实现的，因此"类"是一种组织数据的方式。C#中定义一个"类"的语法如下：

```
class 类名
{
    [类中的代码]
}
```

如图 2.3 所示代码中第 4 行即为定义一个名为 Program 的类。通常 C#语言中定义"类"时，类名的首字母为大写。开发人员可将类名自定义为 C#中合法的标识符。合法的标识符的判定规则将在 2.4 节中讨论。对类和方法更为详细的讨论将放在第 8 章中进行。

2.2.3 Main()方法

在 Visual Studio 2022 开发环境中,创建控制台应用程序后,会自动生成一个 Program.cs 文件。该文件有一个默认的类为 Program,该类中有一个默认的方法,名为 Main。代码截图如图 2.4 所示。

```
1      using System;
2
3    □namespace Hello_World                        //根据项目名生成的命名空间
4     {
          0 个引用
5       class Program                              //自动生成的Program类
6       {
            0 个引用
7         static void Main(string[] args)          //自动生成的Main方法
8         {
9
10        }
11      }
12    }
13
```

图 2.4 Program.cs 源代码截图

每一个可执行的 C#程序中都必须包含一个 Main()方法。它是程序运行的入口方法,可以说是激活整个程序的开关。图 2.4 中的代码第 7~10 行为 Main()方法的完整定义。第 7 行为方法的声明部分。其中的 static 和 void 分别是 Main()方法的静态修饰符和返回值修饰符。这些修饰符的含义读者目前可能还不太清楚,后续的章节将一一进行讨论。在 C#程序中,方法名是区分大小写的,即 Main()方法和 main()方法是两个不同的方法名。

由于 Main()方法一般都是创建项目时自动生成的,不用开发人员手动编写或修改。如果需要修改,则需要注意以下 3 方面:

- Main()方法在类或结构内声明,它必须是静态(static)的,而不应该是公用(public)的。
- Main()方法的返回类型有两种:void 或 int。
- Main()方法可以包含命令行参数 string[] args,也可以不包括。

根据上述注意事项,可以总结出 Main()方法有以下 4 种声明方式:

```
static void Main(string[] args){  }
static void Main(    ){  }
static int Main(string[] args){  }
static int Main(    ){  }
```

2.2.4 C#语句和注释

语句是构造所有 C#程序的基本单位,使用 C#语句可以声明变量、常量、方法、类或创建对象等任何逻辑操作。C#语句以分号终止。例如,在 Hello World 程序中输出"Hello World!"到固定控制台的代码就是 C#语句。

注释是在编译程序时不执行的代码或文字,其主要功能是对某行或某段代码进行说明,以方便代码的理解与维护;或者在调试程序时,将某行或某段代码设置为无效代码。常用的注释有单行注释、多行注释和文档注释 3 种。

1. 单行注释

单行注释是以符号"//"开头,其后面是注释的内容。在图 2.5 中,"//"开头的部分即为单行注释的内容。其用于解释每一行代码的作用。

2. 多行注释

如果注释的行数较少，可以使用单行注释。但对于连续的多行的大段注释时，则使用多行注释。多行注释也称为块注释。块注释通常以"/*"标记开始，以"*/"标记结束，注释内容放在它们之间，如图 2.5 所示。

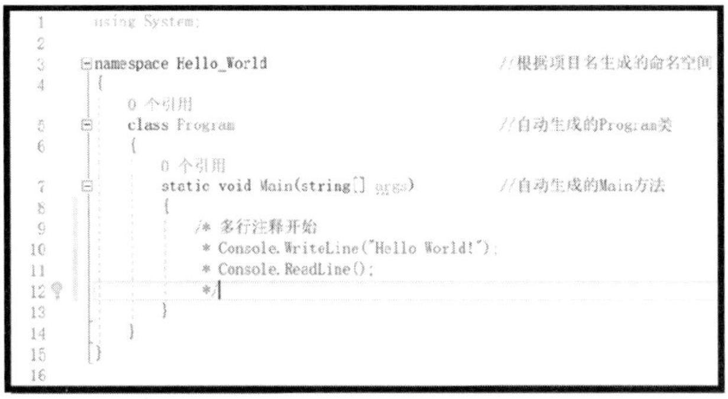

图 2.5　单行注释与多行注释示意图

3. 文档注释

C#引入了新的 XML 注释，即我们在某个方法前新起一行，输入符号"///"，Visual Studio 会自动增加 XML 格式的注释，称为文档注释，如图 2.6 所示。通常文档注释是在对某个方法的功能以及方法中涉及的参数进行说明时使用。和单行注释或多行注释不同的是，前两者不会被编译，而文档注释会被编译。因此使用文档注释会减慢编译的速度，但不会影响程序执行的速度。

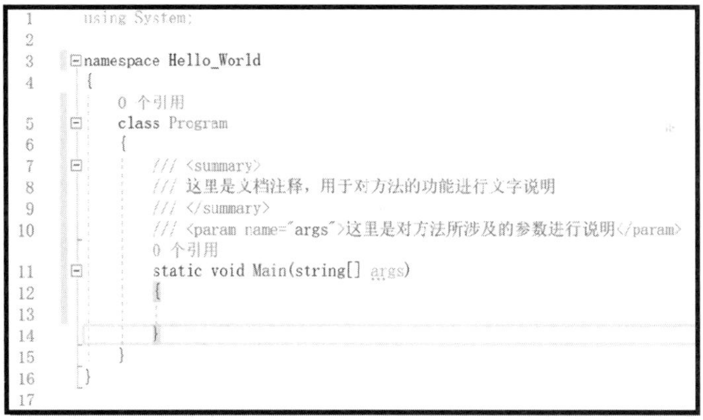

图 2.6　文档注释示意图

一个好的程序注释，并不一定要为每一行代码进行注释，而是使用文档注释为某个方法进行功能说明，为方法所涉及的返回值或是参数进行说明；或是使用单行注释完成某些重点语句的功能进行说明。

2.2.5　关键字与标识符

关键字是 C#语言中已经被赋予特定意义的一些单词，开发程序时，不可以把这些关键字作为命名空间、类、方法或者属性的名字来使用，即关键字不能作为标识符来使用。在前面编写的程序中看到的 using、namespace、class、static 和 void 等都是关键字。C#语言中有若干关键字，每个关键字的含义均不相同。在后续的学习中，我们将逐渐认识和学习到更多的关键字。

标识符可以简单地理解为一个名字,比如每个人有自己的名字,主要用来标识类名、变量名、方法名、属性名、数组名等各种成员的名字。

C#语言标识符命名规则如下:

(1)标识符仅可以由任意顺序的字母、下画线(_)和数字组成。C#中标识符不能包含#、%或者$等特殊字符。

(2)标识符的第一个字符不能是数字,即不能以数字开头。

(3)不能使用 C#中的关键字。

例如,下面是合法的标识符:

```
_ID    name    user_age    content123
```

下面是非法标识符:

```
5_ID                //以数字开头
na~me use!age       //包含特殊字符
string              //C#中的关键字
```

在 C#语言的标识符中,字母是严格区分大小写的,即两个同样的单词,如果大小写格式不一样,所代表的含义是完全不同的。如下所示:

```
int number = 0;     //全部小写
int Number = 0;     //首字母大写
int NUMBER = 0;     //全部大写
```

请注意,标识符中虽然允许使用汉字,如"class 类名",在程序运行时不会出现错误,但建议开发人员尽量不要使用汉字作为标识符,最好采用西文字符作为标识符。

2.3 小结

本章主要介绍了 C#程序的基本结构和组成部分。在 C#的结构中,读者需要重点掌握命名空间、类以及 C#语句。其中命名空间在 C#程序中占有重要的地位。通过引入命名空间,可以将命名空间下的类引入当前项目中;类是 C#语言的核心和基本构成模块。开发人员可以通过编写各种类来描述实际开发需要解决的问题;语句是构造所有 C#程序的基本单位。程序中的任何逻辑操作都需要通过 C#语句实现。另外,编写程序代码时读者需要养成一种良好的习惯。正确地为代码加上适量的注释,有助于提高代码的可阅读性,便于代码的维护或二次开发。

2.4 练习

(1)编写一个 C#控制台程序,输入某人的出生年份,输出该人第 n 个生日出现的年份。

(2)编写一个 C#控制台程序,输入两个数,输出这两个数的和。

编程基础篇

　　本篇将主要介绍编程基础知识，诸如变量和常量的定义、C#语言支持的运算符、C#语言中的流程控制语句、数组与字符串的使用、函数的声明和调用等。通过本章的学习，读者最终将具备编写简单程序的能力。通过综合使用本篇中所涉及的知识，读者可以根据描述编写出对应的 C#代码并执行。本篇是后续篇章的基础。读者在牢固掌握了本篇所介绍的内容后，才能更进一步学习面向对象的相关知识。

第 3 章

变量、常量及运算符

本章要点:
- 变量的声明、初始化及作用域;
- 数据类型的区别与使用;
- 数据类型之间的转换;
- 常量的声明与使用;
- 运算符及其优先级;
- 程序编写规范介绍。

3.1 变量是什么

变量来源于数学,是计算机语言中用于存储计算结果或值的抽象概念。变量关系到数据的存储。计算机程序的运行是使用内存来存储程序所需要使用的数据。数据是各式各样的,比如整数、小数、字符串等,那么在内存中存储这些数据时,首先需要根据数据的需求,即数据类型,为它申请一块合适的空间,然后在这个空间中存储相应的值。用户可以根据需要,随时改变变量中所存储的数据值。

变量具有变量名、数据类型和值 3 个属性。其中,变量名是变量在程序源代码中的标识;类型用来确定变量所代表的内存的大小和类型;变量值是指变量名所代表的内存块中的数据。在程序执行过程中,变量的值可以发生变化。使用变量之前必须先声明变量,即指定变量的类型和名称。

3.2 变量的声明及初始化

如 3.1 节中所述,使用变量时,需要首先对变量进行命名。对变量命名的过程其实就是声明一个变量。对变量命名一方面是方便开发人员在后续的代码中对变量所存储的值进行使用,另一方面也是让编译器能找到当前变量在内存中的地址。变量在使用之前,必须进行声明并初始化,本节将对变量的声明、数据类型、变量初始化等进行讲解。

3.2.1 声明变量

声明变量就是指定变量的名称和类型。变量的声明非常重要,未经声明的变量本身并不合法，也无法在程序中使用。在 C#中声明一个变量是由一个类型名和跟在后面的一个或多个变量名组成。多个变量之间用逗号分开。声明变量语句以分号结束，声明变量的语法如下：

```
数据类型  变量;                    //声明一个变量
数据类型  变量1, 变量2, …, 变量 n;   //同时声明多个变量
```

例如，声明一个整型变量 m，然后再同时声明 3 个字符串型变量 s1，s2，s3，代码如下：

```
int m;               //声明一个整型变量，整型用 int 表示
string s1, s2, s3;   //同时声明多个字符串变量，字符串类型用 string 表示
```

3.2.2　变量的初始化

变量的初始化实际上就是给变量赋值。如果在程序中使用一个未经初始化的变量，那么程序运行时将会发生错误。因此在程序中使用变量时，一定要对其进行赋值，也就是初始化，然后才可以使用。变量的初始化方式有 3 种，分别是单独初始化变量、声明时初始化变量、同时初始化多个变量。

1. 单独初始化变量

在 C#中，赋值运算符（=）的作用是对变量进行赋值，即将赋值号（=）右边的值赋给左边的变量。例如：

```
int num;      //声明一个整型变量
num = 54;     //使用赋值号为变量赋值
```

在对变量进行初始化时，除了直接将数据写到赋值号右侧为变量赋值外，也可以将一个已经被赋值的变量写在赋值号右侧，为未初始化的变量进行赋值。例如：

```
int num1, num2;   //声明两个整型变量
num1 = 54;        //使用赋值号为变量 num1 赋值
num2 = num1;      //将变量 num1 赋值给变量 num2
```

注意：

（1）在对变量进行初始化时，赋值号两边的数据类型一定要统一。由于赋值号的运算方向是从右至左的，即先算赋值号右侧部分的代码，再将右侧的结果赋值到左侧变量中，因此如果右侧代码不能得出一个准确的结果，那么这时的赋值语句将被视为错误的代码。

（2）使用错误的数据类型对变量进行初始化，将导致程序运行错误。

2. 声明时初始化变量

声明变量时，可以对变量同时进行初始化，即在每个变量名后加上给变量赋初始值的指令。例如：

```
int num1 = 97;                     //声明一个整型变量并为其赋初始值
string str1 = "我爱", str2 = "中国";  //声明并初始化字符串变量 str1 和 str2
```

3. 同时初始化多个变量

在对多个相同类型的变量赋相同值时，为了节省代码的行数，可以同时对多个变量进行初始化操作。例如：

```
int num1, num2, num3, num4, num5;
num1 = num2 = num3 = num4 = num5 = 3;
```

微课视频 3-1

3.3 数据类型

在上述内容中，我们得知在定义变量时，需要指定变量的数据类型。通过数据类型，编译器才知道将使用多大的内存空间来存放变量中的数据。因此可知，数据类型主要用于指明变量和常量存储值的类型。C#语言是一种强类型语言，要求每个变量都必须指定数据类型。

C#中的数据类型可分为预定义数据类型和用户自定义数据类型。根据 C#的预定义数据类型，开发人员可以自定义类型存储各种数据，因此实际上 C#中可以使用的变量的数据类型是无限多的。这里要介绍的是 C#中预定义的数据类型。

C#中的预定义数据类型分为值类型和引用类型。值类型是指这类变量对应的内存空间中直接存放的是值，而引用类型是指这类变量对应的内存空间中存储的是值所在的地址，即是对值的引用（reference）。C#语言中预定义数据类型结构如图 3.1 所示。

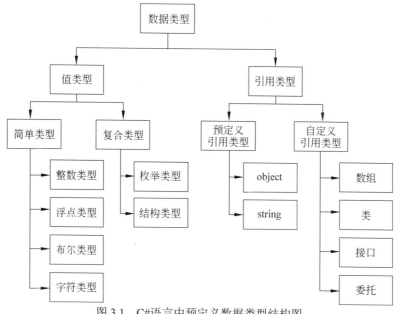

图 3.1　C#语言中预定义数据类型结构图

从图 3.1 可以看出，值类型主要包括简单类型和复合类型两种。其中简单类型是程序中使用的最基本类型，主要包括整数类型、浮点类型、布尔类型和字符类型 4 种。这 4 种简单类型都是.NET 中预定义的；而复合类型中包含枚举类型和结构类型，这两种类型既可以是.NET 中定义的，也可以是用户自定义的。在学习面向对象的知识之前，我们接触到的引用类型只有 string 类型和数组。下面将对值类型和引用类型分别进行讨论。

3.3.1 值类型

计算机的内存被划分为栈区和堆区。值类型在栈区中进行分配，因此效率很高，可以提高性能。而引用类型则在分配到堆区中，由于引用类型通常所占用的内存空间较大，且分配内存空间需要一定的时间，因此效率会低于值类型。但好在存放在堆区的对象可以通过引用地址的方式被重复使用,因此也可以起到节省内存空间的作用。

值类型具有如下特性:

- 值类型变量都存储在栈区中。
- 访问值类型变量时,一般都是直接获取其中的值。
- 每个值类型变量都有自己的数据副本,因此对一个值类型变量进行操作不会影响其他变量。
- 值类型变量不能为 null,必须具有一个确定的值。

1. 整数类型

整数类型用来存储整数数值,即没有小数部分的数值。整数类型的数据可以是正数,也可以是负数。整数类型的数据在 C#程序中有 3 种表现形式,分别为十进制、八进制和十六进制。

- 十进制:十进制的表现形式就是我们日常生活中使用的数据,如 128、−34、238。
- 八进制:必须以 0 开头的数,如 0123(转换成十进制为 83)、−0123(转换成十进制数为−83)。
- 十六进制:必须以 0x 或 0X 开头的数,如 0x25(转换为十进制为 37)。

C#中的整数类型有 sbyte、short、int、long、byte、ushort、uint 和 ulong。其中 sbyte、short、int 和 long 统称为有符号整数,分别占 8 位、16 位、32 位和 64 位的内存空间;而 byte、ushort、uint 和 ulong 统称为无符号整数,分别占 8 位、16 位、32 位和 64 位的内存空间。有符号整数既可以存储正数,也可以存储负数;无符号整数只能存放不带符号的整数,即只能存放正数。

由表 3.1 可知,每一种整数类型都有其内存占用空间的大小,这个大小决定了每种类型可以表示的数值范围。如果需要保存的数值超出了对应类型的表示范围,则编译器将报错,认为该类型不能用于当前数值。

表 3.1 C#中整数类型说明及范围

类 型	说 明	范 围
sbyte	8 位有符号整数	−128~127
short	16 位有符号整数	−32768~32767
int	32 位有符号整数	−2147483648~2147483647
long	64 位有符号整数	−9223372036854775808~9223372036854775807
byte	8 位无符号整数	0~255
ushort	16 位无符号整数	0~65535
uint	32 位无符号整数	0~4294967295
ulong	64 位无符号整数	0~18446744073709551615

因此,在声明变量时,选择对应的数据类型需要考虑类型所能表示的符号问题以及数值范围的问题。例如下面的代码:

```
int i = 10;      //正确
int j = -10;     //正确
uint m = 10;     //正确
uint n = -10;    //错误,不能存放负数
int i = 2017;    //正确,声明一个 int 类型的变量 i,并为其赋值为 2017。
```

```
byte j = 255;    //正确，声明一个byte类型的变量j，并为其赋值为255。
byte k = 256;    //错误，声明一个byte类型的变量k，并为其赋值为256。
                 //因为256超出了byte类型可以表示的数值范围。
```

注意：

（1）整数类型变量的默认值为0。

（2）声明变量为整数类型时，一定要确保数值在其定义的整数类型能表示的范围之内。

2. 浮点类型

浮点类型变量主要用于处理含有小数的数据。浮点类型主要包含3种类型：float、double和decimal。这3种类型的具体信息如表3.2所示。

表3.2　C#中浮点类型数据的说明及范围

类　　型	说　　明	范　　围
float	精确到7位小数	$\pm 1.5 \times 10E-45 \sim \pm 3.4 \times 10E38$
double	精确到15或16位小数	$\pm 5.0 \times 10E-324 \sim \pm 1.7 \times 10E308$
decimal	精确到28位小数	$\pm 1.0 \times 10-28 \sim \pm 7.9 \times 10E28$

float是单精度类型，精确到7位小数，占用4字节（32位）的存储空间；double是双精度类型，精度是15~16位有效数字，占用8字节（64位）的存储空间；decimal是一种高精度类型，精度是28位小数，占用16字节（128位）的存储空间。与double相比，decimal类型具有更高的精度和更小的数值表示范围，适合于财务和货币计算。

如果不做任何设置，那么C#中对包含小数点的数值默认是double类型，例如9.45即为double类型。如果想指定某个带小数部分的数据为float类型，则需要使用f或F将其强制指定为float类型，如9.45f或9.45F为float类型。如果想要将数据强制指定为double类型，则应该使用d或D进行设置。如果想指定某个带小数部分的数据为decimal类型，则需要使用m或M将其强制指定为decimal类型，如9.45m或9.45M为decimal类型。在.NET环境中，计算该类型的值会有性能上的损失，因为它不是基本类型。例如，下面的代码就是将数据强制指定为float类型或double类型。

```
float theSum = 9.45f;           //使用f强制指定为float类型
float theSums = 19.45F;         //使用F强制指定为float类型
double mydouble1 = 5.67d;       //使用d强制指定为double类型
double mydouble2 = 5.67D;       //使用D强制指定为double类型
decimal mydecimal1 = 5.67m;     //使用m强制指定为decimal类型
decimal mydecimal2 = 5.67M;     //使用M强制指定为decimal类型
double myDouble = 5.67;         //默认类型，即为double类型
```

注意：

（1）在使用后缀字符对数据类型进行强制指定时，需要确保该数值在所指定类型能表示的数值范围内。如果超出了表示范围，则编译器将提示程序出错。

（2）浮点类型变量的默认值为0，而非0.0。

扩展资源： 实例3.1-根据身高体重计算BMI指数。完整的代码及代码解析请扫描3.3节节首的二维码观看微课视频进行学习。

3. 字符型

字符型在C#中使用char或Char类来表示，该类型主要用来存储单个字符。字符型占用2字节（16位）的内存空间。定义字符型变量的语法如下所示：

```
char 变量名;
```

或

```
Char 变量名;
```

在为字符型变量进行赋值时，赋值号“=”右侧的字符需要使用单引号（' '）括起来。且单引号内仅能写入一个字符（西文字符或汉字），如下所示：

```
char ch1 = 'C';
Char ch2 = '我';
```

在 C#中，字符型只能定义一个 Unicode 编码的字符。Unicode 编码是目前计算机中通用的字符编码，它为针对不同语言中的每个字符设定了统一的二进制编码，用于满足跨语言、跨平台的文本转换和处理的要求。

1）字符类型的常用方法

C#为字符型变量提供了许多方法，通过这些方法，可以灵活地对字符变量进行各种操作。这些常用方法及说明如表 3.3 所示。

表 3.3　字符类型常用方法及说明

方　　法	说　　　　明
IsDigit	指示某个 Unicode 字符是否属于十进制数字类别
IsLetter	指示某个 Unicode 字符是否属于字母类别
IsNumber	指示某个 Unicode 字符是否属于数字类别
IsPunctuation	指示某个 Unicode 字符是否属于标点符号
IsSeparator	指示某个 Unicode 字符是否属于分隔符类别
IsUpper	指示某个 Unicode 字符是否属于大写字母
IsLower	指示某个 Unicode 字符是否属于小写字母
IsWhiteSpace	指示某个 Unicode 字符是否是空格符
Parse	将指定字符串的值转换为它的等效 Unicode 字符
ToLower	将 Unicode 字符的值转换为它的小写等效项
ToString	将字符的值转换为其等效的字符串
ToUpper	将 Unicode 字符的值转换为它的大写等效项
TryParse	将指定字符串的值转换为它的等效 Unicode 字符

总的来说，以 Is 开始的方法大多是判断 Unicode 字符是否为某个类别的方法。这些方法执行的结果（返回值）均为 true（表示是）或 false（表示否）。而以 To 开始的方法主要是对字符进行转换的操作，比如转换为字符串、转换大小写等。

上述常用方法的使用语法均为通过“.”（点操作）去访问 char 或 Char 类型下对应的方法。使用 IsLetter 方法的示例如下：

```
char ch1 = 'a';
Console.WriteLine($"IsLetter 方法判断 ch1 是否为字母：{char.IsLetter(ch1)}");
```

注意：

（1）在上述示例中，char.IsLetter(ch1)和 Char.IsLetter(ch1)是等价的，两者均可。虽然 char 和 Char 的使用方式一样，但它们的本质上是属于不一样的类型。为了规范起见，建议读者使用 Char 为佳。

（2）在上述示例中，Console.WriteLine 方法的参数中的一对大括号必须为西文字符，不能为中文大括号。这对大括号的作用是引用程序中所定义的字符变量 ch1，并访问其中所存储的字符。

扩展资源：实例 3.2-字符类的常用方法应用。完整的代码及代码解析请扫描 3.3 节节首的二维码观看微课视频进行学习。

2）转义字符

前面讲到了，在为字符变量赋值时，我们需要使用单引号将字符括起来，因此单引号在 C#语言中，是一种具有特殊意义的字符。这种字符还有很多，如"'""""\"等。如果这些具有特殊意义的字符想要作为字符本身显示出来，那应该怎么操作呢？C#语言中提出了一种转义字符的概念。

转义字符是一种特殊的字符变量，以反斜杠"\"开头，后面跟一个或多个字符。转义字符将字符转换成另外一种操作形式，为字符赋予另外一种作用和意义，或者将无法一起使用的字符进行重新组合。比如我们想要显示字符"'""""\"到控制台输出中，代码及显示结果可以如图 3.2 所示。

图 3.2 转义字符示例程序及程序效果图

注意：转义字符只针对后面紧跟着的单个字符进行操作。

C#中的常用转义字符如表 3.4 所示。

表 3.4 C#中的常用转义字符

转 义 字 符	说 明
\n	回转换行
\t	横向跳到下一制表位
\"	显示双引号
\r	退格符
\b	回车符
\f	换页符
\\	显示反斜杠
\'	显示单引号
\uxxxx	4 位十六进制所表示的字符，如\u0052

注意：在 C#中，还有一对特殊的字符"{"和"}"。要想显示这两个字符，需要使用它们本身来对自己进行转义。如下所示：

```
Console.WriteLine($"显示大括号对：{{我被一对大括号所包裹。}}");
```

显示效果如图 3.3 所示。

显示大括号对：{我被一对大括号所包裹。}

图 3.3　大括号转义符示例效果图

扩展资源：实例 3.3-输出 Windows 系统目录结构。完整的代码及代码解析请扫描 3.3 节节首的二维码观看微课视频进行学习。

4. bool 型

bool 型又称为布尔型，主要用来表示 true 或 false 值。在表 3.3 中，以 Is 开头的方法的返回值类型均为 bool 型。在 C#中定义 bool 型变量时，需要使用关键字 bool，如下所示：

```
bool flag = true;
```

由于 bool 型的取值只有 true 或 false，因此这一类型通常被用在流程控制语句（将在第 4 章中介绍）的判断条件中。但需要注意的是，bool 型变量不能接受其他的类型的值。对于 bool 型变量，其默认值为 false。

5. 枚举类型

枚举类型允许定义一个类型，其取值范围是用户提供的值的有限集合。因此要想使用枚举类型，需要 3 个步骤：

（1）根据需要，创建一个自定义的枚举类型，并为之取一个有意义的类型名。定义枚举类型时使用的关键字为 enum。其语法结构如下：

```
enum 枚举类型名
{
    value1,     //注意值之间使用逗号隔开
    value2,
    …
}
```

如：

```
enum Direction
{
    UP,
    DOWN,
    …
}
```

（2）当定义好了枚举类型之后，就可以声明这个新类型的变量。创建一个枚举类型的变量语法如下所示：

```
枚举类型名 枚举变量名;
```

如：

```
Direction direction;
```

（3）为所声明的变量进行赋值或取值操作。

```
枚举变量名 = 枚举类型名.枚举值;
```

如：

```
direction = Direction.UP;
```

枚举类型内部使用一个基本数据类型的变量来存储每个枚举值对应的值。枚举使用一个基本类型来存储。默认情况下，该类型为 int。例如上述示例中 Direction 类型中的 UP 值对应的值为 0，DOWN 值对应的值为 1，以此类推。

也可以通过在枚举类型声明中添加类型来指定其他基本类型，如下所示：

```
enum 枚举类型名：自定义数据类型
{
    value1,     //注意，值之间使用逗号隔开
    value2,
    …
}
```

上面代码中的"自定义数据类型"处的数据类型可以是 byte、sbyte、short、ushort、int、uint、long 和 ulong。

默认情况下，每个未赋值的枚举值都会根据定义的顺序从 0 开始自动赋予对应的基本类型值。这意味着上面代码中的 value1 的值是 0，value2 的值是 1，value3 的值是 2，以此类推。

如果希望修改起始值，则可以使用 "=" 赋值运算符重写这个值所对应的基本类型值。如下所示：

```
enum 枚举类型名
{
    value1 = 3,     //自定义当前枚举值对应的基本类型值
    value2,
    value3,
    …
}
```

上述代码未指定使用的基本数据类型，因此默认使用的基本类型为 int 型，因此 value1 对应的值就是整型 3，而下一个枚举值如果未赋值，则其对应的基本类型值就为上一个枚举值对应的基本类型值加 1，即 value2 对应的值就为 value1 对应的值加 1，即为 4；同理，value3 对应的值就为 value2 对应的值加 1，即为 5。如果枚举值中有某个值被人为指定了特殊值，那么下一个枚举值对应的基本类型值也将会变化。在枚举中，还可以使用一个值作为另一个枚举的基本类型值，为多个枚举指定相同的值。如下所示：

```
enum 枚举类型名
{
    value1 = 3,
    value2,
    value3 = 7,        //再次自定义当前枚举值对应的基本类型值
    value4,
    value5 = value4, //使用 value4 的基础值作为 value5 的值，即两者值均为 8
    …
}
```

由上面的描述可知，value1 对应的基本类型值为 3，value2 对应的基本类型值为 4，而由于 value3 使用了赋值号重新赋值，因此其对应的基本类型值为 7，进而影响到 value4 对应的基本类型值为 8。

枚举类型的使用也非常简单。在声明枚举类型后，只需要在对应的代码处先声明一个

枚举类型变量，再使用"枚举类型名"和"."运算符即可对该枚举类型变量进行赋值或取值。

如果已知枚举类型中的枚举值对应的字符串，则可以将字符串转换为枚举值。但语法稍微复杂一些。用法如下：

```
(EnumerationType) Enum.Parse(typeof(EnumerationType),
                             enumerationValueString);
```

其中，EnumerationType 为定义的枚举类型，enumerationValueString 为用户提供的字符串。具体使用示例如下：

```
string myString = "North";
Orientation myDirection = (Orientation)Enum.Parse(typeof(Orientation),
                                                  myString);
```

这里一定要注意，传入的字符串如果不能映射为指定枚举值中的一个，则会产生错误。

扩展资源：实例 3.4-枚举类型应用。完整的代码及代码解析请扫描 3.3 节节首的二维码观看微课视频进行学习。

6. 结构型

结构就是由几个数据组成的数据结构。这些数据可能是不同的数据类型。例如，假定要存储从起点开始到某一位置的路径，路径由方向和距离值组成。这样就可以用枚举类型来表示方向，而距离值可用 double 类型来表示。因此，一个路径就可以用以下两个变量组合起来：

```
Orientation myDirection;
double myDistance;
```

单独分开使用这两个变量，使用时会不太方便，也不简洁。因此如果能将这两者绑定在一起，成为一种新的数据类型，就会更清晰。结构型就可以解决这一问题。

1）定义结构

定义结构型使用的关键字是 struct。基本语法如下：

```
struct 结构类型名
{
    public type1 var1;      //注意使用分号隔开
    public type2 var2;
    …
}
```

这里的 public 是一种访问修饰符，这部分内容将在第 8 章进行介绍。这里如果想让调用结构的代码访问该结构的数据成员（结构体内定义的各种变量），则将之设置为 public。于是之前路径的例子就可以定义为：

```
struct Route
{
    public Orientation myDirection;
    public double myDistance;
    …
}
```

由上可见，结构体中数据成员的数据类型可以为基本数据类型，也可以为枚举类型，甚至可以是结构型，还可以是在 3.3.2 节中所介绍的引用类型。

2）使用结构

和枚举类型一样，在定义了结构型之后，也需要声明一个结构型变量才能使用结构型中所包含的数据成员。访问结构型中的数据成员也是使用"."运算符。示例代码如下：

```
Route myRoute;
myRoute.myDirection = Orientation.North;
myRoute.myDistance = 12.34;
```

扩展资源：实例 3.5-结构体类型应用。完整的代码及代码解析请扫描 3.3 节节首的二维码观看微课视频进行学习。

3.3.2　引用类型

除了在 3.3.1 节当中介绍的值类型以外，C#中的所有类型均为引用类型。引用类型的数据称为对象。这些对象会被部署在内存的堆区（也叫托管堆）上。如果想要使用该对象，则需要定义一个可以保存该对象的地址的变量，这种变量称为对象的引用变量。对象的引用变量则是被部署在内存的栈区上。通过对象的引用变量可以访问该对象，这个过程称为"引用"。所以引用类型的变量本质上存储的是其对应的数据（对象）在内存中的地址。

引用类型的示例如图 3.4 所示。类是一种引用类型，在该示例中，有一个名为 Person 的类，通过使用 new 操作符，可以创建 Person 类的对象。该示例一共创建了 3 个 Person 类的对象。创建好的 3 个对象的地址分别存放入名为 P1、P2、P3 的 3 个对象引用变量中。这 3 个对象引用变量被声明为 Person 类型，表示这 3 个对象引用变量只能存放 Person 对象的地址，不能存放其他类型的对象的地址。对于引用类型将在第 8 章中继续深入讨论。此处读者只需要知道引用类型的基本原理即可。

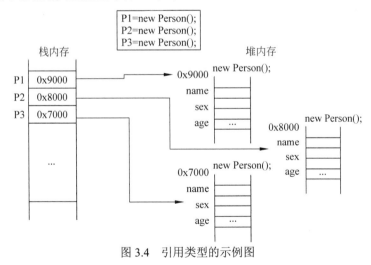

图 3.4　引用类型的示例图

字符串和数组是在学习初期会接触到的两种常见的引用类型。这里先初步认识一下字符串。

顾名思义，字符串就是记录一连串字符的一种数据类型。由于需要存储的字符的数量是不定的，因此字符串数据类型被定义为引用类型。使用字符串变量的语法如下：

```
string str = "this is a string";          //定义一个字符串。
```

定义一个字符串时，将使用 string 关键字作为类型名。在赋值号右侧，使用一对双引号将字符串的内容包裹起来。如果要显示的字符串当中包含某个变量的值，则可以如下处理：

```
int var1 = 1;
string str = $"变量 var1 的值为{var1}";     //定义一个含有变量的字符串。
```

3.4 变量的作用域

变量自定义后，只是暂时存储在内存区域中。但变量可以被哪些程序代码所访问，变量什么时候被销毁，这些在程序运行时都有严格的规定。这些规定构成了变量的生命周期。因此，那些能够访问该变量的程序代码区域称为变量的作用域。换句话说，就是在这个区域内的程序代码都知道变量的存在，都可以访问变量中存储的值。如果超出该区域，则在编译时会出现错误。在程序中，一般会根据变量的"有效范围"将变量分为"成员变量"和"局部变量"。

3.4.1 成员变量

在类中定义的变量，被称为成员变量，其在整个类中都有效。例如：

```
class Example
{
    int x = 45;
}
```

上述示例中，变量 x 称为成员变量。其作用域则为 Example 类的整个区域，也就是在这个区域中的所有代码，都可以访问变量 x 并获取或设置其中的值。

3.4.2 局部变量

除了在类中可以定义变量以外，还可以在方法(一种类成员，具有特定功能的代码集)中定义变量。这种变量都是定义在方法的方法体中，即方法的"{"与"}"之间的区域。局部变量只在当前代码块(包含变量声明语句的"{"与"}"之间的代码)中有效。在局部变量没有被声明以前，是不能被使用的，而且局部变量只在当前定义的方法内有效，不能被超出当前方法以外的区域识别。当该方法的调用结束后，则会释放方法中局部变量所占用的内存空间，局部变量也随之被销毁。

需要注意的是以下几种情况：

(1)在大型程序中，在不同部分使用相同名称的变量很常见。只要变量的作用域是程序的不同部分，就不会有问题。但请注意，同名的局部变量不能在同一作用域声明两次，否则编译将出错，如图 3.5 所示。因为在 Main()方法中，已经定义了一个名为 j 的变量，在 if 判断语句的代码块中，又定义了一个同名的局部变量 j，此时编译器将分不清楚这两个变量，所以提示了编译错误。

(2)当成员变量与局部变量出现重名的情况时，编译器不会提示任何错误。如代码 3.1 中，定义了一个成员变量 j 和局部变量 j。第一个变量 j 的作用域是整个 Program 类，第二个变量 j 的作用域为 Main()方法。此时，在 Main()方法中声明的局部变量 j 隐藏了同名的成

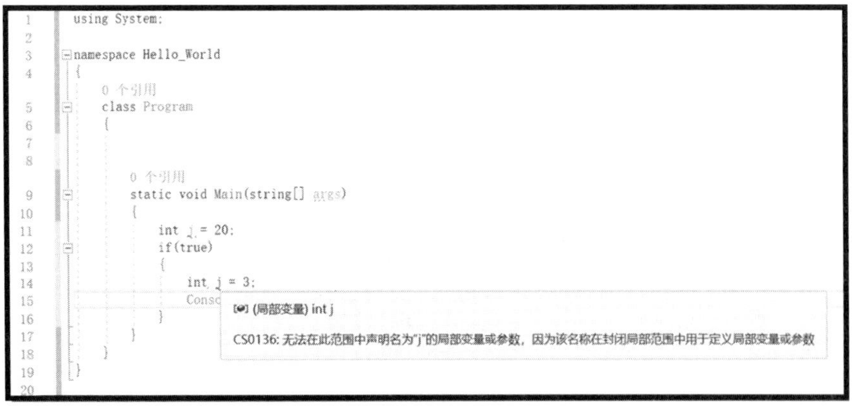

图 3.5　局部变量重复声明错误示例图

员变量 j，所以这段代码，最终显示出的结果是局部变量 j 的值。

代码 3.1　成员变量与局部变量重名示例代码

```
01    using System;
02    namespace Hello_World
03    {
04        class Program
05        {
06            int j = 20;
07            static void Main(string[] args)
08            {
09                int j = 3;
10                Console.WriteLine($"j = {j}");
11                Console.ReadLine();
12            }
13        }
14    }
```

运行效果如图 3.6 所示。

图 3.6　成员变量与局部变量重名代码效果运行图

3.5　数据类型转换

C#是一门强类型语言，对类型要求比较严格。但是在一定的条件下，类型间是可以相互转换的，即将一个值从一种数据类型更改为另一种数据类型，例如，将 int 型数据转换成 double 型数据。类型转换从根本上说是类型铸造，或者说是将数据从一种类型转换为另一种类型。在 C#中，类型转换有两种形式：隐式类型转换和显式类型转换。

3.5.1　隐式类型转换

隐式类型转换是以 C#默认的，以安全方式进行的转换，不会导致数据丢失。这种转换是将低精度数据类型向高精度数据类型转换。这种转换是永远不会溢出的，并且总是成功的。在不需要声明的情况下，编译器会根据计算的需要或是赋值运算的需要，自动进行隐式类型转换。隐式类型转换涉及的数据类型如图 3.7 所示。

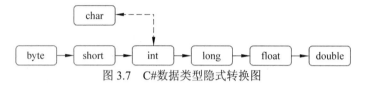

图 3.7　C#数据类型隐式转换图

从图 3.7 中可以看出，这些类型是按精度（具体体现在占用的内存区域大小）从"低"到"高"排列的，其顺序为 byte<short<int<long<float<double。其中 char 比较特殊，它可以与部分 int 型数字兼容，且不会发生精度变化。例如：

```
int i = 900;          //声明一个整型变量并赋初值为 900
long j = i;           //隐式转换成 long 类型
```

思考一下：为什么将低精度数据类型向高精度数据类型转换永远不会溢出，并且总是成功呢？

3.5.2　显式类型转换

默认情况下，编译器是不允许将数据从高精度数据类型转换为低精度数据类型的。因为这样的类型转换很可能会造成信息的丢失，甚至转换失败。比如将 int 转换为 short，因为 int 数据占用 32 位内存空间，而 short 仅占用 16 位内存空间。因此将一个 int 变量的值转换为 short 类型时，有可能发生数据丢失（值超过 16 位内存空间所能存储的部分会丢失）；又比如从有符号位到无符号位的转换，也有可能发生数据丢失；从浮点型向整数型转换时，会丢失小数点后面的所有数据。

遇到上述类型之间的转换时，就需要在保证数据转换正确的前提下，使用特殊的方法命令编译器完成类型转换，这就是显式类型转换，又名强制类型转换。显式类型转换需要在代码中明确地声明要转换的类型。显示类型转换的一般形式为：

（类型说明符）表达式

例如：

```
int i;                //声明一个整型变量
i = (int)4.5;         //4.5 默认为 double 型，使用显式类型转换为 int 型，结果 i 为 4
```

当使用显式类型转换时，在将一个高精度数向低精度数进行转换时，如果没有额外的代码保证数据转换的正确性，那么很容易会得到一个错误的值。如：

```
long l = 30000000000;
int i = (int)l;       //将 long 强制转换为 int 类型，结果 i 为-129967296
```

从上面的代码可以看出，本意是将 long 类型的值强制转换为 int 类型。但由于没有考虑到 int 类型所能表示的数据范围，因此实际 i 的值为-129967296。这就是因为将高精度数据类型向低精度数据类型进行转换时，由于数据超出了低精度数据类型可以表示的最大值，从而导致了溢出，造成了数据错误。如果每次强制转换时，程序员都需要自己写代码完成这方面的工作就显得太烦琐了。因此 C#提供了 Convert 类，该类也可以进行显式类型转换，并且当转换失败时会有所提示。

在 Convert 类中，C#提供了若干常用的方法供程序员使用，如表 3.5 所示。

表 3.5　Convert 类常用方法表

方　　法	描　　述
ToBoolean()	如果可能，转换为布尔型
ToByte()	转换为字节类型
ToChar()	如果可能，转换为单个 Unicode 字符类型
ToDateTime()	将整数或字符串类型转换为日期-时间结构
ToDecimal()	把浮点型或整数类型转换为十进制类型
ToDouble()	转换为双精度浮点型
ToInt16()	转换为 16 位 byte 整数类型
ToInt32()	转换为 32 位 int 整数类型
ToInt64()	转换为 64 位 long 整数类型
ToSbyte()	转换为有符号字节类型
ToSingle()	转换为单精度浮点数类型
ToString()	转换为字符串类型
ToType()	转换为指定类型
ToUInt16()	转换为 16 位无符号整数类型
ToUInt32()	转换为 32 位无符号整数类型
ToUInt64()	转换为 64 位无符号整数类型

例如，将一个 double 类型的变量 x 的值，使用 Convert 类显式转换为 int 类型时，代码如下：

```
double x = 3.14;
int i = Convert.ToInt32(x);        //使用 Convert 类的 ToInt32 方法显式转换
```

注意：在使用 Convert 类对应的方法进行类型转换时，应注意方法名中的字母大小写。

3.6　常量

常量就是程序运行过程中，值不能改变的量。比如生活中一个人的身份证号、绝对温度的值、数据运算中的 π 值等。这些值都是不会发生改变的，因此它们都可以定义为常量。常量可以区分为不同的类型，可以有整数常量、浮点数常量、字符常量等。在 C#中，常量主要有两种：const 常量和 readonly 常量。

3.6.1　const 常量

在 C#中提到的常量，通常是指 const 常量，也叫静态常量，它在编译时（程序运行之前）就已经确定了值。因此 const 常量的值必须在声明时就进行初始化，而且之后不可以再进行更改。例如：

```
public const double PI = 3.1415926; //正确的声明常量的方法
public const int MyInt;             //错误的声明常量，没有给定初始值
```

注意：

（1）为了在程序中区别常量和变量，通常会将常量名中的所有字母均采用大写，以方便程序阅读人员进行区分。

（2）在用 const 来定义常量时，在类型上有很多限制。首先，此类型必须属于值类型，同时此类型的初始化不能通过 new 运算符来完成，因此一些用 struct 定义的值类型常量也不能用 const 来定义。

3.6.2　readonly 常量

readonly 常量又被称为动态常量。为什么称为动态常量，因为系统在运行时会为 readonly 所定义的常量分配空间。此外，readonly 所定义的常量除了在定义时可以设定常量值外，还可以在类的构造方法中进行设定。由于 readonly 所定义的常量相当于类的成员，因此使用 const 来定义常量所受到的类型限制，在使用 readonly 去定义时全部消失，即可以用 readonly 去定义任何类型的常量。示例如代码 3.2 所示。

代码 3.2　readonly 常量使用示例代码

```
01    using System;
02    namespace Hello_World
03    {
04        class Program
05        {
06            readonly int Price;//定义一个动态常量，在定义时可不赋值
07            Program()//此方法为构造方法
08            {
09                Price = 365;//只能在构造方法中进行一次赋值，之后不能再次赋值
10            }
11            static void Main(string[] args)
12            {
13            }
14        }
15    }
```

3.6.3　静态常量和动态常量的对比

静态常量和动态常量的主要区别如表 3.6 所示。

表 3.6　静态常量和动态常量的主要区别

对　比　项	静　态　常　量	动　态　常　量
定义	声明的同时要设置常量值	声明时可以不需要设置常量值
类型限制	首先类型必须属于值类型范围，且其值不能通过 new 来进行设置	没有限制，可以用它定义任何类型的常量
内存消耗	无	要分配内存，保存常量实体
综述	性能要略高，无内存开销，但是限制颇多，不灵活	灵活，方便，但是性能略低，且有内存开销

说明：

关于在定义常量时，到底是用 const 来定义还是 readonly 来定义的问题，我们认为，在不存在 DLL 类库的情况下，尽量用 const 来定义以提高运行效率；但在程序中使用了 DLL 类库某个类的静态常量的情况下，如果在类库中修改静态常量的值，其他接口没有发生变化，那么一般来说，程序调用端不需要重新编译，直接执行就可以调用新的类库。不过在这种情况下，会产生潜在的 bug（问题）。这是由于静态常量在编译时，是用它的值去替换常量，因此在调用端的程序也是这样进行替换的。例如，在类库中定义了一个静态常量，如下：

```
public const int MAX_VALUE = 10;
```

那么对于程序中调用此静态常量这段代码，在编译后产生的中间语言代码中，是用 10 来进行替换，即使用静态常量的地方，改为 10 了。那么当类库的静态变量发生变化后，例如：

```
public const int MAX_VALUE = 15;
```

对于调用端程序是可以在没有重新编译的情况下进行运行，不过此时程序的中间语言代码对应于静态变量的值是 10，而不是新类库中的 15。因此这种不一致，会在程序中引发潜在的 bug。解决此类问题的方法，就是调用端程序在更新类库之后重新编译一下，即生成新的中间语言代码。

对于如上在 const 定义常量时所存在的潜在 bug，在用 readonly 定义常量时是不会发生的。因为 readonly 定义的常量类似于类的成员，因此在访问时需要根据具体常量地址来访问，从而避免此类 bug。

3.7　运算符

微课视频 3-2

运算符是一种告诉编译器执行特定的数学或逻辑操作的符号。根据使用操作数的个数，可以将运算符分为单目运算符、双目运算符和三目运算符。其中单目运算符是作用在一个操作数上的运算符，如正号（+）、负号（−）等；双目运算符是作用在两个操作数上的运算符，如加号（+）、减号（−）、乘号（*）等。三目运算符是作用在 3 个操作数上的运算符，C#中唯一的三目运算符就是条件运算符（？：）。本节将详细讲解 C#中的运算符。

3.7.1　算术运算符

C#中的算术运算符是双目运算符，主要包括+、−、*、/和%共 5 种，分别对应于加、减、乘、除和模（求余数）运算。表 3.7 显示了 C# 支持的所有算术运算符。假设变量 A 的值为 10，变量 B 的值为 20，则：

表 3.7　C#支持的所有算术运算符

运算符	描　　　　述	实　　　　例
+	把两个操作数相加	A + B 将得到 30
−	从第一个操作数中减去第二个操作数	A − B 将得到−10
*	把两个操作数相乘	A * B 将得到 200
/	分子除以分母	B / A 将得到 2
%	取模运算符，整除后的余数	B % A 将得到 0

扩展资源：实例 3.6-使用算术运算符计算学生成绩的总分及平均分。完整的代码及代码解析请扫描 3.7 节节首的二维码观看微课视频进行学习。

3.7.2　自增自减运算符

在 C#语言中，要对数值型变量的值进行加 1 或减 1 操作，可以使用下列代码：

```
int i = 5;          //声明并初始化整型变量 i 的值为5
i = i + 1;          //将 i 进行加 1 操作后再赋值回 i，此时 i 中的值由 5 变为 6
i = i - 1;          //将 i 进行减 1 操作后再赋值回 i，此时 i 中的值由 6 变为 5
```

针对上述功能，C#中提供了一种更为简便的表示方式，称之为自增运算符和自减运算符，分别用"++"和"--"来表示。

自增和自减运算符是单目运算符，在使用时有两种形式：前缀式（++expr、--expr）和后缀式（expr++、expr--）。前缀式表示的是变量自身先加 1 或者减 1，其表达式的运算结果是变量修改后的值，再参与其他运算；而后缀式表示的是先用变量当前的值作为表达式的值参与其他运算，然后再对变量自身进行加 1 或减 1 操作。自增自减运算符的运算示意图如图 3.8 所示。

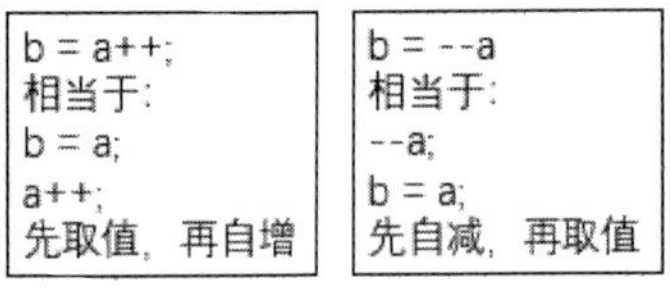

```
b = a++;          b = --a
相当于：           相当于：
b = a;            --a;
a++;              b = a;
先取值，再自增      先自减，再取值
```

图 3.8　自增自减运算符的运算示意图

例如，代码 3.3 演示了自增运算符放在变量的不同位置时的不同运算结果。

上述代码的运行效果如图 3.9 所示。

代码 3.3　自增运算符放在变量的不同位置时示例代码

```
01    using System;
02    namespace Hello_World
03    {
04      class Program
05      {
06        static void Main(string[] args)
07        {
08          int num1 = 0, num2 = 0;
09          int post_num1, pre_num2;
10          Console.WriteLine($"自增操作前: num1={num1},num2={num2}");
11          post_num1 = num1++;//后缀式自增, post_num1 为 0, num1 为 1;
12          Console.WriteLine($"num1 自增操作后:post_num1={post_num1},num1=
   {num1}");
13          pre_num2 = ++num2;//前缀式自增, pre_num2 为 1, num2 为 1;
14          Console.WriteLine($"num2 自增操作后:pre_num2={pre_num2},num2=
   {num2}");
15          Console.ReadLine();
16        }
17      }
18    }
```

上述代码的运行效果如图 3.9 所示。

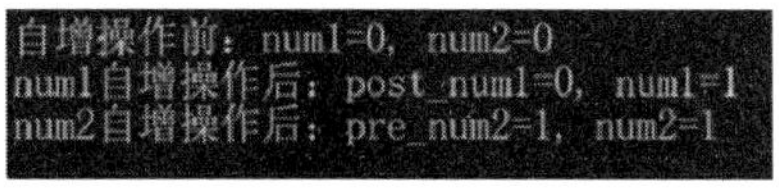

```
自增操作前：num1=0，num2=0
num1自增操作后：post_num1=0，num1=1
num2自增操作后：pre_num2=1，num2=1
```

图 3.9   自增自减代码 3.3 的运行效果图

注意：

（1）自增、自减运算符只能作用于变量，不能直接作用于数值。比如"3++"这种写法是不合法的。

（2）如果程序中不需要使用操作数原来的值，只是需要其自身进行加（减）1 之后的值，那么建议使用前缀式自增（减）；否则建议使用后缀式自增（减）运算符。

3.7.3   赋值运算符

赋值运算符是用来为变量赋值的，因此它是双目运算符。C#中的赋值运算符分为简单赋值运算符和复合赋值运算符。

1. 简单赋值运算符

简单赋值运算符用符号"="表示赋值操作。其含义是把赋值号右边的值赋值给其左边的变量。由赋值号连接的表达式称为赋值表达式。在一个简单赋值语句中，赋值号的右操作数必须为某种类型的表达式或数值，且该表达式或数值的类型必须可以隐式地转换成赋值号的左操作数类型。例如：

```
int i = 5;        //声明并初始化 int 型变量 i 的值为 5
short j = 6;       //声明并初始化 short 型变量 j 的值为 6
i = j;            //将 short 型的变量赋给 int 型的变量，存在隐式转换，转换成功则赋值成功
```

当使用简单赋值运算符执行连续赋值操作时，右边表达式应当从右向左依次进行赋值。例如：

```
int x = y = 10; //相当于 x = (y = 10)。先赋值给括号里面的 y，再赋值给括号外面的 x。
```

尽管上述代码的操作是合法的，但在程序开发中，不建议使用这种连续赋值语句。

2. 复合赋值运算符

在程序中对某个对象进行操作后，如果要再将操作结果重新赋值给该对象，则可以通过下列代码实现：

```
int i = 5;
int temp = 0;            int i = 5;
temp = i + 2;            i += 2;
i = temp;
```

上面左边的代码稍显烦琐，因此 C#中提供了一种复合赋值运算符，即上面右边的代码。运算符"+="就是一种复合赋值运算符。这种运算符其实是将赋值运算符与其他运算符合并成一个运算符来使用，从而同时实现两种运算符的效果。

表 3.8 中列出了 C#中提供的多种复合赋值运算符及其说明。

表 3.8   C#中提供的多种复合赋值运算符及其说明

赋值运算符	表达式示例	含　　义	赋值运算符	表达式示例	含　　义
=	x = 10	将 10 赋值给变量 x	-=	x -= y	x = x - y
+=	x += y	x = x +y	*=	x*=y	x = x * y

赋值运算符	表达式示例	含　义	赋值运算符	表达式示例	含　义
/=	x /= y	x = x / y	&=	x&= y	x = x & y
%=	x %= y	x = x % y	|=	x |= y	x = x | y
>>=	x>>= y	x = x >> y	^=	x ^= y	x = x ^ y
<<=	x<< = y	x = x << y			

注意：对低精度类型的变量进行操作时，由于 C#中整数的默认类型是 int 型，直接给定一个整数数值将被视为 int 类型。此时一个低精度类型和整型数值进行运算时，编译器将会报错，如图 3.10 所示。

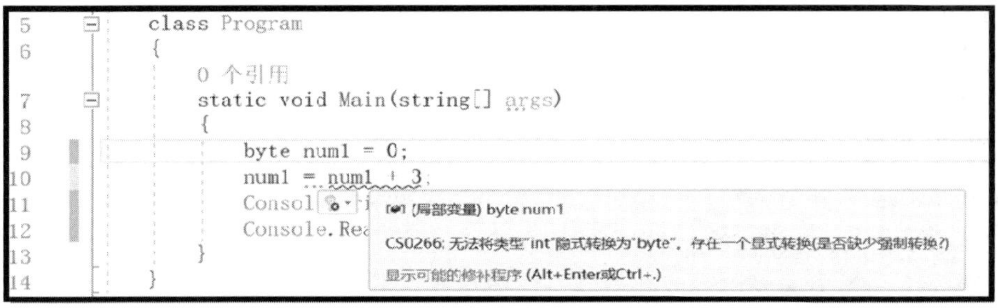

图 3.10　数据类型转换出错示意图

这是因为在没有对数据类型进行强制转换的情况下，"num1+3"在计算过程中，num1 变量会由低精度类型转换到 int 类型，然后再与 3 相加，结果为 int 类型的值。而赋值号左侧为低精度类型，右侧为 int 型，在缺少强制转换的情况下，编译器就会提示错误。要解决这个问题，要么使用强制转换，要么使用复合赋值运算符。代码修改如下所示：

```
num1 = (byte)(num1 + 3);      //强制转换，将结果转换为 byte
num1 += 3;                    //使用复合赋值符，自动完成强制转换并计算
```

注意：

（1）使用赋值运算符时，其左操作数不能是常量，但所有表达式都可以作为赋值运算符的右操作数。如以下 3 种赋值形式是错误的：

```
int i = 1, j = 2, k = 3;
const int val = 5;
5 = k;            //错误，不能赋值给常量
i + j = k;        //错误，i+j 表达式的结果是一个常量值，不能被赋值
val = i;          //错误，val 是常量，不能被赋值
```

（2）在使用赋值运算符时，右操作数的类型必须可以隐式转换为左操作数的类型，否则将会出现错误。如下面的代码运行时将会提示出现缺少强制转换的错误。

```
int i;
i = 4.5;
```

3.7.4　关系运算符

关系运算符是一种双目运算符，其作用是对运算符两侧的表达式、变量或对象进行比较，返回一个代表运算结果的布尔值。若成立，则返回逻辑真(true)；否则返回逻辑假(false)。

通常作为条件分支控制语句、迭代语句中的条件存在，用以判定语句是否执行。C#中一共
提供了 6 种关系运算符，详见表 3.9。

表 3.9　C#中提供的 6 种关系运算符说明

关系运算符	名　　称	说　　明
<	小于	如果第一个操作数小于第二个操作数，返回 true，否则返回 false。注：应用于所有数值和枚举类型
>	大于	如果第一个操作数大于第二个操作数，返回 true，否则返回 false。注：应用于所有数值和枚举类型
<=	小于或等于	如果第一个操作数小于或等于第二个操作数，返回 true，否则返回 false。注：应用于所有数值和枚举类型
>=	大于或等于	如果第一个操作数大于或等于第二个操作数，返回 true，否则返回 false。注：应用于所有数值和枚举类型
==	等于	对于值类型，如果操作数的值相等，返回 true，否则返回 false 对于 string 类型，用于比较两个字符串的值 对于 string 以外的引用类型，如果两个操作数引用同一个对象，返回 true，否则返回 false
!=	不等于	如果两个操作数不相等，返回 true，否则返回 false 注：应用于所有类型

扩展资源： 实例 3.7-使用关系运算符完成数值的大小比较。完整的代码及代码解析请
扫描 3.7 节节首的二维码观看微课视频进行学习。

3.7.5　逻辑运算符

假定某面包店，在每周二的下午 7 点至 8 点和每周六的下午 5 点至 6 点，对生日蛋糕
商品进行折扣让利活动，那么想参加折扣活动的顾客，就要在时间上满足这样的条件（周
二并且 7:00 PM~ 8:00 PM）或者（周六并且 5:00 PM~ 6:00 PM），这里就用到了逻辑关系。
在 C#中也提供了这样的逻辑运算符来进行逻辑运算。

逻辑运算符用于连接一个或多个条件，判断这些条件是否成立。逻辑运算符用来连接多
个布尔类型表达式，运算后的结果仍是一个布尔值，以此实现多个条件的复合判断。C#中的
逻辑运算符包括逻辑非（!）、逻辑与（&&、&）、逻辑或（||、|）、逻辑异或（^）。除了"!"
是单目运算符以外，其他的都是双目运算符。表 3.10 列出了逻辑运算符的用法和说明。

表 3.10　逻辑运算符的用法和说明

运 算 符	含　　义	用　　法	结 合 方 向
!	逻辑非	!op	从右到左
&&、&	逻辑与	op1&&op2、op1&op2	从左到右
||、|	逻辑或	op1||op2、op1|op2	从左到右
^	逻辑异或	op1^op2	从左到右

- 逻辑非用来对某一个布尔类型表达式取反，即"真变假"或"假变真"。请看下面
的代码：

```
Console.WriteLine(1 > 0);           //条件表达式为 true，输出 true
Console.WriteLine(!(1 > 0));        //用逻辑非对条件表达式取反，输出 false
```

- 逻辑与用来判断两个布尔类型表达式是否同时为 true。只有当&&两边的表达式均为 true 时,整个表达式才为 true;若任意一个表达式为 false,则整个表达式为 false。请看下面的代码:

```
int x = 5, y = 2;              //同时声明 2 个 int 型变量并赋值
Console.WriteLine(x>3 && y>3); //判断 x>3 和 y>3 是否同时为 true,由于 y>3 为
                               //false,所以整个表达式为 false
```

- 逻辑或用来判断 2 个布尔类型表达式中是否有一个为 true。只要||两边的表达式有一个为 true,整个表达式就为 true;若两边的表达式均为 false,则整个表达式为 false。请看下面的代码:

```
int x = 5, y = 2;              //同时声明 2 个 int 型变量并赋值
Console.WriteLine(x>3 || y>3); //判断 x>3 和 y>3 是否有一个为 true,由于 x>3 为
                               //true,所以整个表达式为 true
```

- 逻辑异或用来判断 2 个布尔类型表达式中两个变量是否是不同的逻辑值,如果不同,则结果为 true。请看下面的代码:

```
int x = 5, y = 2;              //同时声明 2 个 int 型变量并赋值
Console.WriteLine(x>3 ^ y>3);  //判断 x>3 和 y>3 是否为两种不同的逻辑值,由于 x>3
                               //为 true,y>3 为 false,所以整个表达式为 true
```

对比一下,就是说:&&运算符,两边同真才算真,一边为假就算假;||运算符,一边为真即为真,两边同假才是假。

表 3.11 列出了逻辑运算的运算法则。

表 3.11 逻辑运算的运算法则

op1	op2	op1&&op2	op1||op2	op1^op2	!op1
true	true	true	true	false	false
true	false	false	true	true	false
false	false	false	false	false	true
false	true	false	true	true	true

接下来通过几个示例熟悉逻辑运算符的应用。第一个示例是关于逻辑与,比如小张想结婚,未来丈母娘开出的条件是:存款必须超过 10 万元,必须有房子,这两条少一条都不行。既然两个条件都是"必须"做到,那就需要同时满足,适合用逻辑与连接。如代码 3.4 所示。

代码 3.4 逻辑与运算符示例代码

```
01    class Program
02    {
03      static void Main(string[] args)
04      {
05          double money = 20000.00;//存款
06          bool hasHouse = true;//是否有住房
07          bool canMarry;//是否能结婚
08          canMarry = money > 100000 && hasHouse;
09          Console.WriteLine(canMarry);
```

```
10          Console.ReadLine();
11      }
12  }
```

下一个示例是关于逻辑或，比如丽丽选择男朋友的标准，要么是"工程师"，要么是"运动员"，二者居其一即可，如代码 3.5 所示。

代码 3.5　逻辑或运算符示例代码

```
01  class Program
02  {
03      static void Main(string[] args)
04      {
05          string job = "工程师";
06          bool isRightMan;//是否为理想男友
07          isRightMan = job == "工程师" || job == "运动员";
08          Console.WriteLine(isRightMan);
09          Console.ReadLine();
10      }
11  }
```

- && （||）与& （|）的区别。

逻辑运算符&&与&都表示"逻辑与"，那么它们之间的区别在哪里呢？从表 3.11 可以看出，当两个表达式都为 true 时，逻辑与的结果才会是 true。使用&会判断两个表达式；而&&则是针对布尔类型的数据进行判断，当第一个表达式为 false 时，不去判断第二个表达式，直接输出结果从而节省计算机判断的次数。通常将这种在逻辑表达式中从左端的表达式可推断出整个表达式的值称为"短路"，而那些始终执行逻辑运算符两端的表达式称为"非短路"。&&属于"短路"运算符，而&则属于"非短路"运算符。"||"与"|"的区别和&&和&的区别类似。

扩展资源：实例 3.8-使用逻辑运算符完成参加面包店打折活动示例。完整的代码及代码解析请扫描 3.7 节节首的二维码观看微课视频进行学习。

3.7.6　位运算符

由于整型数据在内存中以二进制的形式表示，因此对整型数据的操作可以对二进制中的每一位进行一定的操作。完成这种操作的运算符称为位运算符。位运算符的操作数类型是整型，可以是有符号的整型也可以是无符号的整型。在 C#中，位运算符包括位与、位或、位异或、位取反、位左移、位右移等。其中，除了位取反为单目运算符外，其余均为双目运算符。由于位运算是完全针对内存中位的操作，因此在实际使用中，需要将执行运算的数据转换为二进制，然后才能进行运算。

1. 位与运算

位与运算的运算符为&，与非短路的逻辑与运算符一样。其运算法则是：将两个运算对象按位进行与运算。与运算的规则：1 与 1 等于 1，1 与 0 等于 0。比如：0000000000001100（二进制）&0000000000001000 等于 0000000000001000（二进制）。如果两个操作数的精度不同，则结果的精度与精度高的操作数相同，如图 3.11 所示。

示例代码如下所示:

```
int a = 11; //11 的二进制是 0000 1011
int b = 13; //13 的二进制是 0000 1101
Console.WriteLine(a & b); //11 & 13 的结果就是 0000 1001，即结果是 9
Console.Read();
```

2. 位或运算

位或运算的运算符为 |，与非短路的逻辑或运算符一样。其运算法则是：将两个运算对象按位进行或运算。或运算的规则是：1 或 1 等 1，1 或 0 等于 1，0 或 0 等于 0。比如 0000000000000100（二进制）|0000000000001000（二进制）等于 0000000000001100（二进制），如图 3.12 所示。如果两个操作数的精度不同时，结果的精度与精度高的操作数相同。

```
   0000 0000 0000 1100                    0000 0000 0000 0100
 & 0000 0000 0000 1000                  | 0000 0000 0000 1000
   ─────────────────────                  ─────────────────────
   0000 0000 0000 1000                    0000 0000 0000 1100
```

图 3.11　12&8 的运算过程图　　　　　　　图 3.12　4 | 8 的运算过程图

示例代码如下所示:

```
int a = 11; //11 的二进制是 0000 1011
int b = 13; //13 的二进制是 0000 1101
Console.WriteLine(a | b); //11 | 13 的结果就是 0000 1111，即结果是 15
Console.Read();
```

3. 位异或运算

位异或运算的运算符是^，与逻辑异或的运算符一样。其运算法则是：两个运算对象按位进行异或运算。异或运算的规则是：1 异或 1 等于 0，1 异或 0 等于 1，0 异或 0 等于 0。即：相同得 0，相异得 1。比如：0000000000011111（二进制）^0000000000010110（二进制）等于 0000000000001001（二进制），如图 3.13 所示。如果两个操作数的精度不同时，结果的精度与精度高的操作数相同。

示例代码如下所示:

```
int a = 11;                  //11 的二进制是 0000 1011
int b = 13;                  //13 的二进制是 0000 1101
Console.WriteLine(a ^ b);    //11 ^ 13 的结果就是 0000 0110，即结果是 6
Console.Read();
```

4. 位取反运算

位取反运算的运算符是~，它属于单目运算，只有一个运算对象。其运算法则是：对运算对象的值按位进行非运算，即：如果某一位等于 0，就将其转变为 1；如果某一位等于 1，就将其转变为 0。比如，对二进制的 10010001 进行位逻辑非运算，结果等于 01101110，用十进制表示就是：~145 等于-146；对二进制的 01010101 进行位逻辑非运算，结果等于 10101010。用十进制表示就是~85 等于-86。如图 3.14 所示为~123 的运算过程图。

```
   0000 0000 0001 1111                    ~ 0000 0000 0111 1011
 ^ 0000 0000 0001 0110                    ─────────────────────
   ─────────────────────                    1111 1111 1000 0100
   0000 0000 0000 1001
```

图 3.13　31^22 的运算过程图　　　　　　　图 3.14　~123 的运算过程图

示例代码如下所示:

```
int a = 123; //123 的二进制是 0111 1011
Console.WriteLine(~a);  //~123 的结果就是 1000 0100,即结果是-124
Console.Read();
```

5. 位左移运算

位左移运算的运算符是<<，其作用是将一个二进制操作数向左移动指定的位数，左边（高位端）溢出的位被丢弃，右边（低位端）的空位用 0 补齐。位左移运算相当于乘以 2 的 n 次幂。比如，8 位的 byte 型变量 byte a=0x65（即二进制的 01100101），将其左移 3 位：a<<3 的结果是 0x27（即二进制的 00101000），如图 3.15 所示。

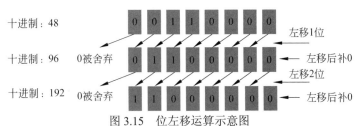

图 3.15　位左移运算示意图

示例代码如下所示：

```
int a = 11;              //11 的二进制是 0000 1011
Console.WriteLine(a << 2);  //0000 1011 左位移 2 位的结果就是 0010 1100，即结果
                         //是 44（11 乘以 2 的 2 次方，结果为 44）
```

6. 位右移运算

位右移运算的运算符是>>，其作用是将一个二进制操作数向右移动指定的位数，右边（低位端）溢出的位被丢弃，左边（高位端）的空位在补齐时，根据原二进制数据的最高为 0 时（正数），则补 0；如果最高为原来为 1 时（负数），则补 1。位右移运算相当于除以 2 的 n 次幂。比如，8 位的 byte 型变量 byte a=0x65（即二进制的 01100101）将其右移 3 位：a>>3 的结果是 0x0c（二进制 00001100），如图 3.16 所示。

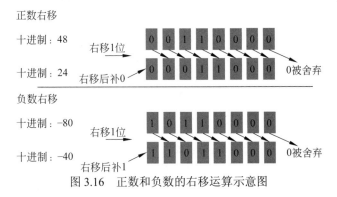

图 3.16　正数和负数的右移运算示意图

示例代码如下所示：

```
int a = 11;              //11 的二进制是 0000 1011
Console.WriteLine(a >> 2);  //0000 1011 右位移 2 位的结果就是 0000 0010，即结果
                         //是 2（11 除以 2 的 2 次方，结果为 2）
```

注意：在进行位与、或、异或运算时，如果两个运算对象的类型一致，则运算结果的类型就是运算对象的类型。比如对两个 int 变量 a 和 b 做与运算，运算结果的类型还是 int

型。如果两个运算对象的类型不一致，则 C#要对不一致的类型进行类型转换，变成一致的类型，然后进行运算。

代码 3.6 给出了上述若干位运算操作符的使用示例。

代码 **3.6** 位运算操作符使用示例代码

```
01    class Program
02    {
03        static void Main(string[] args)
04        {
05            Console.WriteLine("与运算符："+(20 & 5));
06                Console.WriteLine("或运算符：" + (20 | 5));
07                Console.WriteLine("异或运算符：" + (20 ^5));
08                Console.WriteLine("取补运算符：" + ~20);
09                Console.WriteLine("左移运算符：" + (20 << 3));
10                Console.WriteLine("右移运算符：" + (20 >> 5));
11                Console.ReadLine();
12        }
13    }
```

扩展资源：实例 3.9-位运算符应用实例。完整的代码及代码解析请扫描 3.7 节节首的二维码观看微课视频进行学习。

3.7.7　条件运算符

条件运算符（?:）有时也称为三元操作符。它是根据布尔型表达式的值返回?后面的两个值中的一个。如果条件为 true，则计算第一个表达式并以它的计算结果为准；如果条件为 false，则计算第二个表达式并以它的计算结果为准。其语法表示如下：

<表达式 1> ? <表达式 2> ： <表达式 3>

例如：

b ? x : y 形式的条件表达式。首先计算条件 b，如果 b 为 true，则计算 x，x 的结果自动成为运算结果；否则计算 y，y 的结果自动成为运算结果。

条件运算符是向右关联的，就是表示运算是从右到左进行运算的。

例如：

a ? b : c ? d : e 形式的表达式按照 a ? b : (c ? d : e)的顺序执行。

注意：条件运算符（?:）中的表达式 1 必须是一个可以隐式转换成布尔类型的表达式。

扩展资源：实例 3.10-条件运算符应用实例。完整的代码及代码解析请扫描 3.7 节节首的二维码观看微课视频进行学习。

注意：条件运算符不能单独作为语句出现。如下代码所示：

```
int a = 10, b = 5;
(a > b) ? a : b;
```

运行上述代码时，将得到如图 3.17 所示的错误提示。

图 3.17 条件运算符单独作为语句错误示意图

分析原因在于，条件运算符为三目运算符，而三目运算符不能单独构成语句。因此需要使用一个变量记录三目运算符运算之后的结果。修改后的代码如下所示：

```
int a = 10, b = 5;
int n = (a > b) ? a : b;
```

3.8 运算符优先级与结合性

C#运算符优先级，是描述在计算机计算表达式时执行运算符的先后顺序。先执行具有较高优先级的运算符，后执行较低优先级的运算符。例如，我们常说的先执行乘除运算，再执行加减运算。C#中的运算符优先级由高到低的顺序如表 3.12 所示。

表 3.12 C#中的运算符优先级

运 算 符 类 别	运 算 符	数 目	结 合 性
单目运算符	++, --, !	单目	←
算术运算符	*, /, %	双目	→
	+, -	双目	→
移位运算符	<<, >>	双目	→
关系运算符	>, >=, <, <=	双目	→
	==, !=	双目	→
逻辑运算符	&&	双目	→
	||	双目	→
条件运算符	?:	三目	←
赋值运算符	=, +=, -=, *=, /=, %=	双目	←

注："←"表示从右至左进行运算，"→"表示从左到右进行运算，运算符优先级自上而下为由高到低排列，相同级别时按结合性来确定优先级。

示例：

```
! a++;                     等价于：!(a++);
a ? b : c ? d : e;         等价于：a ? b : (c ? d : e);
a = b = c;                 等价于：a = (b = c);
a + b - c                  等价于：(a + b) - c;
```

3.9 案例 1：整钱兑零

假设你正开发一款程序，用于将给定金额的整钱兑换成零钱。程序要求用户输入一个 double 类型的值，用于表示想要兑换的金额，程序输出对应金额的一元、五角、两角和一角的数量。

根据描述，可草拟出程序的执行步骤如下：

（1）提示用户输入想要兑换的金额，如 11.7 元；

（2）将用户输入的金额转换为以角为单位的整数值，如 117 角；

（3）用上述整数值除以 10，得到元的张数，并获得其余值；

（4）将上述余值除以 5，得到五角的张数，并获得其余值；

（5）将上述余值除以 2，得到两角的张数，并获得其余值；

（6）将余值作为一角的张数；

（7）最终显示出程序结果。

示例代码如代码 3.7 所示。

代码 3.7 案例 1：整钱兑零示例代码

```
01  class Program
02  {
03      static void Main(string[] args)
04      {
05          double amount = 0.0;
06          int total, remain;
07          Console.Write("请输入想要兑换的金额，保留一位小数：");
08          amount = double.Parse(Console.ReadLine());
09          total = (int)(amount * 10);
10          int yuanNumber = total / 10;
11          remain = total % 10;
12          int fiftyCentNumber = remain / 5;
13          remain = remain % 5;
14          int twentyCentNumber = remain / 2;
15          remain = remain % 2;
16          int tenCentNumber = remain;
17          Console.WriteLine($"{amount}可换为{yuanNumber}元，{fiftyCentNumber}个五角，{twentyCentNumber}个两角，{tenCentNumber}个一角的零钱。");
18          Console.ReadKey();
19      }
20  }
```

程序利用除法运算符和取余运算符，巧妙地计算得到各单位的数量。程序的运行效果如图 3.18 所示。

图 3.18 案例 1：整钱兑零运行效果图

3.10 小结

本章对 C# 基础知识进行了详细讲解。学习本章时，读者应该重点掌握变量和常量的使用、各种数据类型的区别、各种运算符的使用。本章是C#程序开发的基础，因此要求读者熟练掌握本章内容。

3.11 练习

（1）编写程序，根据下列公式，完成摄氏温度和华氏温度的转换。要求用户在控制台输入一个 double 类型的值作为摄氏温度，并显示其对应的华氏温度，要求保留两位小数。

$$Fahrenheit = (9 / 5) * Celsius + 32$$

（2）根据圆柱体的体积公式，要求用户从控制台输入圆柱体的底面圆半径和高，计算出圆柱体的体积。计算过程中 π 的值，可以使用 Math.PI 常量。

（3）制作一个简易的加法计算器程序。提示用户输入 3 个整型或浮点型数值，并计算这 3 个数值的和。

（4）使用克莱姆法则求解二元一次方程。克莱姆法则的求解公式如下所示：

$$ax + by = e \qquad cx + dy = f$$

$$x = \frac{ed - bf}{ad - bc} \qquad y = \frac{af - ec}{ad - bc}$$

编写程序，提示用户输入公式中的 a, b, c, d, e, f 这 6 个参数的值，并计算得出 x 和 y 的值。

（5）一英尺等于 0.305 米。要求编写控制台程序，将用户输入数值的单位从英尺转换为米。

（6）编写控制台程序，要求用户输入商品金额及其税率，最后计算出应付的总金额。比如用户输入商品金额为 10，税率为 15，则总金额=10×（1+0.15）=11.5。

（7）用户从控制台输入一个 0~1000 的数，要求计算输入数的各位数字之和并输出。比如输入为 932，则输出为 9+3+2=14。

（8）编写控制台程序，要求用户输入一个数据类型为整型的值，作为秒数。将输入的秒数转换为对应的年数和天数（按每年 365 天计）。比如用户输入 1000000000，则输出为 1902 年 214 天。

（9）平均加速度的公式为 $a = \dfrac{v_t - v_0}{t}$，要求用户分别输入 v_0、v_t 和 t 的值，输出为其对应的平均加速度。

（10）将一定质量的水从初始温度加热到指定温度需要的热量公式为 Q=M*(finalTemp-initialTemp)*4184。其中 M 为水的质量（千克），finalTemp 为指定温度，initialTemp 为初始温度，Q 为需要的总热量。最后输出所需总热量的值。

（11）给定飞机的加速度为 a，起飞速度为 v，根据公式 $length=\dfrac{v^2}{2a}$ 可以计算出跑道的最短长度。用户输入 a 和 v 的值，程序输出 length 的值。

（12）用户输入两个点的坐标（x_1，y_1）和（x_2，y_2）的值，可以根据公式 $\sqrt{(x_2-x_1)^2-(y_2-y_1)^2}$ 计算出两个点的直线距离。编写程序，要求用户输入两个点的坐标值，输出对应的直线距离值。

第 4 章

CHAPTER 4

流程控制语句

本章要点：

- 程序流程图；
- 程序顺序控制结构；
- 程序选择控制结构；
- 程序循环控制结构。

4.1 流程控制概述

计算机程序执行的控制流程由 3 种基本的控制结构控制，即顺序结构、选择结构、循环结构。为了更清楚地对程序中使用的控制逻辑进行表示，最常见的可视化表达方式就是绘制程序流程图。

程序流程图是对程序所要解决问题的方法和步骤进行表示的一种图形化方式，它使用一组预定义的符号来说明如何执行特定的任务。使用程序流程图，可以更直观、更清晰地表达程序中的逻辑过程，更有利于程序员设计与理解算法。表 4.1 列出了程序流程图中常用的几种图形及说明。

表 4.1 程序流程图中常用的几种图形及说明

图　形	名　称	说　明
圆角矩形	起止框	表示一个算法的开始和结束
平行四边行	输入输出框	表示一个算法的输入或输出
矩形	处理框	表示算法中的一个处理过程
菱形	判断框	表示某个条件是否成立
→	流程线	表示执行程序步骤的路径流程进行的方向

4.2　顺序结构

顺序结构的程序设计是最简单的，只要按照解决问题的顺序写出相应的语句即可。它的执行顺序是自上而下，依次执行。例如，a=3，b=5，先交换a、b的值。这个问题就好像交换两个杯子里的水，这当然要用到第三个杯子。假如第三个杯子是c，那么正确的程序为：c=a；a=b；b=c；执行结果是a=5，b=c=3；如果改变其顺序，写成：a=b；c=a；b=c；则执行结果就变成a=b=c=5，不能达到预期的目的。

顺序结构可以独立使用并构成一个简单的完整程序。常见的输入、计算、输出三部曲的程序就是顺序结构。例如计算圆的面积，其程序的语句顺序就是输入圆的半径r，计算s= 3.14159*r*r，输出圆的面积s。不过大多数情况下顺序结构都是作为程序的一部分，与其他结构一起构成一个复杂的程序。

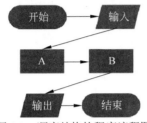

图4.1　顺序结构的程序流程图

顺序结构的程序流程图的绘制相对简单。图4.1中展示了一个完整的，仅由一个输入模块、两个处理模块、一个输出模块组成的简单的顺序结构的程序流程图。从图4.1中可以看出，输入模块、处理模块A、处理模块B、输出模块之间的顺序是不能调换的。

微课视频 4-1

4.3　选择结构

计算机的主要功能是计算，但在计算的过程中会遇到各种各样的问题。针对不同的情况会有不同的处理方法，这就要求程序开发语言要具有处理决策的能力。一个决策系统就是一个分支结构。这种分支结构就像是十字路口，每到一个路口都需要做决定，不同的分支代表着不同的决定。

C#中使用选择结构语句来做决策。选择结构是编程语言的基础语句。C#中提供了两种选择结构语句，分别是if语句和switch语句。

4.3.1　if 语句

在生活中，每个人都要做出各种各样的选择，比如今天早餐吃什么，我该坐地铁几号线去单位等。那么当程序遇到选择时该怎么办呢？这时就需要使用选择结构语句来完成决策操作。本节所介绍的if语句是最基础的一种选择结构语句，它主要有3种形式：if语句、if…else语句和if…else if…else多分支语句。下面对这3种形式的选择结构语句的使用和对应的程序流程图进行讲解。

1. if 语句——最简单的选择结构语句

一个if语句由一个布尔表达式后跟一个语句块（一个或多个语句）组成。其基本的语法结构如下所示：

```
if(布尔表达式)
{
    语句块;
}
```

说明：

（1）使用 if 语句时，如果语句块中只有一条语句时，则 {} 是可以省略的，并且不会影响程序的正常执行。但为了程序的可读性，建议不要省略。

（2）布尔表达式部分，必须用小括号括起来。它可以是一个单纯的布尔值，也可以是一个结果为布尔值的表达式，比如关系表达式、逻辑表达式等。如果布尔表达式的值为真，则将进入 if 语句的语句块中，执行完后，再跳出 if 语句；如果布尔表达式的值为假，将不会执行语句块部分，程序直接跳到 if 语句的右大括号后面的语句。

if 语句的程序流程图如图 4.2 所示。其中虚线框中为 if 语句的程序流程图绘制方法。

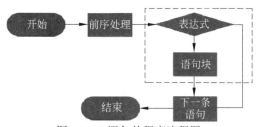

图 4.2 if 语句的程序流程图

扩展资源：实例 4.1-判断输入的数字是否为奇数整数。完整的代码及代码解析请扫描 4.3 节节首的二维码观看微课视频进行学习。

使用 if 语句的常见错误：

- if 语句后面是没有分号的，如果加了分号，则程序会发生运行错误。如下所示：

```
if(inputNumber % 2 == 1);
{
    Console.WriteLine($"您输入的{inputNumber}是奇数。");
}
```

上述代码不会提示编译错误，但在运行时，由于 if 语句后出现了分号，编译器会认为 if 语句的语句块部分为空。因此不管条件判断是否成功，输出语句都将被执行，if 语句就起不到判断的作用。

- 如果 if 语句的语句块中有多条语句时，一定要使用大括号将之括起来。否则编译器默认只将第一条语句作为 if 语句的语句块，后续的语句将不能被 if 语句所控制。

2. if…else 语句

if 语句仅能表示判断为真的情况下可以完成的语句块，但如果条件为假时，又如何处理呢？此时 C#提供了 if…else 语句，用来处理根据判断得到的两种结果所对应的两种不同的情况。和 if 语句一样，一个 if…else 语句由一个布尔表达式后跟两个语句块组成，一个语句块放在 if 语句块中，另一个放在 else 语句块中。if…else 语句对应的程序流程图如图 4.3 所示。

从图 4.3 可以看出，如果条件判断语句值为真，则将执行语句块 1，否则将执行 else 语句块，即语句块 2。也就是说，只能选择语句块 1 和语句块 2 其中一条语句执行。在语句块 1 或语句块 2 执行后，程序将会跳出 if…else 语句进入下一条语句。

和 if 语句一样，如果 if 语句块和 else 语句块中只有一条语句，其外的大括号对也是可以省略的。但从程序的可读性角度来看，强烈建议不省略此处的大括号。

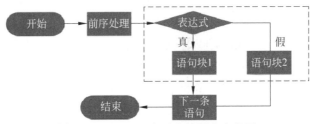

图 4.3　if...else 语句对应的程序流程图

如果 if...else 语句只是用于赋值，则可以使用条件运算符来完成相应的工作，如图 4.4 所示。

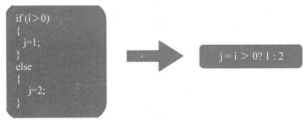

图 4.4　if...else 语句与条件运算符转换图

扩展资源：实例 4.2-根据输入的年龄，输出是否可以接种疫苗示例。完整的代码及代码解析请扫描 4.3 节节首的二维码观看微课视频进行学习。

3. if...else if...else 多分支语句

当在网上购物需要支付时，通常网站会提供若干种支付选项供用户选择。当用户面对多种选项并只能选择其中一项时，这种情况可以使用 if...else if...else 多分支语句来完成。该语句是一种多分支语句，通常表现为"如果满足某种条件，进行某种处理；否则如果满足另一种条件，进行另一种处理，……"，以此类推。该语句对应的语法如下所示：

```
if(表达式 1)
{
    语句块 1;
}
else if(表达式 2)
{
    语句块 2;
}
else if(表达式 3)
{
    语句块 3;
}
...
else
{
    语句块 N;
}
```

和前两种语句一样，每一个条件判断表达式都需要使用()括起来。如果表达式为真，则执行表达式对应的语句块，否则跳过该语句块，进入下一个表达式的判定。如果所有的表达式的值均为假，则会进入最后的 else 语句对应的语句块中。if...else if...else 语句的程序流程图如图 4.5 所示。

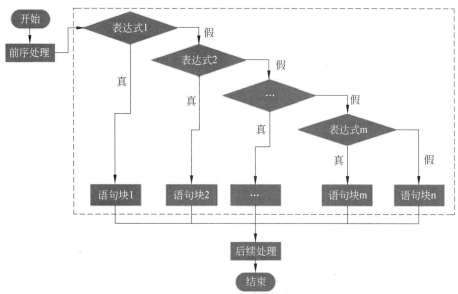

图 4.5 if...else if...else 语句的程序流程图

扩展资源：实例 4.3-输入一个成绩（百分制，整数类型），输出其对应的五级计分的等级（A、B、C、D、E）示例。完整的代码及代码解析请扫描 4.3 节节首的二维码观看微课视频进行学习。

4.3.2 分支语句的嵌套

在上述 3 种分支语句中，任意分支的语句块内除了放置普通的代码语句以外，还可以放置其他分支语句，这种情况称为分支语句的嵌套。分支语句的嵌套语法如下：

```
if(表达式 1)
{
    语句块 1;
    分支语句 1;
}
else
{
    语句块 2;
    分支语句 2;
}
```

由上面的代码可以看出，分支语句的嵌套层数是没有限制的。因此根据上述代码，可以绘制其程序流程图，如图 4.6 所示。

可见，当使用分支语句的嵌套时，根据实际情况选择的分支语句不同，嵌套的方式不同。但总的来说，当使用分支语句的嵌套时，如果外层分支的语句块中仅有内层分支语句而没有其他语句，那么尽管内层分支语句内含多行代码，但编译器仍然会将整个内层分支语句视为一条语句。所以从语法角度来讲，是可以省略外层分支语句中的 { } 而不影响程序正常执行的。但从实操的角度来讲，不建议省略任何分支语句块的 { }，以免引起一些逻辑错误。比如下列代码中，else 究竟和哪个 if 语句进行配对呢？

```
1  if(表达式 1)
2      if(表达式 2)
```

```
3      语句块 1;
4  else
5      语句块 2;
```

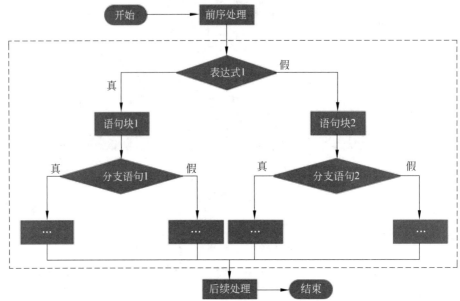

图 4.6 分支语句的嵌套程序流程图

在使用分支语句的嵌套时，要注意 else 关键字必须和 if 关键字配对出现，并遵守邻近原则，即 else 关键字总是和离自己最近的尚未配对的 if 语句进行配对。另外，在进行条件判断时，应尽量避免采用复合语句，以免产生二义性，导致程序运行结果和预想的不一致。

可见，上述代码中的 else 是和第二个 if 语句进行配对，成为一个完整的分支语句。如前所述，上述代码的第 2 行到第 5 行，将被视为第 1 行的 if 语句的代码块。因此编译器会认为这种代码是正确的代码。但从程序阅读的角度来看，上述代码的可读性就稍差一些。因此建议大家将上述代码修改为下列形式，这可以在提高程序可读性的同时，减少编写代码时所引起的逻辑错误的可能性。

```
if(表达式 1)
{
    if(表达式 2)
    {
        语句块 1;
    }
    else
    {
        语句块 2;
    }
}
```

扩展资源：实例 4.4-输入一个年份，判断该年份是否为闰年实例。完整的代码及代码解析请扫描 4.3 节节首的二维码观看微课视频进行学习。

4.3.3 switch 语句

在开发中，一个常见的问题就是检测一个变量是否符合某个条件。如果不符合，则用另一个值来检测它，以此类推。当然，这种问题可以使用 if 分支语句完成，或者使用 if…else if…else 语句完成。使用上述语句虽然可以实现多分支，却容易出错。C#提供了一种替代方式，即 switch 语句，也叫开关语句。它根据一个表达式的多个可能取值来选择要执行的代码段，其语法格式如下：

```
switch(判断参数)
{
    case 常量值1:
        语句块1;
        break;
    case 常量值2:
        语句块2;
        break;
    ...
    case 常量值n:
        语句块n;
        break;
    default:    //可选分支
        语句块n+1;
        break;
}
```

switch 关键字后面的括号中是要判断的参数。在没有学习面向对象的知识之前，可先认为参数必须是 sbyte、byte、short、ushort、int、uint、long、ulong、char、string、bool 或枚举类型中的一种。大括号中的代码是由多个 case 子句组成的，每个 case 关键字后面都有相应的语句块，这些语句块是 switch 语句可能执行的语句块。如果等于 case 后的常量值，则该 case 下的语句块就会被执行，语句块执行完成后，执行 break 语句，使程序跳出 switch 语句；如果所有 case 常量值都不满足，则执行 default 中的语句块。但 default 语句是可选的，即可以不写。如果没有写，且同时所有的 case 常量值都不满足，那么程序会直接跳出 switch 语句，执行其后面的代码。在使用 switch 语句时，有以下几点需要注意：

（1）case 后的各常量值不可以相同，否则会出现错误；

（2）case 后面的语句块可以包含多条语句，不必使用{}括起来；

（3）case 语句和 default 语句的顺序可以改变，但不会影响程序的执行效果；

（4）一个 switch 语句只能有一个 default 语句，而且 default 语句可以省略；

（5）若某个 case 语句中的 break 忘掉了，又满足该 case 条件，那么程序除了执行该 case 条件中的语句块以外，还会执行其后面的 case 条件中的语句块，直到遇到了 break 语句或是 switch 语句的右大括号即"}"，才能跳出 switch 语句。现在的编译器都要求为每一个 case 配上 break，否则提示编译错误。

switch 语句的程序流程图如图 4.7 所示。

1. switch 与 if…else if…else 的区别

if…else if…else 语句也可以实现多分支选择，但它主要是对布尔表达式、关系表达式或者逻辑表达式进行判断；switch 多分支语句主要是对常量值进行判断。因此在程序开发中如果遇到多分支选择的情况，并且判断的条件不是关系表达式、逻辑表达式或者浮点类型，则可以选择使用 switch 语句，这样执行效率会更高。

2. 使用 switch 语句的注意事项

（1）使用 switch 语句时，常量表达式的值不可以是浮点类型。如下面的代码是不合法的。

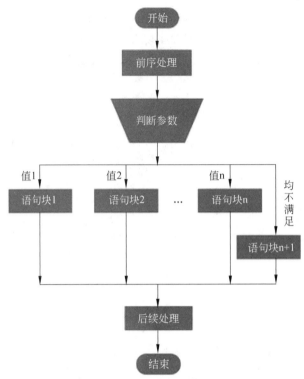

图 4.7   switch 语句的程序流程图

```
double num = Convert.ToDouble(Console.ReadLine());
switch(num)
{
    case 1.0:
        Console.WriteLine("分支1");
        break;
    case 2.0:
        Console.WriteLine("分支2");
        break;
}
```

思考一下：为什么常量表达式不能使用浮点类型？

（2）使用 switch 语句时，每一个 case 语句后面或是 default 语句的结束语句必须有一个 break 关键字，否则将会出现错误提示。

扩展资源：实例 4.5-查询高考录取分数线实例。完整的代码及代码解析请扫描 4.3 节节首的二维码观看微课视频进行学习。

4.3.4　案例2：彩票

假设有一个彩票程序，该程序可生成 0~99 的随机整数，称为开奖数字（如果生成的数字是 10 以下的，则在数字前加 0，比如生成的是 8，则开奖数字为 08）。用户在控制台输入两个数字，程序根据下列规则来判断用户输入的数字属于哪种奖项：

- 一等奖：用户输入的两个数字的大小和位置与开奖数字完全吻合，则显示"一等奖，奖励 1000 元现金"；
- 二等奖：用户输入的两个数字的大小和开奖数字完全吻合，但位置不对，则显示"二

微课视频 4-2

等奖，奖励 500 元现金"；

- 三等奖：用户输入的两个数字中只有一个数字是开奖数字中的，位置不论，则显示
  "三等奖，奖励 200 元现金"；
- 其余情况则提示"未中奖"。

分析上面的案例要求，首先需要考虑如何生成一个指定范围的随机整数；其次是如何将生成的随机整数拆分为两个单独的数字；再次是如何对用户输入的两个数字和开奖数字进行大小和位置上的判断；最后得出用户的输入属于何种奖项。

示例代码如代码 4.1 所示。

代码 4.1　案例 2：彩票示例代码

```
01  class Program
02  {
03      static void Main(string[] args)
04      {
05          int lottery = new Random().Next(0, 99);
06          int lotteryNumber1 = lottery / 10;
07          int lotteryNumber2 = lottery % 10;
08          Console.WriteLine("请输入两个数字");
09          int guess = int.Parse(Console.ReadLine());
10          int guessNumber1 = guess / 10;
11          int guessNumber2 = guess % 10;
12          if (guessNumber1 == lotteryNumber1 && guessNumber2 ==
    lotteryNumber2)
13          {   Console.WriteLine("一等奖，奖励 1000 元现金");  }
14          else if (guessNumber1 == lotteryNumber2 && guessNumber2 ==
    lotteryNumber1)
15          {   Console.WriteLine("二等奖，奖励 500 元现金");  }
16          else if (guessNumber1 == lotteryNumber2 || guessNumber2 ==
    lotteryNumber1
17                  || guessNumber1 == lotteryNumber1 || guessNumber2 ==
    lotteryNumber2)
18          {   Console.WriteLine("三等奖，奖励 200 元现金");  }
19          else
20          {   Console.WriteLine("未中奖");  }
21          Console.ReadKey();
22      }
23  }
```

程序首先利用除法运算符和取余运算符完成开奖数字和用户输入的两个数字的求取，然后再利用 if 嵌套语句完成奖项的判定。需要注意的是，二等奖和三等奖的判定表达式中的逻辑运算符的选取很重要。

4.4　循环结构

学习 C#编程语言的目的，就是能使用它编写出能够解决现实生活中问题的程序。生活中存在有很多重复性的工作，有时甚至不知道这种工作需要重复的次数。那么如何用简单

微课视频 4-3

的语句解决这种复杂的重复性的问题呢? C#语言提供了循环控制语句来解决这个问题。语言中的循环语句主要有 3 种: while、do...while 和 for。本节将对这 3 种语句一一进行讲解。

4.4.1 while 循环

和 if 语句一样,while 循环由 while 关键字和布尔表达式组成。其语法格式如下所示:

```
while(布尔表达式)
{
    循环体语句
}
```

布尔表达式一般是一个关系表达式或一个逻辑表达式。其表达式的值应该是一个逻辑值真或假。当表达式的值为真时,开始执行循环体内的语句;当表达式为假时则退出循环,去执行循环外的下一条语句。循环每次执行完语句后,都会回到布尔表达式处重新计算布尔表达式的值,来决定是进入循环体执行语句还是结束并跳出循环。

while 循环的程序流程图如图 4.8 所示。从图 4.8 中可以看出,while 循环的程序流程图和 if 语句的程序流程图非常相似。区别只是从循环语句执行完成后,程序的执行又回到了重新计算布尔表达式的值处。通过这种一次又一次的判定和执行语句块,实现了循环的操作。通常情况下,循环是需要有结束条件的。要满足结束的条件,则需要在每一次循环执行结束后,参与布尔表达式计算的各参数有所改变,从而为结束循环带来可能性,最终进入后续处理代码块,使程序运行结束,产生结果。

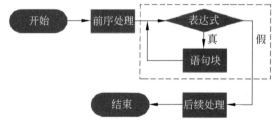

图 4.8 while 循环的程序流程图

扩展资源:实例 4.6-使用 while 循环完成 1~100 的累加实例。完整的代码及代码解析请扫描 4.4 节节首的二维码观看微课视频进行学习。

4.4.2 do...while 循环

从图 4.8 中可以看到,while 循环是在进入循环之前就需要对布尔表达式求值,以此来判定是否进入循环体。因此这种循环,有可能在第一次进行判定时,其值就为假,也就是说,循环体中的语句一次也不会被执行。但在有些情况下,无论循环条件是否成立,循环体的内容都需要被执行一次。这种情况可以使用 do...while 循环语句。这种循环的特点是先执行循环体,再判断循环条件。其语法如下所示:

```
do
{
    循环体语句
}while(布尔表达式);
```

do 为关键字,必须与 while 进行配对使用。do 和 while 之间的语句称为循环体,必须使用大括号括起来，哪怕只有一条语句也需要括起来。布尔表达式和 while 循环一样，也为关系表达式或逻辑表达式。但需要注意的是，在 do…while 语句后一定要有分号"；"。do…while 循环的程序流程图如图 4.9 所示。

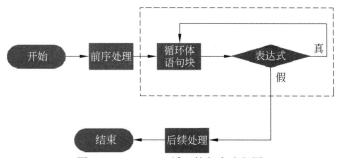

图 4.9 do…while 循环的程序流程图

从图 4.9 中可以看出，当使用 do…while 循环时，循环体中的语句会先执行一次，然后再判断循环条件。当循环条件为"真"时，则重新返回执行循环体的内容，如此反复，直到循环条件为"假"时，循环结束，程序执行 do…while 循环后面的语句。

扩展资源：实例 4.7-使用 do…while 循环完成 1～100 的累加实例。完整的代码及代码解析请扫描 4.4 节节首的二维码观看微课视频进行学习。

4.4.3 for 循环

除了前面两节学习的 while 和 do…while 循环以外，还有一种更常用、更灵活的循环结构——for 循环。这种循环既能够用于循环次数已知的情况，又能用于循环次数未知的情况。本节将对这种循环进行详细讲解。

for 循环的常用语法格式如下：

```
for(表达式 1;表达式 2;表达式 3)
{
    循环语句组；
}
```

for 循环的执行过程如下：

（1）求解表达式 1；

（2）求解表达式 2，若值为"真"，则进入循环体，执行其中的语句组，然后再执行下面的（3）步；若值为"假"，则转到（5）步；

（3）求解表达式 3；

（4）转回到（2）步执行；

（5）结束循环，执行 for 循环接下来的语句。

for 循环的程序流程图如图 4.10 所示。

for 循环最常用的格式如下：

```
for(循环变量赋初值;循环条件;循环变量增值)
{
    循环语句组；
}
```

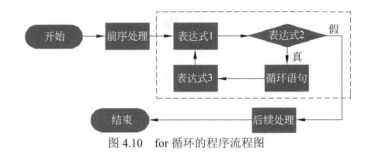

图4.10　for循环的程序流程图

扩展资源：实例 4.8-使用 for 循环完成 1~100 的累加实例。完整的代码及代码解析请扫描 4.4 节节首的二维码观看微课视频进行学习。

4.4.4　for 循环的变体讨论

for 循环在具体使用时，有很多种变体形式。比如省略"表达式 1""表达式 2""表达式 3"中的一个或多个。下面分别对各种常用变体形式进行讲解。

1. 省略"表达式 1"的情况

在 for 循环的基本结构中，省略掉"表达式 1"后，其结果如下所示：

```
for(;表达式 2;表达式 3)
{
    循环语句组;
}
```

从图 4.10 中可以看出，"表达式 1"的作用是为循环变量赋初值。如果省略掉"表达式 1"，即在循环过程中缺少了循环变量及其初始值。只需要在 for 循环语句的前面加上循环条件赋初值即可。示例如下所示：

```
int index=1;
for(;index<=100;index++)
{
    result += index;
}
```

上述两种结构的区别在于：如果在传统结构中"表达式 1"的地方进行循环变量的定义并赋初值，则循环变量的作用范围，只从 for 语句开始至 for 循环语句的右大括号}结束为止，即在循环结束后，该循环变量就不能在后续代码中进行使用；而省略"表达式 1"的情况时，循环变量是在 for 语句外部定义的，因此该循环变量在 for 语句结束后，仍然可以被访问。

注意：虽然可以省略"表达式 1"，但其后的分号";"是不可以被省略的，否则会出现编译错误。请读者自行验证。

2. 省略"表达式 2"的情况

使用 for 循环时，"表达式 2"也是可以省略的。如果省略了，则循环没有终止条件，会无限循环下去。针对这种情况，需要使用后面章节讨论的 break 语句来结束循环。省略了"表达式 2"的情况示例如下所示：

```
for(int index=1; ;index++)
{
    result += index;
```

```
}
```

从上述示例可以看出，由于没有循环判断语句，则程序默认每次的判断值为"真"，从而会无限次地进入循环体去计算。上述代码相当于以下 while 语句：

```
while(true) //条件永远为真，即为无限循环
{
    result += index;
    index++;
}
```

想要让这种结构能正常运行并得到结果，代码如下所示：

```
for(int index=1; ;index++)
{
    if(index <= 100)
        break;
    result += index;
}
```

当上述代码中的 if 判断成功，则会执行 break 语句。break 语句可以跳出当前所在的循环体，从而实现结束循环的目的。

3. 省略"表达式 3"的情况

"表达式 3"的作用在于修改循环变量的值。因此如果省略了"表达式 3"，则会使得循环变量不能修改其值，导致每次的循环判断结果将不会有机会改变，也可能导致进入无限循环。因此可以将修改循环变量值的语句放到循环体语句中。示例如下所示：

```
for(int index=1; index<=100; )
{
    result += index;
    index++;    //将表达式 3 放到循环体中
}
```

4. 3 个表达式均省略的情况

当 for 循环中所有表达式均省略时，该循环结构既没有循环变量赋初值的操作，也没有循环条件，也没有修改循环变量的操作。此时，需要将这些作用的代码放至 for 循环语句前或是循环体内进行替代。例如，下面的代码将会成为死循环：

```
int i = 100;
for(; ;)
{
    Console.WriteLine(i);
}
```

5. 带逗号的 for 循环

在 for 循环中，"表达式 1"和"表达式 3"处都可以使用逗号表达式，即包含一个以上的表达式，中间用逗号间隔。例如在"表达式 1"处为变量 i1 和 i2 同时赋值，代码如下：

```
for(int i1=1, i2=1; i1 <= 100; i1++, i2 = i2 + 2)//i1, i2 变化步长不同
{
    Console.WriteLine(i1);
    Console.WriteLine(i2);
}
```

4.4.5　循环的嵌套

循环结构的循环语句中，是可以包含任意结构的语句的，当然循环结构语句也包含在内。因此当循环语句中包含另一个循环语句，则称为循环的嵌套，分为外层循环和里层循环，一层一层地嵌套下去，则构成了多层循环结构。

3 种循环之间都是可以相互嵌套的。各种形式如表 4.2 所示。

表 4.2　3 种循环之间相互嵌套形式

```while（表达式）{ 语句组 while（表达式） { 语句组 }}```	```do{ 语句组 do { 语句组 } while（表达式）;}while（表达式）;```	```for(表达式;表达式;表达式){ 语句组 for（表达式;表达式;表达式） { 语句组 }}```
```while(表达式){ 语句组 do { 语句组 } while(表达式) ;}```	```for(表达式;表达式;表达式){ 语句组 while(表达式) { 语句组 }}```	```while(表达式){ 语句组 for(表达式;表达式;表达式) { 语句组 }}```

扩展资源： 实例 4.9-使用嵌套循环完成九九乘法表的打印实例。完整的代码及代码解析请扫描 4.4 节节首的二维码观看微课视频进行学习。

4.4.6　案例 3：减法表达式自动生成器

微课视频 4-4

编写一个程序，自动生成用户输入数量以及指定数值范围的整数减法表达，要求表达式的结果为非负值。

首先根据要求，我们可以想到需要使用循环来生成用户指定数量的减法表达式；其次需要根据指定范围生成减法表达式的两个操作数，这里可以使用 Random 类的 Next()方法来完成；再次根据生成的两个操作数进行大小比较，确定减数和被减数；最后显示生成的题干，并要求用户作答。根据用户的答案显示"正确"或"错误"的结果提示。

示例代码如代码 4.2 所示。

代码 4.2　案例 3：减法表达式自动生成器示例代码

```
01    class Program
02    {
03    class Program
04    {
05        static void Main(string[] args)
06        {
07            int quizNumber, oper1, oper2, range1, range2, result;
08            Console.WriteLine("请输入希望生成的题目数量: ");
09            quizNumber = int.Parse(Console.ReadLine());
```

```
10          Console.WriteLine("请输入希望生成的表达式中操作数的范围下限值: ");
11          range1 = int.Parse(Console.ReadLine());
12          Console.WriteLine("请输入希望生成的表达式中操作数的范围上限值: ");
13          range2 = int.Parse(Console.ReadLine());
14          if(range1>range2)
15          {
16              int temp = range1;
17              range1 = range2;
18              range2 = temp;
19          }
20          Random random = new Random();
21          for(int i = 0; i<quizNumber;i++)
22          {
23              oper1 = random.Next(range1, range2);
24              oper2 = random.Next(range1, range2);
25              if (oper1 < oper2)
26              {
27                  int temp = oper1;
28                  oper1 = oper2;
29                  oper2 = temp;
30              }
31              Console.Write($"{oper1}-{oper2}=");
32              result = int.Parse(Console.ReadLine());
33              if (result == oper1 - oper2)
34                  Console.Write("正确");
35              else
36                  Console.Write("错误");
37              Console.WriteLine();
38          }
39          Console.WriteLine("答题结束。");
40          Console.ReadKey();
41      }
42  }
```

上述代码根据用户输入的数量，利用 for 循环生成指定数量的表达式；在处理用户输入的操作数范围上，还要防止用户输入的上下限颠倒的情况；利用 if 判断完成生成指定范围的随机数的比较，以确定减数和被减数并完成最后的正误判断。根据所学，读者可自行将 for 循环替换为 while 循环，以达到同样的效果。

4.5 跳转语句

微课视频 4-5

跳转语句是用于强行控制程序流转的语句。C#中常用于循环内的跳转语句有 break 和 continue 语句。这两种跳转语句都可用于提前结束循环。还有一种 goto 语句，由于容易导致程序不易阅读，因此本书不对其进行介绍。本节将仅对上述两种跳转语句进行讨论。

4.5.1 break 语句

在 4.3.3 节中，已经学习了 break 语句可以用来跳出 switch 语句。同理，break 语句也可以用来跳出任意一个包含当前 break 语句的一层循环语句。比如是一层循环语句，break 可以直接跳出当前循环语句，执行循环语句后面的代码；在双层循环语句的情况下，如果 break 语句在内层循环体内，当执行 break 语句时，则可以跳出内层循环体，但仍然处于外层循环内。

break 语句一般与 if 语句配合使用，当满足某种条件的情况下，则 break 语句得以执行，跳出当前循环结构。

扩展资源：实例 4.10-使用 break 语句，找出从 1 开始进行累加，结果大于 10000 时的加数的实例。完整的代码及代码解析请扫描 4.5 节节首的二维码观看微课视频进行学习。

4.5.2　continue 语句

continue 语句的作用是结束本次循环，用来忽略循环语句中那些位于 continue 关键字后面的代码，而直接开始下一次的循环。当有循环嵌套的情况时，continue 语句只能使直接包含它的循环开始新的一次循环。通常 continue 会和 if 配合使用，表示在某种条件成立的情况下，不执行当前循环体后面的语句，直接开始一次新的循环。

扩展资源：实例 4.11-使用 continue 语句计算出 100 以内所有偶数的和的实例。完整的代码及代码解析请扫描 4.5 节节首的二维码观看微课视频进行学习。

4.5.3　break 与 continue 的区别

continue 语句只是结束了本次循环，而不是终止当前循环；而 break 语句是结束了当前循环，开始执行循环后面的语句。例如有如下两段代码：

```
while(表达式1)                          while(表达式1)
{                                       {
    if(表达式2)                             if(表达式2)
       break;                                 continue;
    语句组;                                语句组;
}                                       }
```

根据上面两段代码，可得如图 4.11 所示的两个不同的程序流程图。

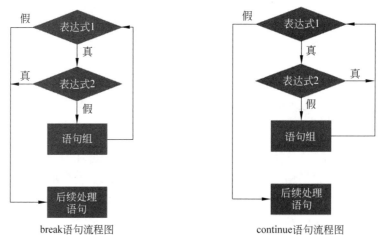

break语句流程图　　　　continue语句流程图

图 4.11　break 和 continue 语句程序流程图

微课视频 4-6

4.6　案例4：显示素数

在数学上，对于大于 1 的一个整数，如果该整数仅能被 1 和其自身整除，则这个数称为素数。比如 2、3、5、7 为素数，而 4、6、8 不是。编写程序显示出前 50 个素数，并将它们用 5 行显示，每行显示 10 个数，每个数用空格隔开。

根据上面的要求，可以分析出，首先判断当前整数是否为素数；其次记录下已经找到的素数的个数；最后以一行 10 个数的方式来显示所有素数，此时需要判断当前素数是否需要换行显示。

示例代码如代码 4.3 所示。

代码4.3　案例4：显示素数示例代码

```
01    class Program
02    {
03      static void Main(string[] args)
04      {
05          const int NUMBER_OF_PRIMES_PER_LINE = 10;
06          const int NUMBER_OF_PRIMES = 50;
07          int count = 0;
08          int number = 2;
09          Console.WriteLine("前50个素数有：");
10          while(count < NUMBER_OF_PRIMES)
11          {
12              bool isPrime = true;
13              for(int divisor = 2;divisor <= number / 2;divisor++)
14              {
15                  if(number % divisor == 0)
16                  {
17                      isPrime = false;
18                      break;
19                  }
20              }
21              if(isPrime)
22              {
23                  count++;
24                  if (count % NUMBER_OF_PRIMES_PER_LINE == 0)
25                      Console.WriteLine(" "+ number);
26                  else
27                      Console.Write(" " + number);
28              }
29              number++;
30          }
31          Console.ReadKey();
32      }
33    }
```

在上述代码中，通过外层 while 循环控制找到前 50 个素数，而内层 for 循环，则完成对当前整数是否为素数进行判断。判断过程为从 2 到当前数的一半,分别进行取余。如果有某一个值除以当前值的余数为 0,则表示当前值不为素数,则跳出当前 for 循环而进入下一个值的循环中。

4.7 小结

本章详细介绍了程序控制的 3 种结构:顺序结构、选择结构和循环结构。合理安排这 3 种结构,可以完成所有程序的编写,读者应该对这 3 种结构及其变体进行相当深入的学习。此外,本章还介绍了 break 和 continue 两种跳转语句的使用。

4.8 练习

(1)一元二次方程$ax^2 + bx + c = 0$的解可用公式$r_1 = \dfrac{-b + \sqrt{b^2 - 4ac}}{2a}$ 和 $r_2 = \dfrac{-b - \sqrt{b^2 - 4ac}}{2a}$ 来获得。如果$b^2 - 4ac$的值为正,则表示当前方程有两个实数解;值为零表示当前方程仅有一个实数解;值为负表示当前方程没有实数解。编写程序,要求用户输入 a,b,c 的值,并根据上述规则得出相应的解。

(2)编写程序,随机生成 1~12 的整数,将生成的随机整数输出对应的月份名。

(3)编写程序求满足 1+3+5+7+9+⋯+n>500 的最小正整数 n。

(4)模拟客人的用餐场景:根据客人的人数安排到 4 人桌、6 人桌、8 人桌、10 人桌。如果用餐人数过多,则提示"本餐厅没有包厢可容纳所有客人"。

(5)要求用户输入 3 个整数,编写程序对这 3 个数进行升序排序。

(6)使用 do…while 循环语句计算 n 的阶乘。要求输入 n 的值,输出 n 的阶乘。

(7)自动售卖机有 3 种饮料,价格分别为 3 元、5 元和 7 元。自动售卖机仅支持 1 元硬币,请编写该售卖机自动收费系统。

(8)一本书的 ISBN 号有 10 个数字,记为 $d_1d_2d_3d_4d_5d_6d_7d_8d_9d_{10}$。其中 $d_{10} = (d_1×1+d_2×2+d_3×3+d_4×4+d_5×5+d_6×6+d_7×7+d_8×8+d_9×9)$ %11。如果 d_{10} 的值为 10,则用 X 表示。编写程序,用户输入前 9 个数字,程序自动生成完整的 ISBN 号。

(9)编写程序,要求用户输入月份和年份,程序输出对应的月份的英文名和年份,以及该年当前月份的总天数。这里需要注意的是闰年的情况。例如,用户输入 2 月和 2012 年,则显示"February 2012 had 29 days"。

(10)将案例 2-彩票程序进行扩展为开奖数字为 3 个数字的情况,兑奖规则如下:

- 如果 3 个数字的大小和位置都猜中,则为一等奖;
- 如果 3 个数字的大小猜中,则为二等奖;
- 如果仅有 2 个数字猜中,则为三等奖;
- 否则视为未中奖。

(11)有一个长方形,其中心点坐标为(0,0),长为 100,宽为 200。编写程序,显示一个位于该长方形中的随机坐标值。

（12）快递公司使用如下公式来根据重量 w（千克）产生快递费 c（元）：

$$c(w) = \begin{cases} 3.5, & 0 < w \leqslant 1 \\ 5.5, & 1 < w \leqslant 3 \\ 8.5, & 3 < w \leqslant 10 \\ 10.5, & 10 < w \leqslant 20 \end{cases}$$

编写程序，根据用户输入的重量值完成快递费的计算。

（13）根据用户输入的 3 个整数，判断其是否能构成一个三角形。如果不能，则显示"输入值错误"，否则显示三角形的周长。

（14）蔡勒（Zeller）公式可以根据用户输入的年份、月份和日数，计算出当天是星期几。其公式为：$h = \left(q + \dfrac{26(m+1)}{10} + k + \dfrac{k}{4} + \dfrac{j}{4} + 5j \right) \% 7$，其中：

h：表示星期几（0：星期天；1：星期一；2：星期二，以此类推）；

q：表示某月的日数；

m：表示月份（3：三月；4：四月；……；12：十二月；13：一月；14：二月）；

j：表示世纪数，通过 year/100 来求得；

k：表示年份。

编写程序，提示用户输入年份、月份和日数，程序计算得出当前日期为星期几。

（15）编写程序，模拟从一副扑克牌中随机选取一张牌，显示牌的数值和花色，比如红心 A。

（16）编写程序，要求用户输入一组整数，以 0 结尾。输入结束后，统计并输出用户输入的所有整数的和、平均值、正数个数和负数个数分别是多少。

（17）编写程序，打印出如下内容。注意，1 千克等于 2.2 磅。

Kilograms	Pounds
1	2.2
2	4.4
…	…
197	433.4
199	437.8

（18）假设某所大学的学费为 1 万元，每年增长的比例为 5%，则下一年的学费为 1*1.05% 万元。请编程计算出第十年的学费是多少。

（19）用户输入若干学生的姓名和成绩，编程显示出输入的数据中，成绩最高分的学生的姓名。

（20）输出 100~1000 范围内，可以被 5 和 6 同时整除的所有整数。每行显示 10 个数，每个数用空格隔开。

（21）使用 for 循环实现 1 到 100 之间的奇数的累加。

（22）有一组数：1、1、2、3、5、8、13、21、34、…请算出这组数的第 30 个数。

（23）使用 while 循环找出 n^2 大于 12000 的最小 n 值。

（24）编写程序，显示出用户输入的整数的最小分解因子数。例如，用户输入 120，则可分解为 2，2，2，3，5。

（25）数学上，对 e 的值的估算公式为：

$$e = 1 + \frac{1}{1!} + \frac{1}{2!} + \frac{1}{3!} + \frac{1}{4!} + \cdots + \frac{1}{i!}$$

编写程序，计算出当 i=10000，20000，…，100000 时，分别对应的 e 的值。

（26）一个数如果正好等于其所有正约数（不含其本身）的和，则这个数称为完美数。比如 6=3+2+1，28=14+7+4+2+1。在 10000 以内一共有 4 个完美数，编写程序把它们找出来。

（27）某剧院出售门票，观众席共有 4 行、10 列。为保证观看效果，每行的第一列和最后一列将不对外出售。请编写程序完成上述功能。

<table>
<tr>
<td>

第 5 章

CHAPTER 5

</td>
<td>

数组与字符串

</td>
</tr>
</table>

本章要点:

- 一维数组的介绍;
- 二维数组的介绍;
- 交错数组的使用;
- Array 类及其方法的应用;
- 字符串及其应用;
- StringBuilder 类及其应用。

5.1 数组概述

前面已经学习了变量的使用,知道变量的作用是存储数据。现在的问题是,如果我们有多个相同类型的数据需要保存,那应该如何处理呢? 难道需要使用多次变量定义? 正确的答案是使用数组类型,这是 C#提供的专门用于处理大量相同类型数据的简便方法。可以这样理解:定义普通变量是申请一块内存保存一个数据,而定义数组变量则是申请一段连续的内存保存多个数据。比如定义 100 个学生,就不需要再定义 100 次学生变量了。只需要将这 100 个学生看成一个整体,定义一个数组变量即可。但在内存中,这个数组变量则包含了 100 个学生变量所占的内存区域。

数组是具有相同数据类型的一组数据的集合,例如,球类的集合有足球、篮球、羽毛球等;电器集合有电视机、洗衣机、电风扇等。前面学过的变量用来保存单个数据,而数组则保存的是多个相同类型的数据。数组与单个变量的内存区域比较如图 5.1 所示。

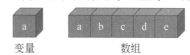

图 5.1 数组与单个变量的内存区域比较图

数组是通过指定数组的元素类型、数组的秩(维数)和数组每个维度的上限和下限来定义的。因此一个数组的定义需要包含以下几个元素:元素类型、数组的维数、每个维度的上下限。

数组的定义语法如下:

```
数据类型  数组名 = new  数据类型[数组长度]
```

例如:

```
int[] arr1 = new int[10];  //定义一个名为 arr1 的 int 型数组,其最多容纳 10 个元素。
```

对数组的定义的组成要素注解如图 5.2 所示。

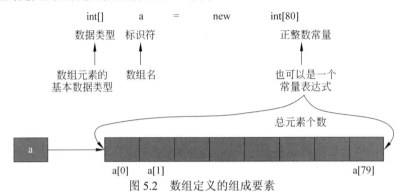

图 5.2　数组定义的组成要素

数组中的每一个变量称为数组的元素。数组能够容纳元素的数量称为数组的长度。数组中的每个元素都具有唯一的索引与其对应。数组的索引从零开始。在程序设计中引入数组，将若干个元素看作一个整体，可以更为有效地管理数据。将若干个元素看作一个数组的情况，称为一维数组。而将数组中的元素也可以为另一个数组。因此这种将数组作为元素的情况，称为二维数组，甚至多维数组等情况。下面就将对这些数组进行一一介绍。

微课视频 5-1

5.2　一维数组

一维数组实际上是一组相同数据类型的信息集合。例如，学校的学生排列的一字长队就是一个数组。每一位学生都是数组中的一个元素。本节将介绍一维数组的创建及使用。

数组作为引用类型，允许使用 new 关键字进行内存分配。在使用数组之前，必须首先定义数组变量所属的类型。一维数组的创建有两种形式。

1. 先声明，再用 new 关键字进行内存分配

```
数据类型[]　数组名;
```

例如：

```
int[] arr1;
```

数据类型决定了数组中元素的数据类型。它可以是在 C#中任意的数据类型，数组名为一个合法的标识符符号。"[]"表示当前类型是数组，单个"[]"表示要创建的数组是一维数组。

声明数组后，还不能访问它的任何元素。因为声明数组，只是给出了数组名字和元素的数据类型。当只是声明数组之后，编译器会在内存的栈区找一个内存区域，将当前的数组名保存起来，其内存区域如图 5.3 所示。然后这块区域会保存真正存储了所有元素所在的位于内存堆上的地址。因此想要真正使用数组，还要为它分配内存空间。在为数组分配内存空间时，必须指明数组的长度，为数组分配内存空间的语法格式如下：

```
数组名 = new 数据类型[长度];
```

例如：

```
arr1 = new int[10];
```

通过上面的语法可知，使用 new 关键字分配数组时，必须指定数组元素类型和元素的

图 5.3　一维数组的内存区域

个数，即数组的长度。使用 new 关键字为数组分配内存时，整型数组中各个元素的初始值都为 0。

回忆一下：每一个 int 型的变量所占的内存大小是多少？

在上面的示例中，arr1 这一个数组分配了 10 个大小为 int 型的内存空间，且这些空间是连续的。

2. 声明的同时为数组分配内存

这种创建数组的方法是将数组的声明和内存的分配合并在一起执行。语法如下：

```
数据元素类型[]　数组名 = new　数据类型[数组长度]
```

例如：

```
int[] arr1 = new int[10];  //定义一个名为 arr1 的 int 型数组，其最多容纳 10 个元素。
```

5.2.1　一维数组初始化

数组的初始化主要分为两种：为单个元素赋值和同时为整个数组赋值。下面分别介绍。

1. 为单个元素赋值

在声明一个数组并为其指定长度后，就可以通过数组元素的下标来访问每个元素，并为这些元素赋值。例如：

```
int[] arr = new int[5]; //数组长度为 5
arr[0] = 1;  //数组下标从 0 开始，即下标为 0 的为第 1 个元素
arr[1] = 2;
arr[2] = 3;
arr[3] = 4;
arr[4] = 5; //数组元素的最大下标为 4
```

利用这种方法，可以依次为每一个元素进行赋值。但如果数组的长度较大时，则会使程序显得很冗长。如果存入数组的所有元素的值是有一定规律的，则可以使用循环来完成这一赋值过程。例如：

```
int[] arr = new int[5];
for( int i = 0; i<arr.Length; i++)
{
    arr[i] = i+1;
}
```

第 2 行代码中的 arr.Length 的作用是获得数组 arr 的长度。需要注意的是，在访问数组时，中括号中元素的下标一定是在 0~（数组长度-1）的范围内，否则会产生编译错误。

2. 同时为整个数组赋值

在声明并为数组分配内存时，可以同时完成对整个数组的赋值操作。示例如下所示：

```
int[] arr = new int[5]{1,2,3,4,5}; //声明时赋值
int[] arr = new int[]{1,2,3,4,5};  //右侧省略数组长度，以赋值个数为数组长度;
```

```
int[] arr = {1,2,3,4,5};              //更为简略的写法
```

以上 3 种形式都可以完成整个数组的赋值操作，它们的效果是一样的，都定义了一个长度为 5 的整型数组，并进行了初始化。其中后两种编译器会自动计算赋值个数，并将之作为数组的长度。

5.2.2　一维数组的使用

一维数组的使用与一维数组的赋值比较类似，都是通过访问数组元素的下标来获取或设置元素的值。

扩展资源：实例 5.1-输出一年中每个月的天数实例。完整的代码及代码解析请扫描 5.2 节节首的二维码观看微课视频进行学习。

微课视频 5-2

5.2.3　案例 5：生成一副扑克牌

一副扑克牌一共有 52 张牌组成，其中一共有 4 种花色，每种花色有 13 个等级值。生成一副扑克牌并将其打乱，最后显示生成的扑克牌的前 4 张的牌面。

分析上述案例，可知，首先需要使用两个一维数组分别将花色和等级值保存起来；其次需要找到生成一副牌面不重复的 52 张牌的方法；之后将 52 张牌打乱，再显示前 4 张牌即可。

示例代码如代码 5.1 所示。

代码 5.1　案例 5：生成一副扑克牌示例代码

```
01    class Program
02    {
03      static void Main(string[] args)
04      {
05        int[] deck = new int[52];
06        string[] suits = { "黑桃", "红心", "梅花", "方块" };
07        string[] ranks = { "A", "2", "3", "4", "5", "6", "7", "8", "9",
    "10", "J", "Q", "K" };
08        for (int i = 0; i<deck.Length; i++)
09          deck[i] = i;
10        Random rand = new Random();
11        for(int i=0;i<deck.Length;i++)
12        {
13          int index = rand.Next(deck.Length);
14          int temp = deck[i];
15          deck[i] = deck[index];
16          deck[index] = temp;
17        }
18        for(int i=0;i<4;i++)
19        {
20          string suit = suits[deck[i] / 13];
21          string rank = ranks[deck[i] % 13];
22          Console.WriteLine($"第{i+1}张牌为{suit}{rank}");
23        }
24        Console.ReadKey();
```

```
25        }
26    }
```

上述代码首先将 deck 数组使用 0~51 的值进行填充，再使用 for 循环对 deck 数组中的值进行打乱。最后利用 deck 数组中的值，计算出对应的花色和等级值并显示出牌面。运行效果如图 5.4 所示。

图 5.4　案例 5：生成一副扑克牌运行效果图

微课视频 5-3

5.3　二维数组

二维数组是一种特殊的多维数组。多维数组是指可以用多个索引访问的数组，声明时使用多个中括号或者在中括号内加逗号，就表明是多维数组。有 n 个中括号或者中括号内有 n 个逗号，就表示是 n+1 维数组。在 C#中，多维数组有两种情况：一种是每一行的列数是相同的，即为矩形方阵；另一种是每一行的列数可能是不相同的，即为不规则数组。这里讨论的二维数组则为矩形方阵的情况。不规则数组将会在 5.4 节中讨论。

5.3.1　二维数组的创建

二维数组常用于表示二维表，表中的信息以行和列的形式展示。第一个下标代表元素所在的行，第二个下标代表元素所在的列。比如一幢大楼，有若干层，每一层有若干个房间。于是就可以通过绘制一个二维表来记录每一个房间的位置。

二维数组的声明语法如下：

```
数据类型[,] 数组名；
```

例如：

```
int[,] arr2d; //声明一个名为 arr2d 的二维数组
```

与一维数组一样，二维数组在声明时也没有分配内存空间。同样也需要使用 new 关键字来完成内存的分配，然后才可以访问每个元素。对于矩形方阵的二维数组而言，常用的内存分配方式为直接分配。例如：

```
int[,] arr2d = new int[2,4]; //定义一个 2 行 4 列的二维数组
```

5.3.2　二维数组的初始化

二维数组的下标有两个，分别代表行索引和列索引，构成由行和列组成的一个矩阵，如图 5.5 所示。

二维数组的初始化有两种方式：为单个二维数组元素赋值、同时为整个二维数组赋值。

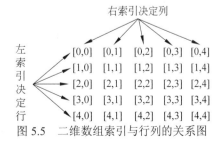

图 5.5　二维数组索引与行列的关系图

1. 为单个二维数组元素赋值

为单个二维数组元素赋值，即首先声明一个二维数组，并指定行数和列数，然后为二维数组中的每个元素进行赋值，例如：

```
int[,] myarr = new int[2,2]; //定义一个 int 类型的二维数组
myarr[0,0] = 0; //为二维数组第 1 行第 1 列赋值
myarr[0,1] = 1; //为二维数组第 1 行第 2 列赋值
//为二维数组第 2 行第 1 列赋值
myarr[1,1] = 3; //为二维数组第 2 行第 2 列赋值
```

同一维数组的赋值一样，为单个二维数组元素赋值则需要使用嵌套循环来处理。例如：

```
int[,] myarr = new int[2,3];//定义一个 int 类型的二维数组
for(int i = 0; i< 2; i++)//遍历二维数组的行
{
    for(int j = 0; j < 3; j++)//遍历二维数组的列
    {
        myarr[i,j] = i + j;//访问对应行和列的数组元素
    }
}
```

2. 同时为整个二维数组赋值

同时为整个二维数组赋值时需要使用嵌套的大括号，将要赋值的数据包含在里层大括号中，每个大括号中间用逗号隔开。例如：

```
int[,] myarr = new int[2,2] { {1,2}, {3,4} };
int[,] myarr = new int[,] { {1,2}, {3,4} };
int[,] myarr = { {1,2}, {3,4} };
```

以上 3 种形式实现的效果是一样的，都是定义了一个 2 行 2 列的 int 型二维数组，并进行了初始化。后面两种均会自动计算数组的行数和列数。

5.3.3　二维数组的使用

实际应用中，经常会获取二维数组的行数和列数。获取二维数组的行数可通过 GetLength(0)属性来获得，列数可通过调用 GetLength(1)来计算获得。

扩展资源：实例 5.2-模拟客房预订系统实例。完整的代码及代码解析请扫描 5.3 节节首的二维码观看微课视频进行学习。

5.3.4　案例 6：数独游戏判定

微课视频 5-4

数独是一种数字游戏，由 9×9 个格子组成。而这 9×9 个格子又被分成 9 个 3×3 的小格子。在每个 3×3 的小格子中填入 1~9 的数字，最终整个 9×9 的格子都由 1~9 的数字填满。数独一开始会随机选一些格子填入数字，要求玩家填满其他空白格。要求的是每一行、每一列、每一个 3×3 的小格子中只能有 1~9 的不重复的数字。那么如何判断玩家填入的数字是否正确呢？本案例就来讨论这一问题。

从数独的游戏来看，我们可以分析出，可以使用二维数组的方式来存储数独的 9×9 个格子中的数。默认情况下，整个数独中的数字均为 0，表示空格。当系统给出初始题面时，对应位置则赋予初值，而其他依然为 0。玩家要做的就是给出空白格子中应填入的数字。

因此可以看出，当玩家给出了答案后，对数独的判定就转变成了对二维数组的判定。判定的条件即为数独解题成功的上述 3 个条件。因此可得出参考代码如代码 5.2 所示。

代码 5.2 案例 6：数独游戏判定示例代码

```
01    class Program
02    {
03        static void Main(string[] args)
04        {
05            bool result = true;
06            int[,] grid = new int[9, 9];
07            for (int i = 0; i< 9; i++)
08                for (int j = 0; j < 9; j++)
09                    grid[i, j] = int.Parse(Console.ReadLine());
10            for (int i = 0; i< 9; i++)
11                for (int j = 0; j < 9; j++)
12                {
13                    bool isColumn=true, isRow=true, isGrid=true;
14                    for (int index = 0; index < 9; index++)
15                    {
16                        if (index != j && grid[i, index] == grid[i, j])
17                            isColumn = false;
18                        if (index != i && grid[index, j] == grid[i, j])
19                            isRow = false;
20                    }
21                    for (int row = (i / 3) * 3; row < (i / 3) * 3 + 3; row++)
22                        for (int col = (j / 3) * 3; col < (j / 3) * 3 + 3; col++)
23                            if (row != i && col != j && grid[row, col] == grid[i, j])
24                                isGrid = false;
25                    result = result && !(grid[i, j] < 1 || grid[i, j] > 9
   || !(isColumn && isRow && isGrid));
26                }
27            if (result)
28                Console.WriteLine("正确");
29            else
30                Console.WriteLine("错误");
31            Console.ReadKey();
32        }
33    }
```

上述代码利用多重循环完成对二维数组中元素的检查，最终完成判定。读者可以进一步思考，考虑如何提高判定效率。

5.4 不规则数组（交错数组）

前面讲的二维数组都是规则的矩阵形数组，即每行具有相同的列数。但实际情况是，有时候每一行的列数是不同的。这样的二维数组实际是一个不规则型的数组。不规则型数组也有二维和多维之分。定义二维不规则数组时，使用两个中括号"[][]"；如果是定义三

维不规则数组,则使用 3 个中括号"[][][]",以此类推。以二维不规则数组为例,其定义方式如下:

```
int[][] myarr = new int[3][];//定义一个 int 类型的二维不规则数组
myarr[0] = new int[5];//为第 1 行分配 5 个元素
myarr[1] = new int[3];//为第 2 行分配 3 个元素
myarr[2] = new int[4];//为第 3 行分配 4 个元素
```

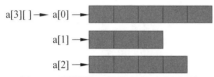

图 5.6　不规则二维数组的空间占用

因此上面代码中定义的不规则二维数组的空间占用如图 5.6 所示。

对于不规则数组而言,当每一维度的长度都相同时,也就变成了规则数组。因此规则数组上的所有操作对于不规则数组都是成立的。但对于不规则数组,在初始化时,必须为每一维数组元素进行赋值。

以不规则的二维数组为例,首先需要定义这个不规则二维数组,然后将每一行初始化为一个一维数组。例如:

```
int[][] myarr = new int[3][];//定义一个 int 类型的二维不规则数组
myarr[0] = new int[] {0, 1};//初始化第 1 行
myarr[1] = new int[] {0, 1, 2, 3};//初始化第 2 行
```

在不规则的数组中,由于每一维都是一个单独的数组,因此可以通过行下标来获取指定行的列维数,如:myarr[0].Length 可以获得 myarr 这个不规则数组的第 1 行的列数。例如,如代码 5.3 所示,可以通过循环为不规则数组进行初始化。

代码 5.3　通过循环为不规则数组进行初始化示例代码

```
01    using System;
02    namespace Hello_World
03    {
04      class Program
05      {
06        static void Main(string[] args)
07        {
08          int[][] arr = new int[3][]; //声明不规则数组
09          arr[0] = new int[5];
10          arr[1] = new int[3];
11          arr[2] = new int[4];
12          for(int i = 0; i<arr.Length; i++)//获取不规则数组的行数
13          {
14            for(int j = 0; j <arr[i].Length; j++)//根据行标,获取对应行的列数
15            {
16                Console.Write(arr[i][j]);
17             }
18            Console.WriteLine();
19          }
20          Console.ReadLine();
21        }
22      }
23    }
```

5.5 C#中的 Array 类及数组的遍历操作

5.5.1 Array 类

C#中的数组本质是一种引用类型的对象，其是由 System.Array 类派生一种类之间的关系，将在第 8 章中详细介绍而来的。在 Array 类中定义了各种属性或方法。由于数组与 Array 类是派生关系，因此根据派生的特性，数组对象是可以完全使用 Array 类中所定义的各种操作的。例如，可以使用 Array 类的 Length 属性获取数组元素的长度，也可以使用 Rank 属性获取数组的维数。Array 类的常用方法如表 5.1 所示。

表 5.1　Array 类的常用方法

方　　法	说　　明
Copy()	将数组中的指定元素复制到另一个目标数组中
CopyTo()	从指定的目标数组索引处开始，将当前一维数组中的所有元素复制到另一个一维数组中
Exists()	判断数组中是否包含给定的元素
GetLength()	获取 Array 的指定维中的元素数
GetLowerBound()	获取 Array 中指定维度的下限
GetUpperBound()	获取 Array 中指定维度的上限
GetValue()	获取 Array 中指定位置的值
Reverse()	反转一维数组中元素的顺序
SetValue()	设置数组中指定位置的元素
Sort()	对一维数组元素按指定方式进行排序

代码 5.4 演示了 Array 类的一些方法的用法。

代码 5.4　Array 类的一些方法的用法示例代码

```
01    using System;
02    namespace ArrayApplication
03    {
04        class MyArray
05        {
06            static void Main(string[] args)
07            {
08                int[] list = { 34, 72, 13, 44, 25, 30, 10 };
09                Console.Write("原始数组: ");
10                foreach (int i in list)//遍历数组
11                {
12                    Console.Write(i + " ");
13                }
14                Console.WriteLine();
15                // 使用 Reverse()方法逆转数组
16                Array.Reverse(list);
17                Console.Write("逆转数组: ");
18                foreach (int i in list)
```

```
19                {
20                    Console.Write(i + " ");
21                }
22                Console.WriteLine();
23                // 使用 Sort ()方法排序数组
24                Array.Sort(list);
25                Console.Write("排序数组: ");
26                foreach (int i in list)
27                {
28                    Console.Write(i + " ");
29                }
30                Console.WriteLine();
31                Console.ReadKey();
32            }
33        }
34    }
```

5.5.2　数组的遍历操作

foreach 语句提供一种简单、明了的方法来循环访问数组的元素。对于单维数组,foreach 语句以递增索引顺序处理元素(从索引 0 开始并以索引 Length−1 结束)。foreach 语句的语法格式如下:

```
foreach(数据类型  变量名 in 数组名)
{
    循环体语句。
}
```

例如有一个数组,可以使用 foreach 循环将其内的所有值依次显示出来。示例代码如代码 5.5 所示。

代码 5.5　使用 foreach 循环显示数组中的元素示例代码

```
01    int[] numbers = { 4, 5, 6, 1, 2, 3, -2, -1, 0 };
02    foreach (int i in numbers)
03    {
04        System.Console.Write("{0} ", i);
05    }
06    // Output: 4 5 6 1 2 3 -2 -1 0
```

扩展资源: 实例 5.3-对已有数组进行逆转显示和排序显示实例。完整的代码及代码解析请扫描 5.5 节节首的二维码观看微课视频进行学习。

需要注意的是,使用 foreach 遍历数组元素时,不能直接对 foreach 中定义的临时变量进行值的修改。因为该临时变量不是原始数组中的一员,不能达到修改原始数组的目的。

5.6　字符串

微课视频 5-6

在第 3 章中,我们已经初步地认识了什么是字符串。字符串是所有编程语言在项目开发过程中涉及最多的部分。大部分项目的运行结果都需要以字符串的形式展示给客户,比如财务系统的报表、电子游戏的比赛结果、火车站的列车时刻表,等等。这些都需要经过程序精密的计算判断和梳理，将想要的内容以文本形式直观地展示出来。

前面还学习了 char 类型。它是可以用来保存字符的，但它只能表示单个字符。如果需要多个字符时，只能使用字符串。字符串，顾名思义就是用字符拼接成的文本值。字符串在存储上类似于数组，不仅字符串的长度可取，而且每一位上的元素也可取。

5.6.1　字符串的声明

C#语言中，字符串必须包含在一对双引号之内，例如"abc"、"您好"、"喂"等，这些都是字符串常量。字符串常量可以显示任何文字信息，甚至是单个字符。包含在双引号内的字符串将被原原本本地显示出来，除非使用特殊的方式引用了变量，否则在字符串中不会进行任何计算操作。

字符串是通过 string 类来创建的，其声明语法如下所示：

```
string  字符串对象名 ; //也可以称为字符串引用变量
```

例如：

```
string str1;
```

这里的"字符串对象名"本质上是一个保存在内存栈中的变量的名字，称为"字符串引用变量"。由于字符串是一种引用类型，因此在"字符串对象名"中将保存在内存堆中存储的字符串内容的地址。通过这个地址就可以找到真正的字符串。因此使用该字符串引用变量，可以很方便地使用该字符串对象。

5.6.2　字符串的初始化

声明了一个字符串对象之后，如果要使用该对象，则必须先初始化，否则将出现编译错误。对字符串的初始化有以下几种方式。

1. 直接将字符串内容赋值给字符串对象

```
string str1 = " I like C# " ;
string str2;
str2 = "我爱中国";
```

使用这种方法来初始化时，既可以先声明字符串对象再初始化，也可以将声明和初始化放一起来完成。

使用直接将字符串内容赋值给字符串对象时，赋值号右侧的内容将被视为字符串常量对象。意思是先在内存的堆中找一个区域把字符串的内容存起来后，然后再把该内存地址赋值给左边的"字符串引用变量"。至此，编译器就可以根据"字符串引用变量"中保存的内存地址找到真正的字符串中的内容了。

在实际开发过程中，如果两个字符串常量的内容相同，那么在分别赋值给两个"字符串引用变量"时，这两个"字符串引用变量"中将保存的是同一个内存堆中的地址，即这两个字符串对象本质上是一个对象，任何一个做了修改，另一个将会受到影响。其内存区域分配情况如图 5.7 所示。

图 5.7　两个字符串对象引用相同的常量内存示意图

```
string str1, str2;
str1 = "We are Students";
```

```
str2 = "We are Students";
```

这样做的原因在于 CLR 使用了一种叫字符串驻留的技术。对于上述情况，CLR 初始化字符串时，会创建一个内部的散列表（可以理解为一个有两列的表，列名分别为"键"和"值"），其中的键为字符串，值为指向托管堆中字符串对象的引用。刚开始，散列表为空。JIT 编译器编译方法时，会在散列表中查找每一个文本常量字符串，首先会查找"我爱中国"字符串，因为没有找到，编译器会在托管堆中构造一个新的指向"我爱中国"的字符串对象，然后将"我爱中国"字符串和指向该对象的引用添加到散列表中。

接下来执行代码。CLR 发现第一个语句需要一个"我爱中国"字符串引用，于是，CLR 会在内部的散列表中查找"我爱中国"，并且会找到，这样指向先前创建的字符串对象的引用就被保存在变量 str1 中。执行第二条赋值语句时，CLR 会再一次在散列表中查找"我爱中国"，此时会找到，于是指向同一个字符串对象的引用会被保存在变量 str2 中。至此，str1 和 str2 指向了同一个对象的引用。因此，如果对 str1 引用的对象进行了修改，那么使用 str2 时，也会受到影响。

字符串对象还有一个特性就是，一旦某个字符串对象的值被改变了，比如删掉一些字符或是加上一些字符，那么基于上述原理，原引用变量所指向的字符串对象也会改变。修改后的字符串会被视为一个新的字符串对象，原来的字符串对象将不会有任何引用对象指向它，从而成为"垃圾"，最终将会由垃圾回收机制处理。

2. 利用字符数组进行初始化

```
char[] charArray={'y','e','a','r'};
string str1 = new string(charArray);
```

这里使用了 **new** 关键字来完成一个对象的构造任务。具体的构造过程将在第 8 章中详细介绍。当然我们也可以使用既有的字符数组中的某些字符来构建成一个字符串。如下所示：

```
char[] charArray={'y','e','a','r'};
string str1 = new string(charArray, 0, 2);  //从下标为 0 的字符开始，取 2 个字符，
                                            //结果为"ye"
```

3. 利用字符串进行初始化

当已知一个字符串，需要将该字符串封装为另一个字符串对象时，可以利用已知字符串初始化字符串对象。

```
string str1 = new string("abc");
```

4. 使用 null 对字符串进行初始化

当声明了一个字符串但又没有值可以初始化它时，可以使用 null 关键字对其进行初始化。

```
string str1 = null;
```

5.6.3 字符串的常用操作

字符串作为一种引用对象，是根据 **string** 类中的定义构造出来的。因此在该类中，已经定义了若干种用于操作字符串并获取有效信息的方法。本节将介绍常用的字符串操作

方法。

1. 获取字符串的长度

获取字符串的长度，可以使用 string 类的 Length 属性。使用方法如下：

```
string str1 = "abc";
int strLength = str1.Length;
```

首先声明并初始化一个字符串对象 str1，然后再使用 str1.Length 表达式获取当前对象的字符个数。Length 属性将会返回一个整型数值用以表示当前字符串的长度。所以再声明一个 strLength 的 int 型变量将返回的字符串长度保存起来。如果输出 strLength 变量的值，则结果为 3。如果一个字符串中包含有空格，那么空格也会被计入长度之中。

2. 获取指定位置的字符

如果想要获取字符串中某个指定位置的字符，则使用该字符在字符串中的下标即可访问。使用方法如下：

```
string str1 = "abc";
char ch = str1[2];    //下标为 2，即为字符'c'
```

从上面的代码可见，一个字符串也可以像数组一样去使用。通过中括号和下标值的配合，可以取出任意位置的字符。但要注意的是，和数组一样，字符串中的下标也是从 0 开始计数的。所以 str1 字符串的下标范围为 0~（str1.Length-1）。如果下标值不在上面范围时，则会触发运行时错误，提示下标越界错误。

3. 获取指定字符的下标

通过给定下标可以获取对应的字符，string 类中也允许通过给定字符搜索到其对应的下标。string 类提供了两种查找字符串索引的方法，即 IndexOf()与 LastIndexOf()方法。其中，IndexOf()方法返回的是搜索的字符或字符串首次出现的索引位置，而 LastIndexOf()方法返回的是搜索的字符或字符串最后一次出现的索引位置。

1）IndexOf()方法

IndexOf()方法返回的是搜索的字符或字符串首次出现的索引位置。这种方法可以作用于给定的字符或是字符串，也可以指定搜索的起始位置和需要查找的字符位置数。常用的几种语法格式如下：

```
public int IndexOf(char value)
public int IndexOf(string value)
public int IndexOf(char value, int startIndex)
public int IndexOf(string value, int startIndex)
public int IndexOf(char value, int startIndex, int count)
public int IndexOf(string value, int startIndex, int count)
```

- value：要搜索的字符或字符串。
- startIndex：搜索的起始位置下标。
- count：要检查的字符位置数。

若 IndexOf()方法能在源字符串中找到目标字符或字符串 value，则返回 value 首次出现在源字符串中从零开始的下标位置；如果未能找到目标字符或字符串 value，则返回-1（字符串下标不可能存在-1，所以使用-1 表示 value 不在源字符串中）。

例如，查找字符或字符串在 str 中第一次出现的下标位置，代码如下：

```
string str = "I Love C#";
int index = str.IndexOf('L');//查找字符'L'所在的下标，返回值为2
int strIndex = str. IndexOf("C#");//查找"C#"所在的起始下标，返回值为7
```

利用设置 IndexOf()方法的起始索引位置，可以找到诸如第二个、第三个或第 n 个出现的字符所在的位置。代码如下：

```
string str = "We are family";
int firstIndex = str.IndexOf('e');//找到第1个'e'出现的下标
int secondIndex = str. IndexOf('e', firstIndex+1);//从第1个'e'出现的下一个
                                    //字符开始查找第二个出现的'e'的下标
```

2）LastIndexOf()方法

LastIndexOf()方法返回的是搜索的字符或字符串最后一次出现的下标。和 IndexOf()方法一样，也有如下常用的几种格式：

```
public int LastIndexOf(char value)
public int LastIndexOf(string value)
public int LastIndexOf(char value, int startIndex)
public int LastIndexOf(string value, int startIndex)
public int LastIndexOf(char value, int startIndex, int count)
public int LastIndexOf(string value, int startIndex, int count)
```

其使用方法与 IndexOf()方法类似，此处不再赘述，请读者自行练习。

4. 获取子字符串

除了可以获取指定位置的字符以外，还可以获取字符串中的子字符串。子字符串即为整个字符串的全部或一部分字符，简称子串。string 类中用于获取子字符串的方法为 Substring()。通过给定子串所在的起始下标和子串的长度，就可以获取子串。使用方法示例如下：

```
string str1 = "I love C#.";
string substring1 = str1.Substring(2);      //子串为：love C#.
string substring2 = str1.Substring(2, 4);   //子串为：love
```

上述代码中，str1.Substring(2)中仅给出了一个参数，这个参数表示的就是起始下标值。其意思是从 str1 这个字符串的下标为 2 的位置开始，将余下的所有字符都视为子串。因此 substring1 的子串为"love C#."；而 str1.Substring(2,4)中给出了两个参数，分别表示为起始下标值和子串的长度，即将 str1 字符串从下标为 2 的位置开始取 4 个字符作为子串。因此 substring2 的子串为"love"。Substring()方法会将得到的子串保存为一个新的字符串对象。因此需要另外定义用来保存结果的字符串对象，而原来的字符串对象是不会受到影响的。

扩展资源： 实例 5.4-从给定的完整文件名中获取文件名和扩展名实例。完整的代码及代码解析请扫描 5.6 节节首的二维码观看微课视频进行学习。

5. 判断字符串首尾内容

string 类提供了两种判断字符串首尾内容的方法：StartsWith()和 EndsWith()。其中 StartsWith()方法用来判断字符串是否以指定的内容开始；EndsWith()方法用来判断字符串是否以指定的内容结束。

1）StartsWith()方法

通过一个给定的字符串 value，StartsWith()方法可以判断当前字符串是否是以 value 的

内容开始的。StartsWith()方法的返回值为 true 或 false，true 代表当前字符串是以 value 的内容开始的；false 则代表不是。例如，判断"面向对象程序设计"是否以"面向"开始，则代码如下：

```
string str = "面向对象程序设计";
bool result = str.StartsWith("面向");
```

从上面的代码可以看出，最终 result 变量的值为 true，表示字符串 str 是以字符串"面向"开始的。当判断英文字符串是否以给定的某个字母开头时，可以通过参数来设置是否忽略首字母的大小写问题。其代码如下：

```
string str = "Object Oriented Programming";
bool result = str.StartsWith("o", true, null);
```

上面代码的返回结果为 true，因此这里在调用 StartsWith()方法时，给出了 3 个参数。这 3 个参数的含义分别是目标字符串、是否忽略大小写、区域性信息对象。当第二个参数为 true 时，则表示忽略字母大小写；否则为区分大小写；而第三个参数为 null 时表示使用当前区域性信息，有兴趣的读者可自行学习 CultureInfo 对象了解区域性信息的作用。因此上面代码会认为"O"和"o"是一样的，所以返回结果为 true。

2）EndsWith()方法

和 StartsWith()方法类似，通过一个给定的字符串 value，EndsWith()方法可以判断当前字符串是否是以 value 的内容结束的。EndsWith()方法的返回值为 true 或 false，true 代表当前字符串是以 value 的内容结束的；false 则代表不是。例如，判断"面向对象程序设计"是否以"设计"结束，则代码如下：

```
string str = "面向对象程序设计";
bool result = str.EndsWith("设计");
```

从上面的代码可以看出，最终 result 变量的值为 true，表示字符串 str 是以字符串"设计"结束的。如果在判断某一个英文字符串是否以某字母开始时，可以通过给定一个参数，设置是否需要忽略字母的大小写。代码如下：

```
string str = "Object Oriented Programming";
bool result = str.EndsWith("programming ", true, null);
```

上面代码的返回结果为 true，因此这里在调用 EndsWith()方法时，给出了 3 个参数。这 3 个参数的含义与 StartsWith()方法的是一致的，因此上面的代码会认为"Programming"和"programming"是一样的，所以返回结果为 true。

6. 字符串的拼接

当需要将多个字符串拼接成为一个字符串时，"+"运算符和 string 类的 Concat()方法，都可以完成这一操作。使用上述方法连接多个字符串，均会产生一个新的 string 对象。示例代码如下：

```
string str1 = "hello ";
string str2 = "world.";
string result1 = str1 + str2;          //使用"+"运算符产生一个新的字符串对象
string result2 = String.Concat(str1, str2);//使用 String.Concat 方法产生
                                        //一个新的字符串对象
```

字符串的拼接通常是在因为字符串太长，为了便于阅读，将字符串分在两行上书写时使用，或是产生一个由多个变量及提示性字符串组成的结果字符串时使用。

7. 比较字符串

给定两个字符串，对其进行比较时，可以使用关系运算符"=="来完成。关系运算符"=="可以比较两个字符串的内容是否相等。如果两个字符串的内容相同，则返回 true，否则返回 false。代码如下：

```
string str1 = "hello world.";
string str2 = "hello world.";
bool result = (str1 == str2);
```

在上面的代码中，result 的值最终为 true，表示 str1 和 str2 两个字符串的内容是相等的。

除了关系运算符"=="可以用于两个字符串内容的比较外，还可以使用 Equals()方法来完成此操作。和关系运算符"=="一样，如果两个字符串的内容相同，则返回 true，否则返回 false。有两种方式来使用 Equals()方法，示例代码如下：

```
string str1 = "hello world.";
string str2 = "hello world.";
bool result1 = str1.Equals(str2);
bool result2 = String.Equals(str1, str2);
```

在上述代码第 3 行中，通过调用 str1 的 Equals()方法，将 str2 作为参数传入方法中，用于表示将 str1 和 str2 字符串进行判等操作；第 4 行代码，通过使用 String 类的 Equals()方法，将 str1 和 str2 一起作为参数传入方法中，同样完成两者的判等操作。

这两行代码的最终结果都是一样的。其不同之处在于：第 3 行使用的 Equals()方法叫作成员方法。这种方法是属于某个具体对象的，因为只有该对象可以调用。而第 4 行使用的 Equals()方法叫静态方法，这种方法属于 String 类，是所有 String 对象共有的，因此可以直接通过类名来调用。关于方法将在第 6 章进行详细的讨论。

8. 字符串的大小写转换

对英文字符进行操作时，可对字符串中的字符进行大小写转换。此时需要使用 String 类的 ToUpper()或 ToLower()方法。前者用来将字符串转换为大写形式，后者将字符串转换为小写形式。例如：

```
string str = "Hello World.";
Console.WriteLine(str.ToUpper());//输出为"HELLO WORLD.";
Console.WriteLine(str.ToLower());//输出为"hello world.";
```

其应用场景通常为验证码的输入判断。验证码的输入通常是不区分大小写的，于是可以用上述两个方法将输入的值转换为大写或小写来进行验证。

9. 分割字符串

string 类提供了一个 Split()方法，用于根据指定的字符数组或字符串数组对字符串进行分割。分割的结果则是一个字符串数组。数组的长度是原始字符按给定分隔符可分割的个数。Split()方法有 5 种形式：

```
public string[] Split(params char[] separator)
public string[] Split(char[] separator, int count)
public string[] Split(string[] separator, StringSplitOptions options)
public string[] Split(char[] separator, int count, StringSplitOptions
```

```
options)
    public string[] Split(string[] separator, int count, StringSplitOptions
options)
```

- separator：分割字符串的字符数组或字符串数组；
- count：要返回的子字符串的最大数量；
- options：要省略返回的数组中的空数组元素，则为 RemoveEmptyEntries；要包含返回的数组中的空数组元素，则为 None。

扩展资源：实例 5.5-字符串解析实例。完整的代码及代码解析请扫描 5.6 节节首的二维码观看微课视频进行学习。

10. 字符串去空白内容

string 类提供了一个 Trim()方法，用来移除字符串中的所有开头空白字符和结尾空白字符。比如有一个字符串为"abc"，可以使用 Trim()方法将其变为 abc，代码如下：

```
string str = "    abc        ";
string result = str.Trim();    //生成新的字符串对象 result，其中内容为"abc"
```

如果想要去掉字符串的开头和结尾指定的字符，可以在 Trim()方法的参数中给出指定的字符数组，代码如下：

```
string str = "*******abc*******";
string result = str.Trim({'*'});    //生成新的字符串对象 result，其中内容为"abc"
```

需要注意的是，在 Trim()方法中给定的是字符数组，应该用大括号括起来，并且字符用单引号标注。

11. 替换字符串

string 类提供了一个 Replace()方法，可以将当前字符串中的指定的 Unicode 字符或字符串的所有匹配项替换为其他指定的 Unicode 字符或字符串，并返回新的字符串。

Replace()方法一共有 4 种定义方式，但最常用的是以下两种：

```
Replace(Char oldChar, Char newChar);
Replace(String oldString, String newString);
```

如果要替换的字符或字符串在原字符串中多次出现，那么 Replace()方法可以将这些字符串全部进行替换。

扩展资源：实例 5.6-字符串替换实例。完整的代码及代码解析请扫描 5.6 节节首的二维码观看微课视频进行学习。

12. 格式化字符串

在某些情况下，需要对程序的输出结果中的字符串的表示方式进行特殊处理，比如前面加上货币符号，或是规定某个浮点数只能显示小数点后几位，又或是要求某些字符串之间像表格一样进行对齐等。上述这些操作都称为对字符串进行格式化。常见的格式化字符串方法为 Format()方法。这个方法是一个静态方法，也就是可以直接通过 String 类名调用它。其中某一种定义如下：

```
public static String Format(string str, params Object[] args);
```

- str——即指定字符串的格式化形式。
- args——需要在 str 字符串中显示数据所对应的变量或对象等，以数组来表示，称为参数数组。

C#要求将要格式化显示的字符的格式以字符串的形式表现出来，因此 str 为字符串类型。但这一字符串想要表示格式化的形式，需要有一些特殊的表达方式，其基本的格式如下：

```
{index[, length][: formatString]}
```

其中，"[ ]"内的部分是可以省略的。上述各参数含义如下：

- index——要设置格式的对象在参数列表中的位置，从零开始计数。
- length——要显示字符串所需要使用的最小字符数，用来设置显示字符串时所占的宽度。如果值为正，则字符串为右对齐；如果值为负，则字符串为左对齐。
- formatString——要设置格式的对象支持的标准或自定义格式字符串，由两个参数组成：
  - arg0——要设置格式的对象。
  - arg1——一个对象数组，其中包含零个或多个要设置格式的对象。

通过 Format()方法处理后，将得到一个格式化后的字符串。格式化字符串主要分为数值类型数据的格式化和日期时间类型数据的格式化。

1）数值类型数据的格式化

（1）在字符串中显示数据。

String.Format()可以用于将对象、变量或表达式的值插入到另一个字符串时使用。例如，可以将 Decimal 类型变量的值插入字符串中，以单个字符串的形式向用户显示该值：

```
Decimal pricePerOunce = 17.36m;
String s = String.Format("The current price is {0} per ounce.",
                          pricePerOunce);
Console.WriteLine(s);
// 显示结果为: The current price is 17.36 per ounce.
```

在上述代码中，"The current price is {0} per ounce."为格式化字符串，其中"{0}"表示 Format 方法中参数列表中下标为 0 的参数，即 pricePerOunce。

（2）在字符串中插入字符串。

要想显示一个或多个字符串对象的值，可参见如下代码：

```
decimal temp = 20.4m;
string s1 = String.Format("The temperature is {0}°C.", temp);
Console.WriteLine(s1);
//显示结果为:  Displays 'The temperature is 20.4° C.'
string s2 = String.Format("At {0}, the temperature is {1}°C.",
                          DateTime.Now, 20.4);
Console.WriteLine(s2);
//显示结果为: Output similar to: 'At 4/10/2015 9:29:41 AM, the temperature
//is 20.4° C.'
```

从第 5~6 行代码处可见，可以在格式化字符串中显示多个变量。通过参数数组的下标来控制当前位置显示的变量值。

（3）间距的设置。

可以通过使用插值语法（{0,12}插入 12 个字符的字符串）来定义插入到结果字符串中的字符串的宽度。在这种情况下，第一个对象的字符串表示形式在 12 个字符的字段中右对齐。如果第一个对象的字符串表示形式的长度超过 12 个字符，则忽略首选字段宽度，并将整个字符串插入到结果字符串中。

下面的示例定义了一个包含字符串"Year"和年份字符串的 6 字符字段，以及一个包含字符串"Population"和一些人口数据的 15 个字符的字段。请注意，字符在字段中右对齐。

```
int[] years = { 2013, 2014, 2015 };
int[] population = { 1025632, 1105967, 1148203 };
StringBuilder sb = new System.Text.StringBuilder();
sb.Append(String.Format("{0,6} {1,15}\n\n", "Year", "Population"));
for (int index = 0; index <years.Length; index++)
    sb.Append(String.Format("{0,6} {1,15:N0}\n", years[index],
population[index]));
Console.WriteLine(sb);
// 显示结果:
//   Year     Population
//   2013      1,025,632
//   2014      1,105,967
//   2015      1,148,203
```

上述代码第 4 行中{0,6}和{1,15}中的 6 和 15 就是字符宽度的设定值。表示下标为{0}和{1}的两个参数所占的字符宽度分别为 6 和 15，且为右对齐。要在字段中左对齐字符串，请在字段宽度前面加上负号，如{0,-12} 定义 12 个左对齐的字符。

（4）控件格式设置。

如果想在显示的数值前加上某些特定的符号，比如货币符号或是规定数值的小数位时，可以使用 C#支持的标准数值格式规范来对数值类型数据格式化。如表 5.2 所示。

表 5.2　C#支持的标准数值格式规范

格式说明符	名　称	说　明	示　例
c 或 C	货币	结果：货币值 支持类型：所有数值类型 精度说明符：小数位数	$17.36 或-$17.36
D 或 d	Decimal	结果：整型数据，负号可选 支持类型：仅整型 精度说明符：最小位数	1234 或-1234
E 或 e	指数 （科学型）	结果：指数记数法 支持类型：所有数值类型 精度说明符：最小位数	1.052033E+003 或 -1.05e+003
F 或 f	定点	结果：整数和小数，负号可选 支持类型：所有数值类型 精度说明符：小数位数	12.3456 或-12.3456
N 或 n	Number	结果：整数和小数，组分隔符和小数分隔符，负号可选 支持类型：所有数值类型 精度说明符：小数位数	1,234.56 或-1,234.56
P 或 p	百分比	结果：乘以 100 并显示百分比符号的数字 支持类型：所有数值类型 精度说明符：小数位数	100.00%或 100%
X 或 x	十六进制	结果：十六进制字符串 支持类型：仅整数类型 精度说明符：结果字符串中的位数	FF 或 00ff

示例:

• 实现控制整数位数。

默认情况下,格式设置操作仅显示非零整数位数。如果要设置整数格式,则可以使用带有 "D" 和 "X" 标准格式字符串的精度说明符来控制数字的位数。

```
int value = 1326;
string result = String.Format("{0,10:D6} {0,10:X8}", value);
Console.WriteLine(result);
// 显示结果:
// 001326   0000052E
```

可以通过使用 "0" 自定义数值格式说明符,使用前导零填充整数或浮点数,以生成具有指定数量整数位数的结果字符串,如下面的示例所示:

```
int value = 16342;
string result = String.Format("{0,18:00000000} {0,18:00000000.000}
{0,18:000,0000,000.0}", value);
Console.WriteLine(result);
// 显示结果:
// 00016342        00016342.000   0,000,016,342.0
```

• 实现控制小数点分隔符后的位数。

下面的示例代码通过在格式符后加数字的方式来控制结果字符串中的小数位数,如 "C2" 则为在字符前加 "￥" 符号,并保留两位小数。

```
object[] values = { 1603, 1794.68235, 15436.14 };
string result;
foreach (object value in values)
{
   result = String.Format("{0,12:C2}    {0,12:E3}    {0,12:F4}    {0,12:N3}
{1,12:P2}\n", Convert.ToDouble(value), Convert.ToDouble(value) / 10000);
     Console.WriteLine(result);
}
```

运行结果如图 5.8 所示。

￥1,603.00	1.603E+003	1603.0000	1,603.000	16.03%
￥1,794.68	1.795E+003	1794.6824	1,794.682	17.95%
￥15,436.14	1.544E+004	15436.1400	15,436.140	154.36%

图 5.8 使用标准数字格式字符串来控制结果字符串中的小数位数运行效果图

扩展资源: 实例 5.7-字符串删减实例。完整的代码及代码解析请扫描 5.6 节节首的二维码观看微课视频进行学习。

2)日期时间类型数据的格式化

如果希望日期时间按照某种标准格式输出,比如短日期格式、完整日期/时间格式等,那么可以使用 String 类的 Format 方法将日期时间格式化为指定的格式。表 5.3 显示了 C# 支持的日期时间类型格式规范说明。

表 5.3　C#支持的日期时间类型格式规范说明

格式说明符	说　　明	举　　例
d	短日期格式	YYYY-MM-dd

续表

格式说明符	说　　　明	举　　　例
D	长日期格式	YYYY 年 MM 月 dd 日
f	完整日期/时间格式（短时间）	YYYY 年 MM 月 dd 日 hh:mm
F	完整日期/时间格式（长时间）	YYYY 年 MM 月 dd 日 hh:mm:ss
g	常规日期/时间格式（短时间）	YYYY-MM-dd hh:mm
G	常规日期/时间格式（长时间）	YYYY-MM-dd hh:mm:ss
M 或 m	月/日格式	MM 月 dd 日
t	短时间格式	hh:mm
T	长时间格式	hh:mm:ss
Y 或 y	年/月格式	YYYY 年 MM 月

扩展资源：实例 5.8-字符串删减实例。完整的代码及代码解析请扫描 5.6 节节首的二维码观看微课视频进行学习。

微课视频 5-7

5.7　StringBuilder 类

String 对象是不可改变的。每次使用 System.String 类中的方法产生新字符串时，都要在内存中创建一个新的字符串对象，这就需要为该新对象分配新的空间。在需要对字符串执行重复修改的情况下，与创建新的 String 对象相关的系统开销可能会非常昂贵。如果要修改字符串而不创建新的对象，则可以使用 StringBuilder 类。例如，当在一个循环中将许多字符串连接在一起时，使用 StringBuilder 类可以提升性能。

StringBuilder 类位于 System.Text 命名空间中。要创建 StringBuilder 对象，首先必须引用该命名空间。StringBuilder 类提供了 6 种不同的构造方法，如下所示：

```
public StringBuilder()
public StringBuilder(int capacity)
public StringBuilder(int capacity, int maxCapacity)
public StringBuilder(string? value)
public StringBuilder(string? value, int capacity)
public StringBuilder(string? value, int startIndex, int length, int
capacity)
```

- capacity：StringBuilder 对象的建议起始大小；
- value：用于初始化 StringBuilder 对象的字符串，可以为空引用对象；
- maxCapacity：当前字符串可包含的最大字符数；
- startIndex：value 中子字符串开始的位置；
- length：子字符串中的字符数。

例如，可以用如下代码创建一个 StringBuilder 对象，并初始化其中的字符串为"Hello World."。

```
StringBuilder MyStringBuilder = new StringBuilder("Hello World!");
```

5.7.1　设置 StringBuilder 对象的容量

虽然 StringBuilder 对象是动态对象，允许扩充它所封装的字符串中字符的数量，但可以为它可容纳的最大字符数指定一个值。此值称为该对象的容量，不应将它与当前 StringBuilder 对象容纳的字符串长度混淆在一起。例如，可以创建 StringBuilder 类的带有字符串"Hello"（长度为 5）的一个新实例，同时可以指定该对象的最大容量为 25。当修改 StringBuilder 时，在达到容量之前，它不会为自己重新分配空间。当达到容量时，将自动分配新的空间且容量翻倍。可以使用重载的构造函数之一来指定 StringBuilder 的容量。以下代码示例指定可以将 MyStringBuilder 对象扩充到最大可容纳 25 个字符。

```
StringBuilder MyStringBuilder = new StringBuilder("Hello World!",25);
```

另外，可以通过读/写 Capacity 属性来设置对象的最大长度。以下代码示例使用 Capacity 属性来定义对象的最大长度。

```
MyStringBuilder.Capacity  =  25;
```

EnsureCapacity()方法可用来检查当前 StringBuilder 的容量。如果容量大于传递的值，则不进行任何更改；如果容量小于传递的值，则会更改当前的容量以使其与传递的值匹配。还可以查看或设置 StringBuilder 对象的 Length 属性。如果将 Length 属性设置为大于 Capacity 属性的值，则自动将 Capacity 属性更改为与 Length 属性相同的值。如果将 Length 属性设置为小于当前 StringBuilder 对象内的字符串长度的值，则会缩短该字符串。

5.7.2　修改 StringBuilder 字符串

表 5.4 列出了可以用来修改 StringBuilder 的内容的方法。

表 5.4　修改 StringBuilder 的内容的方法

方　法　名	说　　　明
Append	将信息追加到当前 StringBuilder 的结尾
AppendFormat	用带格式文本替换字符串中传递的格式说明符
Insert	将字符串或对象插入到当前 StringBuilder 对象的指定索引处
Remove	从当前 StringBuilder 对象中移除指定数量的字符
Replace	替换指定索引处的指定字符

1. Append()方法

Append()方法可用来将文本或对象的字符串表示形式添加到由当前 StringBuilder 对象表示的字符串的结尾处。以下示例将一个 StringBuilder 对象初始化为"Hello World"，然后将一些文本追加到该对象的结尾处，并根据需要自动分配空间。如下面的代码所示：

```
StringBuilder MyStringBuilder = new StringBuilder("Hello World!");
MyStringBuilder.Append(" What  a  beautiful day.");
Console.WriteLine(MyStringBuilder);
//显示结果: Hello  World! What  a  beautiful day.
```

2. AppendFormat()方法

AppendFormat()将文本添加到 StringBuilder 的结尾处，可接受格式化部分中描述的标准格式字符串。可以使用此方法来自定义变量的格式并将这些值添加到 StringBuilder 的后面。以下示例使用 AppendFormat()方法将一个设置为货币值格式的整数值放置到 StringBuilder 的结尾。

```
int  MyInt  =  25;
StringBuilder MyStringBuilder = new StringBuilder("Your  total is ");
MyStringBuilder.AppendFormat("{0:C} ",  MyInt);
Console.WriteLine(MyStringBuilder);
//显示结果: Your total is $25.00
```

3. Insert()方法

Insert()方法将字符串或对象添加到当前 StringBuilder 对象的指定位置。以下示例使用此方法将一个单词插入到 StringBuilder 对象下标为 6 的位置。

```
StringBuilder MyStringBuilder = new StringBuilder("Hello World!");
MyStringBuilder.Insert(6,"Beautiful ");
Console.WriteLine(MyStringBuilder);
//显示结果: Hello Beautiful World!
```

4. Remove()方法

可以使用 Remove()方法从当前 StringBuilder 中移除从给定起始位置开始的给定长度的字符串。以下示例使用 Remove()方法缩短 StringBuilder 中的字符串。

```
StringBuilder MyStringBuilder = new StringBuilder("Hello World!");
MyStringBuilder.Remove(5,7);
Console.WriteLine(MyStringBuilder);
//显示结果: Hello
```

5. Replace()方法

使用 Replace()方法，可以用另一个指定的字符来替换 StringBuilder 对象内的字符。以下示例使用 Replace()方法来搜索 StringBuilder 对象，查找所有的感叹号字符"!"，并用问号字符"?"来替换它们。

```
StringBuilder MyStringBuilder = new StringBuilder("Hello World!");
MyStringBuilder.Replace('!',  '?');
Console.WriteLine(MyStringBuilder);
//显示结果: Hello World?
```

扩展资源：实例 5.9-StringBuilder 类使用实例。完整的代码及代码解析请扫描 5.7 节节首的二维码观看微课视频进行学习。

5.8　String 和 StringBuilder 的区别

String 本身是不可改变的，它只能被赋值一次，每一次内容发生改变，都会生成一个新的 String 对象，而 String 对象的引用变量，将重新指向新的 String 对象。因此每一次生成新对象都会对系统性能产生影响，这会降低.NET 编译器的工作效率。String 对象修改时内存分配示意图如图 5.9 所示。

而 StringBuilder 类则不同，每次操作都是对自身对象进行操作，而不是生成新的对象，其所占空间会随着内容的增加而扩充，这样，在做大量的修改操作时，不会因生成大量匿名对象而影响系统性能。StringBuilder 对象修改时内存分配示意图如图 5.10 所示。

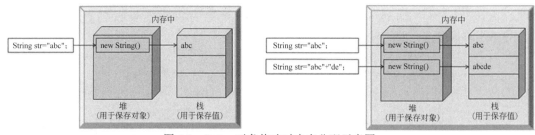

图 5.9　String 对象修改时内存分配示意图

图 5.10　StringBuilder 对象修改时内存分配示意图

当程序中需要大量地对某个字符串进行操作时，应该考虑应用 StringBuilder 类处理该字符串。其设计目的就是针对大量字符串操作进行改进，避免产生太多的临时对象；而当程序中只是对某个字符串进行一次或几次操作时，采用 String 类即可。

5.9　小结

本章对一维数组、二维数组以及多维数组的创建与使用进行了详细介绍；对 C#中提供的操作数组的类及其应用方法进行了讨论；最后讨论了字符串类型 String 和 StringBuilder 的具体原理以及用法。通过两个案例，加深了读者对数组和字符串的理解与操作。

5.10　练习

（1）编写程序，要求将用户输入的一个十六进制的字母转换成为一个十进制的数字并显示。

（2）编写程序，判断用户输入的字母是英语中的元音还是辅音（不区分字母大小写）。

（3）编写程序，随机产生 50 个英文字符（大写、小写、数字）。

（4）快速输入是一种简便的录入操作。假设在使用系统录入学生信息时，需要给出学生的专业及学生的年级。因此，可以让用户在录入时使用简便信息，即可完成完整信息的录入。这时只需要给专业名一个快捷字符，比如 M:Mathematics，C:Computer Science，I:Information Technology。而学生的年级信息则可以用 1-freshman，2-Junior，3-Sophermore。因此如果用户录入为 M1，则表示 Mathematics Freshman。编写程序完成这一功能。

（5）编写程序，接收用户输入的一段字符串，并统计字符串的长度以及每个字符出现的次数。

（6）编写程序，判断用户输入的两段字符串，其中第二段字符串是否为第一段字符串的子串。

（7）编写程序，接收用户输入的 3 个城市的名称，并对其进行排序，以字符串升序方式输出。

（8）编写程序，完成学生成绩的转换。用户输入要录入的学生个数，再录入对应个数的成绩。找出最高分，并按以下规则对所有学生的成绩进行转换：

A：学生分数>=最高分-10；

B：学生分数>=最高分-20；

C：学生分数>=最高分-30；

D：学生分数>=最高分-40；

E：其他分数。

（9）编写程序，根据用户输入的字符进行倒序输出。

（10）编写程序，接收用户输入的若干个 1~100 的数字，以 0 结束输入（0 不计入统计）。统计每个数字出现的次数，按统计数字的升序显示结果。

（11）编写程序，统计用户输入的若干个成绩（0~100 分）的平均分、总分、低于平均分的个数、高于平均分的个数。

（12）编写程序，接收用户输入的 10 个数字。对重复的数字只保留一个，并将最后不重复的数字显示出来。

（13）编写程序，使用一维数组保存用户输入的数值，并输出最小值及其下标。

（14）编写程序，接收用户输入的若干数值，并产生 10 个随机数，要求产生的随机数不能包含用户输入的数值。

（15）编写程序，求出给定 3 个整数的最大公约数。

（16）编写程序，要求用户录入若干个学生的姓名及对应的分数。最终按分数的升序来显示出学生信息及其分数。

（17）八皇后问题。在 8 行 8 列的棋盘上，放置 8 个皇后棋子。要求每一行，每一列只能有一个皇后。编写程序，输出若干种解中的一种。

（18）开锁问题。某学校有 100 把锁和 100 个同学。初始状态下，所有的锁都是锁住状态。第 1 个同学，记为 S1，进入学校后，会将每一把锁都打开；第 2 个同学，记为 L2，进入学校后，会从第 2 把锁开始，每隔一把锁锁住，即第 2、4、6、……把锁锁住；第 3 个同学，记为 S3，进入学校后，会从第 3 把锁开始，每隔 2 把锁打开，即将第 3、6、9、……把锁打开；第 4 个同学，记为 L4，进入学校后，会将从第 4 把锁开始的，每隔 3 把锁锁住。以此类推，直到第 100 个同学进入学校的，将第 100 把锁锁住。编写程序，显示出第 100 个同学进入学校并操作后，所有锁的状态。

（19）给定的两个数组，只有当每个下标的元素都相同时，两个数组称为相同。编写程序，判断用户输入的两个数组是否相同。

（20）猜词游戏。随机生成一个英文单词。游戏一开始，目标单词将以星号显示，每次用户猜测一个字母。如果猜对了，则下一次猜时将显示出该字母在目标单词中的位置。重复猜测，直到用户猜对为止。最终统计出用户猜测的次数，一次都没猜对字母的次数。程序运行示意图如图 5.11 所示。

```
(Guess) Enter a letter in word ******* > p  ↵Enter
(Guess) Enter a letter in word p****** > r  ↵Enter
(Guess) Enter a letter in word pr**r** > p  ↵Enter
        p is already in the word
(Guess) Enter a letter in word pr**r** > o  ↵Enter
(Guess) Enter a letter in word pro*r** > g  ↵Enter
(Guess) Enter a letter in word progr** > n  ↵Enter
        n is not in the word
(Guess) Enter a letter in word progr** > m  ↵Enter
(Guess) Enter a letter in word progr*m > a  ↵Enter
The word is program. You missed 1 time
Do you want to guess another word? Enter y or n>
```

图 5.11 猜词游戏运行示意图

第 6 章

函　　数

本章要点:

- 了解函数的意义;
- 讲解如何声明函数;
- 讨论函数中的返回值及参数;
- 函数重载及递归调用;
- C#中的常用函数。

6.1　函数概述

到目前为止,我们所写的代码都是以单个代码块的形式出现的,其中包含一些重复执行的代码行。如果要对数据执行某种操作,则应把所需要的代码尽可能地组织在一起,在合适的地方对这些代码进行调用即可。将所有代码以单个代码块的形式组织的这种结构的作用是有限的。某些任务常需要在一个程序中的多个位置执行。例如,查找数组中的最大值。此时可以把相同的代码块按照需要放在应用程序中。但这样做存在一个问题:对于常见的任务,即使进行非常小的改动,也需要修改多个代码块。而这些代码块可能分散在整个应用程序中。如果忘了修改其中某一个,则会产生很大的影响,导致整个应用程序失败。另外,这也会使得应用程序比较长,难以阅读。

解决这一问题的方法就是使用函数。函数也被称为方法。在 C#中,方法是可在应用程序中的任意位置执行的代码块。例如,有一个函数,可返回给定数组中的最大值。可在应用程序的任意位置使用这个函数。函数被认为是可重用的代码。此外,函数还可以提高代码的可读性,因为可以使用函数将相关代码组合在一起,这样应用程序主体就会变短。函数还可以创建多用途的代码,让它们对不同的数据执行相同的操作。

6.2　定义和使用函数

和变量一样,在使用函数前,也需要先定义。函数的定义包含函数名、返回类型以及一个参数列表。这个参数列表指定了该函数需要的参数数量和参数类型。函数的名称和参数列表,共同组成了函数的签名。函数的签名就像函数的身份证一样,通过这个签名,编译器就可以定位到该函数了。

如代码 6.1 中加粗部分所示，即为一个函数定义的代码。

代码 **6.1**　函数定义示例代码

```
01    using System;
02    using System.Text;
03    namespace Hello_World
04    {
05        class Program
06        {
07            public static void Main(string[] args)
08            {
09                Console.WriteLine("Hello world.");
10                Console.ReadKey();
11            }
12        }
13    }
```

上面代码中第 7~11 行为函数定义语句。上面示例中函数定义由以下几部分组成：

- 两个关键字：static 和 void；
- 函数名 Main，并且其后跟小括号，括号中为参数列表，此时为字符串数组 args；
- 一个要执行的代码块，称为函数体。代码块被放置在一对大括号"{}"间。

接下来，对上面介绍的函数定义的几部分分别进行讨论：

（1）static 关键字：因为学习内容的限制，目前定义函数时，需要使用关键字 static 进行修饰。static 关键字与面向对象的概念相关，本书后面再进行详细讨论。目前只需要记住，在本章的应用程序中，使用的所有函数都必须使用该关键字。

（2）void 关键字：这个关键字表明函数没有返回值。在 void 关键字的位置处，放置的应该是函数处理完毕后将会返回的数据的类型。如果没有数据需要返回，则用 void 关键字表示；如果有数据需要返回，则需要在这里写清楚所返回数据的数据类型，并使用 return 关键字返回最终的结果。比如两个整数求和后需要返回一个整数，那么这里就需要写为 int。

（3）函数名：函数名的规范与第 2 章中的标识符的命名规则一致。但通常对于函数名，建议采用 Pascal 命名规则。

（4）参数列表：利用函数进行处理数据时，有时候是需要事先给定一些数据的。这些数据称为参数。如果数据较多，且数据类型各不相同，则使用参数列表。如果函数不需要任何参数，则参数列表可以为空；否则需要给出参数列表中所有参数的数据类型和相应的变量名。比如这里的 string[] 为数据类型，args 为其对应的变量名。参数的变量名命名规则参见标识的命名规则。

（5）函数体：是函数的主体部分，在这里放置了该函数的处理过程代码。必须使用大括号将其括起来，形成代码块。

上一个例子中的 Main() 函数是控制台应用程序的入口函数。使用 VS 创建控制台应用程序时，该函数将由 VS 自动创建。下面的例子则是在该函数的基础上，创建一个真正的自定义函数。

自定义函数如代码 6.2 所示，第 12~15 行为函数定义。该函数名为 Print，参数列表为空，无返回值，所以函数体内无 return 语句。其函数体的功能很简单，只是打印出"Helo world."字符串。仅定义了函数，不调用函数，函数的功能也不能被执行。因此定义好了函数后，需要调用该函数。第 9 行则为函数的调用语句。调用函数只需要使用函数名，如果有参数，在其后的小括号内给出参数即可。

代码 6.2　自定义函数代码

```
01    using System;
02    using System.Text;
03    namespace Hello_World
04    {
05       class Program
06       {
07          static void Main(string[] args)
08          {
09             Print();
10             Console.ReadKey();
11          }
12          static void Print()
13          {
14             Console.WriteLine("Hello world.");
15          }
16       }
17    }
```

读者可以试着增加函数体内的代码，以实现更为复杂的功能。下面就对函数的各部分进行详细讨论。

6.3　返回值

通过函数进行数据交换的最简单方式是利用返回值。有返回值的函数会最终计算得到这个值。就像在表达式中使用变量时，会计算得到变量包含的值一样。与变量一样，返回值也有数据类型。

例如，在学习字符串时所使用的 SubString()方法，其返回值就是一个字符串。当函数需要返回值时，必须采用以下两种方式修改函数：

（1）在函数声明中指定返回值的类型，但不使用关键字 void；

（2）在函数体中，使用 return 关键字结束函数的执行，把返回值传送给调用代码。

需要指出的是，函数声明中的返回值类型应该是 return 关键字处返回的值的数据类型或是相兼容的数据类型。相兼容的数据类型将在第 8 章进行讨论。本章将不会出现这种类型的返回值。

当执行到 return 语句时，函数会立即返回调用语句。函数体中这条语句后面的代码都不会执行。但这并不意味着 return 语句只能放在函数体的最后一行，也可以在前面的代码里使用。例如，放在分支逻辑之后，把 return 语句放在 for 循环、if 块或其他结构块中，会使该结构立即终止，函数也立即终止。

比如下面的代码，当 value 的值小于 5.0 时，函数会返回 4.1，否则返回 5.1。

```
static double GetValue(double value)
{
   if (value < 5.0)
```

```
        return 4.1;
    return 5.1;
}
```

C#6 中引入了一个功能：表达式体方法（expression-bodied method）。该方法规定可以使用=>（Lambda 箭头）来实现这一功能。

当函数体只有一行代码时，可将下面的代码用=>来表示。

```
static int Summation(int num1, int num2)
{
    return num1 + num2;
}
```

上面的代码可以表示为：

```
static int Summation(int num1, int num2)=>num1+num2;
```

当函数体内有多行代码时，也可以使用=>来表示。比如：

```
static int Summation(int num1, int num2)
{
    int result = 0;
    result = num1 + num2;
    return result;
}
```

可以表示为：

```
static int Summation(int num1, int num2)=>
{
    int result = 0;
    result = num1 + num2;
    return result;
}
```

当函数体内有逻辑分支结构时，大多数情况下，编译器会检查是否每个分支都能执行到return 语句。如果没有，就会给出"并不是所有的路径都有返回值"的编译错误提示。

6.4 参数

微课视频 6-1

当函数执行时，需要接收来自外界的额外信息时，这些信息将以参数的方式提交给函数。当函数接收参数时，必须指定以下内容：

- 函数在其定义中指定接收的参数列表以及这些参数的类型；
- 在每个函数调用时，根据函数定义时的参数列表给出对应参数的实际值。

在描述参数时，有两个部分会涉及参数：

（1）在函数定义时的参数，称为"形式参数（formal parameter）"，简称形参。这个参数是指在定义函数时，假定该参数中已经保存了来自调用代码传过来的值，从而方便完成函数的定义；

（2）在函数调用时的参数，称为"实际参数（actual parameter）"，简称实参。在调用某个已经定义好的函数时，如果该函数需要给出参数的值才能工作，那么在调用该函数时，就应该将对应的实际值或是包含实际值的变量放到函数后面小括号中的相应位置。这里的相应位置是指实际参数的顺序应该与形式参数的顺序位置和类型都要一一对应。

参数之间用逗号隔开，每个形式参数都在函数的代码中看作一个变量且都是可访问的。例如，下面是一个简单的函数，带有两个 double 类型的形式参数并返回它们的乘积整数类型。

```
static int Product(double num1, double num2)=>num1 * num2
```

下面看一个较复杂的示例，通过定义一个函数，找出给定整型数组中的最大值。

扩展资源：实例 6.1-找出给定整型数组中的最大值实例。完整的代码及代码解析请扫描 6.4 节节首的二维码观看微课视频进行学习。

6.4.1 值参数

值参数就是在声明时不加修饰的参数，它表明实参与形参之间按值传递。当使用值参数的方法被调用时，编译器为形参分配存储单元，然后将对应的实参的值复制到形参中。由于是值类型的传递方式，所以在方法中对形参的修改并不会影响实参。

扩展资源：实例 6.2-定义 Add 方法，用来计算两个数之和实例。完整的代码及代码解析请扫描 6.4 节节首的二维码观看微课视频进行学习。

6.4.2 ref 参数

将参数使用 ref 关键词进行修饰，会使形参按引用传递。按引用传递的意思是指形参中保存的是实际参数在内存中的地址。因此当对形参进行任何修改时，都将根据其中所保存的内存地址而找到对应的实际参数，也就是这种传参方式会使方法体中的修改直接反映在实际参数中。如果要使用 ref 参数，则方法声明和方法调用都必须显式地使用 ref 参数。

扩展资源：实例 6.3-定义 Add 方法时使用 ref 参数来完成计算两个数之和实例。完整的代码及代码解析请扫描 6.4 节节首的二维码观看微课视频进行学习。

使用 ref 参数时，需要注意以下几点：

（1）ref 只对跟在它后面的参数有效，而不是应用于整个参数列表。

（2）调用方法时，必须使用 ref 修饰实参，而且因为是引用参数，所以实参和形参的数据类型一定要完全匹配。

（3）实参只能是变量，不能是常量或者表达式。

（4）ref 参数在调用之前一定要进行赋值。

6.4.3 out 参数

out 参数用来定义输出参数，它会导致参数通过引用来传递，这与 ref 类似。不同之处在于 ref 要求变量必须在传递之前进行赋值，而使用 out 定义的参数无须事先进行初始化。如果要使用 out 参数，则方法声明和方法调用都必须显式地使用 out 参数。

扩展资源：实例 6.4-定义 Add 方法时使用 out 参数来返回计算两个数之和实例。完整的代码及代码解析请扫描 6.4 节节首的二维码观看微课视频进行学习。

6.4.4 params 参数

声明方法时，如果有多个相同类型的参数，则可以定义为 params 参数。params 参数的本质是一个一维数组，主要用来指定当参数数目可变时所采用的方法参数。参数数目的范围为 0~n。因为数目不定，所以这种参数只能放在函数定义的参数列表的最后一个。

扩展资源：实例 6.5-定义方法，用来计算用户给出的多个整型数据之和实例。完整的代码及代码解析请扫描 6.4 节节首的二维码观看微课视频进行学习。

6.4.5 可选参数

可选参数是.NET4 中新添加的功能，应用可选参数的函数在被调用时可以选择性地添加需要的参数，而不需要的参数由参数默认值取代。即在定义函数时，将那些可以不需要由实参传递过来的值的参数设置为默认值。因此在函数执行时，这些参数即使没有对应的实参，则直接使用定义函数时设置的默认值。需要注意的是，可选参数的声明必须定义在不可选参数的后面，否则会出现编译错误。

扩展资源：实例 6.6-定义方法，用来计算用户给出的多个整型数据之和或乘积实例。完整的代码及代码解析请扫描 6.4 节节首的二维码观看微课视频进行学习。

6.4.6 命名参数

命名参数是指在调用函数时给参数附上参数名称，这样在调用函数时不必按照原来的参数顺序填写参数，只需要对应好参数的名称也能完成函数调用。

扩展资源：实例 6.7-命名参数应用实例。完整的代码及代码解析请扫描 6.4 节节首的二维码观看微课视频进行学习。

命名参数如果只是改变参数的顺序，这样做的意义并不大，我们没有必要为了改变顺序而去用命名参数，与可选参数结合才能显示出它真正的意义。

扩展资源：实例 6.8-命名参数与可选参数联合应用实例。完整的代码及代码解析请扫描 6.4 节节首的二维码观看微课视频进行学习。

微课视频 6-2

6.5 函数重载和递归

6.5.1 函数重载

6.2 节曾提到过，函数的名称和参数列表共同组成了函数的签名。在调用函数时，编译器必须匹配函数的签名，这表明需要不同的函数来操作不同类型的变量。C#允许有多个同名函数，每个函数可使用不同的参数类型。这里的不同参数可以理解为参数的类型不同、个数不同或参数的修饰符不同。需要注意的是，函数签名不同，则意味着函数不同。而函数的返回类型不属于签名的一部分，所以不能定义两个仅是返回值类型不同的函数，因为它们实际上有相同的签名。

扩展资源：实例 6.9-定义两个同名方法，分别用来求 int 型和 double 型数据之和实例。完整的代码及代码解析请扫描 6.5 节节首的二维码观看微课视频进行学习。

6.5.2 函数的递归

从前面章节对函数的介绍可以看出，函数是集成了某一功能的代码集。当问题较为复杂时，可以将代码集拆分为多个函数，然后进行函数之间的相互调用，从而完成复杂问题的求解过程。目前所定义的函数均为静态函数。关于静态函数，本书将在第 7 章进行详细讨论。目前读者只需要知道的一个规则是，静态函数体内所有的变量、所有的被调用函数均必须是静态的。因此，在前面章节，函数的调用直接使用函数名和参数列表即可。

但函数调用有一个需要注意的地方就是不能循环调用，即函数 A 的函数体内调用了函数 B，那么在函数 B 的函数体内就不能调用函数 A。这样循环调用会造成程序的逻辑错误而得不到结果。函数调用还有一种情况就是函数 A 调用函数 A 自身。函数 A 调用函数 A 自身时，在每次调用给定的是不同的参数列表的情况下，最终函数会在某一个特定参数情况下得出某一确定结果，从而使函数的执行有一个终止的点，这种调用就是有结果的，是有意义的。总的来说，任何一个函数既可以调用其他函数，也可以调用自己。而当这个函数调用自己时，就称它为递归函数或递归方法。

在计算机语言中，递归是指在函数的定义中使用函数自身的方法。借助递归方法，可以把一个相对复杂的问题转化为一个与原问题相似但规模较小的问题来求解。递归方法只需少量的程序就可描述出解题过程所需要的多次重复计算，大大地减少了程序的代码量。但在带来便捷的同时，递归方法也有缺点——运行效率不太高。

通常递归有以下几个特点：

（1）在函数中调用自身；

（2）递归函数通常代码简洁清晰；

（3）递归函数会一直调用，直到某些条件被满足，我们称之为递归出口；

（4）递归函数运行效率较低。

例如，要求解 n 的阶乘问题。一个数 n 的阶乘，记作 n!，它等于 1*2*3*…*n。如果使用之前的循环结构来完成，可非常容易地得到代码 6.3。

代码 6.3　求解 n 的阶乘问题的非递归代码

```
01    using System;
02    namespace Hello_World
03    {
04      class Program
05      {
06        static void Main(string[] args)
07        {
08          Console.WriteLine($"5!={Factorials(5)}");
09        }
10        static int Factorials(int n)
11        {
12          int result = 1;
13          for (int i = 1; i<= n;i++ )
14          {
15            result *= i;
16          }
17          return result;
18        }
19      }
20    }
```

如果使用递归的思想来完成阶乘的求解，则可以理解为 n 的阶乘等于 n 乘以 n−1 的阶乘：n!=n*(n−1)!，且当 n=1 时，n!=1。根据这一思路就可以知道，如果想要求得 n 的阶乘，需要先求得 n-1 的阶乘，进而推导到要求得 2 的阶乘就需要先知道 1 的阶乘。而 1 的阶乘是作为最终条件给出的，不会再有下一步推导。因此如果将阶乘写为一个函数，那么这个函数调用的参数将从 n 一直改变为 1，然后根据 1 的阶乘所返回的结果求出 2 的阶乘的结果，直到求出 n 的阶乘的结果。所以总结一下可知，定义一个求 n 的阶乘的函数：static int Factorials (int n)，当 n=1 时，n!=1；当 n>1 时，n!=n*(n-1)!。示例代码如代码 6.4 所示。

代码 6.4　求解 n 的阶乘问题的递归代码

```
01    using System;
02    namespace Hello_World
03    {
04        class Program
05        {
06            static void Main(string[] args)
07            {
08                Console.WriteLine($"5!={Factorials(5)}");
09            }
10            static int Factorials(int n)
11            {
12                if (n == 1)
13                    return 1;
14                else
15                    return n * Factorials(n - 1);
16            }
17        }
18    }
```

代码注解：

（1）第 10~16 行定义了求阶乘的函数 Factorials()，需要给出求解的参数 n；

（2）第 12 行判断求阶乘的参数 n 是否为 1，如果为 1 则在第 13 行直接返回结果 1；

（3）第 15 行处理求阶乘的参数 n 不为 1 的情况。当 n 不为 1 时，其阶乘的求解为 n*(n-1)!。此处不知道 n 的值是多少，但只需要先求出 n-1 的阶乘结果就可以了。所以第 15 行又调用一次 Factorials()函数，将 n-1 作为参数传递给它。

（4）第 8 行处直接调用 Factorials()函数，求解 5 的阶乘。

整个过程如图 6.1 所示。

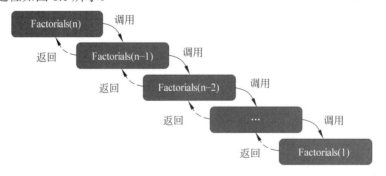

图 6.1　Factorials()函数递归求解调用过程图

从图 6.1 可以看出，每一次的函数调用其实是没有执行完整的。只有当下一级函数得出了结果，上一级函数才能得出结果，从而往更上一级函数返回。也就是说，函数递归调用时，内存中需要保存每一级函数的所有状态数据。这也是递归调用效率较低的原因。但从另一个角度来看，递归函数的思路更清晰，代码更简洁，理解起来更加容易。

扩展资源：实例 6.10-给定数字 n，求其阶乘之和实例。完整的代码及代码解析请扫描 6.5 节节首的二维码观看微课视频进行学习。

扩展资源：实例 6.11-计算 Fibonacci 数列实例。完整的代码及代码解析请扫描 6.5 节节首的二维码观看微课视频进行学习。

6.6 常用函数

6.6.1 数学函数

微课视频 6-3

C#中提供了多个与数学相关的函数。这些函数都被声明在 Math 类中。常见的 Math 类中包含的函数如表 6.1 所示。

表 6.1 C#中提供的部分数学相关函数及说明

函 数 常 量	描 述	参 数 类 型	返回值类型
PI	计算圆面积的系数	double	
Abs(int x)	绝对值	浮点数、整数	浮点数、整数
Sin()	正弦值	double	double
Cos()	余弦值	double	double
Asin()	反正弦值	double	double
Acos()	反余弦值	double	double
Exp()	对数值	double	double
Log10()	以 10 为底的对数	double	double
Log()	自然对数或指定底数	double	double
Max()	求最大值	浮点数、整数	浮点数、整数
Min()	求最小值	浮点数、整数	浮点数、整数
Pow()	指数表达式	double	double
Round()	对浮点数进行四舍五入	decimal/double	decimal/double
Sqrt()	平方根	double	double
Ceiling()	返回大于当前参数的最小整数	decimal/double	decimal/double
Floor()	返回小于当前参数的最大整数	decimal/double	decimal/double

扩展资源：实例 6.11-根据三角形各边长计算各角度实例。完整的代码及代码解析请扫描 6.6 节节首的二维码观看微课视频进行学习。

6.6.2 日期时间函数

C#中还提供了大量处理日期和时间相关操作的函数。通过这些函数，可以提高程序员编写程序的效率，从而使程序员将注意力集中在业务层代码。

C#中与日期时间相关的数据类型名为 DateTime，其位于 System 命名空间中，是一种结构体类型，属于值类型，用于表示日期和时间。DateTime 值类型代表了一个从公元 0001 年 1 月 1 日 0 点 0 分 0 秒到公元 9999 年 12 月 31 日 23 点 59 分 59 秒之间的具体日期时刻。因此，可以用 DateTime 值类型来描述任何在上述范围之内的时间。此外，C#中还提供了一个用于说明时间跨度的类型 TimeSpan。通过将 DateTime 对象和 TimeSpan 对象配合使用，可以完成对日期和时间相关的计算工作。

1. 声明并初始化日期时间对象

要使用日期时间相关函数，需要首先声明 DateTime 类型的对象。其声明语法如下所示：

```
DateTime dateTime = new DateTime();         //声明并初始化一个日期时间对象
DateTime dateTime = new DateTime(2008, 5, 1); //声明并初始化一个日期时间对象，
                                            //包括年、月、日的信息
DateTime dateTime = new DateTime(2008, 5, 1, 8, 30, 52);// 声明并初始化一个日
                                            //期时间对象，包括年、月、日、时、分、秒的信息
DateTime dateTime = new DateTime(12345);    //声明并初始化一个日期时间对象，使用一
                                            //个给定的值作为刻度数。刻度数(Ticks)是一个
                                            //从公历 0001 年 1 月 1 日 00:00:00.000 以来所
                                            //经历的以 100 纳秒为间隔的间隔数
```

除了使用上述方法来声明及初始化一个 DateTime 对象之外，还可以使用 DateTime 的某些属性来创建。例如：

```
DateTime date1 = DateTime.Now;      //获取当前日期和时间并返回 DateTime 对象
DateTime date2 = DateTime.UtcNow;   //获取当前世界标准时间并返回 DateTime 对象
DateTime date3 = DateTime.Today;    //获取当前日期并返回 DateTime 对象
```

此外，还可以解析特定格式的字符串并返回对应的 DateTime 对象。例如：

```
string dateString = "5/1/2008 8:30:52 AM";
DateTime date1 = DateTime.Parse(dateString);
```

2. 获得当前日期和时间

实例化一个 DateTime 对象，可以将指定的数字作为年月日得到一个 DateTime 对象。而 DateTime.Now 属性则可获得当前时间。如果你想按年、月、日分别统计数据，也可用 DateTime.Now.Year、DateTime.Now.Month、DateTime.Now.Day 获取。同理，当前的时分秒也可以通过这样的方式获取，并通过调用相应的函数完成特定格式的日期显示。示例代码如代码 6.5 所示。

代码 6.5　特定格式的日期显示示例代码

```
01    static void Main(string[] args)
02    {
03        DateTime dt = DateTime.Now;
04        Console.WriteLine(dt.ToLongDateString());
05        Console.WriteLine(dt.ToLongTimeString());
06        Console.WriteLine(dt.ToShortDateString());
07        Console.WriteLine(dt.ToShortTimeString());
08        Console.WriteLine(dt.ToString());
09        Console.Read();
10    }
```

代码运行效果如图 6.2 所示。

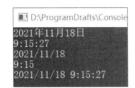

图 6.2　特定格式的日期显示运行效果图

当获取某个 DateTime 对象后，则可以通过访问其对应的属性来获得日期和时间中的所有子项。示例代码如代码 6.6 所示。

代码 6.6　获得日期和时间中的所有子项示例代码

```
01    static void Main(string[] args)
02    {
03        DateTime dt = DateTime.Now;
04        int year = dt.Year;             //获得年份
05        int month = dt.Month;           //获得月份
06        int day = dt.Day;               //获得日期
07        int hour = dt.Hour;             //获得小时数
08        int minute = dt.Minute;         //获得分钟数
09        int second = dt.Second;         //获得秒数
10        int millisecond = dt.Millisecond; //获得毫秒数
11        long ticks = dt.Ticks;          //获得刻度数
12        Console.Read();
13    }
```

3. 日期时间常用函数

表 6.2 中总结了 DateTime 类型中提供的部分常用的日期时间相关的函数及其说明。表 6.2 中所列的 date1 和 date2 均为 DateTime 类型的对象。

表 6.2　DateTime 类型中提供的部分常用的日期时间相关的函数及其说明

函 数 签 名	函 数 说 明	示 例	备 注
DateTime Add(TimeSpan value)	将当前 DateTime 对象和一个给定的 TimeSpan 类型的对象相加，返回新的 DateTime 对象	TimeSpan duration = new TimeSpan(36, 0, 0, 0) DateTime answer = date1.Add(duration)	无
DateTime AddDays (double value)	将当前 DateTime 对象的天数和一个给定值相加，返回新的 DateTime 对象	DateTime answer = date1.AddDays(36)	与 AddDays 类似的还有 AddHours、AddMilliseconds、AddMinutes、AddSeconds 等函数
DateTime AddMonths (int value)	将当前 DateTime 对象的月数和一个给定值相加，返回新的 DateTime 对象	DateTime answer = date1. AddMonths (36)	与 AddMonths 类似的还有 AddYears 函数
int Compare (DateTime t1, DateTime t2)	比较给定的两个 DateTime 对象，通过返回负数/零/正数来表示两者的大小	DateTime.Compare(date1, date2)	返回值为整型
bool Equals (DateTime t1, DateTime t2)	比较给定的两个 DateTime 对象的日期数据是否相同	DateTime.Equals(date1, date2)	返回值为布尔型

续表

函 数 签 名	函 数 说 明	示　　例	备　　注
int DaysInMonth (int year, int month)	返回给定的年和月的天数	DateTime.DaysInMonth (2021, July)	month 范围为 1~12 year 范围为 1~9999
bool IsLeapYear (int year)	判断给定的年份是否为闰年	DateTime.IsLeapYear (2021)	返回值为布尔型
TimeSpan Subtract (DateTime value)	将当前 DateTime 对象减去给定的另一 DateTime 对象，求得两者的时间跨度	TimeSpan diff1 = date2.Subtract(date1)	返回值为 TimeSpan 对象

微课视频 6-4

6.7　案例 7：生成随机验证码

计算机擅长处理数值数据和字符数据。由于在计算机系统中，字符是一种使用数值来进行编码的符号，因此处理字符的过程也就转变成为处理数值数据的过程。C#中的字符使用 Unicode 编码。这种编码是将一个字符处理成为 0~FFFF（十进制为 0~65535）的十六进制值。因此，生成随机验证码的问题就转换成为生成 0~65535 中若干随机数的问题。但由于验证码除了有字符数的要求，还要求必须是大写、小写，且不能是特殊字符，因此在生成验证码的过程中还有一定的限制。比如生成小写的英文字母，则可以使用 Random 类的 Next()方法，指明其范围，如：new Random().Next('a','z')；同理，生成大写的英文字母的方法则为 new Random().Next('A','Z')。依照单一职责原则，应该将某一个功能声明到一个单独的函数内，因此可以设计出 GenRandomUpperLetter()、GenRandomLowerLetter()、GenRandomDigitCharacter()、GenRandomCharacter()四个函数。

示例代码如代码 6.7 所示。

代码 6.7　案例 7：生成随机验证码示例代码

```
01   class Program
02   {
03       static void Main(string[] args)
04       {
05           StringBuilder sb = new StringBuilder();
06           int groupNumber = 10;//生成指定的 10 组验证码
07           int validNumber = 4;//指定验证码的长度
08           int validUpperLetterNumber, validLowerLetterNumber, validDigitLetter,
     temp;//记录验证码中各部分的数量
09           Random random = new Random();//构造随机生成器对象
10           for (int i = 0; i<groupNumber; i++)
11           {
12               sb.Clear();
13               validUpperLetterNumber = random.Next(validNumber);
14               temp = validNumber - validUpperLetterNumber> 0 ? validNumber -
     validUpperLetterNumber : 0;
15               validLowerLetterNumber = random.Next(temp);
16               validDigitLetter = validNumber - validUpperLetterNumber -
     validLowerLetterNumber;
```

```
17              sb.Append(GenRandomUpperLetter(validUpperLetterNumber, random));
18              sb.Append(GenRandomLowerLetter(validLowerLetterNumber, random));
19              sb.Append(GenRandomDigitCharacter(validDigitLetter, random));
20              Console.Write(sb.ToString()+" ");
21          }
22          Console.ReadKey();
23      }
24      static string GenRandomCharacter(char ch1, char ch2, int number,Random
    random)
25      {
26          StringBuilder sb = new StringBuilder();
27          for (int i = 0; i< number; i++)
28              sb.Append((char)random.Next((int)ch1, (int)ch2));
29          return sb.ToString();
30      }
31      static string GenRandomUpperLetter(int number,Random random)
32      {
33          return GenRandomCharacter('A','Z',number,random);
34      }
35      static string GenRandomLowerLetter(int number, Random random)
36      {
37          return GenRandomCharacter('a','z',number, random);
38      }
39      static string GenRandomDigitCharacter(int number, Random random)
40      {
41          return GenRandomCharacter('0', '9', number, random);
42      }
43  }
```

上述代码将生成随机字符串的核心代码放置在函数 **GenRandomCharacter()**方法中，通过传入的字符串的起始字符、生成的字符数以及随机生成器对象，完成指定数量的随机字符串的生成。代码的运行效果如图 6.3 所示。

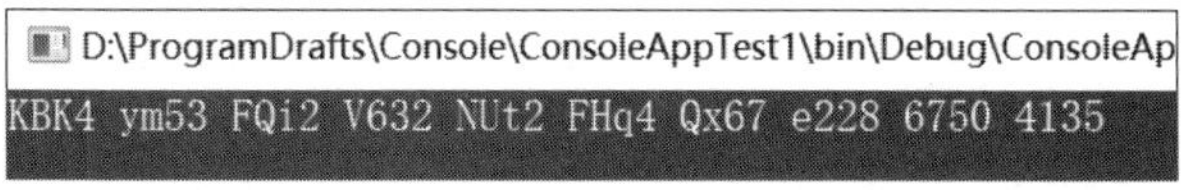

图 6.3　案例 7：生成随机验证码运行效果图

6.8　小结

本章详细讲解了函数的作用、函数的创建与调用、函数的返回值、函数的参数与函数的递归以及常用的数字函数和日期函数等相关内容。读者需要对函数的本质有清晰的认识并多加练习，通过使用函数达到使程序逻辑更清晰、可读性更强、可维护性更高的目的。

6.9　练习

（1）五边形数是通过公式 n(3n−1)/2，当 n=1，2，3，…产生的，其前几个数据为 1，5，

12，22，…。请根据下面给出的函数签名写出完整的函数定义，并写出测试代码，打印出前 100 个五边形数。

```
public static int GetPentagonalNumber(int n)
```

（2）编写一个函数，计算给定的整数的各位数字之和。函数签名如下：

```
public static int SumDigits(long n)
```

（3）利用下面给出的两个函数签名，完成对回文数的判定。

```
public static int Reverse(int number)
public static bool IsPalindrome(int number)
```

其中，Reverse()方法用于倒序输出一个数字，而 IsPalindrome()方法用于给出当前数字是否为回文数的结果。请根据上述描述完成所有函数的定义并写出对应的测试代码。

（4）根据以下公式，定义两个函数，完成华氏温度和摄氏温度的互换。这两个函数均接受一个 double 类型的参数，返回一个 double 类型的参数，所有的数据都保留两位小数。

fahrenheit = (9.0/5)*celsius + 32

celsius=(5.0/9)*(fahrenheit−32)

（5）使用下面的函数签名，打印出指定范围内的所有字母，并根据给定的要求，一行显示一定数量的字母。

```
public static void PrintChars(char ch1, char ch2, int numberPerLine)
```

（6）设计一个函数，根据下面的公式计算出 i=20 以内的所有值。

$$m(i) = \frac{1}{2} + \frac{2}{3} + \frac{3}{4} + \cdots + \frac{i}{i+1}$$

（7）设计一个函数，用于显示 n×n 的矩阵，矩阵中的值为 0~100 的随机数。函数签名如下：

```
public static void PrintMatrix(int n)
```

（8）编写函数，判断用户设定的密码是否符合密码规则。密码规则如下：

① 密码长度至少 8 位；

② 密码只能含有字母和数字；

③ 密码必须含有至少 2 个数字。

（9）编写函数，完成对用户输入的字符串中的字符数进行计数。其函数签名为

```
pubic static int CountLetters(string s)
```

（10）编写函数，打印出 1000 以内的所有回文素数。回文素数即为形式为回文的素数，比如 2，3，5，7，11，101，131，151 等。

面向对象基础篇

　　本篇为面向对象思想的基础篇。本篇在编程基础篇的基础上，旨在培养读者的面向对象思想，并利用该思想指导程序的设计与编写。本章将首先介绍面向对象思想的概念，进而介绍类和对象，并指导读者如何将程序以类和对象的方式进行组织与实现。在此基础上，本篇将进一步讨论类与类之间的继承和对象之间的多态等特性。最后介绍了如何使用异常处理机制来更好地为程序服务。利用本篇介绍的知识与技术，可以使程序更灵活，有更好的可维护性和扩展性。作为承上启下的篇章，后续的进阶篇将以本章为基础，因此对本章内容的掌握至关重要。

第 7 章

面向对象思想编程基础

本章要点:

● 对象与类的关系;

● 面向对象程序设计的三大原则;

● 类的概念与定义;

● 类的成员;

● 对象的创建与使用。

7.1　面向对象思想概述

前面介绍的编程方法称为过程化编程(Procedural Programming),也称为"面向过程"(Procedure Oriented)编程。"面向过程"是一种以问题的解决过程为中心的编程思想。面向过程其实是最为实际的一种思考方式,面向对象的方法中也含有面向过程的思想。可以说面向过程是一种基础的方法,它考虑的是实际的实现。一般的面向过程是自上向下步步求精,所以面向过程最重要的是模块化的思想方法。通俗地讲,在编写代码时,我们看到的是一步一步执行的过程,即面向过程。

用"面向过程"方法开发的软件,其稳定性、可修改性和可重用性都比较差。这是因为"面向过程"方法的本质是功能分解。从代表目标系统整体功能的单个处理着手,自顶向下不断把复杂的处理分解为子处理,这样一层一层地分解下去,直到仅剩下若干个容易实现的子处理功能为止,然后用相应的工具来描述各个最底层的处理。因此,"面向过程"方法是围绕实现处理功能的"过程"来构造系统的。然而,用户需求的变化大部分是针对功能的,因此,这种变化对于基于过程的设计来说是灾难性的。用这种方法设计出来的系统结构常常是不稳定的。用户需求的变化往往会造成系统结构的较大变化,从而需要花费很大代价才能实现这种变化。

"面向对象"(Object Oriented)方法解决了传统编程技巧方面的许多问题。使用面向对象思想进行编程,可以让注意力集中在解决问题所涉及的对象之上。而这些对象有可能是相互独立的。使用该思想进行的编程称为"面向对象编程"(Object Oriented Programming,OOP),其通常要使用许多代码模块,每个模块都提供特定的功能,而且每个模块都是孤立的,甚至与其他模块完全隔离。这种模块化编程方法提供了非常丰富的多样性,大大增加了代码重用的机会。

7.2　对象和类概述

7.2.1　对象

对于"对象"的概念众说纷纭，目前没有一个确定的得到广泛认可的说法。但就生活中所认识的对象而言，吃饭用的碗筷、洗衣服用的洗衣机、洗衣液等都是对象。因此总结而言，可以简单地认为对象是具有一些属性，可用于完成某种功能、执行某种操作的一些物体或行为。

落实到编程，对象就是面向对象编程应用程序的一个"构件"。这个"构件"封装了部分应用程序，这部分应用程序可以是一个过程、一些数据或一些更加抽象的实体。简单地说，对象非常类似于本书前面讨论的结构类型。它所包含的变量组成了存储在对象中的数据。稍微复杂的对象可能不包含任何数据，而只包含函数，表示一个过程。例如可以使用表示打印机的对象，其中的函数可以控制打印机。

C#中的对象是依据类中的定义创建的，就像前面的变量一样。定义变量需要知道变量的数据类型。而创建一个对象，也需要知道该对象所属的数据类型。对象所属的数据类型在面向对象编程中有一个特殊的名字叫作"类"。可以根据类的定义来实例化对象。实例化的意思就是通过"类"中定义的内容去创建一个可以使用的对象出来。比如根据乐高的说明书，可以拼接出一个某种造型的乐高人物。拼接的过程就是实例化的过程。这表示创建该类的一个命名实例。类的实例和对象的含义相同，但类和对象是完全不同的概念。

7.2.2　类

"类"描述了一组对象中所具备的相同特性（属性）和相同行为（方法）。在程序中，类实际上就是数据类型。例如，整数类型规定了整数的一组特性和行为；"赛车类"规定了赛车的各项参数、性能和外观特性等。可以看出，其实"赛车类"是汽车的建造方案，是对车本身的描述，其中包含赛车拥有的各项参数。总的来说，"类"只是一种设计或描述。根据这些设计和描述所创造出来的一辆赛车本体就是一个对象。

对象根据类的描述被实例化出来，其目的就是用来解决问题的。因此使用对象本质上就是使用对象的属性、方法等。对象拥有什么样的属性、方法，是由类的定义决定的。而对象的属性对应的值，则是属于某一个具体对象的。比如赛车有颜色属性，一辆红色赛车，其颜色属性当然是红色，这个数据是由当前这辆赛车决定的。对于类的定义，根据统一建模语言（Unified Modeling Language, UML）的定义，类的描述有类的名字、类所包含的属性、字段和方法等。

7.2.3　类与对象的关系

类是一种抽象的数据类型，但是其抽象的程度可能不同；而对象就是一个类的实例。例如，将农民看作一个类，张三或李四可以各为一个对象。从这里可以看出，张三和李四有很多共同点，他们都生活在某个地方，早上都出门干农活，晚上都会回家。对于这样相似的对象，就可以将其抽象为一个数据类型。此处抽象为农民。因此只要将农民这个类型编写好，在程序中，就可以方便地创建出若干个像张三和李四这样的对象。在代码需要更改时，只需对农民类型进行修改即可。

综上所述，可以看出类与对象的区别：类是具有相同或相似结构、操作和约束规则的概念描述；而对象是某一个类定义下的具体化实例。

7.2.4 字段、属性和方法

1. 字段

字段是用于保存对象本身所涉及的数据的变量。可以通过字段来访问对象中包含的数据。将对象的不同数据保存在相应的字段中，就构成了对象的状态。例如，一个类为咖啡类，在实例化这个对象时，就必须提供对该对象有意义的状态数据。此时可以使用字段，为该对象设置要使用的相应的状态，比如品牌、是否加奶、是否加糖、是否速溶等。将上述所有状态设置成功之后，这杯咖啡对象的状态就有了具体的数据，比如加奶加糖的马来西亚咖啡。

2. 属性

在C#中，属性和字段是不同的。字段表示的是一个不可被外界访问的，包含对象数据的变量；而属性是可以公开给外界访问的与某一字段相对应的变量。因为属性不提供对数据的直接访问对象，能让用户不考虑数据的细节，所以不需要在属性中用一对一的方式表示。一般情况下，外界访问对象状态时最好是通过属性，而不是字段。因为这样可以更好地控制各种行为，这个操作不会影响使用对象实例的代码。因为使用属性和字段的语法是相同的。对属性的读写访问也可以由对象明确定义。某些属性是只读的，只能查看它们的值，而不能改变它们。这常常是同时读取几个状态的一个有效技巧。此外，也可以通过查看几个字段，把相同的数据组合起来，这样可以节省时间和精力；也可以有只写的属性，即只能写入，不能读取值。具体对属性的读写操作将在7.4.6节中进行详细介绍。

3. 方法

方法是用于表示对象可执行的函数，这些函数调用的方式与之前学习的函数相同，使用返回值和参数的方式也相同。方法用于访问对象的功能与字段和属性一样，方法也可以是公共的或私有的。

7.2.5 对象的生命周期

实际上，.NET Framework中所有东西都是对象。控制台应用程序中的Main()函数就是类的一个方法。前面章节中介绍的求字符串长度、转换字符串的大小写等操作，都是调用对象的相应方法来完成任务。因此.NET Framework中，对象无处不在。

对象是根据类的描述实例化出来的，所以每个对象有其产生的时间点，有其工作的整个时间段，在完成了相应的任务之后，对象将被销毁。这一过程称为对象的生命周期。

每个对象都有一个明确的生命周期，除了"正在使用"的正常状态外，还有两个重要阶段。

- 构造阶段：第一次实例化一个对象时，需要初始化该对象。这个初始化过程称为构造阶段，由构造函数完成。
- 析构阶段：在删除一个对象时，常常需要执行一些清理工作，如释放内存。这由析构函数（一种特殊的方法，将在7.5.1节中详细介绍）完成。

1. 构造函数

根据类的描述，对象的构造是自动完成的。从代码的角度来说，对象的构造，本质就是在内存中分配一块区域，用于存放该对象的所有状态数据。构造出来的对象虽然有了属性和字段的内存区域，但这些区域内是没有数据的，确切地说，是没有有意义的数据。因此需要通过初始化操作，为这些区域填上有意义的值。在初始化对象的过程中，可以执行一些额外的工作，比如需要初始化对象存储的数据。构造函数就是用于初始化数据的函数。所有类在设计其定义时，都至少包含一个构造函数，也可包含多个重载的构造函数。在这些构造函数中，有一个默认构造函数，该函数没有参数，其作用是使用字段的默认值进行初始化。构造函数必须与类名相同。类定义中可能包含几个带有参数的构造函数，称为非默认的构造函数。代码可以根据实际情况来选择对应的构造函数来实例化对象的字段。对构造函数的深入讨论将放在 7.5.1 节中进行。

2. 析构函数

析构函数通常是用来清理对象的。一般情况下，不需要提供析构函数的代码，而由默认的析构函数自动执行操作。但是如果在删除对象实例前需要做一些重要操作，就应该提供具体的析构函数。例如，如果变量超出了作用域代码则不能访问它，但该变量仍存在于计算机内存的某个地方。这种情况下就可以使用析构函数，手动地将该实例进行删除，而不用等到.NET 进行垃圾回收清理时才自动执行。

7.3 定义类

类是 C#中最基本的类型，是封装数据的基本单元，可在一个单元中将字段、属性和方法以及其他成员结合起来。类为动态创建类的实例（即对象）提供了定义。在 C#中类的定义，以关键字 class 开始，后面跟类的名称，类的主体包含在一对大括号中。如下所示：

```
class <类名>
{
}
```

例如，声明一个圆形类和一个学生类，代码如下：

```
class Circle{}
class Student{}
```

在类定义的大括号内，就可以完成对类的成员的定义了。还可以有更多的关键字对类进行修饰。这些关键字将在后续的学习中继续逐一讨论。

微课视频 7-1

7.4 定义类成员

前面所介绍的字段、属性和方法等都可称为类的成员。除此之外，还有事件、委托等也是类的成员。委托、事件等成员的定义将在后续的章节中给出，目前只学习字段、属性和方法这些基本成员的定义。在类的定义中，类的成员按其所属类型可分为两类：静态成员和实例成员。

7.4.1 静态成员

静态成员是可以在类的实例（即对象）之间共享的成员，所以可将它们看成类的全局对象。静态成员包含静态方法、静态字段和静态属性等。静态属性和静态字段可以访问独立于任何对象的数据。

静态方法可以执行与对象类型相关但与对象实例无关的命令。在使用静态成员时甚至不需要实例化对象。比如本书前面章节中常用的 Console.WriteLine()方法就是一种静态方法。这种方法被看作是类中所有对象都具有的统一功能，因此就不用先实例化对象再对方法进行调用，而是直接使用类名进行调用。比如"Console"就是类名，"WriteLine"即为该类中的一个静态方法。将成员设置为静态成员的方法是使用 static 关键字对成员进行修饰。比如在代码 7.1 中，希望一所大学中所有同学都有一个表示学校名字的字段 collegeName，很明显，这个字段的值对于所有同学而言应该是一样的。于是可以将这个字段设置为静态且公共的。定义字段的方法和定义变量的方法相同，具体见 7.4.4 节。

代码 7.1 向 **Student** 类中添加静态成员代码

```
01    class Student
02    {
03        public static string collegeName = "×××××大学";
04    }
```

由于静态方法是与对象实例无关的，是所有对象实例之间共享的方法。因此，静态方法要求其方法体所含的语句中也应该都是静态的成员。具体来说就是，静态方法的方法体中使用的外部变量或外部方法必须也是静态方法，不能是实例方法。如果在静态方法中需要调用实例方法，需要先实例化对象，再通过对象去调用实例方法。

7.4.2 实例成员

实例成员是和静态成员相对立的一种成员。实例成员是属于单个对象的成员，即该类中的每个对象各自都有这些成员，并且这些成员的状态可能均不相同。比如红旗 H5 型号的汽车有若干种颜色。卖出去的每一辆车在颜色方面都有自己的特性，尽管可能肉眼看到的颜色是一样的，但实际的颜色可能是有差别的，这种成员就叫实例成员。和静态成员不同，要使用实例成员，必须先实例化对象，再通过对象去访问其对应的成员。比如前面学习字符串时，可以通过 Length 属性来获取当前字符串的长度。代码如下所示：

```
string str = " this is a test string.";
string anotherStr = " another string";
Console.WriteLine($"字符串的长度为：{str.Length}");
```

在上述代码中，第 1 和第 2 行使用赋值的方式分别实例化一个名为 str 和 anotherStr 的字符串对象，第 3 行使用 str.Length 的方式去获取 str 这个对象的长度。很明显，str 和 anotherStr 的字符串对象的长度是不同的，因此用户想要获取哪个对象的字符串长度，就直接使用这个对象进行点操作即可。

7.4.3 类成员的访问权限

在定义类的成员时，需要为类中所包含的所有成员给出相应的完整定义。在介绍如何定义类成员之前，需要知道的是类的成员都有自己的访问级别。成员的访问级别决定了成员可被访问的范围。访问级别可以用下面的访问修饰符关键字来进行设置：

- public——成员可以由任何代码访问。
- private——成员只能由类中的代码访问。
- internal——成员只能由定义它的程序集或项目内部的代码访问。
- protected——成员只能由类或派生类中的代码访问。

最后两个关键词可以结合使用，所以也有 protected internal 成员。它们只能由项目，更确切地说是程序集中派生的代码来访问。当然也可以使用关键字 static 来声明字段、方法和属性。这表示它们是类的静态成员，而不是对象的实例成员。关于上述访问修饰符的用法，将在后续章节进一步讨论。此处，读者仅做了解即可。

7.4.4　定义字段

字段就是程序开发中常见的常量或者变量，它是类的一个构成部分，使得类可以封装数据。因此，定义字段的方式和之前定义常量和变量的方式是一样的，需要给出字段的数据类型和字段名。对于字段的访问修饰符，如果以 public 修饰，则意味着该字段为公共字段。但通常我们会推荐使用 private 修饰字段，将其置为私有字段。私有字段使用 Camel 命名规则来命名，也就是首字母小写的方式来命名，同时也建议使用下画线"_"作为私有字段的起始符。示例代码如下所示：

```
class Student
{
    private int _studentID;
    private string _studentName;
}
```

在上述代码中，为 Student 类创建了两个私有字段_studentID 和_studentName，分别为 int 型和 string 型。由于上述两个字段被 private 访问修饰符所修饰，因此意味着这两个字段只能在当前 Student 类中才能被访问。

第 3 章讨论了使用关键字 const 或 readonly 来定义常量。当定义字段时，也可以使用这两个关键字来定义。不过使用 const 关键字来定义常量时，其本身代表的又为一种静态成员，因为不需要额外使用 static 关键字来进行修饰。同样，由于是常量，是用于对象间共享使用的数据，因此本身也是 public 的访问级别。

扩展资源：实例 7.1-定义一个 Circle 类的实例。完整的代码及代码解析请扫描 7.4 节节首的二维码观看微课视频进行学习。

7.4.5　定义方法

在面向对象编程中，方法即为在第 6 章中所介绍的函数。因此方法是类或结构的一种成员，是用来定义类可执行的操作是包含一系列语句的代码块。从本质上讲，方法就是该类实例化后的对象可执行的动作。用户通过调用方法来操作对象中字段的状态数据。在 C# 中每个执行指令都是在方法的上下文，即方法体中执行的。

扩展资源：实例 7.2-向 Circle 类中添加方法实例。完整的代码及代码解析请扫描 7.4 节节首的二维码观看微课视频进行学习。

7.4.6　定义属性

属性是字段的扩展。它提供灵活的技术来读取、写入或计算私有字段的值。属性可为公共数据成员提供便利，而又不会带来不受保护、不受控制以及未经验证访问对象数据的风险。因为属性在修改状态前，即便它们可能并不修改字段的状态，仍然可以执行一些额外的操作。

首先，属性拥有两个类似于函数的块：一个块用于获取值，另一个块用于设置属性的值。它们被称为访问器。访问器是基础数据成员复制和检索其值的特殊方法，分别为 set 访问器和 get 访问器。使用 set 访问器可以为数据成员赋值；使用 get 访问器可以检索数据成员的值。可以通过是否定义 get 或 set 访问器来控制属性的访问级别。如果忽略其中一个访问器，就可以创建只读或只写的属性。当然这仅适用于外部代码，因为类中的其他代码可以直接访问属性所对应的字段值。此外，也可以在访问器上设置访问修饰符。例如，使 get 访问器为 public 的，使 set 访问器为 private 的，即可实现外部只能读取属性，不能设置属性。但需要注意的是，属性的两个访问器至少要定义一个才是有效的，也就是说，既不能读取也不能修改的属性是没有任何用处的。

属性的基本结构包括访问修饰符、类型名、属性名和访问器块。例如：

```
public int MyProp
{
    get{ //get访问器过程代码 }
    set{ //set访问器过程代码 }
}
```

在.NET 中，建议属性的访问级别设置为 public，并且使用 Pascal 命名规则来命名，即首字母及后续每个单词的首字母均大写。

1. get 访问器

上述代码的第一行非常类似于定义字段的代码，区别在于第一行行末没有分号，而是嵌套了一个以关键字 get 开头的代码块，称为 get 块。get 块必须有一个 return 语句，用于返回和属性返回值类型相同的值或对象。简单属性一般与私有字段相关联，以控制对这个字段的访问，即如果不需要对私有字段在返回给用户前做额外的操作，那么在 get 块中可以直接返回与当前属性相关联的私有字段的值。类外部的代码不能直接访问这个私有字段，因为其访问级别是私有的，所以外部代码必须使用属性来访问该字段。如上述属性 MyProp 和私有字段_myProp 相关联，则有如下代码：

```
private int _myProp;
public int MyProp
{
    get    {    return  myProp; }
    set    {    //set访问器过程代码}
}
```

在上述代码中，属性 MyProp 是和字段_myProp 进行关联的。因此当用户在外部调用 MyProp 属性时，get 访问器可直接使用 return 语句将关联的字段名返回给用户。相互关联的属性和字段虽然没有规定必须为相同类型，但在一般操作中，建议属性的类型与其关联的字段类型相同，且在命名方面，两者也使用相同的名字，即字段以下画线开始，使用 Camel 的命名规则，而属性使用 Pascal 命名规则来命名。

2. set 访问器

要想对属性进行赋值,可在类的外部调用一个以关键字 set 开头的代码块,称为 set 块。set 块的功能是把一个值赋给相应的字段。这里需要使用关键字 value 来表示用户提供的属性值。value 代表的是用户提供的一个与属性类型相同的值。代码如下:

```
private int _myProp;
public int MyProp
{
    get   {   return _myProp; }
    set   {   _myProp = value; }
}
```

所以如果属性和字段使用相同的类型,就不必考虑数据类型转换了,否则需要在 set 块中进行显式的类型转换。如下所示:

```
private int  _myProp;
public string MyProp
{
    get   {   return _myProp.ToString();    }
    set   {   Int32.TryParse(value, out _myProp);    }
}
```

在上面的代码中,字段_myProp 为整型,属性 MyProp 为字符串型。这样定义,外界用户只需要使用字符串来向属性进行赋值或取值,而实际在字段中保存的数据为整型。这样就很好地封装了字段中的真实数据,进行了保护的作用。但这就要求在 get 块和 set 块中进行显式的数据转换。上述代码中使用 Int32 的 TryParse()方法,将用户给定的字符串转换为整型数据。如果字符串合法,则进行正常的转换,否则将不能向字段中进行正常的赋值。

当然除了进行数据类型转换之外,在属性中,还可以对赋值或取值进行更多的控制。比如如果希望在用户输入的字符对应的整型数值大于 10 的情况下,才把它保存在对应的字段中,则可有如下代码:

```
set
{
    int temp = 0;
    Int32.TryParse(value, out temp);
    if (temp > 10)
        _myProp = temp;
}
```

代码中首先将用户输入的值进行类型转换并将值保存在 temp 中。如果 temp 中的值大于 10,则将其保存到_myProp 中。

通常如果使用了无效值,有 4 种选择:

- 什么也不做;
- 给字段赋默认值;
- 继续执行,就像没发生错误一样,但记录下该事件,以备将来分析使用;
- 抛出异常。

一般情况下,后两个选择比较好,选择哪个选项取决于如何使用类以及给类的用户授予多少控制权。抛出异常,给用户提供的控制权相当大,可以让他们了解发生了什么情况,并做适当的响应。关于如何抛出异常,将在第 9 章进行介绍。

3. 访问器的特殊设置

如果希望属性仅仅是用户可以对其设置值，而不能获取值，那么只需要给出 set 访问器；如果是只需要用户获取值，而不允许用户设置值，那么只需要设置 get 访问器。访问器也可以使用访问修饰符对其自身的访问权限进行控制。访问器使用的访问修饰符取决于属性的可访问性。访问器的可访问性不能高于它所属的属性；也就是说，私有属性对它的访问器不能包含任何可访问修饰符，而公共属性可以对其访问器使用所有的可访问修饰符。

4. 基于表达式的属性

C# 6 引入了一种名为"基于表达式的属性"的功能。这个功能可以把属性的定义减少为一行代码。例如，下面的属性对一个值进行数学计算，可以使用 Lambda 箭头后跟等式的形式来定义：

```
private int _myDoubledInt = 5;
public int MyDoubleInt => (_myDoubleInt * 2);
```

5. 自动属性

属性是访问对象状态的首选方法，因为它们禁止外部代码访问对象内部的数据，并且还对内部数据的访问方式施加了更多控制。但是一般以非常标准的方式定义属性，即通过一个公共属性来访，直接访问一个私有成员，其代码结构稍显复杂。C#另外提供了一种方式称为"自动属性"。对于"自动属性"，可以用简化的语法来声明属性。所以编译器会自动添加未声明的内容。编译器会声明一个用于存储属性的私有字段，并在属性的 get 和 set 块中使用该字段。使用下面的代码结构可以定义一个自动属性：

```
public int MyIntProp { get; set; }
```

使用自动属性时只能通过属性访问数据，不能通过底层的私有字段来访问。因为不知道底层私有字段的名称。但可以直接使用属性名来获取数据。C# 6 引入了两个与自动属性相关的概念：只有 get 访问器的自动属性和自动属性的初始化器。通过以下代码可以创建只有 get 访问器的自动属性：

```
public int MyIntProp { get; }
```

自动属性的初始化功能由以下声明字段的方式来实现：

```
public int MyIntProp { get; } = 5;
```

扩展资源：实例 7.3-向 Circle 类中添加成员属性的实例。完整的代码及代码解析请扫描 7.4 节节首的二维码观看微课视频进行学习。

7.4.7 定义索引器

C#提供了一种名为"索引器"的特殊属性，它能够通过引用数组元素的方式来引用对象。使用索引器的类通常含有一个数组或集合的成员。外部代码通过访问索引器并给出对应参数，可获取数组或集合中的某个元素。索引器的声明与方法或属性的声明方式比较相似。这二者的一个重要区别是，索引器在声明时需要定义参数，而属性则不需要定义参数。索引器的声明格式如下：

```
修饰符 类型 this[参数列表]
{
    get    {get 访问器}
    set    {set 访问器}
}
```

索引器与属性除了在定义参数方面不同之外，它们之间的区别还有以下两点：

（1）索引器的名称必须使用关键字 this。 this 后面一定要跟一对中括号，在中括号之间指定索引的参数列表，其中至少有一个参数；

（2）索引器不能被定义为静态的，只能是非静态的。

索引器的使用方式不同于属性的使用方式，需要使用元素访问运算符 "[ ]"，并在其中指定参数来进行引用。例如，一个 College 类中含有 Students 数组，则可以使用索引器给定一个下标，从而获取某个指定的 Student 对象。示例代码如下所示：

```
class College
{
    Student[] Students;
    publicStudent this[int index]
    {
        get    { return Students[index];}
        set    { Students[index] = value;}
    }
}
```

扩展资源： 实例 7.4-定义一个类 CollClass 并向其声明索引器成员的实例。完整的代码及代码解析请扫描 7.4 节节首的二维码观看微课视频进行学习。

微课视频 7-2

7.5 对象的创建、使用及销毁

C#是面向对象的程序设计语言。对象是根据类的描述创建出来的实体。所有的问题都通过操作对象来处理。对象可以操作类的属性和方法来解决相应的问题。所以了解对象的创建、操作和销毁对学习 C#是十分必要的。

在 7.2.5 节中讨论对象的生命周期时，简单介绍了构造函数与析构函数。构造函数和析构函数是类中比较特殊的两种成员函数，主要用来对对象进行初始化和回收对象资源。一般来说，对象的生命周期从构造函数开始，在析构函数处结束。所有类都有构造函数，不管是否显式地给出了定义。构造函数在创建该类的对象时就会被调用。如果含有析构函数，就会在销毁对象时调用。构造函数和析构函数的名字和类名相同。但析构函数要在名字前加一个波浪线（~）。当退出含有该对象的成员时，析构函数将自动释放这个对象所占用的内存空间。

在 C#中定义类时，常常不需要定义相关的构造函数和析构函数。因为在编写代码时，如果没有提供它们，那么编译器会自动添加。但是如果有必要，可以提供自己的构造函数和析构函数，以便初始化对象和清理对象。

实例化的具体方法是使用 new 关键字来创建一个对象。在 new 关键字后面紧跟的是构造函数。其目的就是使用调用的构造函数来对对象进行实例化。

7.5.1　构造函数

1. 默认构造函数

使用下述语法，可以把一个简单的构造函数添加到类中。

```
class MyClass
{
   public MyClass()
   {
    ...
   }
}
```

定义一个类的构造函数，要求构造函数必须与包含它的类同名。上面代码中的构造函数没有参数，且是一个公共函数。所以类的对象可以使用这个构造函数进行实例化。这种无参无函数体的构造函数，是编译器在没有定义类的构造函数的情况下自动生成的构造函数。

值得注意的是，构造函数是一种特殊的函数，它没有返回值类型。因为构造函数是用于实例化对象的，因此默认的返回值类型必然是其实例化的对象所属的类型，即返回值类型必定为当前类。

2. 有参构造函数

通过使用 new 关键字完成对象的实例化时，有可能允许用户指定实例化对象的某些字段，因此构造函数是可以带有参数的，并且构造函数是可以重载的。根据实际需要对对象进行实例化，因此需要选择具有不同参数列表的构造函数。定义构造函数的重载方式和普通函数的重载方式一样。如下面的代码所示：

```
class MyClass
{
   public MyClass()
   {
      //这是无参的默认构造函数的函数体
   }
   public MyClass(int myInt)
   {
      //这是带一个参数的构造函数的函数体
   }
}
```

上面的代码中定义了两个 MyClass 类的构造函数，分别为无参函数和有一个整型参数的函数。因此可以根据实际需要，按如下代码，创建两个对象并对它们通过不同的构造函数来进行实例化。

```
class Program
{
   static void Main(string[] args)
   {
      MyClass obj1 = new MyClass();
      MyClass obj2 = new MyClass(5);
   }
}
```

在上面的代码中，分别使用 new 关键字来创建两个对象 obj1 和 obj2，然后再使用两个构造函数分别对 obj1 和 obj2 这两个对象进行实例化。可见，obj1 使用的是无参的默认构造函数；而 obj2 使用的是带一个整型参数的构造函数。

3. 私有构造函数

构造函数也可以使用私有的构造函数，一般会使用仅包含静态成员的类，即类以外的位置不能用这个构造函数来创建这个类的对象。如下所示：

```
class MyClass
{
    private MyClass()
    {
        //这是无参的私有构造函数的函数体
    }
}
```

4. 静态构造函数

构造函数也可以使用 static 修饰，成为静态构造函数。静态构造函数主要用于初始化静态变量。一个类只允许有一个静态构造函数，在类实例化时加载，这时修饰符 public、private 等会失去作用。

当实例化一个对象时，首先编译器会根据类的定义在内存中创建出这个对象，然后再使用 new 关键字后的构造函数来对刚创建出来的对象进行初始化，完成变量的赋初始值等操作。在这个过程中，如果类中有静态变量等，那么编译器会先调用静态构造函数对静态成员进行初始化后，再对实例成员进行初始化。

5. 构造函数重载之间的调用

当有若干个重载的构造函数时，构造函数之间也是可以相互调用的。但构造函数之间的调用和函数的调用不同，不是使用函数名来完成，而是使用冒号"："和 this 关键字来完成。如代码 7.2 所示。

代码 7.2　构造函数之间相互调用示例代码

```
01    class MyClass
02    {
03      private int _value1;
04      private int _value2;
05      public MyClass()
06      {
07          //这是无参的默认构造函数的函数体
08      }
09      public MyClass(int myInt)
10      {
11          _value1 = myInt;
12      }
13
14      public MyClass(int myInt1, int myInt2):this(myInt1)
15      {
16          _value2 = myInt2;
17      }
18    }
```

在上述代码中，类 MyClass 有 3 个构造函数。其中第一个构造为默认构造函数，第二个构造为只有一个参数的构造函数，只为_value1 字段赋值；第三个构造函数有两个参数，目的是为_value1 和_value2 两个字段进行赋值。但在第二个构造函数中已经有了为_value1 赋值的代码，为了代码的简洁性和操作的一致性，在第三个构造函数中使用了 this 关键字来调用当前类的其他构造函数。通过 this 关键字后的参数类型和个数，编译器可自动选择当前构造函数中最匹配的那一个构造函数来执行。这里 this(myInt1)即为调用第二个构造函数，将 myInt1 中的值传给它以完成对_value1 的赋值。当第二个构造函数执行完成后，再回来执行该构造函数中剩下的代码，最终完成为_value2 字段进行赋值的任务。

因此，总结起来，构造函数的定义规则如下所示：

（1）C# 语言的构造函数的名称必须与类名相同。

（2）构造函数没有返回值。它可以带参数，也可以不带参数。

（3）声明类对象时，系统自动调用构造函数。在构造函数中不建议做对类的实例进行初始化以外的事情，也不能被显式地调用。

（4）构造函数可以重载，从而提供初始化类对象的不同方法。

（5）若在声明时未定义构造函数，那么系统会自动生成默认的构造函数，此时构造函数的函数体为空。

（6）静态构造函数，用 static 修饰，用于初始化静态变量，一个类只允许有一个静态构造函数，在类实例化时加载，这时修饰符 public、private 会失去作用。

（7）构造函数可以使用 public、protected、private 修饰符。一般地，构造函数总是 public 类型的。private 类型的构造函数表明类不能被实例化，通常用于只含有静态成员的类。

（8）一个构造函数的返回类型是这个类的一个实例，而一个普通方法的返回类型可以是任何类型。

（9）引用自身重载的构造使用 this 关键字，如 this(int para)。

（10）当类和类之间存在派生关系，需要引用基类的构造函数时，会使用 base 关键字。这部分内容将在第 8 章介绍继承时再详细讨论。

（11）构造函数的重载数量是不受限制的，因此可以根据情况来添加若干个签名不同的构造函数。

扩展资源：实例 7.5-添加构造函数至 Circle 类的实例。完整的代码及代码解析请扫描 7.5 节节首的二维码观看微课视频进行学习。

总的来说，实例化对象时，代码的执行顺序为静态字段、静态构造方法、实例字段、实例构造方法。而静态成员只是在构造第一个对象时才执行一次，后面的对象在实例化时直接共享之前创建的静态成员即可。

7.5.2 析构函数

使用略微不同的语法，就可以声明析构函数。在.NET 中使用的析构函数，是由 System.Object 类提供的，称为 Finalize()方法。但这不是我们用于声明析构函数的名称。使用下面的代码就可以声明一个析构函数。

```
~MyClass()
{
    //析构函数体。
```

```
        }
```

函数由带有波浪线（~）前缀的类名来声明。

析构函数的规则有：

- 不能在结构中定义析构函数。
- 只能对类使用析构函数。
- 一个类只能有一个析构函数。
- 无法继承或重载析构函数。
- 无法调用析构函数。它们是被自动调用的。
- 析构函数既没有修饰符，也没有参数。

在 C#中，有比较强大的垃圾回收机制，因此通常不用考虑对象的回收问题。也就是说，不能显式地调用 Finalize()方法。在进行垃圾回收时，会自动执行析构函数中的代码，释放资源。如果确实希望回收垃圾时不使用析构函数，可以使用 GC.SuppressFinalize()方法实现。

7.5.3　对象的创建和初始化

1. 对象的创建

对象可以被认为是在一类事物中的某个实例。通过这个实例来处理这类事物出现的问题。C#通过 new 操作符来创建对象，每实例化一个对象就会自动调用一次构造函数。实际上这个过程就是创建对象的过程。准确地说，C#中使用 new 操作符调用构造函数来创建对象。具体的语法如下所示：

```
类名 对象名 = new 类名();
类名 对象名 = new  类名(参数列表);
```

例如：

```
Circle  circle1 = new Circle();
```

在上面的示例中，circle1 被声明为一个 Circle 对象的引用变量。该变量是 Circle 类型，表示这个变量中只能存储 Circle 类型对象的地址。在赋值号右侧，使用 new 关键字来创建一个 Circle 类型的对象。这一过程实质是在内存的堆中为 Circle 对象分配存储空间，然后再用 Circle()这个构造函数对刚创建的 Circle 对象进行初始化。当完成上述操作后，再将该对象在内存空间中的地址赋值给 circle1 这个对象引用变量。于是通过 circle1 就可以找到位于内存堆中的这个 Circle 对象了。因此通常称 circle1 为对象名。

通常当前类的对象都是在外部代码中创建的。这样在外部代码中可以使用创建的对象来完成其成员方法的调用和成员属性的访问。

扩展资源：实例 7.6-创建 Circle 对象。完整的代码及代码解析请扫描 7.5 节节首的二维码观看微课视频进行学习。

2. 对象的初始化

在创建对象并初始化时，可以通过调用构造函数并将初始化值作为参数传入构造函数来实现数据的赋值。C#中还提供了一种对象初始化器，在不必为类中添加额外代码的情况下，就可以实例化和初始化对象。实例化对象时，要为每个需要初始化的、可公开访问的属性或字段使用名称/值对来提供其值。例如上述 Circle 类型的对象，可由代码 7.3 完成实例化和初始化。

代码7.3　实例化时提供初始值示例代码

```
01    class Program
02    {
03        static void Main(string[] args)
04        {
05            Circle circle = new Circle { Radius = 4.5 };
06        }
07    }
```

对象初始化器提供了一种简化代码的方式，可以合并对象的实例化和初始化。在没有对象初始化器之前，声明一个类并创建其对象时，若类中没有对应的带参构造函数，则需要根据类中声明的属性，使用多行代码完成属性的初始化。即使是声明了对应的带参构造函数，当使用语句对属性进行单独初始化时，编译器就会强制要求显式声明无参构造函数。另外，如果类中的属性个数非常多，不可能为各种情况分别声明不同的带参构造函数的重载。因此，需要一种更为灵活，更为高效的对象初始化方式。

使用对象初始化器，只需要在声明对象时，为每个需要初始化的、可公开访问的属性或字段使用名称/值对完成赋值。示例如下：

```
Animal animal = new Animal
{
  Name = "Lea",
  Age = 11,
  Weight = 32.2
};
```

从上面的示例可以看出，在 new 关键字后，直接使用类名加上"{}"来成为对象初始化器。在"{}"之间，放上目前需要初始化的属性及其对应的值，各属性之间使用逗号隔开，且最后一个属性后面没有逗号，整个初始化语句最后需要加上分号结束。需要注意的是，new 关键字后面并没有显式调用类的构造函数。此时编译器会调用默认的无参构造函数。这是在初始化器设置参数值之前调用的，以便在需要时为默认构造函数中的参数提供默认值。另外，也可以调用特定的构造函数对某些属性进行初始化。在初始化器中，并不一定需要对所有的属性进行初始化，而是根据程序的需要，对全部的属性或是部分属性进行初始化。

如果要用对象初始化器进行初始化的属性也是一个自定义引用类型，则可以使用嵌套的对象初始化器。示例如下：

```
Animal animal = new Animal
{
  Name = "Lea",
  Age = 11,
  Weight = 32.2,
  Origin = new Farm
  {
    Name = " Smith Farm",
    Location = "Ann Road"
  }
};
```

注意：对象初始化器没有替代非默认的构造函数。在实例化对象时，可以使用对象初始化器来设置属性和字段值。但这并不意味着总是知道需要初始化什么状态。通过构造函数可以准确地指定对象需要什么值才能起作用，再执行代码，以便立即响应这些值。

7.5.4　访问对象的属性和方法

当用户使用 new 操作符创建一个对象后，可以使用"对象.类成员"来获取对象的属性和行为。对象的属性和行为在类中是通过类成员变量和成员方法的形式来表示的。所以当对象获取类成员时，也就相应地获取了对象的属性和行为。

扩展资源：实例 7.7-调用创建的 Circle 对象来求取其面积的实例。完整的代码及代码解析请扫描 7.5 节节首的二维码观看微课视频进行学习。

7.5.5　对象的销毁

对象在内存中不断地被创建、被销毁。当对象处于内存中时，有两种状态：正在引用状态和游离状态。正在引用状态表示程序正在使用对象；而游离状态表示该对象已经使用完毕，没有引用变量，即谁也不知道这个对象在内存的哪个位置，但依然占据着内存空间。

处于游离状态的对象称为垃圾。这些垃圾会被.NET 虚拟机特有的垃圾回收机制（GC）进行检查并释放其所占的空间，从而完成垃圾的销毁工作。这一过程对于对象而言是被动销毁的。

除了使用垃圾回收机制完成游离状态的对象销毁以外，有些对象需要使用显式的销毁代码来释放资源，比如打开的文件资源、操作系统句柄和非托管对象等。不再使用的对象所占用的内存管理，必须在某个时候回收；这个被称为无用单元收集的功能由 CLR 执行。

7.6　this 关键字

在 C#中，this 关键字被设计用来代表当前所在类对象的引用。也就是说，在建立对象的实体后，在类的内部，就可以使用 this 来表示此对象实例。比如实例 7.2 中的代码就可以做如代码 7.4 所示的修改。

代码 7.4　this 关键字使用示例代码

```
01    class Circle
02    {
03        private double _radius;
04        public const double PI = Math.PI;
05        public double Area()
06        {
07            return this._radius * this._radius * PI;
08        }
09    }
```

代码第 7 行中的 this 关键字，表示的就是当前对象。意思是说，当外部用户使用 new 关键字创建 Circle 对象时，对该对象调用 Area()方法，因此该对象就可以用 this 关键字来指代。

另外，this 关键字也可以用来解决名称相同的问题。这种情况通常用于构造函数的参数名与类中成员字段名重名时。例如实例 7.5 中的带参的构造函数，如果其参数名也为 _radius，则与成员字段 _radius 的名字冲突。此时可以使用 this 关键字对成员字段 _radius 进行标识，以示区别。示例代码如代码 7.5 所示。

代码 7.5　构造函数的参数名与类中成员字段名重名时使用 this 关键字示例代码

```
01    class Circle
02    {
03        private double _radius;
04        ...
05        //无参构造函数，实例化 Circle 对象的 _radius 值为 0
06        public Circle()
07        {
08            _radius = 0;
09        }
10        //有参构造函数，实例化 Circle 对象的 _radius 值为用户指定的值
11        public Circle(double _radius): this()
12        {
13            this._radius = _radius;
14        }
15    }
```

需要注意的是，静态方法中不能使用 this。原因在于，在静态方法中，所有的外部变量和对象均必须为静态的。而 this 关键字所代表的就是某个实例，天生没有静态的特性，因此不能在静态方法中使用 this 关键字来引用某个对象。因此在静态方法中如果需要使用某个对象，只能采用 new 关键字重新构建全新的对象。

7.7　案例 8：以面向对象的思想生成扑克牌

微课视频 7-3

开发一个类模块，其中包含两个类。Card 类表示一张标准的扑克牌，包含花色（梅花、方块、红心和黑桃）和等级（A~K）。Deck 类表示一副完整的 52 张扑克牌，在扑克牌中可以按照位置访问各张牌，并可以洗牌。开发一个简单的客户端程序，确保这个模块能正常使用。

分析：

（1）Card 类基本上只有两个只读字段 Suit（花色）和 Rank（等级）。把字段指定为只读的原因是牌在创建好后也不能修改。而且因为一张空白牌是无意义的，为此要把默认的构造函数指定为私有，并提供另一个构造函数，使用给定的 Suit 和 Rank，建立一张扑克牌。此外，Card 类还要重写 System.Object 的 ToString() 方法，这样才能以人们能够理解的方式来显示扑克牌的字符串。为使编码简单，为 Suit 和 Rank 这两个字段分别提供对应的枚举类型。

（2）Deck 类包含 52 个 Card 对象。使用一个私有数组来存放这 52 个 Card 对象。该数组不能直接访问，所以可以使用 GetCard() 方法返回指定索引的 Card 对象。此外，这个类也应该有一个 Shuffle() 方法，用来重新排列数组中的对象。

（3）创建 Suit 枚举类型，其声明代码片段如下所示：

```
public enum Suit
```

```
{
    Club,
    Diamond,
    Heart,
    Spade
}
```

（4）创建 Rank 枚举类型，其声明代码片段如下所示：

```
public enum Rank
{
    Ace=1,
    Deuce,
    Three,
    Four,
    Five,
    Six,
    Seven,
    Eight,
    Nine,
    Ten,
    Jack,
    Queen,
    King
}
```

（5）添加 Card 类，声明示例代码如代码 7.6 所示。

代码 7.6　添加 Card 类示例代码

```
01    using System;
02    namespace Hello_World
03    {
04        public class Card
05        {
06            public readonly Suit Suit{get;set;}//花色一旦确定就不能修改
07            public readonly Rank Rank{get;set;}//牌面一旦确定就不能修改
08            public Card(Suit newSuit, Rank newRank)
09            {
10                Suit = newSuit;
11                Rank = newRank;
12            }
13            private Card() { }
14            public override string ToString()//重写 ToString()方法
15            {
16                string result = String.Format($"The {Rank} of {Suit}s");
17                return result;
18            }
19        }
20    }
```

代码注解：

① 第 6 和第 7 行定义了两个 readonly 的公共字段，由于一经确定就不能修改，所以定义为 readonly 的。

② 第 10 和第 11 行在构造函数中对 Suit 和 Rank 两个字段进行初始化。

③ 第 14 行重写 ToString()方法，以满足个性化结果显示。重写的概念将在第 8 章中详细介绍。这里只需要知道的是，原来 ToString()方法的显示结果是预先定义好的，但根据实际需要，可以通过重写的方式来自定义显示形式。

（6）添加 Deck 类，声明示例代码如代码 7.7 所示。

代码 7.7　添加 Deck 类示例代码

```
01    using System;
02    using System.Collections.Generic;
03    using System.Text;
04    namespace Hello_World
05    {
06       public class Deck
07       {
08          private Card[] _cards;
09          public Deck()
10          {
11             _cards = new Card[52];
12             for(int suitIndex = 0; suitIndex<4;suitIndex++)
13             {
14                for(int rankIndex = 1;rankIndex <14;rankIndex++)
15                {
16                   _cards[suitIndex * 13 + rankIndex - 1] = new
      Card((Suit)suitIndex, (Rank)rankIndex);
17                }
18             }
19          }
20          //获取 Card 对象的方法
21          public Card GetCard(int cardNum)
22          {
23             if (cardNum>= 0 && cardNum<= 51)
24                return _cards[cardNum];
25             return null;  //若给定的参数值无效，则返回空引用
26          }
27          //定义洗牌的方法
28          public void Shuffle()
29          {
30             Card[] newDeck = new Card[52];
31             bool[] assigned = new bool[52];
32             Random sourceGen = new Random();
33             for (int i = 0; i< 52; i++)
34             {
35                int destCard = 0;
36                bool foundCard = false;
37                while (foundCard == false)
38                {
39                   destCard = sourceGen.Next(52);
40                   if (assigned[destCard] == false)
```

```
41                    foundCard = true;
42                }
43                assigned[destCard] = true;
44                newDeck[destCard] = _cards[i];
45            }
46            newDeck.CopyTo(_cards, 0);
47        }
48    }
49 }
```

代码注解:

① 第 8 行声明一个私有的 Card 类型的数组_cards。

② 第 9～19 行为构造函数,其中第 12～18 行,利用双重循环,为_cards 数组中的每一个元素初始化为对应的 Card 对象。Card 对象是根据 suitIndex 和 rankIndex 的值,从对应的枚举类型中取值再由 Card 类的构造函数创造而成。

③ 第 21～26 行,定义一个可以获取_cards 数组中指定下标的 Card 对象的方法。方法中需要判断给出的下标值是否合法。

④ 第 28～47 行,定义一个方法,完成洗牌功能。这个方法创建一个临时的扑克牌数组,并把扑克牌从现有的_cards 数组随机复制到这个数组中。这个函数的主体是一个 0~51 的循环。每次循环时都会在第 32 行代码处声明的 Random 类的实例 sourceGen 来生成一个 0～51 的随机数。对 sourceGen 进行实例化后,使用其 Next(X)方法可以生成一个 0～(X–1) 的随机数。有了一个随机数后,就可以将它用作临时数组中 Card 对象的索引,以便复制_cards 数组中的扑克牌。为记录已赋值的扑克牌,还有一个 bool 型变量的数组,在复制每张牌时,把该数组中的值指定为 true。在生成随机数时检查这个数组,看看是否已经把一张牌复制到临时数组中由随机数指定的位置上了。如果已经复制,则生成另一个随机数。最后使用 System.Array 的 CopyTo()方法,把 newDeck 中的每张扑克牌复制回_cards 中。也就是说,我们使用同一个_cards 数组对象中的 Card 对象,而不是创建新实例。

(7) 添加客户端代码,如代码 7.8 所示。

代码 7.8 添加案例 8 客户端示例代码

```
01 using System;
02 namespace Hello_World
03 {
04    class Program
05    {
06        static void Main(string[] args)
07        {
08            Deck myDeck = new Deck();
09            myDeck.Shuffle();
10            for (int i = 0; i< 52; i++)
11            {
12                Card tempCard = myDeck.GetCard(i);
13                Console.Write(tempCard.ToString());
14                if (i != 51)
15                    Console.Write(", ");
16                else
```

```
17                    Console.WriteLine();
18                }
19            Console.ReadLine();
20        }
21     }
22  }
```

代码注解：

（1）第 8 行，创建一个 Deck 类对象 myDeck 并初始化，完成牌的创建；

（2）第 9 行，调用 myDeck 的 Shuffle()方法洗牌；

（3）第 10～18 行，利用 for 循环，完成对 myDeck 中每一个 Card 对象的访问并显示；

示例运行效果如图 7.1 所示。

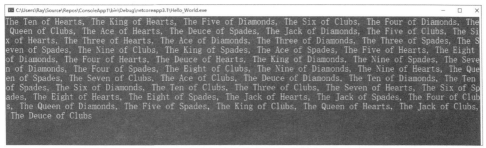

图 7.1　案例 8：以面向对象的思想生成扑克牌运行效果图

从图 7.1 运行效果可以看出，经过洗牌，52 张牌是随机放置的。但显示的时候没有做格式控制，因此显示得有点杂乱。读者可试着控制一下显示，使之更为清晰。完整的案例代码可扫描本节节首的二维码进入微课视频学习获得。

7.8　小结

本章主要对面向对象编程的基础知识进行了详细讲解。文中首先介绍了对象与类的关系、面向对象编程的三大原则；然后再重点对类的定义、对象的生命周期进行了详细说明。学习本章内容时，一定要重点掌握类与对象的创建及使用。

7.9　练习

（1）根据描述，写出类的定义。定义 Rectangle 类，类中包含：

- 两个 double 类型的字段 width 和 height 及其对应的属性 Width 和 Height；
- 一个无参的默认构造函数；
- 一个可以指定其 width 和 height 值的带参构造函数；
- 计算面积的 GetArea()方法；
- 计算周长的 GetPerimeter()方法。

（2）根据描述，写出类的定义。定义 Stock 类，类中包含：

- 两个 string 类型的字段 symbol 和 name 及其对应的属性 Symbol 和 Name，分别表示 Stock 的标识和名字；

- 一个 double 类型的字段 previousClosingPrice 表示前一日的收盘价;
- 一个 double 类型的字段 currentPrice 表示当前股价;
- 一个可以初始化 symbol 和 name 字段的构造函数;
- 一个可以计算 currentPrice 和 previousClosingPrice 之间差价的百分比的方法 GetChangePercent()。

(3) 根据描述,写出类的定义。定义 StopWatch 类,类中包含:

- 两个 long 字段 startTime 和 endTime 及其对应的只读属性;
- 一个无参构造函数,其可以将 startTime 初始化为当前时间值;
- 一个可以将 startTime 置为当前时间的 Start()方法;
- 一个可以将 endTime 置为当前时间的 End()方法;
- 一个可以计算出 endTime 和 startTime 之间时间差的 GetElapsedTime()方法。

(4) 根据描述,写出类的定义。定义 Fan 类,类中包含:

- 3 个常量 SLOW、MEDIUM、FAST 分别对应的值为 1、2、3,表示风扇的转速;
- 一个 int 字段 speed 及其属性,用于表示当前风扇的转速,默认为 SLOW;
- 一个 bool 字段 on 及其属性,用于表示当前风扇是否工作,默认为 false;
- 一个 double 字段 radius 及其属性,用于表示风扇扇叶的半径,默认值为 5.0;
- 一个 string 字段 color 及其属性,用于表示风扇的颜色,默认值为 blue;
- 一个无参构造函数,用于构造默认风扇;
- 重写 ToString()方法,用于描述当前风扇对象的所有状态细节。

(5) 设计一个类 Location,可以用于存储一个 double 类型的二维数组;对象可以通过设计成员方法 LocateLargest()来找到数组中最大值所在的行和列,并将行和列保存在 row 和 column 中。

第 8 章

继承、多态、委托与事件

本章要点：

- 类的继承与多态；
- 抽象类与接口；
- 委托和匿名方法使用；
- 事件的实现。

8.1 继承

微课视频 8-1

在现实世界中，许多实体之间不是相互孤立的，它们往往具有共同的特征，也存在内在的差别。比如蛋糕、草莓蛋糕、水果蛋糕之间的关系。草莓蛋糕符合蛋糕的所有特性，水果蛋糕也符合蛋糕的所有特性，但同时草莓蛋糕和水果蛋糕又比蛋糕要更为具体，有属于自己的特性。因此，为了可以更好地描述这类实体，可以采用层次结构来描述它们之间的相似之处和不同之处。为了用软件语言对现实世界中的层次结构进行模型化，面向对象程序设计技术引入了继承的概念。

继承是面向对象程序设计的主要特征之一，正常情况下任何类都可以从另一个类继承。也就是说，这个类拥有它继承的类的所有成员。通过这样的方法可以实现代码重用，节省程序开发和维护的时间。在面向对象程序设计中，被继承的类称为父类或基类，继承别人的类称为子类或派生类。继承就是在类之间建立一种相交关系，使得新定义的类的实例可以继承已有的基类的特征和能力，而且可以加入新的特性，或者修改已有的特性，建立起新的类的层次。

值得注意的是，C#语言提供的类的继承机制只支持单继承，即一个类仅能直接派生于一个基类，不能同时继承多个类。当然基类也可以有自己的基类。C#中的继承符合下列规则：

- 继承是可传递的。如果 C 从 B 中派生，而 B 又从 A 中派生，那么 C 不仅继承了 B 中声明的成员，同样也继承了 A 中的成员。
- 在 C#中规定，所有的类都派生自 System.Object 类。
- 派生类应当是对基类的扩展。派生类可以添加新的成员，但不能除去已经继承的成员的定义。
- 构造函数和析构函数不能被继承。除此之外的其他成员，不论对它们定义了怎样的访问级别，都能被继承。但成员的访问级别决定了派生类能否访问这些成员。

- 派生类如果定义了与继承而来的成员同名的新成员，就可以覆盖已继承的成员。但并不是派生类删除了这些成员，只是在派生类对象中不能再访问这些成员。
- 如果基类希望派生类可以有权修改自身定义的成员，则可以定义虚方法、虚属性以及虚索引器，在其派生类中这些成员，从而展示出对象的多态性。

接下来将对上述 C#继承中的规则进行深入讨论。

8.1.1　继承的实现

继承的基本思想是基于某个基类的扩展，制定出一个新的派生类。派生类可以继承基类原有的属性和方法，也可以增加基类所不具备的属性和方法，或者直接重写基类中的某些方法。例如，平行四边形是特殊的四边形，可以说平行四边形继承了四边形类，这时平行四边形将所有四边形具有的属性和方法都保留下来，并基于四边形类扩展了一些新的平行四边形特有的属性和方法。

C#语言中采用冒号来表示两个类的继承关系。在声明类时，在类名后放置一个冒号，然后在冒号后指定要继承的基类名。其语法如下所示：

```
public class A  //基类 A
{…}
public class B : A//派生类 B
{…}
```

派生类将获取基类的除了构造函数和析构函数以外的所有数据和行为，同时可以在其自己的类定义中给出仅属于它自己的其他属性和行为。因此，派生类具有两个有效类型：新类的类型和它继承的类的类型。

扩展资源： 实例 8.1-模拟实现商品进货模块功能的实例。完整的代码及代码解析请扫描 8.1 节节首的二维码观看微课视频进行学习。

C#规定，派生类能获取基类的除了构造函数和析构函数以外的所有数据和行为。也就是基类中用 private 和 public 修饰的所有成员均会被继承。因此成员的可访问性就成了一个重要问题。派生类和外部类都可以访问 public 修饰的成员，这是毋庸置疑的。对于 private 修饰的成员，派生类虽然继承了它们，但根据 private 关键字的规定，只能在其所在类内部能访问，所以在派生类中，即使继承了也不能访问和使用它们。而对于那些基类中只允许自身和其派生类访问和使用的成员，C#提供了另外一种可访问权限的关键字 protected，它表示受保护成员，意思是指只有当前类及其派生类才能访问 protected 成员，外部代码不能访问 protected 成员。

扩展资源： 实例 8.2-编写出陆上交通工具和轿车之间的关系的实例。完整的代码及代码解析请扫描 8.1 节节首的二维码观看微课视频进行学习。

在实现类的继承时，子类的可访问性一定要低于或者等于父类的可访问性。如果父类采用默认的访问权限，即 internal，而子类的访问权限为 public，那么由于 public 的可见性比 internal 的更高，所以会出现可访问性不一致的编译错误。

8.1.2　继承中的对象构造与析构

在类继承自基类的情况下，创建派生类对象时，除非指定调用基类的某个构造函数，否则派生类的构造函数会隐式地调用基类的无参构造函数。但是如果基类也是从其他类派生的，则会根据层次结构找到最顶层的基类，并调用基类的构造函数，然后依次调用各级派生类的无参构造函数，最终调用当前类的指定构造函数，从而创建出当前类的对象。析构函数的执行顺序正好与构造函数相反。继承中的构造函数和析构函数顺序。执行顺序如图 8.1 所示。

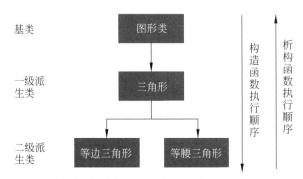

图 8.1　继承中的构造函数和析构函数执行顺序图

扩展资源：实例 8.3-根据图 8.1 编写代码模拟三者之间的关系的实例。完整的代码及代码解析请扫描 8.1 节节首的二维码观看微课视频进行学习。

在构造派生类对象时，需要注意以下情况：如果基类中定义了有参的构造函数，但是没有提供默认的无参构造函数，且派生类中没有定义任何构造函数。此时，如果想实例化派生类对象，就会产生错误。因为派生类中没有构造函数，所以编译器会为其生成默认的构造函数，但是首先得去调用基类的默认无参构造函数。此时基类没有提供默认无参构造函数，因此发生错误。要解决这种问题，要么显式地为基类添加无参构造函数，要么在派生类中添加构造函数并使用 base 关键字指定调用的基类的构造函数。

考虑继承关系之后，当创建派生类对象时，其代码的执行顺序为：子类的静态字段→子类的静态构造方法→子类的实例字段→父类的静态字段→父类的静态构造方法→父类的实例字段→父类的实例构造方法→子类的实例构造方法。这里需要特别注意的是，并不是每次实例化都是按上述顺序进行。因为静态成员的创建和赋值只是在第一个对象实例化的时候执行，以后即使再实例化更多对象都不会再执行。在实例化第一个对象时得到静态成员后，以后的对象都共享这些成员，再次实例化时就没必要也不允许执行静态成员的部分。

8.1.3　System.Object 类

C#语言中，所有类都继承自 System.Object 类，所有预定义的类以及自定义的类，都可以访问 Object 类中受保护的成员和公共成员。表 8.1 中列出了 Object 类中可供使用的成员。

表 8.1　Object 类中可供使用的成员表

方　　法	返回类型	虚方法	静态方法	说　　明
Object()	N/A	否	否	构造函数，由派生类的构造函数自动调用
~Object()	N/A	否	否	析构函数，由派生类的析构函数自动调用，不能手动调用
Equals(Object)	bool	是	否	将调用该方法的对象与另一个对象相比。如果它们相等则返回 true。默认用于比较两个对象引用变量是否引用了同一个对象。可通过重写该方法实现自定义判断等功能

续表

方　　法	返回类型	虚方法	静态方法	说　　明
Equals(Object, Object)	bool	否	是	静态方法，通过参数传入两个待判等对象，比较它们是否相等。检查时使用 Equals(Object)方法。如果两个对象参数均为空引用，则返回 true
ReferenceEquals(Object, Object)	bool	否	是	该方法比较传送给它的两个对象，看看它们是不是同一个实例的引用
ToString()	string	是	否	返回一个对应于对象实例的字符串。默认情况下是类类型的限定名字。可通过重写实现自定义的对象显示字符串设置
MemberwiseClone()	Object	否	否	通过创建一个新对象实例并复制成员，以得到一个与原实例相同的新实例。若原实例中含有引用对象，则新实例中的引用对象和原实例引用对象为同一实例。该方法为受保护方法，仅能在类或派生类中使用
GetType()	System.Type	否	否	返回 System.Type 对象，表示当前对象的类型
GetHashCode()	int	是	否	在需要此参数的地方，用作对象的散列函数，返回一个以压缩形式表示对象状态的值

这些方法是.NET Framework 中的对象类型必须支持的基本方法，但我们可以从不使用其中的某些方法。在利用多态性时，GetType()是一个有用的方法。它允许根据对象的类型来执行不同的操作，而不是像通常那样对所有对象都执行相同的操作。重写 ToString()方法也是非常有用的，特别是在需要将对象的内容用一个人们能理解的字符来表示时。对于 System.Object 方法现在就讨论到这里，后面需要时再详细讨论。

8.1.4　装箱与拆箱

装箱是指将值类型的数据向引用类型转换。例如下面的语句：

```
object obj = 1;
```

这行语句将整型常量 1 赋给 object 类型的变量 obj；众所周知，常量 1 是 int 型，属于值类型。值类型是要放在栈中的。而 object 是引用类型，它需要放在堆中；要把值类型放在堆中就需要执行一次装箱操作。执行装箱操作时不可避免地要在堆中申请内存空间，并将堆栈中的值类型数据复制到申请的堆内存空间，这肯定是要消耗内存和 CPU 资源的。

拆箱是指将引用类型向值类型转换。例如下面的语句：

```
object objValue = 4;
int value = (int)objValue;
```

上面的两行代码会执行一次装箱操作，将整型数字常量 4 装箱成引用类型 object 变量 objValue；然后又执行一次拆箱操作，将存储到堆中的引用变量 objValue 存储到局部整型值类型变量 value 中。拆箱操作的执行过程和装箱操作过程正好相反，是将存储在堆中的引用类型值转换为值类型并赋值给值类型变量。

装箱操作和拆箱操作是要额外耗费 CPU 和内存资源的，所以在 C# 2.0 之后引入了泛型来减少装箱操作和拆箱操作消耗。

8.1.5　派生类访问基类成员

1. 访问基类方法

派生类继承了基类除构造函数和析构函数以外的所有成员，这就意味着派生类可以被视为拥有基类的这些成员并可使用非 private 的所有成员。但在派生类中也可以定义自己的成员。当派生类中的成员和基类成员同名时，会发生什么呢？通常来说，如果派生类中的成员和基类成员同名，那么当创建派生类对象时，调用该重名成员，默认会使用派生类中的成员定义。换句话说，就是派生类默认隐藏了基类的同名成员。如代码 8.1 所示。

代码 **8.1**　派生类隐藏基类的同名成员示例代码

```
01    using System;
02    namespace Hello_World
03    {
04        public class Graph
05        {
06            public void Draw()
07            {
08                Console.WriteLine("Graph Draw()。");
09            }
10        }
11        public class Triangle : Graph
12        {
13            public void Draw()
14            {
15                Console.WriteLine("Triangle Draw()。");
16            }
17        }
18        public class Program
19        {
20            static void Main(string[] args)
21            {
22                Triangle triangle = new Triangle();
23                triangle.Draw();
24                Console.Read();
25            }
26        }
27    }
```

上面的代码第 6 行定义了 Graph 类的 Draw()方法；在第 11 行定义了 Graph 的派生类 Triangle 并在第 13 行定义了 Draw()方法。由于派生类中存在和基类有相同签名的方法，因此在第 22 行中创建 Triangle 对象，并在第 23 行调用对象的 Draw()方法，运行效果如图 8.2 所示。

图 8.2　派生类隐藏基类的同名成员运行效果图

可见，基类的同名方法被子类所隐藏。当然这样的操作是不太规范的。因此 C#中规定，如果程序员希望使用派生类的同名方法隐藏基类的同名方法，则可以使用 new 关键字来对派生类的方法进行显式隐藏，这样以提高可读性。于是可以将代码 8.1 中第 11～17 行修改为如下所示：

```
public class Triangle : Graph
{
    public new void Draw()
    {
        Console.WriteLine("Triangle Draw()。");
    }
}
```

这样修改后，结果将不会受到任何影响。虽然可以使用 new 关键字显式地隐藏基类的方法，但有时候又需要在派生类中去调用基类中被隐藏的这个方法。在这种情况下可以使用 base 关键字。

base 关键字是专门用来访问基类中的构造函数、被隐藏或被重写的成员方法的。对成员方法的重写将在 8.3.1 节中讨论。不管是隐藏还是重写，base 关键字的作用都是一样的。其只能在派生类的构造函数、实例方法或实例属性访问器中被使用。在静态方法中使用 base 关键字是错误的，其原因和在静态方法中使用 this 关键字一样。于是可将代码 8.1 中 Triangle 类的定义修改为如下所示：

```
public class Triangle : Graph
{
    public new void Draw()
    {
        base.Draw();
        Console.WriteLine("Triangle Draw()。");
    }
}
```

上述代码添加了"base.Draw();"语句。其作用在于调用基类 Graph 中的 Draw()方法。因此代码的运行效果如图 8.3 所示。可见，在其他代码不变的情况下，对派生类对象的 Draw()方法的调用，会首先运行基类的 Draw()方法打印出结果，再执行派生类本身的方法体打印出结果。

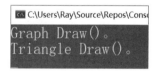

图 8.3 添加调用基类同名方法运行效果图

2. 访问基类构造函数

除了使用 base 关键字访问基类方法以外，还可以访问基类的构造函数。由于派生类是无法继承基类的构造函数和析构函数的，因此当派生类希望调用基类某个构造函数来完成自己的部分初始化工作时，就可以使用 base 关键字。如下所示：

代码 8.2 使用 base 关键字访问基类构造函数示例代码

```
01    public class Vehicle
02    {
03        protected int Wheels { get; set; }
04        protected float Weight { get; set; }
05        public Vehicle(int w, float g)
06        {
07            Wheels = w;
08            Weight = g;
09        }
```

```
10          public void ChangeWheel()
11          {
12              Console.WriteLine("所有的交通工具都具有更换轮子的特性");
13          }
14      }
15  public class Car : Vehicle
16  {
17      public int Passengers { set; get; }
18      public Car(int w, float g, int p):base(w,g)
19      {
20          Passengers = p;
21      }
22  }
```

在 Vehicle 类中添加了一个带两个参数的构造函数，在 Car 类的构造函数中使用语句 "base(w,g)" 调用 Vehicle 中对应的构造函数。base 关键字的使用方法和常规方法调用一样。因此在使用 base 关键字时，需要将对应的参数放到其参数列表中。编译器将通过 base 后面的参数列表来匹配基类中需要调用的构造函数。通常使用 base 关键字调用基类构造函数时，都是派生类复用基类的带参构造函数再加上属于自己的初始化语句，以达到代码复用和简洁的目的。

8.2 密封方法和密封类

为了避免滥用继承，C#中提出了密封的概念，使用的关键字为 sealed。将 sealed 关键字作用于方法，该方法为密封方法；将 sealed 的关键词作用于类声明时，则该类称为密封类。密封类可以用来限制扩展性。如果密封了某个类，则其他类不能从该类继承。如果密封了某个成员，则派生类不能重写该成员的实现。密封方法只能用于对基类的虚方法进行实现。因此，声明密封方法时，sealed 关键字总是与 override 修饰符同时使用。

声明一个密封类和密封方法的语法如下：

```
访问修改符 sealed class 类名：基类名或接口
{ //密封类成员}
访问修改符 sealed override 返回值类型 方法名
{ //密封方法方法体}
```

8.3 多态

微课视频 8-2

多态是面向对象编程的基本特征之一。多态是指同一操作作用于不同的对象，可以有不同的解释，产生不同的执行结果。换句话说，实际上就是同一个类型的实例调用"相同"的方法，产生的结果是不同的。这里的"相同"打上双引号，是因为这里相同的方法仅仅是看上去相同的方法，实际上它们调用的方法是不同的。在 C#语言中的"多态"称为运行时多态，也就是在程序运行时自动让基类的实例调用派生类中重写的方法。要想实现让基类的实例调用子类中重写的方法，首先要了解如何让派生类重写父类的方法。

8.3.1 方法重写

由 8.1.5 节的介绍可知，派生类中的方法可隐藏基类中的相同签名的方法。但如果基类中的方法就是希望派生类有权力对自身进行修改呢？那么这种情况就叫方法的重写。如果允许派生类重写基类的方法，那么基类的方法首先需要被定义为"虚方法"。

在 C#中，方法在默认情况下不是虚拟的。如果想被定义为"虚方法"，则需要显式地使用 virtual 关键字进行修饰。例如代码 8.3 在类 Vehicle 中声明了一个虚方法。

代码 8.3 在类 **Vehicle** 中声明一个虚方法示例代码

```
01    public class Vehicle
02    {
03        public virtual void ChangeWheel()
04        {
05            Console.WriteLine("交通工具轮子是可以更换的。");
06        }
07    }
```

定义方法为虚方法后，其派生类就可以使用 override 关键字完成对该方法的重写。例如代码 8.4 所示。

代码 8.4 在类 **Car** 中重写虚方法示例代码

```
01    public class Car : Vehicle
02    {
03        public override void ChangeWheel()
04        {
05            Console.WriteLine("轿车换轮子很方便");
06        }
07    }
```

注意，类中的成员字段和静态方法不能声明为 virtual 的，因为 virtual 只对类中的实例方法和属性有意义。

在定义了代码 8.3 和代码 8.4 的基础上，可以使用代码 8.5 来验证一下方法重写。

代码 8.5 方法重写测试示例代码

```
01    public class Program
02    {
03        static void Main(string[] args)
04        {
05            Vehicle vehicle1 = new Vehicle();
06            Console.Write("基类对象调用基类的 ChangeWheel 方法：");
07            vehicle1.ChangeWheel();
08            Car car = new Car();
09            Vehicle vehicle2 = car;
10            Console.Write("把派生类对象当基类对象使用时调用基类的 ChangeWheel 方法：");
11            vehicle2.ChangeWheel();
12            Console.Write("派生类对象调用派生类的 ChangeWheel 方法：");
13            car.ChangeWheel();
14            Console.Read();
15        }
16    }
```

在代码 8.5 中，第 5 行创建了 Vehicle 类的对象 vehicle1，并在第 7 行调用了其自身的 ChangeWheel()方法。这里的方法调用很直观，就将执行 Vehicle 类中 ChangeWheel()方法体的内容，即显示"交通工具轮子是可以更换的。"这个字符串。在第 8 行创建了 Car 类的对象 car，第 9 行声明了 Vehicle 类的对象 vehicle2，并将对象 car 赋值给 vehicle2。这样的做法即为将派生类对象当作基类对象来使用。由于代码 8.4 中 Car 类的 ChangeWheel()方法已经将 Vehicle 类的 ChangeWheel()方法进行了重写，那么 vehicle2 对象中的 ChangeWheel()方法的方法体就已经被修改为 Car 类的 ChangeWheel()方法体。所以第 11 行的 vehicle2. ChangeWheel()语句就相当于调用 car.ChangeWheel()方法。所以其显示结果为"轿车换轮子很方便"。而第 13 行的 car.ChangeWheel()方法也是常规的方法调用，其显示结果也为"轿车换轮子很方便"。上述代码的运行效果如图 8.4 所示。

图 8.4　方法重写测试示例代码运行效果图

扩展资源：实例 8.4-从交通工具衍生出火车和汽车的不同形态的实例。完整的代码及代码解析请扫描 8.3 节节首的二维码观看微课视频进行学习。

8.3.2　抽象方法和抽象类

虚方法使基类中的某个方法可以被子类重写。如果在基类中，使这种虚方法更虚拟一些，即仅仅给出方法的签名，而不给出方法的方法体，并要求这种方法完全由子类来实现，那么这种方法称为抽象方法。抽象方法使用关键字 abstract 来修饰。包含该抽象方法的类也必须定义为抽象类，并使用 abstract 关键字进行修饰。因此当一个方法被声明为抽象方法时，有以下两点需要注意：

- 抽象方法必须在抽象类中声明。
- 声明抽象方法时，不能使用 virtual、static 和 private 关键字对方法进行修饰。

比如代码 8.6 中的 Vehicle 类，则可以定义为抽象类，其中的 Move()方法为抽象方法。

代码 8.6　定义抽象类 Vehicle 示例代码

```
01    public abstract class Vehicle
02    {
03        public string Name { get; set; }
04        public abstract void Move();
05    }
```

从上述代码可以看出，当一个方法被声明为抽象方法时，其根本没有方法体。由于一个类拥有一个方法为抽象方法，即说明这个类的定义是不完整的，因为只给出了方法的名字，这个方法具体如何实现并不知道，因此这个类不是一个"可实例化的类"。当一个类为抽象类时，这个类不可以用 new 操作符来进行实例化，即以下代码是错误的：

```
Vehicle vehicle = new Vehicle();
```

从代码 8.6 中可以看出，虽然 Vehicle 类为抽象类，但除了抽象方法 Move()以外，它还定义一个属性 Name。该属性并没有使用 abstract 修饰。因此可以得知，在抽象类中，除了抽象方法以外，也可以包含非抽象成员的存在，比如字段、属性和非抽象方法。

　　另外，由于抽象类的定义是不完整的，不能实例化对象，所以想要使抽象类起作用，抽象类必定是用于给其他派生类继承的。通过其派生类，给出抽象基类中的抽象方法的具体实现。派生类在重写抽象方法时，也是使用 override 关键字对抽象方法进行重写。由于需要派生类给出抽象方法的具体定义，因此抽象类必定不能定义为密封类。密封类是一种不能被继承的类。

　　总的来说，抽象类主要用来提供多个派生类可共享的基类的公共定义，它与非抽象类的主要区别如下：

- 抽象类不能直接实例化。
- 抽象类中可以包含抽象成员，但非抽象类中不可以。
- 抽象类不能被密封。

　　由于抽象类本身不能直接实例化，因此很多人认为在抽象类中声明构造函数是没有意义的。其实不然，即使不为抽象类声明构造函数，编译器也会自动为其生成一个默认的构造函数。抽象类中的构造函数主要有两个作用：初始化抽象类的成员和为继承自它的派生类使用。因为子类在实例化时，如果是无参实例化，则首先调用抽象类的无参构造函数，然后再调用子类自身的无参构造函数；如果是有参实例化，则首先调用基类的有参构造函数，然后再调用子类自身的有参构造函数。

　　扩展资源：实例 8.5-模拟商场购买衣物的场景的实例。完整的代码及代码解析请扫描8.3 节节首的二维码观看微课视频进行学习。

8.3.3　接口

　　从 8.3.2 节的抽象方法和抽象类的介绍中可知，一个类在定义时，如果包含了某个没有实现体的方法，则该类应该为抽象类，不能使用 new 关键字来实例化它，因为根据这个类的定义创建出来的对象是不完整的。更进一步地，如果这个抽象类中所有的方法都是抽象方法，那么这个类成立吗？显然成立。根据抽象类的定义规则，其中允许实现方法和抽象方法同时存在。当然这也包含所有的方法都为抽象方法的情况。如果一个抽象类中的所有方法都是抽象的，并且没有包含任何字段，那么这种情况就可以将该抽象类定义为接口。接口是一种比抽象方法更为抽象的类型。

　　在接口定义中，可以将方法、属性、索引器和事件作为成员，但不能设置这些成员的具体值，也就是说，只能定义它们，不能给出它们的具体实现过程。这样做的作用是什么呢？回想一下，抽象类中的抽象方法的作用，是用来让其派生的实现类中对抽象方法给出具体的实现。这就意味着，如果一个抽象类有若干个派生类，每个派生类可能对抽象类中的抽象方法都有各自的特殊实现方式，那么在使用这个抽象类对象时，就可以根据对象的实际类型，来调用其对应的方法体。这样的方式很好地体现了多态的特性和优势，让抽象类对象的调用者，可以不用了解类中的具体定义，而是根据对象的类型来完成方法的调用。对于接口也一样。如果一个接口没有类去继承并实现接口中定义的方法，那么这个接口是没有意义的。所以如果一个接口希望其实现类必须要完成某些方法，那么就可以在接口中定义这些方法的签名，然后让继承类去按照自己的意愿去实现它们就可以了。

　　这就好像接口提出了一种契约或是规范，让使用接口的程序员必须严格遵守接口提出的要求。举个例子来说，在组装计算机时，主机与机箱之间就存在一种事先约定。因为不管什么型号或品牌的机箱，什么种类或品牌的主板，都必须遵照一定的标准来设计制造。所以在组装机箱时，计算机的零配件都可以安装在现今的大多数机箱上。接口就可以看作是这种标准，它强制性地要求派生类必须实现接口提出的规范，以保证派生类必须拥有某些特性。

接口的出现，解决了 C#规定的不支持多重继承的问题。但由于客观世界出现多重继承的情况又比较多，因此利用接口，可以实现多重继承的功能。一个类可以支持多个接口，多个类也可以支持相同的接口。这样，可以让用户和其他开发人员更容易理解其他人的代码。

在 C#中声明接口时，使用 interface 关键字，其语法格式如下：

```
访问修饰符 interface 接口名称：继承的接口列表
{
    接口内容;
}
```

8.3.4　案例 9：模拟银行存取系统案例

微课视频 8-3

下面定义了一个 IBankAccount 接口，该接口中声明了 PayIn()和 Withdraw()两个方法，分别表示存钱和取款，声明了一个属性 Balance，用来表示当前账户金额，代码如代码 8.7 所示。

代码 8.7　声明 IBankAccount 接口示例代码

```
01    public interface IBankAccount
02    {
03        void PayIn(decimal amount);
04        bool Withdraw(decimal amount);
05        decimal Balance { get; }
06    }
```

由于接口中的成员默认是公共的，因此不允许写入访问修饰符。同时也不能声明为虚拟的和静态的。如果需要限制方法的访问权限，可以在其派生类中来声明。根据代码 8.7 中的接口，声明两个不同银行账户的实现类。

（1）SaverAccount 类示例代码。

首先声明一个 SaverAccount 类，并实现接口 IBankAccount，如代码 8.8 所示。

代码 8.8　声明实现接口 IBankAccount 的 SaverAccount 类示例代码

```
01    public class SaverAccount : IBankAccount
02    {
03        private decimal _balance;
04        public decimal Balance => _balance;
05
06        public void PayIn(decimal amount)
07        {
08            _balance += amount;
09            Console.WriteLine("{0}存入{1}成功。", this.GetType().Name, amount);
10        }
11
12        public bool Withdraw(decimal amount)
13        {
```

```
14              if(_balance >=amount)
15              {
16                  _balance -= amount;
17                  Console.WriteLine($"SaverAccount 取款{amount}成功.");
18                  return true;
19              }
20              Console.WriteLine($"SaverAccount 取款{amount}失败.");
21              return false;
22          }
23      public override string ToString()
24          {
25              return String.Format("XX 银行一般储户: 余额为{0,6:C}", _balance);
26          }
27      }
```

代码注解:

第 4 行给出属性 Balance 的 get 访问器的具体实现; 第 6 行和第 12 行分别给出了在接口中定义的两个方法的实现体; 第 23 行重写了 Object 类中的 ToString()方法, 用于对象的自定义显示内容。

(2) GoldAccount 类定义。

GoldAccount 类中给出了 PayIn()和 Withdraw()两个方法中的不同实现方法。这种类的对象具有透支功能。代码如代码 8.9 所示。

代码 8.9 声明实现接口 IBankAccount 的 GoldAccount 类示例代码

```
01  public class GoldAccount : IBankAccount
02  {
03      private decimal _balance;
04      private bool _isOverdraft;
05      public decimal Balance => _balance;
06
07      public void PayIn(decimal amount)
08      {
09          _balance += amount;
10          if (_balance >= 0)
11              _isOverdraft = false;
12          Console.WriteLine("{0}存入{1}成功。卡状态为{2}", this.GetType().
    Name, amount, _isOverdraft ? "已透支":"未透支");
13      }
14
15      public bool Withdraw(decimal amount)
16      {
17          if ( _isOverdraft!=true && _balance >= amount)
18          {
19              _balance -= amount;
20              Console.WriteLine($"GoldAccount 取款{amount}成功.");
21              return true;
22          }
23          else if(_isOverdraft != true && _balance - amount >=-100)
```

```
24              {
25                  _balance -= amount;
26                  _isOverdraft = true;
27                  Console.WriteLine($"GoldAccount 取款 {amount}成功. 卡已透支
    {_balance}元, 存入金额之前, 下次不能再取款。");
28                  return true;
29              }
30              else
31              {
32                  Console.WriteLine($"GoldAccount 取款{amount}失败.");
33                  return false;
34              }
35          }
36      public override string ToString()
37      {
38          return String.Format("XX 银行金卡储户：余额为{0,6:C}, 状态为{1}",
    _balance, _isOverdraft?"已透支":"未透支");
39      }
40  }
```

代码注解：

第 5 行给出属性 Balance 的 get 访问器的具体实现；第 7 行和第 15 行分别给出了在接口中定义的两个方法的实现体；第 36 行重写了 Object 类中的 ToString()方法，用于对象的自定义显示内容；第 12 行中的 this.GetType().Name 用于获取当前对象的类名。

（3）测试代码。

可见，这两个实现类都继承了 IBankAccount 接口，并且给出了接口中所有声明的方法的实现。代码 8.10 为测试代码。

代码 8.10　案例 9：模拟银行存取系统测试示例代码

```
01  public class Program
02  {
03      static void Main(string[] args)
04      {
05          IBankAccountnormalAccount = new SaverAccount();
06          IBankAccountvipAccount = new GoldAccount();
07          normalAccount.PayIn(200);
08          vipAccount.PayIn(500);
09          Console.WriteLine(normalAccount.ToString());
10          Console.WriteLine(vipAccount.ToString());
11          vipAccount.Withdraw(400);
12          vipAccount.Withdraw(150);
13          Console.WriteLine(vipAccount.ToString());
14          vipAccount.PayIn(500);
15          Console.WriteLine(vipAccount.ToString());
16          Console.Read();
17      }
18  }
```

代码注解：

第 5 行和第 6 行，分别定义了 normalAccount 和 vipAccount 两个 IBankAccount 对象。分别使用 SaverAccount 类和 GoldAccount 类的构造函数去实例化它们；在第 7 行和第 8 行，normalAccount 和 vipAccount 两个对象分别调用各自的 PayIn()方法存入金额；第 11 行和第 12 行，vipAccount 对象分两次取出两笔款项，并在第 13 行显示当前对象的信息。

（4）实现效果。

本案例的最终运行效果如图 8.5 所示。

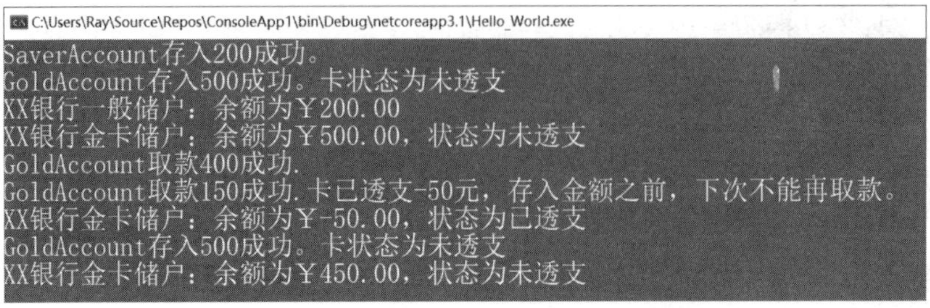

```
C:\Users\Ray\Source\Repos\ConsoleApp1\bin\Debug\netcoreapp3.1\Hello_World.exe
SaverAccount存入200成功。
GoldAccount存入500成功。卡状态为未透支
XX银行一般储户：余额为￥200.00
XX银行金卡储户：余额为￥500.00，状态为未透支
GoldAccount取款400成功。
GoldAccount取款150成功.卡已透支-50元，存入金额之前，下次不能再取款。
XX银行金卡储户：余额为￥-50.00，状态为已透支
GoldAccount存入500成功。卡状态为未透支
XX银行金卡储户：余额为￥450.00，状态为未透支
```

图 8.5 案例 9：模拟银行存取系统运行效果图

8.3.5 接口的显式实现

如果类实现两个接口，并且这两个接口包含具有相同签名的成员，那么在类中实现该成员将导致两个接口都使用该成员作为它们的实现。如果两个接口成员实现不同的功能，则可能会导致其中一个接口的实现不正确或两个接口的实现都不正确，这时可以显式地实现接口成员，即创建一个仅通过该接口调用并且特定于该接口的类成员。显式接口成员实现是使用接口名称和一个点操作符来实现的,比如若有一个类 Class1 实现了接口 IInterface1 和 IInterface2。不巧的是上述两个接口都定义了一个签名为 void Do()的方法。这时可以在 Class1 中使用 void IInterface1.Do()和 void IInterface2.Do()来分别为两个同名方法进行定义。这样就可以避免重名带来的问题。

总的来说，接口具有以下特征：

- 接口类似于抽象类，继承接口的任何非抽象类型都必须实现接口的所有成员；
- 接口对象不能直接实例化；
- 接口可以包含事件、索引器、方法和属性；
- 接口不包含方法的实现；
- 类和结构可从多个接口继承；
- 接口自身可从多个接口继承。

8.3.6 ICloneable 接口、浅拷贝和深拷贝

1. ICloneable 接口

ICloneable 接口支持克隆，即用与现有实例相同的值创建类的新实例。如果有两个值类型的变量，将其中一个变量的值赋给另一个，实际上会创建该值的一个副本，这个副本与原来的值没有什么关系——这意味着改变其中一个的值不会影响另一个变量的值。而如果是两个引用类型的变量，其中一个变量的值赋给另一个（不包括 string 类型，CLR 会对其有特殊处理），并没有创建值的副本，而是使两个变量执行同一个对象——这意味着改变

对象的值会同时影响两个变量。要真正地创建引用类型的副本，必须克隆（clone）变量指向的对象。

实现 ICloneable 接口使一个类型成为可克隆的，这需要提供 Clone()方法来提供该类型的对象的副本。Clone()方法不接受任何参数，返回 object 类型的对象，所以获得副本后仍需要进行显式转换。

实现 ICloneable 接口的方式取决于类型的数据成员。如果类型仅包含值类型（int、byte等）和 string 类型的数据成员，只要在 Clone()方法中初始化一个新的对象，将其中的数据成员设置为当前对象的各个成员的值即可。实际上，Object 类的 MemberwiseClone()方法会自动完成该过程。如果自定义类型包含引用类型的数据成员，必须考虑 Clone()方法是实现浅拷贝（shallow copy）还是深拷贝（deep copy）。

2. 浅拷贝

浅拷贝是指副本对象中的引用类型的数据成员与源对象的数据成员指向相同的对象。例如，一个人一开始叫张三，后来改名字为张老三了，可是他们还是同一个人，不管张三缺胳膊还是张老三少腿，都反映在同一个人身上。如图 8.6 所示，将 Student1 对象进行浅拷贝后生成 Student2 对象。由于 Room 属性为引用类型，因此 Student1 和 Student2 的 Room属性是对同一个对象的引用。如果通过 Student1 对 Room 属性进行修改，那么也会对Student2 的 Room 属性有影响。

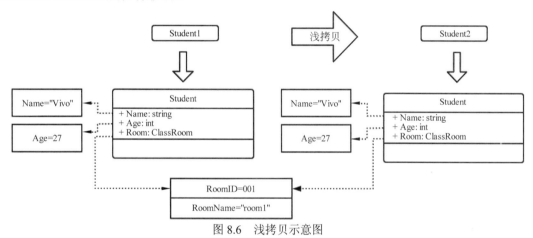

图 8.6 浅拷贝示意图

扩展资源： 实例 8.6-通过实现 IClonable 接口，实现对 Person 数组元素的浅拷贝的实例。完整的代码及代码解析请扫描 8.3 节节首的二维码观看微课视频进行学习。

3. 深拷贝

深拷贝必须创建对象的整个结构。副本对象中的引用类型的数据成员与源对象的数据成员指向不同的对象。比如一个人叫张三，然后使用克隆技术以张三来克隆另外一个人叫李四，这样张三和李四就是相互独立的，不管张三缺胳膊还是李四少腿了都不会影响另外一个人。利用深拷贝技术，Student1 对象的所有成员，包括引用成员，都与 Student2 对象的所有成员是相互独立的。因此对各自的修改不会影响另一个对象。

实现深拷贝的技术可分为 3 种：利用反射技术实现；利用二进制序列化和反序列化技术实现；利用 xml 序列化和反序列化技术实现。本实例采用二进制序列化和反序化技术来实现深拷贝。采用这种技术实现时，需要在所有的类前添加[Serializable]标注，用于通知编译器以下内容是可以采用序列化技术转换为二进制文本的。深拷贝示意图如图 8.7 所示，其实例如扩展资源所示。

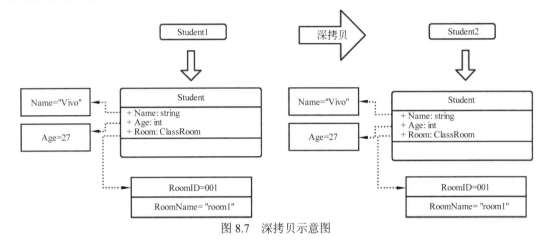

图 8.7　深拷贝示意图

扩展资源：实例 8.7-通过实现 IClonable 接口，实现对 Person 数组元素的深拷贝的实例。完整的代码及代码解析请扫描 8.3 节节首的二维码观看微课视频进行学习。

表 8.2 展示了浅拷贝和深拷贝之间的差异。

表 8.2　浅拷贝和深拷贝之间的差异

	基本类型属性	引用类型属性	引用类型备注
浅拷贝	拷贝值	拷贝引用，指向原引用的地址	如果修改引用的属性，都会影响另外一个对象
深拷贝	拷贝值	拷贝引用和引用的内容，并创建新的实例，指向新的地址	可以理解，创建一个新的对象，把原对象的内容复制到新对象

常用的接口除了上述介绍的 3 个以外，还有诸如 IEnumerable 接口、IEnumerator 接口、IFormatter 接口、IDisposable 接口等。这里由于篇幅原因，不再一一介绍。有兴趣的读者可以自行搜索学习。

8.3.7　实现类、抽象类与接口的继承问题

本节将对前面学习的实现类、抽象类、接口三者之间的继承关系进行一个简单总结。

1. 实现类与实现类的继承

实现类与实现类的继承就正如 8.1.1 节中所讨论的那样，属于常规继承，此处不再赘述。

2. 实现类与抽象类的继承

当实现类继承自抽象类时，实现类中必须要实现抽象类中的抽象成员，否则将提示编译出错。但如果暂时在实现类中不知道如何实现抽象类中的抽象成员，可以将方法的实现定义为空白方法体。这样就可以在实现类的派生类中对该方法进行重写。

还有一种情况就是抽象类也能继承自实现类。当实现类需要有功能上的扩展时，由于目前的功能可能需要通过派生类的类型来完成，所以可以通过声明一个继承自实现类的抽象类来实现。该抽象类具有继承过来的实现类的所有成员，同时又为其添加了更多的抽象成员。不过该抽象类最终还是需要派生出更下一层的实现类才能真正工作。

3. 抽象类与抽象类的继承

抽象类之间是可以相互继承的，抽象子类中没有要求必须给出抽象类中定义的抽象方

法的，换句话说，就是在抽象子类中可以选择实现，也可以选择不实现抽象父类中声明的抽象方法。抽象方法只有在实现类对其抽象父类进行派生时，才必须给出那些尚未有实现体的抽象方法的具体实现。但如果是抽象类，则不需要遵守这一规则。当抽象类继承抽象类时，其目的是扩展上一层抽象类中的功能。

4. 实现类与接口的继承

实现类与接口的继承关系和实现类与抽象类的继承关系是一致的。实现类中必须要给出接口中定义的所有成员的具体实现过程。接口不能派生自实现类。因为接口不允许非抽象成员的存在。

5. 抽象类与接口的继承

抽象类可以派生自接口，而接口不能派生自抽象类，即使抽象类中的所有成员全为抽象成员也不行。其原因还是接口中不允许有非抽象成员的存在，而抽象类中是可以有非抽象成员的存在的。

6. 接口与接口的继承

接口之间是可以相互继承。派生接口不能给出父接口中定义的方法的实现。最终接口要想正常工作，还是需要在子类中给出其所派生的所有接口中还没有实现体的方法的具体实现。

8.4　委托

微课视频 8-4

C#语言是一种面向对象的程序设计语言。因此在语言中涉及的所有实体或操作都应被视为一种对象。定义类本身就是在定义一种数据类型。那么类成员中的变量，属性都有自己所属的类型。那么可不可以也为方法定义一种类型呢？答案是可以的。编译器将返回值类型和参数列表相同或兼容的方法，视为具有相同类型的对象。那为什么需要给方法分类呢？因为如果需要使用某个变量去代表一类方法中的某一个，那么通过类型来对这些方法集进行概括，操作起来就会更容易。基于这种考虑，C#中设计了一种称为"委托"的技术，通过关键字 delegate 来定义。

8.4.1　委托的定义

委托本质是一种引用类型，它是一个能够持有对某个方法引用的类。在委托对象中存放的不是对数据的引用，而是对方法的引用。由于方法也被视为对象，因此方法也是有内存地址的。所以将某个方法的引用（内存地址）存放到委托对象中，就可以通过调用委托对象而达到方法调用的目的。

通过上面的描述可知，定义一个委托，首先需要确定这个委托可引用的方法的参数列表及返回值类型；其次还需要确定这个委托的名字。于是，委托的定义语法如下所示：

```
delegate <返回值类型> <委托名>( <参数列表>)
```

其中，参数列表用来指定委托所匹配的方法的参数列表，是可选项；而返回值类型和委托名是必选项。例如，通过下面的委托定义，可以对所有返回值为 void，参数列表为 int 型的所有方法，使用 CheckDelegate 的一个对象来完成对它们的引用。

```
public delegate void CheckDelegate(int number);
```

一个与委托类型相匹配的方法必须满足以下两个条件：

- 与委托的定义中有相同的方法定义，即具有相同的参数数目，并且类型相同，顺序相同，参数的修饰符也相同；
- 这两者具有相同的返回值类型。

委托是类型安全的引用，因为委托和其他所有的 C#成员一样，是一种数据类型，并且任何委托对象都是 System.Delegate 的某个派生类的一个对象，并且该类型封装了许多委托的特性和方法。

8.4.2 委托的实例化

委托在.NET Framework 中相当于声明了一个类。因此如果想要使用委托，则需要对委托进行实例化，创建一个委托对象。通过这个对象来引用对应的那类方法。

委托实例化的语法如下：

```
<委托类型> <实例化名> = new <委托类型>(<注册函数名>);
```

比如下面的代码，声明了一个名为_checkDelegate 的 CheckDelegate 类型的委托对象，并指定该委托对象当前能引用 CheckMode()方法。

```
CheckDelegate _checkDelegate = new CheckDelegate(CheckMode);
```

从上面的代码可知，_checkDelegate 即为一个委托对象，其只能委托 CheckDelegate 中所声明的方法类型。因此 CheckMode()方法的定义应该和 CheckDelegate 中的定义相同。

从.NET Framework 2.0 开始可以直接用匹配的函数实例化委托，如下所示：

```
CheckDelegate _checkDelegate = CheckMode;
```

实例化委托对象以后，就可以像使用其他类型一样来使用委托了，既可以把方法作为实体变量赋给委托，也可以将方法作为委托参数来传递。在上面的例子中，使用语句"_CheckDelegate();"来执行该委托对象就相当于执行 CheckMode()方法。最关键的是方法 CheckMode()方法现在放在了构造函数的参数列表中，它可以传递给其他的 CheckDelegate 委托对象，而且可以作为该方法参数传递到其他方法内，也可以作为方法的返回类型。

扩展资源：实例 8.8-定义一个委托对象的实例。完整的代码及代码解析请扫描 8.4 节节首的二维码观看微课视频进行学习。

8.4.3 引用匿名方法的委托

在初始化一个委托对象时，委托对象不能指向一个空引用，即在初始化委托对象时，必须有一个方法作为其引用对象。因此为了初始化委托要定义一个方法会使人感觉有点麻烦。当一个方法被委托对象引用了，通常直接通过委托对象来完成对方法的调用，而很少会直接调用方法。因此方法的定义就显得不够好。为了解决这个问题，.NET Framework 2.0 中提出了匿名方法的概念。匿名方法，顾名思义，是没有方法名的方法。一个方法没有方法名，正常情况下是不能直接被调用的，但如果通过委托去引用该方法，则可以正常调用。因此定义匿名方法就是为了初始化委托而产生的，其语法如下：

```
<委托类型> <实例化名> = new <委托类型>( delegate(<参数列表>){方法体});
```

也可简化为：

```
<委托类型> <实例化名> = delegate(<参数列表>){方法体};
```

例如，

```
delegate void Func1(int i);
Func1 t1 = delegate(int i) { Console.WriteLine(i);};
```

也可以使用 Lambda 表达式来完成委托对象的初始化：

```
delegate void Func1(int i);
Func1 t1 = (int i) =>Console.WriteLine(i);
```

因此实例 8.8 中的 TestClass 类可以省略，并且将 Program 类中的代码修改为代码 8.11，其运行效果不变。

代码 8.11　实例 8.8 测试示例代码 2

```
01    public class Program
02    {
03        public delegate int MyDelegate(int a, int b);
04        static void Main(string[] args)
05        {
06            MyDelegatemyDelegate = (int a, int b)=> a > b ? a : b;
07            int max = myDelegate(5, 6);
08            Console.WriteLine($"myDelegate(5, 6)的结果是{max}");
09            myDelegate = (int a, int b) => a < b ? a : b;
10            int min = myDelegate(7, 8);
11            Console.WriteLine($"myDelegate(7, 8)的结果是{min}");
12            Console.Read();
13        }
14    }
```

8.4.4　多播委托

一个委托对象除了可以引用一个方法以外，还可以同时引用多个方法，这种委托称为多播委托。多播委托的声明方法和普通委托一样，也就是说，任何一个委托都可以是多播委托。是否多播取决于委托对象所引用的方法个数。

当委托对象为多播委托对象时，除了初始化委托对象时需要指定方法名，后续的方法都可以通过"+="操作符，向当前委托对象加载更多的方法引用；也可以通过"-="操作符，从当前委托对象中删除一个方法的引用。如果调用多播委托实例，则按顺序依次调用多播委托实例封装的调用列表中的多个方法。委托对象的_invocationCount 和_invocationList 非公共成员中保存了委托链上的方法数量和方法引用。可以通过委托对象的 GetInvocationList()方法来获取委托链上的方法集合。委托链上的方法在执行时，前面的方法一旦抛出了异常，后续的所有方法将不会被正常执行。

声明多播委托时，其返回类型最好为 void，因为无法自动处理多次调用的返回值，而且不能带输出参数（但可以带引用参数）。所以正常情况下，多播委托引用具有返回值类型的方法时，只返回最后一个方法执行的结果。

扩展资源：实例 8.9-多播委托的实例。完整的代码及代码解析请扫描 8.4 节节首的二维码观看微课视频进行学习。

8.4.5　委托中的协变与逆变

在前面的内容中学习到，委托对象想要完成对对应方法的引用，要求方法的定义和委托的定义完全匹配。准确地说，在委托中定义的返回值和参数列表中的类型与方法定义的返回值与参数列表中的类型应该是相互兼容的。类型之间的兼容性来自于类与类之间的继承关系。

继承关系是指子类和父类之间的关系。子类从父类继承，所以子类的实例也就是父类的实例。比如说 Animal 是父类，Dog 是从 Animal 继承的子类。如果一个对象的类型是 Dog，那么它必然是 Animal。也就是说，如果委托定义中的返回值类型为 A，那么满足委托的其他要求的所有返回值类型为 A 的子类的所有方法，也是可以被委托对象所引用的。因为委托类型返回的是 A，那么方法返回的结果类型为 A 及其子类，均可被接受。在这一过程中，返回值类型会自动进行向上转型，将 A 及其子类对象转换为 A 的对象。同理，如果委托定义中参数列表的数据类型为 B，那么对应方法的参数列表的数据类型可以为 B 及 B 的父类。由于方法接受的是 B 及 B 的父类，因此参数从委托对象传向方法时，会自动进行向上转型，使得子类实例可作为父类实例使用。上述两种自动的类型转换被称为协变（返回值类型的转换）与逆变（参数类型的转换）。

协变和逆变正是利用继承关系，在不同参数类型或返回值类型的委托之间做转变。如果一个委托要接受 Dog 参数，那么另一个接受 Animal 参数的方法肯定也可以接受这个方法的参数，这种 Dog 向 Animal 方向的转变是逆变；如果一个委托要求的返回值是 Animal，那么返回 Dog 的方法肯定是可以满足其返回值要求的，这种 Dog 向 Animal 方向的转变是协变。总之，协变和逆变都是以子类对象可以当成父类对象来使用为依据的。

扩展资源: 实例 8.10-多播委托中协变的实例。完整的代码及代码解析请扫描 8.4 节节首的二维码观看微课视频进行学习。

扩展资源: 实例 8.11-多播委托中逆变的实例。完整的代码及代码解析请扫描 8.4 节节首的二维码观看微课视频进行学习。

8.4.6　.NET Framework 中预定义的委托

1. Action 和 Action 泛型委托

Action 是系统内置（或者说预定义）的一个委托类型，它可以指向一个没有返回值且没有参数的方法。Action 的定义如下:

```
public delegate void Action();
```

简单来说，有了 Action，我们在需要无返回值无参数的委托类型时，就不用再自己手动声明了，可以直接使用 Action。代码如代码 8.12 所示。

代码 8.12　Action 委托示例代码

```
01    static void Main(string[] args)
02    {
03        Action a = func;
04        a();
05    }
06    public static void func()
07    {
```

```
08            Console.WriteLine("一个无参数无返回值的方法示例");
09        }
```

Action 只能引用无返回值无参数的方法，那么它的局限性岂不是非常大？原来系统对
Action 做了扩展，即 Action<>，可以通过泛型来指定 Action 所引用的方法的参数数量和
类型，它最多支持 16 个参数，除非极特殊的情况，否则应该不会有人写这么多参数的方法，
所以完全足够了。代码 8.13 是一个 Action 引用两个参数的方法的例子。

代码 8.13　Action 引用两个参数的方法示例代码

```
01    static void Main(string[] args)
02      {
03          Action<string,string> a = func;
04          a("hello"," world");
05
06      }
07      public static void func(string str1,string str2)
08      {
09          Console.WriteLine(str1 + str2);
10      }
11      public static void func()
12      {
13          Console.WriteLine("一个无参数无返回值的方法示例");
14      }
```

这里是直接重载了上面用到的 func()方法，由此可见，Action<>会自动匹配符合参数
列表的方法，如果未找到则不会编译通过。切记，无论是 Action 还是 Action<>都不可引用
有返回值的方法！

2. Func 泛型委托

Func 委托代表有返回类型的委托，其中带两个输入参数和一个返回值类型的定义如下：

```
public delegate TResult Func<in T1, in T2, out TResult>(T1 arg1, T2 arg2);
```

其中，"<>"中的关键字 in 表示的是输入的泛型类型，可用于协变；out 表示输出的
泛型类型，可用于逆变。Func 其实就是有多个输出参数并且有返回值的委托。Func 至少有
0 个输入参数（即只给出一个泛型类型），至多有 16 个输入参数，根据返回值泛型返回。
因此，Func 委托必须有返回值，不可为 void。例如：

```
Func<int>               //没有输入参数，返回值为 int 类型的委托。
Func<object,string,int> //传入参数为 object，string ，返回值为 int 类型的委托。
Func<object,string,int> //传入参数为 object，string，返回值为 int 类型的委托。
Func<T1,T2,T3,int>      //传入参数为 T1,T2,T3(泛型)，返回值为 int 类型的委托。
```

扩展资源：实例 8.12-Func 委托使用的实例。完整的代码及代码解析请扫描 8.4 节节首
的二维码观看微课视频进行学习。

3. Predicate 泛型委托

委托 Predicate 可以有参数，也可以没有参数，是返回值类型为 bool 型的委托，表示定
义一组条件并确定指定对象是否符合这些条件的方法。例如，定义具有两个参数的 Predicate
委托的语法如下：

```
public delegate bool Predicate<in T1, in T2 >(T1 arg1, T2 arg2);
```

上述委托定义了一组条件并指定确定对象是否符合这些条件的方法。其中,

- 参数：arg1 和 arg2 是要按照由此委托表示的方法中定义的条件进行比较的对象。
- 类型参数：T1 和 T2 是要比较的对象的类型。
- 返回结果：如果 arg1 和 arg2 符合由此委托表示的方法中定义的条件,则返回值为 true,否则为 false。

示例代码如代码 8.14 所示。

代码 8.14 **Predicate 泛型委托示例代码**

```
01    using System;
02    using System.Drawing;
03    public class Example
04    {
05        public static void Main()
06        {
07            Point[] points = { new Point(100, 200),
08                new Point(150, 250), new Point(250, 375),
09                new Point(275, 395), new Point(295, 450) };
10            Point first = Array.Find(points, ProductGT10);
11            Console.WriteLine("Found: X = {0}, Y = {1}", first.X, first.Y);
12        }
13        private static bool ProductGT10(Point p)
14        {
15            if (p.X * p.Y>100000)
16            {
17                return true;
18            }
19            else
20            {
21                return false;
22            }
23        }
24    }
```

代码注解：

（1）第 7～9 行,声明一个 Point 类型的数组,内含 5 个 Point 类型的对象;

（2）第 10 行,在 Array.Find()方法中,需要给出两个参数：第一个参数是检索的数组,第二个参数是对这个数组所做的检索规则,使用委托 Predicate 的形式给出。这里直接使用方法 ProductGT10()为其检索规则。

（3）从第 13 行开始给出 ProductGT10()的方法定义。

8.5 事件

微课视频 8-5

事件可以理解为某个对象所发出的消息,以通知特定动作或行为的发生或状态的改变。行为的发生可能来自用户交互,比如单击;也可能源自其他的程序逻辑。在这里触发事件

的对象被称为事件发起者；捕获和响应事件的对象被称为事件接收者。在事件通信中，负责事件发起的对象并不知道哪个对象或方法会接收和处理这一事件。这就需要一个中介在事件发起者和接收者之间建立关联，这个关联就是向事件发布者注册事件接收者。无论哪种应用程序模型，事件在本质上都是利用委托来实现的。

由于事件是利用委托来实现的，因此在声明事件之前，需要先定义一个委托，用来表明当事件发生时，什么样的方法可以作为事件的响应方法。事件发布者利用委托规定了何种方法可以作为事件的处理函数，即在事件接收者中事件处理函数的定义是怎样的。

在定义了委托之后，就可以用 event 关键字声明事件对象了。例如，下面的代码就声明了一个名为 Handler 的事件对象，其采用的委托类型为 MyEventHandler。

```
public delegate void MyEventHandler();
public event MyEventHandler Handler;
```

值得注意的是，事件是一个类成员，即必须声明在一个类中，如 MyEvent 类。此时，Handler 对象目前还没有任何事件处理函数或事件响应函数与之对应。如果希望事件发生时，某些方法做出响应，则需要将事件与希望给出响应的方法进行绑定（注册）。如果希望 Handler 事件的事件处理函数为 MyEvent 类中的 Method()方法，则绑定语句可以如下所示：

```
MyEvent.Handler += MyEvent.Method;
```

事件对象的使用方法与委托对象的使用方法一样，像方法那样直接调用就可以了。比如在某个方法中写入语句 "Handler();" 就可以运行与事件绑定的方法了。

如果事件希望将已经绑定的事件处理函数解绑，则可以表示如下：

```
MyEvent.handler -= MyEvent.Method;
```

事件在类中声明且生成，且通过使用同一个类或其他类中的委托与事件处理程序关联。包含事件的类用于发布事件。这被称为发布器（publisher）类。其他接受该事件的类被称为订阅器（subscriber）类。事件使用发布-订阅（publisher-subscriber）模型。

- 发布器是一个包含事件和委托定义的对象。事件和委托之间的联系也定义在这个对象中。发布器类的对象调用这个事件，并通知其他的对象。
- 订阅器是一个接受事件并提供事件处理程序的对象。在发布器类中的委托调用订阅器类中的方法（事件处理程序）。

扩展资源： 实例 8.13-事件使用的实例。完整的代码及代码解析请扫描 8.5 节节首的二维码观看微课视频进行学习。

总的来说，使用事件可以归纳为以下几步：

（1）声明一个事件的发布类。在该类中，使用相应的委托（可在发布类中定义或是外部定义）完成事件的声明。在该类中一定会有某个方法会触发事件。通过调用该方法来完成事件的触发工作。

（2）声明一个或多个事件的订阅类。在该类中，根据将要响应的事件的委托完成事件响应方法的声明。

（3）在测试类或业务类中，完成事件发布类对象和事件订阅类对象的实例化。再根据需要将订阅类对象中的某个方法与事件发布类对象中对应的事件进行绑定，以达到发布类对象中事件被触发后，订阅类对象中的对应的方法能被调用而对事件做出响应。

8.6　小结

本章对面向对象编程的进阶知识进行了详细讲解。学习本章内容，需要重点掌握类的继承与多态、接口的使用。难点在于委托和事件的理解与应用。

8.7　练习

（1）简述继承的主要作用。

（2）base 关键字有什么作用？

（3）实现多态有几种方法？分别对其进行描述。

（4）简述接口的主要作用。接口与抽象类有何区别？

（5）为什么要在委托中使用匿名方法？

（6）委托和事件的关系是什么？

（7）声明一个类 GeometricObject 为基类，其有两个派生类：Circle 类和 Rectangle 类。请根据如图 8.8 所示的类图，完成对 3 个类的定义。

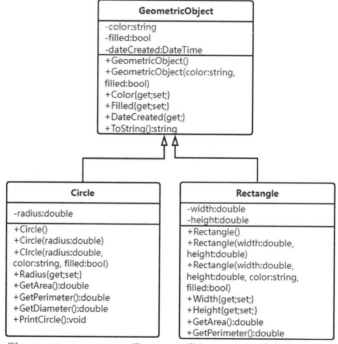

图 8.8　GeometricObject 类、Circle 类和 Rectangle 类的类关系图

（8）定义一个 Person 类及其两个派生类——Student 类和 Employee 类。Faculty 类和 Staff 类则为 Employee 的派生类。一个 Person 对象有姓名、地址、电话号码和电子邮箱等信息；一个 Student 对象则还有学生年级状态（大一、大二、大三和大四）；一个 Employee 对象有其自身的办公室号、工资和录用日期；一个 Faculty 对象有在办公室的时间段和等级；一个 Staff 对象有一个职位。上述所有类均通过重写 ToString()方法来显示当前对象所属的类名和对象名。

第 9 章

异　　常

本章要点:

- C#中异常的处理结构;
- 异常处理的执行流程;
- 异常类的类层次结构;
- 自定义异常类的方法。

9.1　异常概述

由于种种可控制或者不可控制的原因,例如遇到除数为 0,或打开一个不存在的文件,或网络断开等不可预料的情况,程序在执行时会出现一些问题。这些在程序执行期间出现的问题称为异常。异常是对程序运行时出现的特殊问题的一种响应。它提供一种把程序控制权从某个部分转移到另一个部分的方式。

9.2　try…catch…finally

C#语言的异常处理是使用 try、catch 和 finally 关键字进行某些操作,以处理失败的情况。其基本语法如下:

```
try{//可能出现异常的代码块}
catch (ExceptionType e){//捕获异常并进行处理}
finally{//负责最终的清理操作}
```

- try 块:包含抛出异常的代码(在谈到异常时,用"抛出"这个术语表示"生成"或"导致")。
- catch 块:包含抛出异常时要执行的代码。在 catch 块后,可设置 ExceptionType 为只响应特定的异常类型,如 IndexOutOfRangeException 只负责下标越界这类异常。在一次异常处理中,可有多个 catch 块,分别对应若干种不同的异常类型。如果不想指定特定的异常类型,则将 ExceptionType 置为 Exception 类即可。这个类是所有特定异常类的基类,表示它可以对所有异常进行捕获。C#6 中引入了一个"异常过滤"机制,通过在异常类型表达式后添加 when 关键字来实现。当发生了该类异常且过滤表达式值为 true 时,就执行 catch 块中的代码。

- finally 块：包含始终会执行的代码。如果没有产生异常，则在 try 块之后执行；如果程序发生了异常并被 catch 块捕获并处理，则在 catch 块后执行；如果在 try 或 catch 块中有 return 语句，则在 return 语句发生以前执行；如果当前发生的异常不能被当前的 catch 块所捕获，即当前没有 catch 块可以处理该异常，则会在程序返回当前方法的调用方法之前执行。如果始终没有匹配的 catch 块，则终止应用程序。

在一个异常处理中，可能存在如表 9.1 所示的 3 种类型的组合。

表 9.1　异常处理的 3 种类型的组合表

try{}	try	try{}
catch1 (Exception1 e){}	{	catch1 (Exception1 e){}
catch2 (Exception2 e){}	}	catch2 (Exception2 e){}
…	finally	…
catchN(ExceptionN e){}	{	catchN(ExceptionN e){}
	}	finally{}

微课视频 9-1

9.3　异常处理的流程

程序如果在 try 块中发生了异常，则依次发生以下事件：

（1）try 块在发生异常的地方中断程序的执行。

（2）如果有 catch 块，则检查该块是否匹配已抛出的异常类型。如果没有 catch 块，则执行 finally 块（如果没有 catch 块，则一定要有 finally 块）。

（3）如果有 catch 块，但它与发生的异常类型不匹配，则检查是否有其他 catch 块。

（4）如果有 catch 块匹配已发生的异常类型，且有一个异常过滤器是 true（如果有异常过滤器），则执行它包含的代码，再执行 finally 块（如果有的话，finally 块也可以省略）。

（5）如果所有 catch 块都不匹配发生的异常类型，则执行 finally 块（如果有的话），再向调用者抛出当前异常。

在异常处理中，如果有两个处理相同异常类型的 catch 块，则只执行异常过滤器为 true 的 catch 块中的代码。如果还存在一个处理相同异常类型的 catch 块，但没有异常过滤器或异常过滤器为 false，则忽略它，只执行一个 catch 块代码。catch 块的顺序不影响执行流程。

抛出异常有两种形式：编译器抛出或显式使用 throw 表达式抛出异常。编译器抛出的异常会根据当前执行的代码产生的错误抛出一种特定类型的异常。显式使用 throw 表达式是指程序员在识别到可能产生某种错误的情况下命令编译器抛出异常。因此在 throw 表达式中，需要通过 new 关键字配合特定的异常类来产生异常对象。

扩展资源：实例 9.1-异常处理的实例。完整的代码及代码解析请扫描 9.3 节节首的二维码观看微课视频进行学习。

9.4　C#中的异常类

C#异常是使用类来表示的。C#中的异常类主要是直接或间接地派生于 System.Exception 类。System.ApplicationException 和 System.SystemException 类是派生于 System.Exception

类的异常类。System.ApplicationException 类支持由应用程序生成的异常，所以程序员定义的异常都应派生自该类。System.SystemException 类是所有预定义的系统异常的基类。表 9.2 列出了一些派生自 System.SystemException 类的预定义的异常类：

表 9.2 派生自 **System.SystemException** 类的预定义的异常类

异 常 类	描 述
System.IO.IOException	处理 I/O 错误
System.IndexOutOfRangeException	处理当方法指向超出范围的数组索引时生成的错误
System.ArrayTypeMismatchException	处理当数组类型不匹配时生成的错误
System.NullReferenceException	处理当引用一个空对象时生成的错误
System.DivideByZeroException	处理当除以零时生成的错误
System.InvalidCastException	处理在类型转换期间生成的错误
System.OutOfMemoryException	处理空闲内存不足生成的错误
System.StackOverflowException	处理栈溢出生成的错误

9.5 自定义异常类

微课视频 9-2

除了直接使用预定义的异常类以外，用户还可以定义自己的异常类。自定义的异常类可派生自 Exception 类也可派生自 ApplicationException 类。发生非致命应用程序错误时引发的异常均为 ApplicationException 类型。ApplicationException 扩展了 Exception，但不添加新功能。此异常作为一种区分应用程序定义的异常与系统定义的异常的方法而提供。ApplicationException 不提供有关异常的原因的信息。大多数情况下都不应引发此类的实例。如果此类被实例化，则描述该错误的可读消息应传递给构造函数。

扩展资源：实例 9.2-自定义用户异常类的实例。完整的代码及代码解析请扫描 9.5 节节首的二维码观看微课视频进行学习。

9.6 小结

本章主要对 C#中的异常处理进行了详细讲解。首先介绍了异常处理的结构 try…catch…finally 块；其次介绍了异常处理在编译器中的执行流程；最后介绍了 C#中的异常类以及如何根据异常类进行自定义异常类。异常类有效地保证了程序的健壮性。读者需要熟练掌握异常类的使用方法。

9.7 练习

（1）开发一个简易的计算器，接受用户输入的操作数和操作符。程序中需要加入异常处理机制，以应对用户输入的操作数为非数值型数据。当用户输入错误操作数时，程序给出相应提示而非直接中断退出。

（2）编写符合下面要求的程序：

创建一个包含 100 个随机整数的数组；显示用户指定下标的数组中的值，一旦用户指定的下标不是合法下标，则提示用户重新输入。编写程序，完成将用户输入的十六进制数转换为十进制数。一旦用户输入的不是十六进制数，则提示输入错误，要求用户重新输入。

（3）编写一个可以让编译器抛出 OutOfMemoryException 异常的程序。

（4）输入里程数和耗油量，计算每升的里程数，程序中使用异常处理器，当输入的里程数或耗油量无法转换成 double 值时处理 FormatException。

（5）定义了一个具有异常处理能力的学生类——student 类，该类包含两个私有变量成员：name 和 sid，分别表示学生姓名和身份证号，且 name 的长度不超过 4 字节，sid 的长度为 18 位；还定义了它们各自的属性，设置为 Name 和 Sid。然后自定义一个异常类 UserException，当对 name 所赋的值的长度超过 4 字节或者对 Sid 所赋的值长度不为 18 位时都抛出此自定义异常。

面向对象进阶篇

本篇是面向对象基础篇的进阶部分。本篇将介绍泛型编程、集合工具类、高级C#编程技术等进阶知识。这些知识是对前一篇章内容的延伸。通过灵活运用面向对象思想的特性，可以使程序应对更为复杂的环境，针对复杂问题给出解决方案。

第 10 章

CHAPTER 10

泛　　型

本章要点：

- 泛型的概念及应用场景；
- 泛型类、泛型接口、泛型委托的声明与使用；
- 泛型方法的声明与使用；
- 泛型之间的继承问题。

10.1　概述

在编写程序时，经常会遇到功能非常相似的模块，只是它们处理的数据不一样。但我们没有办法，只能分别写多个方法来处理不同的数据类型。那么这时问题就出现了：有没有一种办法，用同一个方法来处理传入不同种类型参数的办法呢？泛型就是专门来解决这个问题的。比如下面这个例子，示例代码如代码 10.1 所示。

代码 10.1　**CommonMethod 类示例代码**

```
01   public class CommonMethod
02   {
03       // 打印出类型为 int 型的参数信息
04       public static void ShowInt(int iParameter)
05       {
06           Console.WriteLine("This is {0},parameter={1},type={2}",
07           typeof(CommonMethod).Name, iParameter.GetType().Name, iParameter);
08       }
09       // 打印出类型为 string 型的参数信息
10       public static void ShowString(string sParameter)
11       {
12           Console.WriteLine("This is {0},parameter={1},type={2}",
13           typeof(CommonMethod).Name, sParameter.GetType().Name, sParameter);
14       }
15       // 打印出类型为 DateTime 型的参数信息
16       public static void ShowDateTime(DateTimedtParameter)
17       {
18           Console.WriteLine("This is {0},parameter={1},type={2}",
19           typeof(CommonMethod).Name, dtParameter.GetType().Name, dtParameter);
20       }
21   }
```

从上面的代码中可以看出，ShowInt()、ShowString()、ShowDateTime() 这 3 个方法，除了传入的参数不同外，其实现的功能都是一样的。对于这种情况，如何避免这些重复的代码呢？我们知道，在 C#语言中，object 是所有类型的基类。将上面的代码进行以下优化：

```
public static void ShowObject(object oParameter)
{
    Console.WriteLine("This is {0},parameter={1},type={2}",
        typeof(CommonMethod), oParameter.GetType().Name, oParameter);
}
```

虽然使用 object 类作为参数的类型，可以解决上面的代码重复的问题。但由于在运行过程中带来的装箱和拆箱问题，使得程序的性能较低。微软在 C#2.0 中推出了泛型的概念，可以很好地解决上面的问题。

10.2　泛型的概念

泛型是类型的模板，是一种在定义类或方法时，将需要使用的某种类型进行参数化的技术。在定义类或方法时，不给出具体的类型名，而是使用一种被称为类型参数的占位符作为类型的替代符号。因此在使用泛型类时，泛型类无法按原样使用，因为它不是真正的类型；它更像是类型的蓝图。若要使用泛型类，客户端代码必须通过指定尖括号内的类型参数来声明并实例化构造类型。此特定类的类型参数可以是编译器可识别的任何类型。泛型类可创建任意数量的构造类型实例，其中每个实例使用不同的类型参数。

通过上述对泛型概念的介绍可知，使用泛型是一种增强程序功能的技术。泛型技术有助于最大限度地重用代码、保护类型的安全以及提高性能。.NET 框架类库在 System.Collections.Generic 命名空间中包含了一些新的泛型集合类。可以使用这些泛型集合类来替代 System.Collections 中的集合类，从而自定义泛型集合类；也可以创建自己的泛型接口、泛型类、泛型方法、泛型事件和泛型委托；还可以对泛型类进行约束以访问特定数据类型的方法。对于泛型数据类型中使用的类型的信息可在运行时通过使用反射获取。

微课视频 10-1

10.3　泛型类

10.3.1　泛型类的声明与使用

泛型类封装不特定于特定数据类型的操作。通常，创建泛型类是从现有具体类开始，然后每次逐个将类型更改为类型参数，直到泛化和可用性达到最佳平衡。首先来看看在类定义中使用类型参数，使之变为泛型类的声明方式。泛型类的声明语法如下所示：

```
访问修饰符 class 类名<T>
访问修饰符 class 类名<T1, T2, T3>
```

其中，T 可以是任意标识符，只要遵循通常的 C#命名规则即可。泛型类可在其定义中包含任意多个类型参数，参数之间用逗号隔开。下面使用一个示例来说明泛型类的具体声明方法和使用方法。

扩展资源：实例 10.1-泛型类的声明与使用的实例。完整的代码及代码解析请扫描 10.3 节节首的二维码观看微课视频进行学习。

创建自己的泛型类时，需要考虑要将哪些类型泛化为类型参数。通常，可参数化的类型越多，代码就越灵活、其可重用性就越高。但过度泛化会造成其他开发人员难以阅读或理解代码。此外，还需要考虑要类型参数是否应该有所约束。例如，如果知道泛型类仅用于引用类型，则需要进行泛型约束（见 10.7 节），这可防止将类意外用于值类型。

在声明了泛型类的情况下，不能直接为泛型类中的某个泛型字段进行实例化，因为当前编译器并不知道泛型类型是什么，也就不能使用它的构造函数。因此下面的代码将不会被编译：

```
class GenericClass<T>
{
    private T innerObject;
    public GenericClass()
    {
        innerObject = new T();
    }
}
```

10.3.2 可空类型

前面在学习数据类型时我们了解到，C#有值类型和引用类型两大类。值类型必须包含一个值，它们可以在声明之后、赋值之前，在未赋值的状态下存在，但不能使用未赋值的变量。而引用类型初始状态则为 null。但有时让值类型处于一种空值状态也是很有用的。因此 C# 提供了一个特殊的数据类型，nullable 类型（可空类型）。可空类型可以表示其基础值类型正常范围内的值，再加上一个 null 值。例如，Nullable<Int32>，读作"可空的 Int32"，可以被赋值为 −2 147 483 648～2 147 483 647 的任意值，也可以被赋值为 null 值。类似地，Nullable< bool >变量可以被赋值为 true 或 false 或 null。在处理数据库和其他包含可能未赋值的元素的数据类型时，将 null 赋值给数值类型或布尔型的功能特别有用。

泛型类 System.Nullable<T>将值类型封装成为一种可空的状态。其声明语法如下所示：

```
System.Nullable<datatype> variableName;
```

如：

```
System.Nullable<int> nullableInt;
```

上面一行代码声明了一个名为 nullableInt 的变量，它可以拥有 int 变量能包含整型数据的能力，还可以拥有 null。所以为其赋值为 null 是合法的，如下所示：

```
nullableInt = null;
```

这种可以被赋值为 null，同时又可以存储值类型数据的数据类型称为可空类型。上述定义可空类型的代码可以简写为如下形示：

```
int? nullableInt;
```

上述代码表示声明一个整型的可空类型，其默认值为 null。int?是 System.Nullable<int>的缩写。

当一个变量为可空类型时，在使用之前就需要判断一下该变量当前的状态是否为 null，换句话说该变量当前是否有值。因此可以使用 HasValue 属性来进行判断。如果有值，则返回 true，否则返回 false。当可空变量在为 null 状态下访问其 Value 属性，则会抛出 System.InvalidOperationException 类型的异常。

可空类型的使用示例如代码 10.2 所示。

代码 10.2　可空类型的使用示例代码

```
01    public static void Main()
02    {
03
04        int? num1 = null;
05        int? num2 = 45;
06        double? num3 = new double?();
07        double? num4 = 3.14157;
08        bool? boolval = new bool?();
09        Console.WriteLine("显示可空类型的值: {0}, {1}, {2}, {3}",
10                          num1, num2, num3, num4);
11        Console.WriteLine("一个可空的布尔值: {0}", boolval);
12        Console.ReadLine();
13    }
```

上面示例的运行效果如图 10.1 所示。

图 10.1　可空类型的使用示例代码运行效果图

从上述代码的第 4、6、8 行可知，声明了 3 个可空类型的变量且并未向它们赋值。因此显示出来的结果是它们均为 null，没有包含任何值。

10.3.3　Null 合并运算符

Null 合并运算符（??）用于定义可空类型和引用类型的默认值。Null 合并运算符为类型转换定义了一个预设值，以防可空类型的值为 null。Null 合并运算符把操作数类型隐式转换为另一个可空（或不可空）的值类型的操作数的类型。

如果第一个操作数的值为 null，则运算符返回第二个操作数的值，否则返回第一个操作数的值。示例如代码 10.3 所示。

代码 10.3　Null 合并运算符使用示例代码

```
01    public static void Main()
02    {
03        double? num1 = null;
04        double? num2 = 3.14157;
05        double num3;
06        num3 = num1 ?? 5.34;        // num1 如果为空值则返回 5.34
07        Console.WriteLine("num3 的值: {0}", num3);
08        num3 = num2 ?? 5.34;
09        Console.WriteLine("num3 的值: {0}", num3);
```

```
10        Console.ReadLine();
11    }
```

上述代码的运行效果如图 10.2 所示。

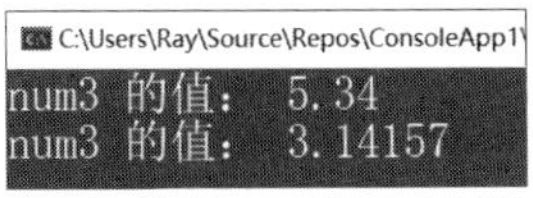

```
C:\Users\Ray\Source\Repos\ConsoleApp1
num3 的值： 5.34
num3 的值： 3.14157
```

图 10.2　Null 合并运算符(??)使用示例代码运行效果图

10.3.4　Null 检查运算符

Null 检查运算符（?.）也被称为 Elvis 运算符或空条件运算符，有助于避免繁杂的空值检查造成的代码歧义。比如如果想要检查客户的订单条数，那么下面的代码可能会抛出 System.ArgumentNullException 异常：

```
int count = customer.Orders.Count();
```

原因在于有可能 customer.Orders 为 null。使用?.运算符，可以避免这种情况发生。如下所示：

```
int? count = customer.Orders?.Count();
```

上面代码的意义在于，如果 customer.Orders 为 Null，则返回 Null 给可空类型 count；否则就调用其 Count()方法获得具体的订单条数并赋值给 count 变量。

需要注意的是，使用?.运算符的结果有可能为 Null，因此其只能赋值给可空类型。除非为当前表达式进行了目标类型的强制转换。

Null 检查运算符的另一个作用是判断对象值是否相等。比如有两个相同的类型为 MyClass 的对象 obj1 和 obj2，它们都有一个名为 prop1 的属性，因此可以有如下判断：

```
if( obj1?.prop1 == obj2?.prop1)
```

在上述语句中，如果左边的对象 obj1 不为空，则检索右边的对象 obj2；如果左边的 obj1 对象为空，则终止并返回 null。

10.4　*泛型方法

微课视频 10-2

在普通类中，如果某个方法可以接受若干种不同类型的参数，并且方法中对于每种类型的参数的处理过程都相同，那么该方法就可以定义为泛型方法。定义泛型方法的语法如下所示：

```
访问修饰符 返回值类型 方法名<T> (T p)
访问修饰符 T 方法名<T> (T p)   //返回值类型也可为泛型参数
访问修饰符 返回值类型 方法名<T1, T2> (T1 p1, T2 p2)//多个泛型参数
```

从上面的语法可见，泛型方法的声明语句和普通方法的声明语句非常相似。除了在方法名后加了"<T>"，在参数中需要使用类型参数时使用"T"来代表该参数的类型。这里的"T"就是类型参数，也可以使用其他的合法字符作为类型参数名。在泛型方法中，除了参数可以是泛型以外，返回值类型也可以是泛型。

泛型方法可以在非泛型类中定义，也可以在泛型类中定义。因此在 10.1 节的示例中，

就可以使用实例 10.2 中的代码来解决。

　　扩展资源: 实例 10.2-泛型方法的声明与使用的实例. 完整的代码及代码解析请扫描 10.4 节节首的二维码观看微课视频进行学习。

　　为什么泛型可以解决上面的问题呢？因为泛型是延迟声明的，即定义时没有指定具体的参数类型，把参数类型的声明推迟到了调用的时候才指定参数类型。延迟思想在程序架构设计时很受欢迎。那么泛型究竟是如何工作的呢？控制台程序最终会被编译成一个.exe程序。当程序运行时，会经过 JIT（即时编译器）的编译，最终生成二进制代码，才能被计算机执行。泛型加入到语法以后，编译时遇到泛型，会做特殊的处理——生成占位符。再次经过 JIT 编译时，会把上面编译生成的占位符替换成具体的数据类型，从而生成副本方法。这个副本方法与原始方法一致，所以不会有装箱拆箱操作，也就没有损耗性能。因此从分析可知，泛型方法的性能要高于使用 object 类型作为参数的性能。

　　在泛型方法的方法体中，多个泛型参数之间需要进行比较时，需要注意参与运算的泛型类型是否支持方法体中的某些运算。比如以下代码将不能编译：

```
public bool Compare<T1 >(T1 op1, T1 op2)
{
    if (op1 == op2)
        return true;
    else
        return false;
}
```

　　原因在于这段代码假定了 T1 这种类型支持"=="运算符。对于类似于"+="运算符的增强型赋值运算符，编译器目前还不能确定，所以编译器拒绝编译类似于此的这些代码。

10.5　*泛型接口

微课视频 10-3

　　除了泛型类以外，还可以将泛型技术用于接口的声明。和普通接口一样，一个泛型接口通常也是与某些对象相关的约定规程。声明泛型接口的方法和声明泛型类的语法相似，如下所示：

访问修饰符 interface 接口名<T>

　　泛型接口定义完成之后，就要定义此接口的子类。定义泛型接口的子类有以下两种方法。
　　（1）直接在接口的实现子类中指定出泛型类型。
　　（2）实现子类也是一个泛型类，不直接给出指定的泛型类型。
　　下面通过扩展资源来演示泛型接口的定义与使用。

　　扩展资源: 实例 10.3-泛型接口的声明与使用的实例. 完整的代码及代码解析请扫描 10.5 节节首的二维码观看微课视频进行学习。

　　.NET 类库定义多个泛型接口，以便用于 System.Collections.Generic 命名空间中的集合类。比如 IComparable<T>、IComparer<T>、IEnumerable<T>、IEnumerator<T>、IEqualityComparer<T>等，都是泛型接口。要熟悉这些泛型接口的使用方法，还需要多加练习。

微课视频 10-4

10.6 *泛型委托

泛型委托即是在声明委托时，将确定的类型声明为泛型类型。将委托中所规定的类型参数化之后，可以使委托可引用的方法更多，用法更灵活。引用泛型委托的代码可以指定类型参数以创建封闭式构造类型，就像实例化泛型类或调用泛型方法一样，如以下代码所示：

```
public delegate void Del<T>(T item); //声明一个泛型委托
public static void Notify(int i) { }
public static void Notify(string i) { }
Del<int> m1 = new Del<int>(Notify);
Del<string> m2 = Notify; //利用方法组转换的功能，简化语句
```

上述代码的第 1 行，声明了一个泛型委托 Del<T>，第 2 行和第 3 行分别给出了 Notify() 方法的两种重载。第 4 行和第 5 行则使用泛型委托 Del<T> 来分别引用 Notify() 方法的两种重载方法。从这个例子可以看出，将委托进行泛型化后，可使委托能引用的方法范围更大，更加灵活。

如果泛型委托是声明在泛型类中，且泛型委托的类型与泛型类的类型进行关联，那么可通过如下扩展资源实例 10.4 对泛型委托进行演示。

扩展资源：实例 10.4-泛型委托的声明与使用的实例。完整的代码及代码解析请扫描 10.6 节节首的二维码观看微课视频进行学习。

在 C# 中，已经预置了若干种泛型委托。这些泛型委托在 8.4.6 节中已有介绍，还请读者能多加练习，深入理解。

10.7 *泛型约束

使用泛型技术定义相关类型时，可以在客户端代码为类型参数指定确定类型时施加限制。如果客户端代码尝试使用约束所不允许的类型来替代类型参数，则会产生编译时错误。这些限制称为约束。通过使用 where 上下文关键字指定约束。泛型约束除了可用于泛型类的声明以外，还可以用于泛型方法、泛型接口、泛型委托等。表 10.1 列出了 6 种类型的约束。

表 10.1　泛型约束的 6 种类型

约　　束	描　　述
where T：struct	类型参数必须是值类型。可以指定除 Nullable 以外的任何值类型
where T：class	类型参数必须是引用类型；这同样适用于所有类、接口、委托或数组类型
where T：new()	类型参数必须具有公共无参数构造函数。与其他约束一起使用时，new()约束必须最后指定
where T：基类类名	类型参数必须是指定的基类或派生自指定的基类
where T：接口名	类型参数必须是指定的接口或实现指定的接口。可指定多个接口约束。约束接口也可以是泛型
where T：U	为 T 提供的类型参数必须是为 U 提供的参数或派生自为 U 提供的参数

以声明泛型类为例，使用泛型约束的示例如下：

```
public class GenericTest<T> where T: struct  //表示客户端代码只能使用值类型来替
                                             //代 T,该值类型不能为 Nullable
public class GenericTest<T> where T: class   //表示客户端代码只能使用引用类型来
                                             //替代 T,其中包括适用于任何类、
                                             //接口、委托或数组类型
public class GenericTest<T> where T: MyClass //表示客户端代码只能使用 MyClass
                                             //类或其子来替代 T
public class GenericTest<T> where T: IMyInterface //表示客户端代码必须是指定
                                             //的接口或实现指定的接口来替代 T
public class GenericTest<T> where T: new()//表示客户端代码必须具有无参数的公共
                                             //构造函数来替代 T。当与其他约束一起
                                             //使用时,new()约束必须最后指定
public class GenericTest<T, U> where T: struct where U: class//表示该泛型类
                                             //可接受两个类型参数,T 只能使用值类型来代替,该值
                                             //类型不能为 Nullable,U 只能使用引用类型来代替
public class GenericTest<T> where T: class, new() //表示客户端代码必须使用
                                             //具有无参的公共构造函数的引用类型来替代 T
```

需要注意的是:

(1)所有的派生约束必须放在类的实际派生列表之后。例如,

```
public class LinkedList <K,T> :IEnumerable<T> where K:IComparable <K>
```

(2)一个泛型参数可以约束多个接口(用逗号分隔)。例如,

```
public class LinkedList <K,T> where K:IComparable <K> ,IConvertible
```

(3)在一个约束中最多只能使用一个基类。

(4)泛型子类需要重复泛型基类的约束,但子类中的泛型方法重写了父类中的泛型方法时,不能重复在父类出现的约束。

(5)约束的基类不能是密封类或静态类。

(6)不能将 System.Delegate 或 System.Array 约束为基类。

(7)可以同时约束一个基类以及一个或多个接口,但是该基类必须首先出现在派生约束列表中。

(8)C#允许将另一个泛型参数指定为约束。例如,

```
public class MyClass<T,U> where T:U {…}
```

(9)可以自己定义基类或接口进行泛型约束。

(10)自定义的接口或基类必须与泛型具有一致的可见性。

10.8 *泛型与继承

泛型类型可以实现泛型接口,也可以派生自泛型基类。但需要注意的是,一个泛型类只能有一个普通类或一个泛型类作为其基类。比如下面泛型类型继承的示例:

```
public class Base<T1> { }
public class Derived<T2> : Base<T2> { }
```

Base<T1>是一个泛型类,而 Derived<T2>是派生自 Base<T2>的类。这两个类都是泛型类,使用子类泛型参数作为泛型基类的指定类型。当然也可以在派生类定义时指定泛型基

类的类型。如下所示：

```
public class Base<T> { }
public class Derived<T> : Base<String> { }
```

当泛型基类有多个类型参数时，派生类可以不指定其类型参数，也可以指定其中某些类型的参数。如下所示：

```
public class Base<T, K> { }
public class Derived1<T, K> : Base<T, K> { }
public class Derived2<T> : Base<T, String> { }
```

在派生类中，如果基类的泛型有任何约束，那么在派生类中也必须重复这些约束。例如，

```
public class Base<T> where T : class { }
public class Derived<K> :Base<K> where K :class { }
```

基类可以定义其签名使用泛型参数的虚方法，在重写它们时，子类必须在方法签名中提供相应的类型。比如，

```
public class BaseClass<T>
{
  public virtual T SomeMethod()
  {...}
}
public class SubClass:BaseClass<int>
 {
    public override int SomeMethod()
   {...}
}
```

如果该子类是泛型，则它还可以在重写时使用它自己的泛型参数，如下所示：

```
public class SubClass<T> :BaseClass<T>
{
  public override T SomeMethod()
  {...}
}
```

10.9 案例 10：泛型矩阵

微课视频 10-5

矩阵的加法和乘法运算结果是由其中包含数据的类型来决定的。因为可以设计出一个基类来定义不同数据类型的矩阵中的统一操作方法，称之为 GenericMatrix，而在其若干个派生类中给出不同数据类型的特定的运算法则。本案例中主要定义两种数据类型：Integer 整型和 Rational 有理数型。数据为 Integer 的矩阵类型称为 IntegerMatrix，数据为 Rational 的矩阵类型为 RationalMatrix。

GenericMatrix 类是一个抽象类，其中给出了矩阵加法方法 AddMatrix()、矩阵乘法方法 MultiplyMatrix()以及矩阵显示方法 PrintResult()方法。不同数据类型的矩阵加法、乘法和置零将在其对应派生类中定义，因此在基类中仅是给出抽象方法 Add()、Multiply()以及 Zero()方法。

GenericMatrix、IntegerMatrix 和 RationalMatrix 类关系如图 10.3 所示。

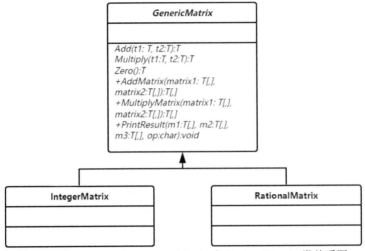

图 10.3　GenericMatrix、IntegerMatrix 和 RationalMatrix 类关系图

首先给出 Rational 类的定义，代码如代码 10.4 所示。

代码 10.4　Rational 类的定义示例代码

```
01   public class Rational
02   {
03      private long numerator = 0;
04      private long denominator = 1;
05      public Rational() : this(0, 1) { }
06      public Rational(long n, long d)
07      {
08         long gcd = Gcd(n, d);
09         numerator = (d>0?1:-1)*n/gcd;
10         denominator = Math.Abs(d) / gcd;
11      }
12      public long Numerator { get => numerator; set => numerator = value; }
13      public long Denominator { get => denominator; set => denominator = value; }
14      private static long Gcd(long n, long d)
15      {
16         long n1 = Math.Abs(n);
17         long n2 = Math.Abs(d);
18         int gcd = 1;
19         for(int k=1;k<=n1&&k<=n2;k++)
20         {
21            if (n1 % k == 0 && n2 % k == 0)
22               gcd = k;
23         }
24         return gcd;
25      }
26      public Rational Add(Rational r2)
27      {
28         long n = numerator * r2.Denominator + denominator * r2.Numerator;
29         long d = denominator * r2.Denominator;
30         return new Rational(n, d);
```

```
31          }
32          public Rational Substract(Rational r2)
33          {
34              long n = numerator * r2.Denominator - denominator * r2.Numerator;
35              long d = denominator * r2.Denominator;
36              return new Rational(n, d);
37          }
38          public Rational Multiply(Rational r2)
39          {
40              long n = numerator * r2.Numerator;
41              long d = denominator * r2.Denominator;
42              return new Rational(n, d);
43          }
44          public Rational Divide(Rational r2)
45          {
46              long n = numerator * r2.denominator;
47              long d = denominator * r2.Numerator;
48              return new Rational(n, d);
49          }
50          public override string ToString()
51          {
52              if (denominator == 1)
53                  return numerator + "";
54              else
55                  return numerator + "/" + denominator;
56          }
57      }
```

其次，给出基类 GenericMatrix 类的定义，如代码 10.5 所示。

代码 10.5　基类 GenericMatrix 类示例代码

```
01      public abstract class GenericMatrix<T>
02      {
03          protected abstract T Add(T o1, T o2);
04          protected abstract T Multiply(T o1, T o2);
05          protected abstract T Zero();
06          public T[,] AddMatrix(T[,] m1, T[,] m2)
07          {
08              if (m1.GetLength(0) != m2.GetLength(0) || m1.GetLength(1) !=
    m2.GetLength(1))
09                  throw new Exception("两个矩阵相加时，其行列数必须一致。");
10              T[,] result = (T[,])new T[m1.GetLength(0), m1.GetLength(1)];
11              for (int i = 0; i<result.GetLength(0); i++)
12                  for (int j = 0; j <result.GetLength(1); j++)
13                      result[i, j] = Add(m1[i, j], m2[i, j]);
14              return result;
15          }
16          public T[,] MultiplyMatrix(T[,] m1, T[,] m2)
17          {
18              if (m1.GetLength(1) != m2.GetLength(0))
```

```
19              throw new Exception("两个矩阵相等，行列数必须兼容。");
20          T[,] result = (T[,])new T[m1.GetLength(0), m2.GetLength(1)];
21          for (int i = 0; i<result.GetLength(0); i++)
22              for (int j = 0; j < result.GetLength(1); j++)
23              {
24                  result[i, j] = Zero();
25                  for (int k = 0; k < m1.GetLength(1); k++)
26                  {
27                      result[i, j] = Add(result[i, j], Multiply(m1[i, k],
    m2[k, j]));
28                  }
29              }
30          return result;
31      }
32      public static void PrintResult<T>(T[,] m1, T[,] m2, T[,] m3, char op)
33      {
34          for (int i = 0; i < m1.GetLength(0); i++)
35          {
36              for (int j = 0; j < m1.GetLength(1); j++)
37                  Console.Write(" " + m1[i, j]);
38              if (i == m1.GetLength(0) / 2)
39                  Console.Write("  " + op + " ");
40              else
41                  Console.Write("    ");
42              for (int j = 0; j < m2.GetLength(0); j++)
43                  Console.Write(" " + m2[i, j]);
44              if (i == m1.GetLength(0) / 2)
45                  Console.Write(" = ");
46              else
47                  Console.Write("    ");
48              for (int j = 0; j < m3.GetLength(0); j++)
49                  Console.Write(m3[i, j]+" ");
50              Console.WriteLine();
51          }
52      }
53  }
```

接下来给出 InteperMatrix 类和 RationalMatrix 类的定义，如代码 10.6 所示。

代码 10.6　InteperMatrix 类和 RationalMatrix 类的定义示例代码

```
01  public class IntegerMatrix : GenericMatrix<Int32>
02  {
03      protected override int Add(int o1, int o2) => o1 + o2;
04      protected override int Multiply(int o1, int o2) => o1 * o2;
05      protected override int Zero() => 0;
06  }
07  public class RationalMatrix : GenericMatrix<Rational>
08  {
09      protected override Rational Add(Rational o1, Rational o2) => o1.Add(o2);
10      protected override Rational Multiply(Rational o1, Rational o2) =>
```

```
       o1.Multiply(o2);
11         protected override Rational Zero() => new Rational(0, 1);
12     }
```

最后给出测试代码，如代码 10.7 所示。

代码 10.7　案例 10：泛型矩阵测试类示例代码

```
01   public class Program
02   {
03       static void Main(string[] args)
04       {
05           Int32[,] m1 = new int[,] { { 1, 2, 3 }, { 4, 5, 6 }, { 1, 1, 1 } };
06           Int32[,] m2 = new int[,] { { 1, 1, 1 }, { 2, 2, 2 }, { 0, 0, 0 } };
07           IntegerMatrixintegerMatrix = new IntegerMatrix();
08           Console.WriteLine("m1+m2 is");
09           GenericMatrix<Int32>.PrintResult(m1, m2, integerMatrix.
     AddMatrix(m1, m2), '+');
10           Console.WriteLine("m1*m2 is");
11           GenericMatrix<Int32>.PrintResult(m1, m2, integerMatrix.
     MultiplyMatrix(m1, m2), '*');
12           Rational[,] r1 = new Rational[3, 3];
13           Rational[,] r2 = new Rational[3, 3];
14           for (int i = 0; i< r1.GetLength(0); i++)
15               for (int j = 0; j < r1.GetLength(1); j++)
16               {
17                   r1[i, j] = new Rational(i + 1, j + 5);
18                   r2[i, j] = new Rational(i + 1, j + 6);
19               }
20           RationalMatrix rm = new RationalMatrix();
21           Console.WriteLine("r1 + r2 is ");
22           GenericMatrix<Rational>.PrintResult(r1, r2, rm.AddMatrix(r1,
     r2), '+');
23           Console.WriteLine("r1 * r2 is ");
24           GenericMatrix<Rational>.PrintResult(r1, r2, rm.MultiplyMatrix(r1,
     r2), '*');
25           Console.ReadLine();
26       }
27   }
```

上述代码的运行效果如图 10.4 所示。

本案例首先给出了 Rational 类的定义，然后在给出 GenericMatrix 抽象基类的定义的基础上，完成了两个派生类 IntegerMatrix 和 RationalMatrix 的定义。在派生类中，单独实现了基类中的 3 个抽象方法。可以看出，由于有抽象基类的存在，使得派生类简单了许多，也使程序具有更好的层次性和逻辑性。

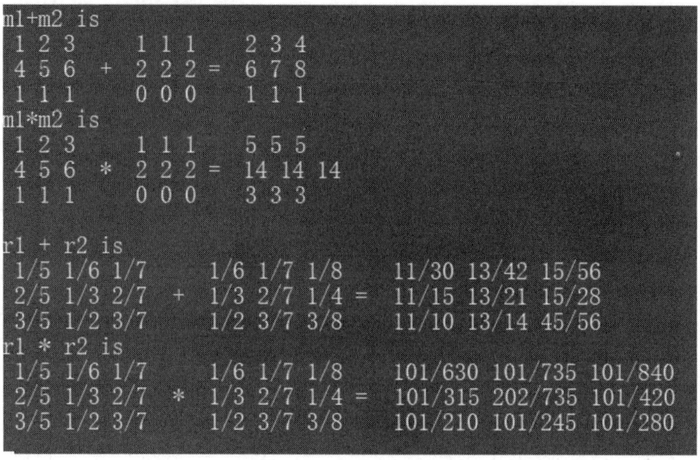

图 10.4　案例 10：泛型矩阵运行效果图

10.10　小结

本章详细讲解了 C#中泛型相关的知识。首先介绍了泛型的概述，泛型编程的好处；接着介绍了泛型类、泛型接口、泛型委托和泛型方法等的声明与使用；最后介绍了在使用泛型时的约束与限制。

10.11　练习

（1）使用以下方法的签名，完成线性搜索的泛型方法。

```
public static int LinearSearch<T>(T[] list, T key) where T: IComparable<T>
```

（2）使用以下方法签名，找到数组中最大值的泛型方法。

```
public static T Max<T>(T[] list) where T: IComparable<T>
```

（3）编写泛型方法，完成在二维数组中找到最大值。其方法签名如下：

```
public static T Max<T>(T[,] list) where T: IComparable<T>
```

（4）编写泛型方法，打乱给定数组中元素的顺序。其方法签名如下：

```
public static void Shuffle<T>(T[] list) where T: IComparable<T>
```

第 11 章

集　　合

本章要点：

- 集合概述；
- C#中的常见集合类型；
- 迭代器原理及其应用；
- 比较器原理及其应用；
- C#中的类型转换。

11.1　集合概述

前面学习了使用数组来创建包含许多对象或值的变量类型。但数组有一定的限制，最大的限制是一旦创建好数组，它们的大小就是固定的，不能在现有数组的末尾添加项，除非重建一个新的数组。这常常意味着用于处理数组的语法比较复杂。

C#中的数组实现为 System.Array 类的实例，它们只是集合类中的一种类型。集合引自数学的一种概念，表示一组具有共同性质的数学元素的组合，例如，实数集合、有理数集合。虽然集合引用自数学，但也可以扩展成表示一组具有共同性质的元素的集合，这里的元素可以是人、物等。在面向对象的程序设计中，集合表示一组具有相同性质的对象，是对各种集合类进行实例化的结果。

集合类一般用于处理对象列表，其功能比简单数组要多。集合分为泛型集合类和非泛型集合类。非泛型集合类位于 System.Collections 命名空间中，泛型集合类位于 System.Collections.Generic 命名空间中。一般而言，集合大多都继承了一些接口以便实现共有的方法。常见的接口如下：

1. IEnumerable 和 IEnumerable<T>

IEnumerable<T>实现了 IEnumerable 接口。此类接口通常可用来实现轮询功能。例如，使用 foreach 语句遍历集合中的对象，就需要集合继承此接口。这个接口定义了方法 GetEnumerator()，它返回实现 IEnumratator 接口的枚举。接口定义如图 11.1 所示。

2. ICollection 和 ICollection<T>

ICollection 接口继承于 IEnumerable；ICollection<T>接口继承于 IEnumerable 和 IEnumerable<T>接口。使用这类接口可以获得集合中的元素个数（Count 属性），将集合复制到数组中（CopyTo()方法），还可以实现 Add()、Clear()、Remove() 等常规方法。接口定

图 11.1　IEnumerable<T>接口声明代码截图

义如图 11.2 所示。

图 11.2　ICollection<T>接口声明代码截图

3. IList 和 IList<T>

IList 接口继承于 IEnumerable 和 ICollection；IList<T>接口继承于 IEnumerable、IEnumerable<T>和 ICollection<T>接口。这类接口提供了集合的项列表，允许访问这些项，并提供其他一些与项列表相关的基本功能。接口定义如图 11.3 所示。

图 11.3　IList<T>接口声明代码截图

4. ISet<T>

ISet<T>接口继承于 IEnumerable、IEnumerable<T>和 ICollection<T>接口。Set<T>接口由集实现，集允许合并不同的集，检查两个集是否重叠等操作。接口定义如图 11.4 所示。

5. IDictionary

IDictionary 继承于 IEnumerable 和 ICollection，类似于 IList，提供了可通过键值对访问的项列表。使用这个接口可以访问所有的键和值。使用键类型的索引器可以访问某些项，还可以添加或删除某些项。

C#中预定义了一些集合类型，通过上述几个接口，实现不同的效果。比如 System.Array 类就实现了 IList、ICollection 和 IEnumerable，但不支持 IList 的一些更高级功能，它表示大小固定的项列表。因此对于一个数组而言，其可以获得数组中元素的个数，也可以迭代数组中的项，但不能动态地扩充数组的容量，就是因为其没有实现 IList 接口。下面将依次介绍常见的几种集合类型。

```
namespace System.Collections.Generic
{
    public interface ISet<T> : ICollection<T>, IEnumerable<T>, IEnumerable
    {
        bool Add(T item);
        void ExceptWith(IEnumerable<T> other);
        void IntersectWith(IEnumerable<T> other);
        bool IsProperSubsetOf(IEnumerable<T> other);
        bool IsProperSupersetOf(IEnumerable<T> other);
        bool IsSubsetOf(IEnumerable<T> other);
        bool IsSupersetOf(IEnumerable<T> other);
        bool Overlaps(IEnumerable<T> other);
        bool SetEquals(IEnumerable<T> other);
        void SymmetricExceptWith(IEnumerable<T> other);
        void UnionWith(IEnumerable<T> other);
    }
}
```

图 11.4　ISet<T>接口声明代码截图

11.2　常见的集合类型

微课视频 11-1

11.2.1　非泛型集合 ArrayList

ArrayList 类位于 System.Collections 命名空间中。其实现了 IList、ICollection 和 IEnumerable 接口。由于实现了 IList 接口，因此 ArrayList 类可以用于表示大小可变的项列表。

1. ArrayList 的声明与初始化

ArrayList 的特点是其大小是按照其中存储的数据来动态扩充与收缩的，在声明时不需要指定它的长度，即一个动态数组。其声明方式的语法如下：

```
ArrayList alist = new ArrayList();    //声明一个空的 ArrayList 列表
ArrayList alist=new ArrayList(arrayName);//声明一个 ArrayList 列表，将给定的
                                      //arrayName 数组中的元素作为列表的初始元素
```

使用 ArrayList 非常方便，它不像数组只能存储一种指定的数据类型，ArrayList 可以存储任何引用类型和值类型，但是这种便利的代价是需要把任何一个加入 ArrayList 的引用类型或值类型都隐式地转化成 Object 类型（所有类的超类），因此在存储或检索这些值类型时通常发生装箱和拆箱操作。

2. ArrayList 的使用

在程序中使用 ArrayList 来创建集合对象，需要首先引入 System.Collections 命名空间。在创建好的 ArrayList 对象中，可以使用表 11.1 中的方法来完成对集合对象的操作。

表 11.1　ArrayList 提供的方法及说明

方　　法	说　　明
Add()	将对象添加到 ArrayList 的结尾处
AddRange()	将 ICollection 的元素添加到 ArrayList 的末尾
BinarySearch()	使用对分检索算法在已排序的 ArrayList 或它的一部分中查找特定元素
Clear()	从 ArrayList 中移除所有元素
Contains()	确定某元素是否在 ArrayList 中
CopyTo()	将 ArrayList 或它的一部分复制到一维数组中

方　　法	说　　明
IndexOf()	返回 ArrayList 或它的一部分中某个值的第一个匹配项的从零开始的索引
Insert()	将元素插入 ArrayList 的指定索引处。可在任意位置插入
InsertRange()	将集合中的某个元素插入 ArrayList 的指定索引处
LastIndexOf()	返回 ArrayList 或它的一部分中某个值的最后一个匹配项的从零开始的索引
Remove()	从 ArrayList 中移除特定对象的第一个匹配项
RemoveAt()	移除 ArrayList 的指定索引处的元素
Reverse()	将 ArrayList 或它的一部分中元素的顺序反转
Sort()	对 ArrayList 或它的一部分中的元素进行排序
ToArray()	将 ArrayList 的元素复制到新数组中

ArrayList 的简单使用如代码 11.1 所示。

代码 11.1　ArrayList 的简单使用示例代码

```
01    using System;
02    using System.Collections;
03
04    namespace Hello_World
05    {
06       public class Program
07       {
08          static void Main(string[] args)
09          {
10             ArrayList array = new ArrayList();
11             array.Add(1);
12             array.Add(2);
13             foreach (int value in array)
14             {
15                Console.WriteLine("value is { 0 }", value);
16             }
17          }
18       }
19    }
```

在上述代码中，第 10 行声明了一个 ArrayList 的对象 array，通过 array.Add()方法可以完成向当前集合对象中添加元素。由于当前 ArrayList 类型的集合会将存入其中的元素进行装箱或向上转型为 Object 类型的操作，因此通过 Add()方法放入元素后，集合内的元素的数据类型统一为 Object 类型。代码声明了一个 ArrayList 对象，向 ArrayList 中添加两个数字 1、2；然后在第 13 行，使用 foreach 将 ArrayList 中的元素打印到控制台。在这个过程中会发生两次装箱操作和两次拆箱操作，在向 ArrayList 中添加 int 类型元素时会发生装箱，在使用 foreach 枚举 ArrayList 中的 int 类型元素时会发生拆箱操作，将 object 类型转换成 int 类型，在执行到 Console.WriteLine 时，还会执行两次的装箱操作；这段代码执行了 6 次的装箱和拆箱操作；如果 ArrayList 的元素个数很多，执行装箱拆箱的操作会更多。

扩展资源： 实例 11.1-一个较复杂的 ArrayList 集合使用的实例。完整的代码及代码解析请扫描 11.2 节节首的二维码观看微课视频进行学习。

ArrayList 集合对象的方法还有很多，因篇幅有限，请读者自行对上述实例进行修改，学习更多方法的使用。

11.2.2 自定义强类型集合

11.2.1 节中讨论了如何使用 ArrayList 来创建一个集合类型。下面讨论如何创建自己的强类型化的集合。这里采用从一个类中派生自己的集合，利用派生类的代码，简化自定义集合的复杂度。这里可以将 System.Collections.CollectionBase 类作为基类。该类为抽象类，其提供了集合类的大量实现代码，因此将它作为基类来定义自己的集合类，是一种推荐使用的方法。

CollectionBase 类继承了 ICollection、IEnumerable 和 IList 接口，主要是提供了 IList 的 Clear() 方法和 RemoveAt() 方法，以及 ICollection 的 Count 属性。如果要使用提供的功能，还需要自己实现其他代码。CollectionBase 类中有两个受保护的属性，分别为 List 和 InnerList。List 可以通过 IList 接口来访问项，而 InnerList 则用于存储项的 ArrayList 对象。

实例 11.2 用于说明如何通过 CollectionBase 类创建自定义的强类型集合。

扩展资源： 实例 11.2-创建自定义的强类型集合 Animals 类的实例。完整的代码及代码解析请扫描 11.2 节节首的二维码观看微课视频进行学习。

11.2.3 泛型集合 List<T>

泛型集合使用 List<T> 来表示，位于 System.Collections.Generic 命名空间。它是 ArrayList 类的泛型等效类。List<T> 和 ArrayList 类的区别在于，声明 List<T> 集合时需要其中可存放的数据元素的类型，而声明 ArrayList 集合时则不用。声明 List 集合内数据元素的类型的主要作用在于告知编译器，除了这种类型及其子类可以放入集合外，其他类型是不能存入集合的。因此 List<T> 和 ArrayList 的最大区别在于将元素存入集合时是否会进行向上转型的操作以及在取出元素时是否需要进行向下转型的操作，这将直接影响集合的运行效率。

List<T> 的声明语法如下：

```
List<T> list = new List<T> ();          //声明一个空的 List<T>列表
List<T> list=new List<T> (arrayName);//声明一个 List<T>列表，将给定的 arrayName
                                        //数组中的元素作为列表的初始元素。注意，
                                        //arrayName 中的元素为泛型类型或其子类
```

List<T> 中所定义的常见方法、属性及说明如表 11.2 所示。

表 11.2 List<T> 中所定义的常见方法、属性及说明

方法、属性	说 明
Count	用于获取数组中当前元素数量
Item()	通过指定索引获取或设置元素
Add()	在 List 尾部添加一个元素的方法
AddRange()	在 List 尾部添加一组元素
Clear()	在 List 内移除所有元素
Any()	测试一个元素是否在 List 内
Contains()	测试一个元素是否在 List 内

续表

方法、属性	说　　明
CopyTo()	把一个 List 复制到一维数组内
Exists()	测试一个元素是否在 List 内
Find()	查找并返回 List 内出现的第一个匹配元素
FindAll()	查找并返回 List 内的所有匹配元素
GetRange()	将指定范围的元素复制到新的 List 内
IndexOf()	查找并返回每一个匹配元素的索引
Insert()	在 List 内插入一个元素
InsertRange()	在 List 内插入一组元素
LastIndexOf()	查找并返回最后一个匹配元素的索引
Remove()	移除与指定元素匹配的第一个元素
RemoveAt()	移除指定索引的元素
RemoveRange()	移除指定范围的元素
Reverse()	反转 List 内元素的顺序
Sort()	对 List 内的元素进行排序
ToArray()	把 List 内的元素复制一个新的数组内
TrimToSize()	将容量设置为 List 中元素的实际数目

一个简单的 List<T>的使用示例如代码 11.2 所示。

代码 11.2　List<T>的使用示例代码

```
01    using System;
02    using System.Collections;
03
04    namespace Hello_World
05    {
06       public class Program
07       {
08          static void Main(string[] args)
09          {
10             List<int>list = new List<int> ();
11             list.Add(1);
12             list.Add(2);
13             foreach (int value in list)
14             {
15                Console.WriteLine("value is { 0 }", value);
16             }
17          }
18       }
19    }
```

扩展资源: 实例 11.3-创建 List<Animal>集合完成对 Animal 类对象的存储的实例。完整的代码及代码解析请扫描 11.2 节节首的二维码观看微课视频进行学习。

List<T>内部实现使用数据结构是数组。我们都知道,数组的长度是固定的,那么 List

不限制长度必定需要维护这个数组。实际上 List<T>维护了一定长度的数组（默认为 4），当插入元素的个数超过 4 或初始长度时，会去重新创建一个新的数组，这个新数组的长度是初始长度的 2 倍，然后将原来的数组赋值到新的数组中。数组扩容的场景涉及对象的创建和赋值，是比较消耗资源的。所以如果能指定一个合适的初始长度，能避免频繁地创建对象和赋值。再者，因为内部的数据结构是数组，插入和删除操作需要移动元素位置，所以不适合频繁地进行插入和删除操作；但是可以通过数组下标查找元素。所以 List 适合读多写少的场景。

LinkedList 是 List 接口的双向链表非同步实现，并允许包括 null 在内的所有元素。底层的数据结构是基于双向链表的。LinkedList 是指针链表，如果对这个集合在中间的添加删除操作非常频繁，则建议使用 LinkedList。

11.2.4 泛型集合 HashSet<T>

.NET 3.5 在 System.Collections.Generic 命名空间中包含一个新的集合类：HashSet<T>。这个集合类包含不重复项的无序列表。这种集合称为"集（set）"。集是一个保留字，这个名称很容易理解，因为这个集合基于哈希值，插入元素的操作非常快，不需要像 List<T>类那样重排集合。HashSet<T>类提供的方法可以创建合集和交集。

创建 HashSet<T>的语法如下：

```
HashSet<string>hs = new HashSet<string>();
HashSet<string>companyTeams = new HashSet<string>() { "Ferrari", "McLaren",
                        "Toyota", "BMW", "Renault", "Honda" };
```

HashSet<T>的常用方法如下：

Add()：如果某元素不在集合中，Add()方法就把该元素添加到集合中。在其返回值 Boolean 中，返回元素是否添加的信息。比如，要对上面的 companyTeams 哈希集中再添加一个名为 McLaren 的品牌，可以如下表示：

```
if (!companyTeams.Add("McLaren"))
            Console.WriteLine("McLaren was already in this set");
```

Clear()：删除集合中的所有元素。

```
companyTeams.Clear();
```

Remove()：删除指定的元素。

```
companyTeams.Remove("McLaren");
```

RemoveWhere()：该方法需要一个 Predicate<T>委托作为参数。删除满足谓词条件的所有元素。Predicate 可以为给一个函数或者一个 Lambda 表达式，如下所示：

```
companyTeams.RemoveWhere(company => {
        if (company.Length> 5) { return true; }
        else { return false; }
});
```

也可以表示为：

```
companyTeams.RemoveWhere(CheckLength);
public bool CheckLength(string company)
```

```
{
    return company.Length> 5 ? true : false;
}
```

CopyTo()：将集合中的元素复制到一个数组中。

```
string[] strArray = new string[companyTeams.Count];
companyTeams.CopyTo(strArray);
```

ExceptWith()：将一个集合作为参数，从集中删除该集合中的所有元素。

```
companyTeams.ExceptWith(privateTeams);
```

UnionWith()：将参数中的所有元素添加到当前集合中。

```
companyTeams. UnionWith (privateTeams);
```

Contains()：如果元素在集合中，则返回 true。

```
if (companyTeams.Contains("BMW"))
{
    Console.WriteLine("companyTeams contains \"BMW\"");
}
```

IsSubsetOf()：如果参数集合是集的一个子集，则返回 true。

```
if (traditionalTeams.IsSubsetOf(companyTeams))
{
    Console.WriteLine("traditionalTeams is " + "subset of companyTeams");
}
```

IsSupersetOf()：如果参数传送的集合是集的一个超集，则返回 true。

```
if (companyTeams.IsSupersetOf(traditionalTeams))
{
    Console.WriteLine("companyTeams is a superset of " + "traditionalTeams");
}
```

Overlaps()：如果参数传送的集合中至少有一个元素与集中的元素相同，则返回 true。

```
traditionalTeams.Add("Williams");
 if (privateTeams.Overlaps(traditionalTeams))
{
     Console.WriteLine("At least one team is " + "the same with the
                        traditional " + "and privateTeams");
}
```

SetEquals()：如果参数传送的集合和集包含相同的元素，则返回 true。

```
if (privateTeams.SetEquals(traditionalTeams))
{
    Console.WriteLine("they are equals to each other. ");
}
```

11.2.5 键值对集合哈希表

在.NET Framework 中，哈希表 Hashtable 是 System.Collections 命名空间提供的一个容器，用于处理和表现键值对对象。其中键（key）通常可用来快速查找，同时键区分字母大小写；值（value）用于存储对应键的值。Hashtable 中的键值对均为 Object 类型，所以 Hashtable 可以支持任何类型的键值对。

1. Hashtable 的常规操作

Hashtable 支持的方法如表 11.3 所示。

表 11.3　Hashtable 支持的方法

方　法　名	描　　　述	方　法　名	描　　　述
Add(key,value)	在哈希表中添加一个键值对	Clear()	从哈希表中移除所有元素
Remove(key)	在哈希表中去除某个键值对	Contains(key)	判断哈希表是否包含特定键

Hashtable 的简单使用示例代码如代码 11.3 所示。

代码 11.3　Hashtable 的简单使用示例代码

```
01    Hashtable ht = new Hashtable(); //创建一个 Hashtable 实例
02    ht.Add("E", "e");//添加键值对
03    ht.Add("A", "a");
04    ht.Add("C", "c");
05    ht.Add("B", "b");
06    string s = (string)ht["A"];
07    if (ht.Contains("E")) //判断哈希表是否包含特定键,其返回值为 true 或 false
08        Console.WriteLine("the E key:exist");
09    ht.Remove("C");//移除一个键值对
10    Console.WriteLine(ht["A"]);//此处输出 a
11    ht.Clear();//移除所有元素
12    Console.WriteLine(ht["A"]); //此处将不会有任何输出
```

2. 遍历 Hashtable

遍历哈希表需要用到 DictionaryEntry。DictionaryEntry 类是一个字典集合，主要包括的内容是键值对。这样的组合方式能够方便地定位数据，当中的"键"具备唯一性，类似于数据库中的 id，一个 id 对应一天记录，因此一个键也仅仅对应一个值。使用 DictionaryEnry 类能够方便地设置和检索数据。尽管被称为字典集合，但 DictionaryEntry 并不包括一组数据，而仅仅是一个键值对，一般通过 IDictionaryEnumerator、IOrderedDictionary 或 Hashtable 来获取 DictionaryEntry 实例，这一点必须注意。示例代码如下所示：

```
foreach (DictionaryEntry de in ht)   //ht 为一个 Hashtable 实例
{
    Console.WriteLine(de.Key);        //de.Key 对应于键值对的键
    Console.WriteLine(de.Value);      //de.Key 对应于键值对的值
}
```

3. Hashtable 排序

对哈希表进行排序的定义是对键值对中的键按一定规则重新排列。但是实际上这个定义是不能实现的，因为无法直接在 Hashtable 上完成对键的重新排列。如果需要 Hashtable 提供某种规则的输出，可以采用一种变通的做法。先取出哈希表中的所有键值，将之排序后，按序访问哈希表中对应键的值。示例代码如下所示：

```
ArrayList akeys = new ArrayList(ht.Keys);
```

```
akeys.Sort(); //按字母顺序进行排序
foreach (string skey in akeys)
{
    Console.Write(skey + ":");
    Console.WriteLine(ht[skey]);//排序后输出
}
```

11.2.6 泛型键值对集合 Dictionary<TKey, TValue>

.NET 中 Dictionary<TKey, TValue>是非常常用的键值对数据结构，它提供了从一组键到一组值的映射。它和 Hashtable 都是哈希表。这两个类型都可以实现键值对存储的功能，区别就是一个是泛型，一个不是泛型，并且内部实现有一些不同。

Dictionary<TKey, TValue>泛型键值对常用操作方法及说明如表 11.4 所示。

表 11.4　Dictionary<TKey, TValue>泛型键值对常用操作方法及说明

方　　法	说　　明
Add(TKey, TValue)	将指定的键和值添加到字典中。如果已经存在键，则抛出异常
TryAdd(TKey, TValue)	尝试将指定的键和值添加到字典中。如果字典中存在具有给定键的元素，则不会重写元素，也不会做任何操作，返回 false，否则返回 true
Clear()	将所有键和值从 Dictionary 中移除
ContainsKey(TKey)	确定 Dictionary 是否包含指定键
ContainsValue(TValue)	确定 Dictionary 是否包含指定值
EnsureCapacity(int)	确保字典可容纳指定数量的条目，而无须进一步扩展其后备存储器。返回当前 Dictionary 中的容量
Remove(Tkey)	从 Dictionary 中移除所指定的键的值
Remove(TKey, TValue)	从 Dictionary 中删除具有指定键的值，并将删除的键对应的值复制到 Value 参数

Dictionary<TKey, TValue>泛型键值简单使用示例代码如代码 11.4 所示。

代码 11.4　Dictionary<TKey, TValue>泛型键值简单使用示例代码

```
01    Dictionary<string, string> openWith = new Dictionary<string, string>();
02    openWith.Add("txt", "notepad.exe");
03    openWith.Add("bmp", "paint.exe");
04    openWith.Add("dib", "paint.exe");
05    openWith.Add("rtf", "wordpad.exe");
06    openWith.TryAdd("txt", "notepad.exe");
07    if (!openWith.ContainsKey("ht"))
08    {
09        openWith.Add("ht", "hypertrm.exe");
10        Console.WriteLine("Value added for key = \"ht\": {0}",openWith["ht"]);
11    }
```

11.2.7 案例 11：单词出现次数统计

微课视频 11-2

使用泛型键值对对象，可以完成给定文本中单词出现的次数进行统计这项工作。本案例给出一段英文，要求输出文中出现的所有单词及单词出现的次数。

分析上述需求，首先需要将给定的一段英文文本进行分词，于是可以利用字符串的

Split()方法，将所有可能用于分隔单词的字符作为分隔符，将一段英文拆分为若干个单词；接着逐一将单词存入键值对集合中。如果单词不存在，则添加入集合；如果单词存在，则增加单词出现的次数。

示例代码如代码 11.5 所示。

代码 11.5　案例 11：单词出现次数统计示例代码

```
01    public class Program
02    {
03       static void Main(string[] args)
04       {
05          String text = "Good morning. Have a good class. Afternoon. Have
   a good time. " +
06          "Have a good visit. Have fun!";
07          Dictionary<string, int> map = new Dictionary<string, int>();
08          string[] words = text.Split("[\n\t\r.,;:!?(){}]".ToCharArray());
09          for(int i=0;i<words.Length;i++)
10          {
11             string key = words[i].ToLower();
12             if (key.Length> 0)
13             {
14                if(!map.ContainsKey(key))
15                {
16                   map.Add(key, 1);
17                }
18                else
19                {
20                   int value = map[key];
21                   value++;
22                   map[key] = value;
23                }
24             }
25          }
26          foreach(KeyValuePair<string,int> item in map)
27          {
28             Console.WriteLine(item.Key + "\t" + item.Value);
29          }
30          Console.ReadLine();
31       }
32    }
```

上述代码的运行效果如图 11.5 所示。

图 11.5　案例 11：单词出现次数统计运行效果图

11.3　*迭代器

前面学习了使用 foreach 可以对数组或集合中的元素进行迭代访问。foreach 循环的默认取值是按下标进行升序取值，那么有没有可能修改 foreach 循环中的取元素的规则呢？接下来就讨论一下 foreach 的工作过程。

（1）调用集合对象的 GetEnumerator()方法，返回一个 IEnumerator 对象的引用。GetEnumerator()方法可通过 IEnumerable 接口的实现代码来获得。

（2）调用所返回的 IEnumerator 接口的 MoveNext()方法。

（3）如果 MoveNext()方法返回 true，则使用 IEnumerator 接口的 Current 属性来获取对象的一个引用，用于 foreach 循环。

（4）重复步骤（2）和步骤（3），直到 MoveNext()方法返回 false 为止，此时循环停止。

一个较简单的替代方法是使用迭代器。使用迭代器将有效地自动生成许多代码，正确地完成所有任务，而且使用迭代器的语法掌握起来非常容易。

迭代器是一个代码块，它可以按既定规则向 foreach 提供当前使用的值。一般情况下，这个代码块是一个方法，但可以使用属性访问器和其他代码块作为迭代器。定义迭代器可以有以下两种情况：

（1）将迭代器看成一个类成员，通常是一个方法，可返回一个 IEnumerable 对象。示例如代码 11.6 所示。

代码 11.6　将迭代器看成一个类成员示例代码

```
01    public class Program
02    {
03        public static IEnumerable SimpleList()
04        {
05            yield return "string1";
06            yield return "string2";
07            yield return "string3";
08        }
09        static void Main(string[] args)
10        {
11            foreach (string item in SimpleList())
12                Console.WriteLine(item);
13            Console.Read();
14        }
15    }
```

从上面的代码可以看出，第 3～8 行声明了一个 SimpleList()方法，该方法的返回类型为 IEnumerable。在方法体中，通过 yield return 来返回一个字符串。

yield 关键字的作用是将当前集合中的元素立即返回。只要没有遇到 yield break，方法就会继续执行循环到迭代结束。

yield return 关键字只能使用在返回类型必须为 IEnumerable、IEnumerable<T>、IEnumerator 或 IEnumerator<T>的方法、运算符、get 访问器。一次循环将以既定的规则返回一个集合中的元素。比如数组默认的规则是按下标升序来取元素。

因此在上面的示例中，静态方法 SimpleList()就是一个迭代器块。通过第 11 行的 foreach
循环调用该方法，该方法在每次循环时都返回一个 IEnumerable 的
对象，其中封装了返回的字符串。运行程序，可得到如图 11.6 所示
的结果。

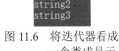

图 11.6 将迭代器看成
一个类成员示
例代码运行
效果图

从上面的结果可以看出，foreach 的作用就是去调用迭代器，通
过获得每次迭代器返回的对象，完成 foreach 循环体中所规定的操作
在返回的对象类型上，默认会将要返回的实际类型进行了一个向上
转型为 object 类型，在 foreach 循环中再将其向下转型。

对于迭代器，还有一点要注意的是，如果想要中断返回给 foreach 循环的过程，可以使
用 yield break 语句，这和正常循环中的 break 有相似的作用。

（2）迭代器在类中定义，将类的对象作为集合对象，则使用方法 GetEnumerator()，其
返回类型是 IEnumerator。比如求指定范围内的所有素数，示例如代码 11.7 所示。

代码 11.7 将迭代器在类中定义的示例代码

```
01    using System;
02    using System.Collections;
03    using System.Collections.Generic;
04
05    namespace Hello_World
06    {
07        public class Primes
08        {
09            private long min, max;
10            public Primes() : this(2, 100) {  }
11            public Primes(long minimum, long maximum)
12            {
13                if (minimum< 2)
14                    min = 2;
15                else
16                    min = minimum;
17                max = maximum;
18            }
19
20            public IEnumerator GetEnumerator()
21            {
22                for(long p = min; p <= max; p++)
23                {
24                    bool isPrime = true;
25                    for(long f =2;f<=(long)Math.Floor(Math.Sqrt(p));f++)
26                    {
27                        long r = p % f;
28                        if(r == 0)
29                        {
30                            isPrime = false;
31                            break;
32                        }
33                    }
```

```
34                    if (isPrime)
35                        yield return p;
36                }
37            }
38        }
39        public class Program
40        {
41            static void Main(string[] args)
42            {
43                Primes p = new Primes();
44                foreach (long i in p)
45                    Console.Write($"{i} ");
46                Console.Read();
47            }
48        }
49    }
```

在上述代码中,第 43 行声明了一个 Primes 类的对象 p,第 44 行使用 foreach 循环去读取对象 p,说明对象 p 是一个集合。所以可以调用 Primes 类中的 GetEnumerator()方法来获取第 35 行代码产生的对象。如果想要对返回的对象加以限制,那么可以通过修改 GetEnumerator()方法中的代码来达到目的。

微课视频 11-3

11.4 *比较

11.4.1 值比较

值比较在 C#语言中是对所保存的数值进行比较。这种比较能进行的前提是必须从一开始就清楚比较的规则,确定像"＞"这样的运算符在比较时会执行什么样的规则。比如给定两个字符,有时候希望比较的是字符中字母的顺序,有时候会比较的是字符的其他属性。对于预定义的属于值类型的数据类型,C#中已经预置了比较规则。但是如果对自定义的对象进行比较,则需要自定义比较的规则。例如,考虑两个表示人的 Person 对象,它们都有一个整型属性 Age,希望看哪个人年龄较大,则可以用以下代码实现:

```
if(person1.Age > person2.Age)
   Console.Write("person1 更年长");
else
   Console.Write("person2 更年长");
```

上面代码之所以能比较成功,是因为在 C#中已经给出了整型的比较规则。如果我们规定对于给定的 Person 对象直接使用"＞",那么默认使用其 Age 属性进行比较,可以写成如下代码:

```
if(person1 > person2)
   Console.Write("person1 更年长");
else
   Console.Write("person2 更年长");
```

想要上述代码能够正常运行,则需要对"＞"进行重新定义,给出作用于两个 Person

对象时其具备的特定规则的含义。这里的"＞"本质上就是一个方法名，而其前后的两个操作数就相当于方法的参数。针对不同的数据类型，这个方法有特定的执行过程。

不止"＞"运算符是这样的情况，所有的运算符本质都是一个方法。因此对这些方法进行功能扩充或重载，被称为运算符重载。

11.4.2 运算符重载

运算符重载就是将运算符的功能进行扩充。当运算符的参数使用特定的类型时，可以为这些运算符提供自己的实现代码，其方式与重载方法相同，也是为同名方法提供不同的参数。

运算符重载非常有用。比如"＋"，在操作数为整型时，是对两个操作数完成求和操作；但当操作数为两个字符串型时，是将两个操作数进行连接操作。这就是典型的对"＋"运算符进行重载的操作。如果希望对"＋"增加一个对某些自定义对象的功能，则需要对"＋"运算符进行额外的重载定义。

运算符重载的声明语法如下所示：

```
public static result-type operator unary-operator ( op-type operand )
public static result-type operator binary-operator ( op-type1 operand1,
                                                      op-type2 operand2 )
```

运算符重载必须是公共的、静态的，且使用 operator 关键字修饰，其后跟着运算符的符号。运算符重载根据运算符的用途来确定参数个数。如果是一元运算，则参数为一个；如果运算符是二元运算，则参数为两个。运算符只能采用值参数，不能采用 ref 或 out 参数。在上述示例代码中，operand1 为左操作数，operand2 为右操作数。op-type1 和 op-type2 中至少有一个必须是封闭类型（即运算符所在类的类型，或理解为自定义的类型）。如代码11.8 所示的示例则是一个错误的示范。

代码 11.8 运算符重载错误示范代码

```
01  public class Student
02  {
03      public int Age { get; set; }
04      public string Name { get; set; }
05      public Student() { }
06      public Student(int age, string name)
07      {
08          this.Age = age;
09          this.Name = name;
10      }
11      //编译错误：二元运算符的参数之一必须是包含类型(参数 c1、c2 中有一个类型为
    Student 即可).
12      public static Student operator +(int c1, int c2)
13      {
14          return new Student(c1 + c2, "xxx");
15      }
16  }
```

扩展资源：实例 11.4-完成自定义类 Box 的两个对象相加实现创建新的 Box 对象并求其

体积的实例。完整的代码及代码解析请扫描 11.4 节节首的二维码观看微课视频进行学习。

在使用运算符重载时,还需要注意以下情况:

(1)当参与运算的多个参数的类型不同时,只需要将运算符重载定义于多个参数中的任意一个类中即可,不可将签名相同的运算符添加到多个类中,这会导致编译器弄不清要使用哪个运算符重载。

(2)当参与运算的多个参数的类型不同时,操作数的顺序必须与运算符重载的参数顺序相同,否则会导致操作失败。

并非 C#中的所有运算符都可以重载。表 11.5 中列出了 C#中的所有运算符及其可重载性。

表 11.5 C#中的所有运算符及其可重载性说明表

运 算 符	可 重 载 性
+、-、!、~、++、--、true、false	可以重载这些一元运算符,true 和 false 运算符必须成对重载
+、-、*、/、%、&、|、^、<<、>>	可以重载这些二元运算符
==、!=、<、>、<=、>=	可以重载比较运算符,必须成对重载
&&、||	不能重载条件逻辑运算符,但可以使用能够重载的&和|进行计算
[]	不能重载数组索引运算符,但可以定义索引器
+=、-=、*=、/=、%=、&=、|=、^=、<<=、>>=	不能显式重载赋值运算符,在重写单个运算符如+、-、%时,它们会被隐式重写
=、.、?:、->、new、is、sizeof、typeof	不能重载这些运算符

11.4.3 类型比较

类型比较是需要确定对象是什么类型,或者对象继承了什么类,在 C#编程中,这是非常重要的。把对象传递给方法时,要执行什么操作常取决于对象的类型。在比较对象时,常需要了解它们的类型,才能确定是否可以进行比较。

1. is 运算符

is 运算符是一种专门用于比较类型的运算符。它可以提供可读性较高的代码,还可以检查基类。is 运算符并不是用来说明对象是某种类型的,而是用来检查对象是不是指定类型,或者是否可以转换为指定类型。如果是,则返回 true。比如 Cow 类和 Chicken 类都是 Animal 类的子类。那么这 3 种类型的对象都可被认为是 Animal 类型的对象。因此对于这些对象,is 运算符都会返回 true。

包含 is 运算符的表达式语法如下:

```
对象名 is 类型名
```

上述表达式的结果如下:

● 如果类型名是一个类型,而对象名也是该类型,或者它继承了该类型,或者它可以向上转型到该类型,则结果为 true;

● 如果类型名是一个接口类型,而对象名也是该类型,或者它是实现该接口的类型,则结果为 true;

● 如果类型名是一个值类型,而对象名也是该类型,或者它可以向下转型到该类型,则结果为 true。

2. 使用 is 运算符进行模式匹配

使用 is 运算符，配合 if…else 分支语句，可以很好地完成类型的比较，达到模式匹配的目的，如代码 11.9 所示。

代码 11.9　使用 is 运算符进行模式匹配示例代码

```
01   class Program
02   {
03      static void Main(string[] args)
04      {
05         object[] data = {1.256, null, new Cow("Renal"), new Chicken
   ("ChiChi"), "none"};
06         foreach(object item in data)
07         {
08            if (item is null)
09               Console.WriteLine("the value is null");
10            else if (item is double)
11               Console.WriteLine("the value is double");
12            else if (item is Cow co)
13               Console.WriteLine("the type is Cow, name is "+co.Name);
14            else if (item is Chicken ch)
15               Console.WriteLine("the type is Chicken, name is " + ch.Name);
16            else if (item is var str)
17               Console.WriteLine($"{str.GetType().Name}");
18         }
19         Console.ReadKey();
20      }
21   }
```

在上述代码中，Cow 和 Chicken 类都有一个 Name 属性。在第 5 行声明了一个名为 object 的数组，由于 object 类型是所有类型的基类，因此可以放入若干种不同类型的对象。在 foreach 循环体中，每个分支结构中都进行了一次类型比较。如果符合当前分支，则对象 item 会进行向下转型为对应的类型，然后再显示相应的结果。可以看出，在最后 3 种情况下，item 对象向下转型后使用了新的对象引用变量 co、ch 和 str 来引用 item 对象。这样向下转型后，就可以访问对应类型的所有成员了。第 16 行中使用了 var 关键字，将 item 向下转型后赋值给 str 对象。这是一种可推断类型。编译器可以根据当前对象的内容进行已知类型的推断。

3. 使用 switch 进行模式匹配

由于 is 运算符通常会实现许多 if…else if 语句，因此 switch case 方法是一种更为优雅的模式匹配方法。

声明一个类 Point，如代码 11.10 所示。

代码 11.10　声明 Point 类示例代码

```
01   class Point
02   {
03      public int X { get; }
04      public int Y { get; }
```

```
05         public Point(int x, int y) => (X, Y) = (x, y);
06         public void Deconstruct(out int x, out int y) => (x, y) = (X, Y);
07     }
```

在 C#7.0 中使用 switch 进行模式匹配的写法如代码 11.11 所示。

代码 11.11   使用 switch 进行模式匹配示例代码

```
01    class Program
02    {
03        static void Main(string[] args)
04        {
05            Console.WriteLine(Display(new Point(0, 0)));
06            Console.ReadKey();
07        }
08        static string Display(object o)
09        {
10            switch (o)
11            {
12                case Point p when p.X == 0 && p.Y == 0:
13                    return "origin";
14                case Point p:
15                    return $"({p.X}, {p.Y})";
16                default:
17                    return "unknown";
18            }
19        }
20    }
```

在第 12 行中，使用 case 语句，将对象 o 向下转型为 p，并使用 when 关键字来完成筛选，判断出如果 o 的类型为 Point，并且其属性 X 和 Y 的值均为 0，则返回"origin"字符串；第 14 行直接将 o 向下转换为 Point 类型的对象。这里必须将 case Point p 放在 case Point p when p.X ==0 && p.Y == 0 之后。因此这个条件将拦截之前的带筛选的模式匹配，所以只能将无条件的语句放在带条件的语句之后。

在 C#8.0 中，已经对 switch 模式匹配语句进行了优化，如代码 11.12 所示。

代码 11.12   switch 模式匹配语句优化示例代码

```
01    static string Display(object o) => o switch
02    {
03        Point p when p.X == 0 && p.Y == 0 => "origin",
04        Point p => $"({p.X}, {p.Y})",
05        _ => "unknown"
06    };
```

在 C#8.0 中修改了 switch 的位置并省略了 case 关键字，采用 Lambda 表达式的方式来简化代码语句。

11.4.4   IComparable 和 IComparer 接口

IComparable 和 IComparer 接口是.NET 中比较对象的标准方式。这两个接口之间的区别在于：

- IComparable 在要比较的对象的类中实现，可以比较该对象和另一个对象；
- IComparer 在一个单独的类中实现，可以比较任意两个对象。

一般使用 IComparable 给出类的默认比较代码，使用其他类给出非默认的比较代码。

IComparable 接口由其值可以排序或排序的类型实现，并提供强类型的比较方法以对泛型集合对象的成员进行排序。IComparable 接口要求实现类给出 CompareTo()方法的定义。该方法指示当前实现在排序顺序中的位置是在同一个类型和第二个对象之前、之后还是与其相同。通常，不会直接从开发人员代码中调用方法。相反，它由 List.Sort()和 Add()等方法自动调用。CompareTo()方法必须返回具有如表 11.6 所示的 3 个值之一的 Int32 整型值。

表 11.6　CompareTo()方法返回值说明表

值	含　　义
小于零	此对象在排序顺序中位于 CompareTo()方法所指定的对象之前
零	此当前实例在排序顺序中与 CompareTo()方法参数指定的对象出现在同一位置
大于零	此当前实例位于排序顺序中由 CompareTo()方法自变量指定的对象之后

扩展资源：实例 11.5- IComparable 接口实现集合排序的实例。完整的代码及代码解析请扫描 11.4 节节首的二维码观看微课视频进行学习。

IComparable 接口的 CompareTo()方法一次只能对一个字段进行排序，因此无法对不同的属性进行排序。IComparer 接口则提供了 Compare()方法，该方法比较两个对象并返回一个值，该值指示一个对象小于、等于或大于另一个对象。实现 IComparer 接口的类必须提供比较两个对象的 Compare 方法。例如，可以创建一个 StudentComparer 类，该类实现 IComparer 接口，并具有一个 Compare()方法。该方法按 Name 比较 Student 对象。然后，可以将 StudentComparer 对象传递给 Array.Sort()方法，它可以使用该对象对 Student 对象的数组进行排序。

扩展资源：实例 11.6- IComparer 接口实现集合排序的实例。完整的代码及代码解析请扫描 11.4 节节首的二维码观看微课视频进行学习。

11.5　类型转换

微课视频 11-4

在需要把一种类型转换为另一种类型时，到目前为止使用的都是预定义的类型转换。采用相同的方式还可以将自定义类转换为其他自定义类。常用的方式有两种：重载转换运算符和 as 运算符。下面将分别进行介绍。

11.5.1　重载转换运算符

假设希望自定义的两个没有继承关系的类 Class1 和 Class2 之间可以进行相互转换。从 Class1 类型的对象可以隐式转换为 Class2 类型的对象，而从 Class2 类型的对象就只能是显式转换为 Class1 类型的对象。想要达到这个效果，就需要在 Class1 类型的声明中加上一个隐式重载转换运算符方法，在 Class2 类型的声明中加上一个显式重载转换运算符方法。

重载转换运算符的声明规则要求，该方法必须以 public static 修饰。如果是隐式转换，则使用 implicit 关键字；如果是显式转换，则为 explicit 关键字，后跟 operator 关键字表示为运算符重载。而重载的运算符则为要转换的目标类型名为方法名。具体语法如下所示：

```
public static implicit operator 目标类型(源类型 op1)  //隐式转换
public static explicit operator 目标类型(源类型 op2)  //显式转换
```

在进行显式或隐式转换时,需要注意的是,目标类型和源类型之间不能存在继承关系,否则编译器将会出现编译错误。

扩展资源:实例 11.7-类型重载转换运算符使用实例。完整的代码及代码解析请扫描 11.5 节节首的二维码观看微课视频进行学习。

11.5.2　as 运算符

as 运算符可把一种类型转换为指定的引用类型的一种运算符。其只能用于表达式中。语法如下:

```
对象名 as 目标类型名
```

在上述表达式中,as 操作符不会做过多的转换操作,当需要转化对象的类型属于转换目标类型或者转换目标类型的派生类型时,那么此转换操作才能成功,而且并不产生新的对象;当不成功时,会返回 null。因此用 as 进行类型转换是安全的。当用 as 操作符进行类型转换时,首先判断当前对象的类型,当类型满足要求后才进行转换。而传统的类型转换方式,是用当前对象直接去转换,而且为了保证转换成功,要加上 try-catch,所以,相对来说,as 效率较高。需要注意的是,不管是传统的还是 as 操作符进行类型转换之后,在使用之前,需要判断转换是否成功。

当使用 as 运算符完成具有继承关系的自定义类型 ClassA 和 ClassB 进行的转换时(ClassA 是 ClassB 的父类),需要注意以下几种情况:

(1)将使用父类构造器创建的父类对象通过 as 转换为子类对象时,但最终得到的子类对象将是 null。代码如下所示:

```
ClassA classA = new ClassA();
ClassB classB = classA as ClassB;
```

(2)将使用子类对象通过 as 转换为父类对象,最终得到的父类对象只能使用父类型中定义的所有方法,不能使用子类型中定义的方法。代码如下:

```
ClassB classB = new ClassB();
ClassA classA = classB as ClassA;
```

(3)将从子类对象通过 as 转换为父类对象之后,再将父类对象通过 as 转换回子类对象的情况,最终得到的子类对象和一般子类对象一样,可以访问子类定义的方法。如下面代码中的 classC 就和 classB 指向同一个对象。

```
ClassB classB = new ClassB();
ClassA classA = classB as ClassA;
ClassB classC = classA as ClassB;
```

11.6　小结

本章详细介绍了 C#中的集合以及集合中所涉及的若干类型,通过对若干类型的介绍,使读者充分了解到各种类型的适用场景;接着介绍了遍历集合中元素所用到的迭代器、比较器和类型转换的相关知识。

11.7 练习

（1）存放集合类的命名空间是什么？

（2）常见的集合实现的接口有哪些？它们分别有什么特点？

（3）说明装箱与拆箱的原理。

（4）使用 CollectionBase 类作为基类，声明自定义的集合类。

第 12 章

*高级 C#技术

本章要点:

- 类型推理;
- 动态查找;
- 元组与值元组;
- 扩展方法;
- Record 类型。

12.1 类型推理

C#是一种强类型化的编程语言,每个变量都有固定的类型,只能用于接受该类型的代码中。C# 3.0 中引入了新关键字 var,它可以替代在声明变量时必须给出的类型名。这类变量称为可推断类型变量。比如:

```
var myVar = 5;
```

需要注意的是,myVar 变量的实际类型是 int 而不是 var。这个过程只是依赖于编译器来确定变量的类型。一旦被编译,编译期会自动匹配 var 变量的实际类型,并用实际类型来替换该变量的声明。

如果编译器不能确定用 var 声明的变量类型,代码就无法编译。因此,在使用 var 声明变量时,必须同时初始化该变量。因为没有初始值,所以编译器无法确定变量的类型。

var 关键字还可以通过数组初始化器来推断数组的类型,例如:

```
var myArray = new[]{1, 2, 3};
```

在上面的代码中,myArray 变量被隐式地设置为 int[]。当采用 var 关键字指定数组的类型时,初始化器中使用的数组元素必须是以下情形中的一种:

- 相同的类型。
- 相同的引用类型或 null。
- 所有元素的类型都可以隐式地转换为一个类型。

标识符 var 并非不能用于类名。如果声明一个名为 var 的类,则不能使用 var 关键字的隐式类型化功能。

12.2 动态查找

C# 4.0 中引入了"动态变量"的概念，动态变量是类型可变的变量。引入动态变量的主要目的是在许多情况下，希望使用 C#处理另一种编程语言创建的对象或处理未知类型的C#对象。

动态变量是通过 Dynamic Language Runtime（DLR）支持的。DLR 是.NET Framework 4.7的一部分。声明动态变量需要使用动态类型。动态类型的关键字是 dynamic，使用该关键字可以完成动态变量的声明。如下所示：

```
dynamic myDynamicVar;
```

动态变量和之前学习的可推断类型变量不一样。可推断类型变量必须在声明时初始化，而动态变量不需要初始化。一旦有了动态变量，就可以继续访问其成员。此时编译器并不知道动态变量的类型，因此 VS 的智能提示会失效。通过"."运算符访问的成员，需要注意其准确的成员名。

在编译时，dynamic 被编译成一个 object 类型，只不过编译器会对 dynamic 类型进行特殊处理，让它在编译期间不进行任何的类型检查，而是将类型检查放到了运行期。当程序运行时，如果当前动态变量所访问的成员并不在其所属的类型中定义，则会抛出RuntimeBinderException 异常。

动态变量声明及使用的示例如代码 12.1 所示。

代码 12.1　动态变量声明及使用示例代码

```
01    using Microsoft.CSharp.RuntimeBinder;
02    using System;
03    namespace Hello_World
04    {
05        public class MyClass1
06        {
07            public int Add(int var1, int var2) => var1 + var2;
08        }
09        public class MyClass2 { }
10        public class Program
11        {
12            static int callCount = 0;
13            public static void Main()
14            {
15                try
16                {
17                    dynamic first = GetValue();
18                    dynamic second = GetValue();
19                    Console.WriteLine($"first is : {first.ToString()}");
20                    Console.WriteLine($"secont is : {second.ToString()}");
21                    Console.WriteLine($"first call : {first.Add(1,2)}");
22                    Console.WriteLine($"second call : {second.Add(1, 2)}");
23                }
```

```
24                catch(RuntimeBinderException ex)
25                {
26                    Console.WriteLine(ex.Message);
27                }
28                Console.ReadLine();
29            }
30            public static dynamic GetValue()
31            {
32                if (callCount++ == 0)
33                    return new MyClass1();
34                return new MyClass2();
35            }
36        }
37    }
```

上述代码在第5行和第9行分别定义了两个类MyClass1和MyClass2。在测试类Program中，声明了两个动态变量 first 和 second。这两个动态变量通过调用 GetValue()方法返回的 dynamic 类型的变量进行初始化。在 GetValue()方法中，通过判断 callCount 的值来返回 MyClass1 或 MyClass2 的对象。可知，程序一旦运行，first 最终被初始化为 MyClass1 对象，second 最终被初始化为 MyClass2 对象。从 MyClass1 和 MyClass2 的类定义可知，MyClass2 类中没有 Add()方法的声明，因此在第 22 行中的 "{secont.Add(1, 2)}" 表达式将抛出 RuntimeBinderException 异常。该异常需要引入命名空间 Microsoft.CSharp.RuntimeBinder。

示例运行效果如图 12.1 所示。

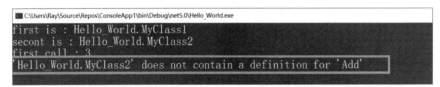

图 12.1　动态变量声明及使用示例代码运行效果图

dynamic 关键字也可用于其他需要类型名的地方，例如方法参数。上述代码中的 Add() 方法也可以声明为：

```
public int Add(dynamic var1, dynamic var2) => var1 + var2;
```

这样，在运行时，编译器将检查当前传入的参数类型是否支持"+"运算符。如果支持，则可以正常执行，否则抛出 RuntimeBinderException 异常。

12.3　Tuple 和 ValueTuple

12.3.1　Tuple

Tuple 称为元组，是 C# 4.0 推出的新特性，在.NET Framework 4.0 以上版本可用。元组是一种数据结构，具有特定数量和元素序列。

默认情况.NET Framework 元组仅支持 1~7 个元组元素，如果有 8 个元素或者更多，需要使用 Tuple 的嵌套和 Rest 属性去实现。另外，Tuple 类提供创造元组对象的静态方法。

下面的示例代码中利用构造函数来创建元组：

```
var testTuple6 = new Tuple<int, int, int, int, int, int>(1, 2, 3, 4, 5, 6);
Console.WriteLine($"Item 1: {testTuple6.Item1}, Item 6: {testTuple6.Item6}");
var testTuple10 = new Tuple<int, int, int, int, int, int, int, Tuple<int,
int, int>>(1, 2, 3, 4, 5, 6, 7, new Tuple<int, int, int>(8, 9, 10));
Console.WriteLine($"Item 1: {testTuple10.Item1}, Item 10: {testTuple10.
Rest.Item3}");
```

利用 Tuple 静态方法构建元组，这种方法最多支持 8 个元素。示例代码如下：

```
var testTuple6 = Tuple.Create<int, int, int, int, int, int>(1, 2, 3, 4, 5, 6);
Console.WriteLine($"Item 1: {testTuple6.Item1}, Item 6: {testTuple6.Item6}");
var testTuple8= Tuple.Create<int, int, int, int, int, int, int,int>(1, 2,
3, 4, 5, 6, 7, 8);
Console.WriteLine($"Item 1: {testTuple8.Item1}, Item 8: {testTuple8.Rest.
Item1}");
```

这里构建出来的 Tuple 类型其实是 Tuple<int, int, int, int, int, int, int, Tuple<int>>，因此，testTuple8.Rest 取到的数据类型是 Tuple<int>，因此要想获取准确值，需要再取 Item1 属性。

元组还可以表示多个属性组成的一种匿名类型，而不用单独额外创建一个类。示例代码如下所示：

```
var studentInfo = Tuple.Create<string, int, uint>("Bob", 28, 175);
Console.WriteLine($"Student Information: Name [{studentInfo.Item1}],
Age [{studentInfo.Item2}], Height [{studentInfo.Item3}]");
```

上述代码通过 Tuple.Create() 方法创建了一个匿名类型的对象 studentInfo。通过对象名以及 ItemX 方式就可以获得对应属性的值。

元组的这一特性还可以用于从方法返回多个值的场景。当一个函数需要返回多个值时，一般情况下可以使用 out 参数，这里可以用元组代替 out 实现返回多个值。示例如代码 12.2 所示。

代码 12.2　用元组实现返回多个值示例代码

```
01   public class Program
02   {
03       static Tuple<string, int, uint>GetStudentInfo(string name)
04       {
05           return new Tuple<string, int, uint>("Bob", 28, 175);
06       }
07       public static void Main()
08       {
09           var studentInfo = GetStudentInfo("Bob");
10           Console.WriteLine($"Student Information: Name [{studentInfo.
    Item1}], Age [{studentInfo.Item2}], Height [{studentInfo.Item3}]");
11           Console.ReadLine();
12       }
13   }
```

从上述代码可以看出，GetStudentInfo() 方法可以返回一个带 3 个属性的元组对象。由此可以看出，元组对象可被视为匿名类型的对象。因此元组对象也可以作为实参传入形参类型为 object 的函数中。

尽管元组有上述方便使用的好处，但是它也有明显的不足：

- 访问元素时只能通过 Item[index]去访问，使用前需要明确元素顺序，属性名字没有实际意义，不方便记忆；
- 最多有 8 个元素，要想使用更多元素，只能通过最后一个元素进行嵌套扩展；
- Tuple 是一个引用类型，不像其他简单类型一样是值类型，它在堆上分配空间，在 CPU 密集操作时可能需要完成太多的创建和分配工作。

因此在 C# 7.0 中引入了一个新的 ValueTuple 类型。

12.3.2 ValueTuple

ValueTuple 称为值元组，是 C# 7.0 的新特性之一，.NET Framework 4.7 以上版本可用。值元组也是一种数据结构，用于表示特定数量和元素序列，但是和元组类的主要区别如下：

- 值元组是结构，是值类型，不是类，而元组（Tuple）是类，是引用类型；
- 值元组元素是可变的，不是只读的，也就是说，可以改变值元组中的元素值；
- 值元组的数据成员是字段不是属性。

创建值元组时，和元组一样，.NET Framework 值元组也只支持 1～7 个元组元素，如果有 8 个元素或者更多，则需要使用值元组的嵌套和 Rest 属性去实现。另外，ValueTuple 类可以提供创造值元组对象的静态方法。示例代码如下：

```
var testTuple6 = new ValueTuple<int, int, int, int, int, int>(1, 2, 3, 4, 5, 6);
Console.WriteLine($"Item 1: {testTuple6.Item1}, Item 6: {testTuple6.Item6}");
var testTuple10 = new ValueTuple<int, int, int, int, int, int, int, Tuple<int,
int, int>>(1, 2, 3, 4, 5, 6, 7, new Tuple<int, int, int>(8, 9, 10));
Console.WriteLine($"Item 1: {testTuple10.Item1}, Item 10: {testTuple10.Rest.
Item3}");
```

利用 ValueTuple 静态方法构建元组，这种方法最多支持 8 个元素。示例代码如下：

```
var testTuple6 = ValueTuple.Create e<int, int, int, int, int, int>(1, 2, 3,
4, 5, 6);
Console.WriteLine($"Item 1: {testTuple6.Item1}, Item 6: {testTuple6.Item6}");
var testTuple8 = ValueTuple.Create<int, int, int, int, int, int, int,int>(1,
2, 3, 4, 5, 6, 7, 8);
Console.WriteLine($"Item 1: {testTuple8.Item1}, Item 8: {testTuple8.Rest.
Item1}");
```

这里构建出来的 ValueTuple 类型其实是 Tuple<int, int, int, int, int, int, int, ValueTuple<int>>，因此，testTuple8.Rest 取到的数据类型是 ValueTuple<int>，于是要想获取准确值，需要再取 Item1 属性。

ValueTuple 对 Tuple 的优化在于：当构造出超过 7 个元素的值元组后，可以使用接下来的 ItemX 进行访问嵌套元组中的值。对于上面的例子，要访问第 10 个元素，既可以通过 testTuple10.Rest.Item3 访问，也可以通过 testTuple10.Item10 来访问。示例代码如下：

```
var testTuple10 = new ValueTuple<int, int, int, int, int, int, int,
ValueTuple<int, int, int>>(1, 2, 3, 4, 5, 6, 7, new ValueTuple<int, int, int>(8,
9, 10));
Console.WriteLine($"Item 10: {testTuple10.Rest.Item3}, Item 10:
{testTuple10.Item10}");
```

和 Tuple 类型一样，ValueTuple 也可以用于表示由多个属性组成的一种匿名类型，而不用单独额外创建一个类。因此也可以将形参类型为 object 的参数进行向下转型，强制转换为新的 ValueTuple 类型，实现传递一个匿名类型的对象。

此外，还可以使用 ValueTuple 在函数定义中代替 out 参数返回多个值。但在使用 ValueTuple 作为返回值类型返回多个值时，可以在返回值中指定元素的名字，以方便理解并记忆。示例代码如代码 12.3 所示。

代码 12.3　使用 ValueTuple 在函数定义中返回多个值示例代码

```
01    static (string name, int age, uint height) GetStudentInfo(string name)
02    {
03        return ("Bob", 28, 175);
04    }
05    public static void Main()
06    {
07        var studentInfo = GetStudentInfo("Bob");
08        Console.WriteLine($"Student Information: Name [{studentInfo.name}],
      Age [{studentInfo.age}], Height [{studentInfo.height}]");
09    }
```

当返回值类型为 ValueTuple 时，函数的调用者可以通过 var (x, y)或者(var x, var y)来解析值元组元素并构造局部变量。当返回值 ValueTuple 对象包含了过多的数据时，如果调用者只想使用其中某一些时，还可以使用符号 "_" 来忽略这些不需要的元素，这些不需要的元素称为 "弃元"。示例代码如代码 12.4 所示。

代码 12.4　弃元的使用示例代码

```
01    static (string name, int age, uint height) GetStudentInfo(string name)
02    {
03        return ("Bob", 28, 175);
04    }
05    static void RunTest()
06    {
07        var (name, age, height) = GetStudentInfo("Bob");
08        Console.WriteLine($"Student Information: Name [{name}], Age [{age}],
      Height [{height}]");
09        (var name1, var age1, var height1) = GetStudentInfo("Bob");
10        Console.WriteLine($"Student Information: Name [{name1}], Age [{age1}],
      Height [{height1}]");
11        var (_, age2,_) = GetStudentInfo("Bob");
12        Console.WriteLine($"Student Information: Age [{age2}]");
13    }
```

在上述代码中，第 1 行声明一个 GetStudentInfo()的方法。该方法返回一个 ValueTuple 对象，其中包含 3 个类型的数据。第 7 行调用该方法并通过 var (name, age, height)接收返回的 3 个数据。注意，这里接收函数返回值的变量的顺序需要和方法中定义的相同。第 9 行使用(var name1, var age1, var height1)达到和第 7 行相同的效果。第 11 行接收函数的返回值，但只想使用返回的第二个数据，因此在其前后均使用 "_" 字符表示放弃另外两个数据。

由上所述，ValueTuple 使 C#变得更简单易用。与 Tuple 相比主要好处如下：

- ValueTuple 支持函数返回值新语法 "(,)"，使代码更简单。
- 能够给元素命名，便于使用和记忆。这里需要注意，虽然命名了，但是实际上 ValueTuple 没有定义这样名字的属性或者字段，真正的名字仍然是 ItemX，所有的元素名字都只是设计和编译时用的，不是运行时用的（因此，注意对该类型的序列化和反序列化操作）。

- 可以使用解构方法更方便地使用部分或全部元组的元素。
- 值元组是值类型，使用起来比引用类型的元组效率高，并且值元组是有比较方法的，可以用于比较是否相等。

12.4 扩展方法

C# 中提供一个非常实用的功能，扩展方法（extension method）。扩展方法是通过额外的静态方法扩展现有的类型的行为。通过扩展方法，可以对已有类型做自己想做的相关扩展。定义扩展方法的过程：定义静态类，扩展方法也要是静态方法，并且扩展方法的第一个参数为要扩展的类型，必须附加一个 this 关键字。在实际开发过程中，推荐将一个项目中所需的扩展方法集中定义在某个特定类中。下面的示例创建了一个 Extend 类，类中声明了两个扩展方法，分别对 object 类和 string 类进行方法扩展，如代码 12.5 所示。

代码 12.5 创建 Extend 类示例代码

```
01    public static class Extend
02    {
03       public static bool IsNullOrEmpty(this object i)
04       {
05          if (i == null) return true;
06          if (i.GetType() == typeof(string))
07          {
08             string temp = (string)i;
09             return temp.IsNullOrEmpty();
10          }
11          else return false;
12       }
13       public static Guid ToGuid(this string i)
14       {
15          Guid id;
16          if (!Guid.TryParse(i, out id))
17          {
18             throw new Exception(i + " can not be converted to Guid");
19          }
20          return id;
21       }
22    }
```

第 3 行声明了名为 IsNullOrEmpty()方法，使用 this object 作为参数类型。这样的声明表示当前方法是对 object 类中原有定义的成员方法的一个扩充。第 13 行声明了名为 ToGuid()方法，用于对 string 类中定义的成员方法进行扩充。

Extend 类的测试类 Program 示例代码如代码 12.6 所示。

代码 12.6 Extend 类的测试类 Program 示例代码

```
01    public class Program
```

```
02    {
03        public static void Main()
04        {
05            string i = "this a world for me";
06            if (i.IsNullOrEmpty())
07                Console.WriteLine("i is null");
08            Console.Write(i.ToGuid());
09            Console.ReadLine();
10        }
11    }
```

在第 6 行中，string 对象 i 也是 object 的对象，因此可以使用 i.IsNullOrEmtpy()方法完成当前对象的判空检测。第 8 行则调用 string 对象 i 的扩展方法 ToGuid()方法来完成从 string 对象向 Guid 对象的转换。

12.5 仅限 init 的资源库

仅限 init 的资源库提供一致的语法来初始化对象的成员。属性初始值设定项可明确哪个值正在设置哪个属性。缺点是这些属性必须是可设置的。从 C# 9.0 开始，可为属性和索引器创建 init 访问器，而不是 set 访问器。调用方可使用属性初始化表达式语法在创建表达式中设置这些值，但构造完成后，这些属性将变为只读。仅限 init 的资源库提供了一个用来更改属性状态的窗口。构造阶段结束时，该窗口关闭。在完成所有初始化之后，构造阶段实际上就结束了。可在编写的任何类型中声明仅限 init 的资源库。

比如声明一个 WeatherObservation 类，并在其属性中使用 init 访问器来代替 set 访问器，使得对应的属性在初始化后就不能修改。示例代码如代码 12.7 所示。

代码 12.7 声明 WeatherObservation 类示例代码

```
01    public class WeatherObservation
02    {
03        public DateTimeRecordedAt { get; init; }
04        public decimal TemperatureInCelsius { get; init; }
05        public decimal PressureInMillibars { get; init; }
06
07        public override string ToString() =>
08            $"At {RecordedAt:h:mmtt} on {RecordedAt:M/d/yyyy}: " +
09            $"Temp = {TemperatureInCelsius}, with {PressureInMillibars} pressure";
10    }
```

因此在测试类 Program 中的示例代码可参见代码 12.8。

代码 12.8 测试类 Program 的示例代码

```
01    public class Program
02    {
03        public static void Main()
04        {
05            var now = new WeatherObservation
06            {
```

```
07              RecordedAt = DateTime.Now,
08              TemperatureInCelsius = 20,
09              PressureInMillibars = 998.0m
10          };
11          Console.ReadLine();
12      }
13  }
```

初始化后尝试更改观察值会导致编译器错误。对于从派生类设置基类属性，仅限 init 的资源库技术很有用。它们还可通过基类中的帮助程序来设置派生属性。位置记录使用仅限 init 的资源库声明属性。这些设置器可在 with 表达式中使用。可为定义的任何 class、struct 或 record 声明仅限 init 的资源库。

12.6 记录类型 record

C# 9.0 引入了记录类型，可使用 record 关键字定义一个引用类型，用来提供用于封装数据的内置功能。通过使用位置参数或标准属性语法，可以创建具有不可变属性的记录类型。创建的语法如下：

```
public record 记录名(string 属性名1, string 属性名2…);  //声明记录的方法1
public record 记录名    //声明记录的方法2
{
    public string 属性名1{ get; init; } = default!;
    public string 属性名2{ get; init; } = default!;
};
```

虽然记录类型默认是不可变属性的，但其实可以创建具有可变属性和字段的记录类型。其语法如下：

```
public record 记录名
{
    public string 属性名1{ get; set; } = default!;
    public string 属性名2{ get; set; } = default!;
};
```

虽然记录可以是可变的，但它们主要用于支持不可变的数据模型。如代码 12.9 所示。

代码 12.9 record 简单使用示例代码

```
01  public record Person(string firstname, string lastname);
02  public class Program
03  {
04      public static void Main()
05      {
06          Person person = new("Nancy", "Davolio");
07          Console.WriteLine(person);
08          Console.ReadLine();
09      }
10  }
```

代码第 1 行声明了一个记录类型 Person，并在第 6 行创建了 Person 记录的对象 person

并对其进行初始化。根据初始化时参数的位置，和声明记录类型时的属性位置进行一一对应从而完成属性的赋值。因此上述代码的运行效果如图 12.2 所示。

Person { firstname = Nancy, lastname = Davolio }

图 12.2　record 简单使用运行效果

此时，如果对上述代码中通过语句"person.firstname = "xx";"对属性进行修改，则会产生编译错误。这是因为记录声明中提供的每个位置参数提供一个公共的 init-only 自动实现的属性。init-only 属性只能在构造函数中或使用属性初始值设定项来设置。

在继承方面，一条记录可以从另一条记录继承。但是，记录不能从类继承，类也不能从记录继承。比如下面的代码首先声明一个 Person 记录类型，再声明一个 Teacher 记录类型，并且 Teacher 派生自 Person 记录。

```
public record Person(string firstname, string lastname);
public record Teacher(string firstname, string lastname, int Grade):
            Person(firstname,lastname);
```

通过上面的代码，Teacher 记录的对象将可以使用 Person 记录中所声明的属性，并对它们进行初始化。

12.7　小结

本章对 C#语言的最新特性进行了梳理与介绍，首先介绍了 C#中的对象初始化器，接着是类型推理以及动态查找；接着介绍匿名类型的一种应用（称为元组与值元组）；还介绍了一种可以扩展已有类型的方法（称为扩展方法的技术）；最后是记录类型 Record。C#语言是一门发展中的语言，时刻学习与语言相关的新特性可以事半功倍。

12.8　练习

（1）试述 dynamic 关键字的使用场景。

（2）总结和分析元组与值元组的异同。

（3）向 string 类型中添加扩展方法 ToStudent()，将当前 string 对象转换为自定义的 Student 类的对象。这里的 Student 类需要自行定义。

（4）说明 init 访问器与 set 访问器的区别。

（5）总结记录类型（record）对象的应用场景。

数据操作篇

　　本篇为数据操作篇。本篇所涉及的知识与技术均与数据操作相关。首先本篇介绍了 LINQ 技术，通过该技术可以简便地完成对数据的处理工作；接下来介绍了文件、流和序列化技术，通过将数据保存在可持续化设备中，可以使工作具有延续性；最后介绍了数据库访问技术 ADO.NET。该技术是本篇的重要内容，也是使用最为频繁的技术之一。牢固掌握本篇的内容，可以提升程序的数据处理能力，编写出更具实用价值的程序。

第 13 章

LINQ 技术

本章要点:

- LINQ 概述;
- 匿名类型;
- LINQ 中的查询表达式;
- LINQ 中的查询方法。

13.1 LINQ 概述

本章介绍一种可以将数据查询直接集成到编程语言中的技术,它是 C#语言的一个扩展,称为语言集成查询(Language Integrated Query,LINQ)技术。过去完成数据查询任务,需要编写大量的循环代码和额外的处理。例如,对所找到的对象进行排序或组合,会因为数据源的不同导致差异。LINQ 提供了一种可移植的、一致的方式来对许多不同种类的数据进行查询、排序和分组。

LINQ 是一组语言特性和 API,使得可以使用统一的方式完成各种查询,保存和检索来自不同数据源的数据,从而消除了编程语言和数据库之间的不匹配,以及为不同类型的数据源提供单个查询接口。

LINQ 总是使用对象,因此可以使用相同的查询语法来查询和转换 XML、对象集合、SQL 数据库、ADO.NET 数据集以及任何其他可用于 LINQ 提供程序格式的数据。

LINQ 主要包含 LINQ to Objects、LINQ to XML、LINQ to Entities、LINQ to Data Set、LINQ to SQL、LINQ toJSON 等,如图 13.1 所示。上述的 Objects、XML、Entities、Date Set、SQL 和 JSON 都是可以通过 LINQ 操作的主体。由于 LINQ 涉及的内容非常庞大,限于篇幅,这里就以 LINQ to Objects 为例,来讲解 LINQ 技术的使用方法。其他主体的操作与此类似,读者可以自行举一反三。

在使用 LINQ 语句完成相应操作时,首先需要引入 System.Linq 命名空间。该空间中定义了与 LINQ 相关的若干方法。LINQ 中最基本的数据单元是序列(sequence)和元素(element)。一个序列是实现了 IEnumerable<T>的对象,而一个元素是序列中的每一个对象。如在 "string[] names = { "Tom", "Dick", "Harry" };" 中,names 就是一个序列,"Tom"、"Dick" 和"Harry"则构成了元素集。一个查询运算符就是用来转换序列的方法。一个典型的查询运算符接收一个输入序列并输出一个转换后的序列。在 System.Linq.Enumerable 类中,总共

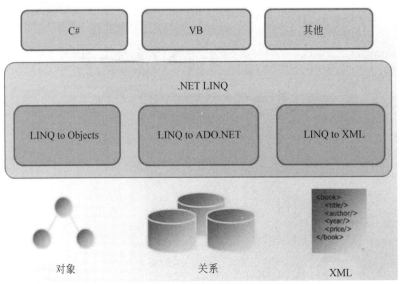

图 13.1　LINQ 支持的数据对象类型图

定义了约 40 个查询运算符——全部用扩展方法来实现，它们被称为标准查询运算符。

13.2　匿名类型

在介绍 LINQ 之前，需要了解一种允许创建无名类型的特性，即匿名类型（anonymous type）。匿名类型经常用于 LINQ 查询的结果之中。在初始化对象时，可以使用 new 关键字以及对应类型的构造函数来初始化对象。在创建匿名类型的变量时，也使用相同的形式，不同的是没有类名和构造函数。其语法如下所示：

```
new {field1 = value1, field2 = value2,…}
```

其中，field1 和 field2 等为匿名类型的属性，对应的 value1 和 value2 为对应属性的值。代码 13.1 给出了一个创建和使用匿名类型的示例。它创建了一个名为 student 的变量，其所引用的对象具有两个 string 类型的属性和一个 int 类型的属性。

代码 13.1　匿名类型简单使用示例代码

```
01    public class Program
02    {
03        static void Main(string[] args)
04        {
05            var student = new {Name = "Mary", Age = 19, Major = "Software"};
06            Console.WriteLine($"Name: {student.Name}, Age: {student.Age},
      Major: {student.Major}");
07            Console.Read();
08        }
09    }
```

对创建的匿名类型的对象的使用，和正常对象的使用是一样的。

对于匿名类型需要注意以下几点：

● 匿名类型只能用于局部变量，不能用于类成员；

- 由于匿名类型没有名字，必须使用 var 关键字作为变量类型；
- 不能对已经初始化好的匿名类型对象的属性进行写入操作。编译器为匿名类型创建的属性是只读的。

除了上述声明匿名类型对象的方法以外，匿名类型的对象初始化还有其他两种形式：简单标识符和成员访问表达式。这两种形式叫作投影初始化语句。示例如下：

```
string Major = "Software";
var student = new { Age = 19, Other.Name, Major};
Console.WriteLine ($"Name: {student.Name}, Age: {student.Age}, Major:
{student.Major}");
...
class Other
{
    public static string Name = "Mary";
}
```

从上例可以看出，当创建匿名类型的对象并对其初始化时，使用了投影初始化语句，该对象的属性名将直接使用投影得到的对象或变量的名作为属性名。在使用时直接调用这些投影得到的属性名即可。

如果编译器遇到了另一个具有相同的参数名、相同的推断类型和相同顺序的匿名类型对象初始化语句，那么它会重用这个类型并直接创建新的实例，不会创建新的匿名类型。

13.3 查询表达式语法和查询方法语法

使用 LINQ 完成查询时有两种语法可供选择：查询表达式语法（Query Expression Syntax）和查询方法语法（Fluent Syntax）。

查询表达式语法是声明式的，其描述的是想要返回的内容，但并没有指明如何执行这个查询。而查询方法语法是命令式的，它指明了查询方法调用的顺序。C#编译器会把查询表达式翻译为方法调用的形式。这两种形式在运行时没有性能上的差异。但微软更推荐查询表达式语法，因为它更易读，能更清晰地表明查询意图，不容易出错。但有一些运算符必须使用查询方法语法来书写。

13.3.1 查询表达式语法

查询表达式语法是一种更接近 SQL 语法的查询方式。一个查询表达式就是利用查询运算符来转换序列的一个表达式。最简单的查询由一个输入序列和一个查询运算符组成。

所有 LINQ 查询操作都由以下 3 个不同的操作组成：获取数据源、创建查询、执行查询。其语法如下：

```
var result =  from <range variable> in <IEnumerable<T> or IQueryable<T>
Collection>
  <where or Standard Query  Operators><lambda expression>
  <select or groupby operator><result  formation>
```

- from 子句：查询语句从一个 from 子句开始，然后是一个序列。from 子句的结构类似于 "from rangeVariableName in IEnumerablecollection"。在英语中，这意味着，从集合中的每个对象。它类似于 foreach 循环：foreach（student in studentList）。

- where 子句：在 from 子句之后，可以使用 where 子句通过不同的标准查询运算符来过滤、分组、连接集合的元素。LINQ 中有大约 50 个标准查询运算符。标准查询运算符后面通常跟一个条件，这个条件通常使用 Lambda 表达式来表示。
- select 子句：LINQ 查询语句总是以 select 或 group 子句结束。select 子句用于对数据进行变换或投影。可以选择整个对象，或是它的部分属性成为新的对象。

最终返回的 result 是 var 类型的。虽然不知道其具体的类型是什么，但 LINQ 语句知道返回的一定是一个可枚举的集合，尽管该集合中的元素可能为空或只有一个。于是得到的 result 结果可以通过使用 foreach 循环来完成对集合的遍历。

LINQ 查询可以返回两种类型的结果：可枚举类型的列表和作为标量的单一值。如下所示：

```
int[] numbers = {2, 5, 8};
IEnumerable<int> lowNums = from n in numbers select n; //返回一个枚举器
int numsCount = (from n in numbers select n).Count(); //返回一个整数
```

上述示例中，第一行语句声明一个整型数组，第二行语句指定一个 LINQ 查询，它可以用来枚举查询的结果，第三行语句执行查询，调用 LINQ 的 Count()方法来返回从查询返回的项的总数。

第 2 行和第 3 行语句赋值号左边的变量叫查询变量。此时的查询变量的类型可以使用 var 来进行声明。在执行上述代码时，lowNums 中并不会包含查询结果，但编译器会创建能够执行这个查询的代码。变量 numsCount 将包含真实的整数值，因为它只能通过真实运行查询后获得。因此可以总结如下：

- 如果查询表达式返回枚举，则查询一直到处理枚举时才会执行；
- 如果枚举被处理多次，则查询也会执行多次；
- 如果在进行遍历之后、查询执行之前数据有改变，则查询会使用新的数据；
- 如果查询表达式返回标量，那么查询立即执行，并把结果保存在查询变量中。

1. 获取数据源 from、in 和 select 子句

使用 LINQ 查询语句完成类似于 foreach 循环去获取数据源。例如，需要遍历一个 customers 集合中的所有 Customer 类型的对象，从而将数据源中的对象转换为可枚举集合。可以写作如下形式：

```
var queryAllCustomers = from cust in customers select cust;
```

在上述示例中，声明一个可推测类型对象 queryAllCustomers 来存放最终产生的结果。赋值号右侧为 LINQ 查询语句。从 customers 集合中取出一个对象命名为 cust，使用 select 命令选取当前对象为结果集中的一员。因此 customers 中的所有元素将成为 queryAllCustormers 集合中的元素。

所以总的来说，from 子句指定了要作为数据源使用的数据集合并引入了迭代变量，in 子句指定数据源，select 子句指定当前操作返回的对象。当数据源中所有对象执行完毕，将返回整个集合至赋值号左侧对象。

2. 筛选 where 子句

在获取了数据源之后，如果需要根据给定的条件，对数据源中的元素进行筛选，选出符合条件的集合，则需要使用筛选功能。筛选功能是在上述 LINQ 语句中加上 where 子句。

例如，要从上述 customers 数据中找出地址位于 London 的 Customer 集合，则带筛选的查询语句示例代码如下：

```
var queryLondonCustomers = from cust in customers
                    where cust.City == "London"
                    select cust;
```

在上述示例中，"from cust in customers"的意思是指从 customers 中取出一个对象并命名为 cust，这样后续的所有操作都有了对象主体 cust。因此"where cust.City == "London""的意思就是对当前的对象 cust 的属性 City 的值和字符串"London"进行判等。如果 where 语句后面的条件为 true，则选择当前对象 cust。由于不确定最终符合条件结果的数量，因此该语句的返回值类型为一个可枚举的泛型列表 IEnumerable<Customer>。为了减少因为人为失误造成的类型不匹配问题，通常使用 LINQ 查询语句返回的类型推荐使用 var 类型。

在查询语句的筛选部分，如果筛选条件为多个，则可以使用逻辑运算符进行连接，完成一个复杂的逻辑表达式。

实例 13.1 为查询表达式实例，如代码 13.2 所示。

代码 13.2　实例 13.1 示例代码

```
01    static void Main(string[] args)
02    {
03        // 1. Data source.
04        int[] numbers = new int[7] { 0, 1, 2, 3, 4, 5, 6 };
05        // 2. Query creation. numQuery is an IEnumerable<int>
06        var numQuery =
07            from num in numbers
08            where (num % 2) == 0
09            select num;
10        // 3. Query execution.
11        foreach (int num in numQuery)
12            Console.Write("{0,1} ", num);
13        Console.Read();
14    }
```

其运行效果如图 13.2 所示。

```
0 2 4 6
```

图 13.2　实例 13.1 运行效果图

查询表达式语法基本功能要点总结：
- 查询表达式语法与 SQL（结构查询语言）语法相同。
- 查询语法必须以 from 子句开头，可以以 select 或 groupby 子句结束。
- 使用各种其他操作，如过滤、连接、分组、排序运算符以构造所需的结果。
- 隐式类型变量可以用于保存 LINQ 查询的结果。

3. 排序 orderby 子句

使用 LINQ 语句时，通过 orderby 子句就可以轻松地完成对返回的数据进行排序。例如下面的示例就利用 orderby 子句，完成对返回的数据按 customer 类型的 Name 属性值进行升序排序。当进行升序排序时，ascending 修饰符可以省略。

```
var queryLondonCustomers3 = from cust in customers
                            where cust.City == "London"
                            orderby cust.Name ascending
                            select cust;
```

也可以按指定的字段进行降序排序：

```
var queryLondonCustomers3 = from cust in customers
                            where cust.City == "London"
                            orderby cust.Name descending
                            select cust;
```

4. 分组 grouping 子句

LINQ 语句中，可以将返回的结果按用户指定的键值进行分组。此时，LINQ 语句返回的结果是一个 IEnumerable<IGrouping<T>>的对象。该对象中包含了所有分组。每个组有一个对应的键值 Key 且组内可能有 0 个或多个元素。因此对于分组的结果，需要使用双重循环才能将内容全部读取。例如将上述示例按 Customer 的 City 属性值进行分组。这里的 City 属性的值将自动作为分组的键值。示例如下：

```
var queryCustomersByCity = from cust in customers
                           group cust by cust.City;
```

上述代码中 queryCustomersByCity 就是一个 IEnumerable<IGrouping<Customer>>对象。因此如果需要对上述对象进行遍历，则可以使用下面的代码完成。

```
foreach (var customerGroup in queryCustomersByCity)
{
    Console.WriteLine(customerGroup.Key);
    foreach (Customer customer in customerGroup)
    {
        Console.WriteLine("   {0}", customer.Name);
    }
}
```

如果还希望对分组之后的每组数据进行筛选，则可以针对分组对象进一步使用 where 子句完成筛选。如下所示：

```
var custQuery =
    from cust in customers
    group cust by cust.City into custGroup
    where custGroup.Count() > 2
    orderbycustGroup.Key
    select custGroup;
```

在上述示例中，首先将 customers 中的 Customer 元素按 City 属性值分组，保存当前分组结果为 custGroup。如果当前分组中的元素个数大于 2，则选取当前分组，并将分组结果按 custGroup.Key 值进行升序排序。

5. 联结 join 子句

LINQ 语句中，如果需要从来自于多个不同集合中进行按某种条件进行联结查询，则可以使用 join 语句完成。join 语句支持 3 种情况：

- 内联结（Inner join）。
- 分组联结（Group join）。

- 左外联结（Left outer join）。

下面就对这 3 种联合语句进行一一介绍。

1）内联结

内联结用于将位于两个集合中的元素，只要在指定条件有相同值时，则获取当前两个集合中对应的元素。示例如下所示：

```
var innerJoinQuery =   from cust in customers
            join dist in distributors on cust.City equals dist.City
            select new { CustomerName = cust.Name, DistributorName
            = dist.Name };
```

在上述示例中，通过 join 将 customers 集合和 distributors 集合联合起来，联合的条件使用 on 操作符给出。在上述示例中，通过 cust.City 和 dist.City 的值相等时，则使用表达式 "select new { CustomerName = cust.Name, DistributorName = dist.Name }" 映射为一个匿名类型的对象。该匿名类型的属性由 new 表达式直接给出，即将 cust.Name 的值赋给 CustomerName 属性，dist.Name 的值赋给 DistributorName 属性。

如果希望对所联结的两个集合中的多个属性进行判等联结，则可以通过匿名类型对象的形式来完成。示例如下所示：

```
var innerJoinQuery =   from cust in customers
            join dist in distributors
            on new{k1=cust.Prop1, k2=cust.Prop2}
            equals new{k1= dist.Prop3, k2= dist.Prop4}
            select new { CustomerName = cust.Name, DistributorName
            = dist.Name };
```

在上述例子中，在 on 语句后，利用 cust 对象的 Prop1 和 Prop2 属性，创建了一个具有 k1 和 k2 属性的匿名类型对象。在 equals 语句后使用 dist 对象的 Prop3 和 Prop4 属性也创建了一个相同结构的匿名类型对象。只有在两个匿名类型对象的结构必须完全一致的情况下，编译器才能把它们对应到同一个实现类型并进行比较。

2）分组联结

分组联结会将联结的结果，按 on 后条件表达式中的第一个对象的属性值为分组的 Key 值进行分组。因此分组的结果是一个对象数组的序列。如果联结的条件没有元素命中，则返回一个空的数组序列。因此，对于分组联结而言，其内部机制属于联结条件为 "等于" 的内联结，区别仅在于会将结果按属性值分组存放。示例如下所示：

```
var innerGroupJoinQuery =
    from category in categories
    join prod in products on category.ID equals prod.CategoryID into prodGroup
    select new { CategoryName = category.Name, Products = prodGroup };
```

从上述示例可以看出，分组联结比内联结多了一个 into 子句。into 子句主要起到为分组命名的作用。

当使用分组联结时，还可以通过对组内信息进行条件设置，达到筛选满足条件的分组信息。示例如下所示：

```
var innerGroupJoinQuery2 =
    from category in categories
    join prod in products on category.ID equals prod.CategoryID into prodGroup
```

```
from prod2 in prodGroup
where prod2.UnitPrice > 2.50M
select prod2;
```

上述代码按 category.ID 的值分组。如果分组结果中 UnitPrice 属性值大于 2.50M，则返回该组成员。

3）左外联结

在使用左外联结的语句中，不管是否 on 条件判断能否满足，都将返回左数据源的全部数据。因此左外联结的语句需要调用 DefaultIfEmpty()方法，该方法将构造一个右数据源的默认对象，作为与那些没有找到匹配数据的左数据源对象匹配的默认对象。示例如下所示：

```
var leftOuterJoinQuery =
    from category in categories
    join prod in products on category.ID equals prod.CategoryID into prodGroup
    from item in prodGroup.DefaultIfEmpty(new Product
                { Name = String.Empty, CategoryID = 0 })
    select new { CatName = category.Name, ProdName = item.Name };
```

在上述代码中，如果 category 的 ID 没有找到 prod 与之对应，那么 prodGroup 中对应的键值为空，因为需要调用 DefaultIfEmtpy()方法中的参数作为当前分组中的一个默认对象。

对于上述 3 种联结方式，需要注意的是，在 join 子句中只能支持 equals 运算符，完成判等操作，这里不支持其他关系运算符。

6. 声明 let 子句

在查询表达式中，有时候需要存储子表达式的结果，以方便在随后的子句中使用。可以使用 let 关键字做到这一点。该关键字会创建新的局部变量，并根据表达式的结果初始化它。一旦初始化了一个值，局部变量就不能用于存储另一个值。但是，如果局部变量是可查询类型，则可以查询。示例如下所示：

```
string[] strings =
    {
        "A penny saved is a penny earned.",
        "The early bird catches the worm.",
        "The pen is mightier than the sword."
    };
var earlyBirdQuery =
        from sentence in strings
        let words = sentence.Split(' ')
        from word in words
        let w = word.ToLower()
        where w[0] == 'a' || w[0] == 'e'
            || w[0] == 'i' || w[0] == 'o'
            || w[0] == 'u'
        select word;
```

在上述示例中，给定一个字符串数组。在 LINQ 查询语句中，声明一个局部变量 words 用来存放对 sentence 中按空格拆分后的单词。此时，words 实际上也是一个字符串数组。因此可以使用 from 语句对其进行二次查询。在二次查询中，又声明了一个局部变量 w 用来存放小写的 word。利用 where 语句，判断如果 word 以元音开始，则选中当前的 word。

13.3.2　查询方法语法

查询方法语法（也称为流利语法）主要利用 System.Linq.Enumerable 类中定义的扩展方法和 Lambda 表达式方式进行查询，类似于如何调用任何类的扩展方法。

以下是一个 LINQ 方法语法的查询示例，查询出所有含有字母"a"的姓名，按长度进行排序，然后将结果全部转换成大写格式。

```
string[] names = { "Tom", "Dick", "Harry", "Mary", "Jay" };
IEnumerable<string> query = names
                          .Where(n => n.Contains("a"))
                          .OrderBy(n => n.Length)
                          .Select(n => n.ToUpper());
```

从上面的示例代码中可以看出，查询方法语法包括扩展方法和 Lambda 表达式。扩展方法 Where()在 Enumerable 类中定义。如果检查 Where()扩展方法的签名，就会发现 Where()方法接受一个谓词委托，如 Func<Student，bool>。这意味着可以传递任何接受 Student 对象作为输入参数的委托函数，并返回一个布尔值。在本例中所示，当以链接方式使用查询方法时，一个查询方法的输出集合会成为下一个运算符的输入集合，其结果形成了一个集合的传输链，如图 13.3 所示。

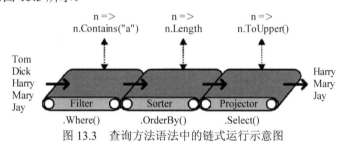

图 13.3　查询方法语法中的链式运行示意图

Where()、OrderyBy()、Select()这些标准查询方法对应 Enumerable 类中的相应扩展方法。Where()产生一个经过过滤的序列；OrderBy 生成输入序列的排序版本；Select 得到的序列中的每个元素都经过了给定 Lambda 表达式的转换。

在 LINQ 表达式中，正是扩展方法让 LINQ 查询运算符的链接成为可能。因为运算符本身是对 IEnumerable<T>类型的扩展，并且返回 IEnumerable<T>类型的结果。

下面将对常用的扩展方法进行一一讲解。

1. 过滤类方法

常用的过滤类方法及说明如表 13.1 所示。

表 13.1　常用的过滤类方法及说明

方　　法	说　　明
Where()	返回符合条件的元素子集
Take()	返回开始的 N 个元素，忽略剩下的元素
Skip()	忽略开始的 N 个元素，返回剩下的元素
TakeWhile()	返回集合中满足条件的元素，直到指定条件为 false 则忽略剩下的元素
SkipWhile()	忽略集合中满足条件的元素，直到指定条件为 false 则返回剩下的元素
Distinct()	返回去除原集合中重复元素的新集合

1）Where()

Where()方法是常用的筛选过滤类方法，它可以返回输入的集合中满足指定条件的若干个元素。比如下面的例子就返回 names 字符串数组中包含"a"的所有元素。

```
string[] names = { "Tom", "Dick", "Harry", "Mary", "Jay" };
var query = names.Where(n =>n.Contains("a"));
//{ "Harry", "Mary", "Jay" }
```

Where()方法还支持第二个可选参数，类型为 int，表示当前处理的元素在输入集合中的位置。比如下面的例子忽略了下标为单数的元素：

```
string[] names = { "Tom", "Dick", "Harry", "Mary", "Jay" };
var query = names.Where((n, i) =>i % 2 == 0);
// { "Tom", "Harry", "Jay" }
```

2）Take()和 Skip()

Take()方法可以返回给定集合的前面 n 个元素并丢弃剩下的元素；Skip()方法可以丢弃前面 n 个元素并返回剩下的元素。这两个方法通常一起使用以实现 Web 页面的数据分页效果，让用户能在一个大型的结果集上进行导航。比如可以使用 Take()方法仅取前两个元素，使用 Skip()方法忽略前两个元素。

```
string[] names = { "Tom", "Dick", "Harry", "Mary", "Jay" };
var query = names.Take(2); //{ "Tom", "Dick"}
var query2 = names.Skip(2) //{"Harry", "Mary", "Jay"}
```

3）TakeWhile()和 SkipWhile()

TakeWhile()方法可以返回当参数条件语句值为 false 之前的所有元素，丢弃剩下的元素，即使这些元素也满足条件。

```
int[] numbers = { 3, 5, 2, 234, 4, 1 };
var takeWhileSmall = numbers.TakeWhile(n => n < 100); // { 3, 5, 2 }
```

SkipWhile()方法可以丢弃当参数条件语句值为 false 之前的所有元素，返回剩下的元素，即使这些元素也满足条件。

```
int[] numbers = { 3, 5, 2, 234, 4, 1 };
var takeWhileSmall = numbers. SkipWhile(n => n < 100); // { 234, 4,1}
```

4）Distinct()

Distinct()返回去除了重复元素之后的输入序列，在确定元素是否重复时只能使用默认的判等方法：

```
char[] distinctLetters = "HelloWorld".Distinct().ToArray();
string s = new string (distinctLetters);
```

也可以在 string 变量上直接调用 LINQ 方法，因为 string 实现了 IEnumerable<char>。

2. 数据转换类方法

表 13.2 展示了常用的数据转换类的方法及其说明。

表 13.2　常用的数据转换类的方法及其说明

方　　法	说　　明
Select()	用指定的 Lambda 表达式转换每一个输入的元素
SelectMany()	用指定的 Lambda 表达式转换所有输入的元素为结果后，将结果合并后成为一个平展结果集

1）Select()

Select()方法在没有数据筛选的情况下，总是得到与源集合相同数量的新的集合，并且新集合中的每个元素都需要经过 Lambda 表达式的转换。Select 意为指定所选择返回的对象。这里返回的对象有可能就是源集合中的对象，也有可能是对源集合中的对象进行转换而来的新对象。如果需要转换，则需要使用一个转换表达式，而 Lambda 表达式是一种较好的选择。

```
string[] names = { "Tom", "Dick", "Harry", "Mary", "Jay","Tom" };
var query = names.Select(n=>new { Name = n });//{{"Tom"},{"Dick"},…}
```

在上述代码中，通过 Select()方法将 names 字符串数组中的每个字符串重新转换为一个新的具有属性名为 Name 的匿名类型的对象。因此可知，最终 query 变量中含有 6 个匿名类型的对象。

和 Where()方法类似，Select()方法也可以完成带索引的数据转换。数据转换表达式支持第二个可选参数，用来表示当前元素在输入集合中的索引位置，当然只有本地查询支持这种功能。

```
string[] names = { "Tom", "Dick", "Harry", "Mary", "Jay","Tom" };
var query = names.Select((s,i) =>i+ " = " + s); // { "0=Tom", "1=Dick", ... }
```

2）SelectMany()

SelectMany()方法可以得到通过指定 Lambda 表达式处理之后得到的所有结果，将结果合并后成为一个平展结果集。所谓平展结果集，就是集合中的元素没有嵌套关系，而层次结果集就存在对象的嵌套关系。

```
string[] names = { "T o m", "Di ck", "Har ry", "Mary", "Jay","Tom" };
var query = names.SelectMany(n => n.Split(' '));
```

在上述代码中，通过 SelectMany()方法中的 Lambda 表达式对 names 字符串数组进行按空格拆分处理。因此可得最终的结果为 {"T", "o", "m", "Di", "ck", "Har", "ry", "Mary", "Jay", "Tom"}。使用 SelectMany()方法时，其返回的类型不能为匿名类型，否则将提示编译错误而不能运行。

3. 联结类方法

表 13.3 展示了常用联结类的方法及其说明。

表 13.3　常用联结类的方法及其说明

方　　　法	说　　　　明
Join()	应用一种查询策略来匹配两个集合中的元素，产生一个平展的结果集
GroupJoin()	应用一种查询策略来匹配两个集合中的元素，产生一个带分组的结果集

Join()方法和 GroupJoin()方法通过匹配两个输入集合来产生单个输出集合。Join()方法将产生平展结果集，而 GroupJoin()将产生层次结果集。Join()方法和 GroupJoin()方法的优点是它们对于本地内存集合的执行更加有效，因为它们开始就把内层集合装载到一个按键排序的查找器，这样就避免了重复遍历每一个内层元素。它们的缺点则是它们只提供了内联结和左外联结的功能，而交叉联结和不等联结还是只能通过 Select()/SelectMany()来实现。

1）Join()

Join()方法执行一个内联结，产生一个平展的结果集并输出。示例如下：

```
from c in customers
join p in purchases on c.ID equals p.CustomerID
select new { c.Name, p.Description, p.Price };
相对应的方法语法如下:
customers.Join(                              // outer collection
               purchases,                    // inner collection
               c => c.ID,                     // outer key selector
               p => p.CustomerID,             // inner key selector
               (c, p) => new { c.Name, p.Description, p.Price }
               // result selector
             );
```

在上述 Join()方法的示例中,通过将 customers 集合中的每个对象 c 和 purchases 集合中的每个对象 p,按 c.ID 和 p.CustomerID 进行判等比较,如果结果为 true,则将 c.Name、p.Description 和 p.Price 这 3 个值组成为一个匿名类型的对象并返回组成一个平展结果集。

如果需要使用 Join()方法完成对结果集的转换也可以放到 Join()方法后再加 Select()方法来完成。如下所示:

```
customers.Join(                              // outer collection
               purchases,                    // inner collection
               c => c.ID,                     // outer key selector
               p => p.CustomerID,             // inner key selector
               (c, p) => new {c, p}           // result selector
             ).Select(x => x.c.Name, x.p.Description, x.p.Price }
```

2) GroupJoin()

GroupJoin()方法和 Join()方法一样执行联结操作,但它不是返回一个平展的结果集,而是一个层次结构的结果集,使用每个外层元素进行分组。除了内联结以外,GroupJoin 还允许外联结。默认情况下,GroupJoin 相当于左外联结。如下所示:

```
customers.GroupJoin(                         // outer collection
               purchases,                    // inner collection
               c => c.ID,                     // outer key selector
               p => p.CustomerID,             // inner key selector
               (c, p) => new {c, p}           // result selector
             );
```

上述示例中就将按 c.ID 进行分组,以 c.ID 的值为每组的键值。此时如果 c 中的某个 ID 值并没有对应的数据,则将返回一个只包含 c,而 p 部分为空的匿名类型对象。

如果希望将那些没有 p 部分的分组筛除掉,则可以在上述结果后面跟上一个 Where()方法进行筛选。在如下代码中,利用 Where()方法筛除了 p.Count()的结果为 0 的对象。

```
customers.GroupJoin(                         // outer collection
               purchases,                    // inner collection
               c => c.ID,                     // outer key selector
               p => p.CustomerID,             // inner key selector
               (c, p) => new {c, p}           // result selector
             ).Where(n => n.p.Count()!=0);
```

4. 排序和分组方法

表 13.4 展示了常用的排序和分组的方法及其说明。

表 13.4　常用的排序和分组的方法及其说明

方　　法	说　　明
OrderBy(), ThenBy()	对一个集合按升序排序
OrderByDescending(),ThenByDescending()	对一个集合按降序排序
Reverse()	按倒序返回一个集合
GroupBy()	对一个集合进行分组

1）排序方法

LINQ 也提供了 OrderBy()和 ThenBy()两种排序方法，默认为升序排序。OrderBy()返回输入集合的排序版本，使用键选择器来进行排序比较。比如：

```
string[] names = { "Tom", "Dick", "Harry", "Mary", "Jay", "Tom" };
var result1 = names.OrderBy(s => s.Length);//按元素的长度进行升序排序
```

如果在已经排好序的结果中，需要进行第二关键字排序，则可以使用 ThenBy()方法，对上一次的排序结果进行再次排序。ThenBy()方法只会对那些在前一次排序中拥有相同键值的元素集合进行重新排序，因此可以连接任意数量的 ThenBy()方法。如果在 OrderBy()方法后再加一个 OrderBy()方法，则第二个 OrderBy()方法将会对第一个进行屏蔽。

```
string[] names = { "Tom", "Dick", "Harry", "Mary", "Jay", "Tom" };
var result2 = names.OrderBy(s=>s.Length).ThenBy(s => s.Substring(0,1));
                              //先按元素的长度升序，再按首字母升序排序
```

LINQ 也提供了 OrderByDescending()和 ThenByDescending()方法，用来按降序排列一个集合。

```
string[] names = { "Tom", "Dick", "Harry", "Mary", "Jay", "Tom" };
var result3 = names. OrderByDescending (s => s.Length). ThenByDescending
(s => s.Substring(0,1));//先按元素的长度升序，再按首字母升序排序
```

2）分组方法 GroupBy()

GroupBy()方法把一个平展的输入集合进行分组存放到输出集合中。GroupBy()方法会读取每一个输入的元素，把它们存放到一个临时的键值列表中，所有具有相同 Key 的元素会被存入同一个子列表。然后返回一个分组（grouping）集合，一个分组是一个带有 Key 属性的集合。

```
string[] names = { "Tom", "Dick", "Harry", "Mary", "Jay", "Ted" };
var result = names.GroupBy(n => n.First());
```

在上述代码中，就是按首字母进行分组，拥有相同首字母的字符串将分为一组。因此，最后的 result 实际是拥有多个分组对象的一个集合对象。要想读取每个分组内部的元素情况，则需要一个嵌套的 foreach 循环来访问。示例代码如下所示：

```
foreach (var item in result)
{
    foreach (var i in item)
    {
        Console.Write(i);
    }
    Console.WriteLine();
}
```

运行效果如图 13.4 所示。

图 13.4 访问分组中所有元素运行效果图

默认情况下，每个分组中的元素都是没有经过转换的输入元素，除非你指定了元素选择器参数。下面就把输入元素转换为大写形式。如下所示：

```
string[] names = { "Tom", "Dick", "Harry", "Mary", "Jay", "Ted" };
var result = names.GroupBy(n => n.First(), n => n.ToUpper());
```

需要注意的是，上面的示例虽然把输入元素转换为了大写形式，但作为分组的键的值，还是原来的大小写，这一部分是不会改变的。

分组集合中的分组对象之间默认是没有排序功能的，如果需要对结果排序，那么可以在其后添加 OrderBy()方法来完成，如下代码则可以按分组的 Key 对分组进行排序。

```
string[] names = { "Tom", "Dick", "Harry", "Mary", "Jay", "Ted" };
var result=names.GroupBy(n=>n.First(), n=>n.ToUpper()).OrderBy(n=>n.Key);
```

5. 元素运算方法

表 13.5 展示了常用的元素运算方法及其说明。

表 13.5 常用的元素运算方法及其说明

方　　法	说　　明
First()，FirstOrDefault()	返回集合中（可选满足某个条件）的第一个元素
Last(), LastOrDefault()	返回集合中（可选满足某个条件）的最后一个元素
Single(), SingleOrDefault()	相当于 First/FirstOrDefault，但是如果不止一个匹配元素则抛出异常
ElementAt(), ElementAtOrDefault()	返回特定位置上的元素
DefaultIfEmpty()	如果集合没有元素，则返回 null 或 default(TSource)

- First()方法将会返回集合中满足条件的第一个元素。若没有匹配的元素，则会抛出异常 InvalidOperationException。
- Last()方法将会返回集合中满足条件的最后一个元素。若没有匹配的元素，则会与 First()方法相同，抛出 InvalidOperationException 异常对象。
- 当 FirstOrDefault()和 LastOrDefault()是在输入的集合中都没有满足条件的元素时，会返回当前集合中元素对应类型的默认对象，而不是抛出异常。默认类型的对象对于引用类型来说是 null，对于值类型元素则通常是 0 或是 false。
- Single()方法将会返回集合中满足条件的有且仅有一个匹配元素，如果没有满足条件的元素或有多个元素匹配条件，则会抛出异常 InvalidOperationException。
- SingleOrDefault()方法将会返回集合中满足条件的有且仅有一个匹配元素，如果没有满足条件的元素，则返回当前集合元素所属类型的默认对象；若有多个元素匹配条件，则会抛出异常 InvalidOperationException。

示例代码如下：

```
int[] numbers = { 1, 2, 3, 4, 5 };
```

```
int first = numbers.First();                          // 返回集合的第 1 个元素 1
int last = numbers.Last();                            // 返回集合的最后 1 个元素 5
int firstEven = numbers.First(n => n % 2 == 0);// 返回集合中的第一个偶数 2
int lastEven = numbers.Last(n => n % 2 == 0);    // 返回集合中的最后一个偶数 4
int firstBigError = numbers.First(n => n > 10); // 不存在满足条件的元素，抛出异常
int firstBigNumber = numbers.FirstOrDefault(n => n > 10);// 不存在满足条件
                                                      // 的元素，返回 0
int onlyDivBy3 = numbers.Single(n => n % 3 == 0); // 被 3 整除的，仅有 3
int divBy2Err = numbers.Single(n => n % 2 == 0); // 被 2 整除的有多个，抛出异常
int singleError = numbers.Single(n => n > 10); // 不存在大于 10 的元素，抛出异常
int noMatches = numbers.SingleOrDefault(n => n > 10);   // 不存在大于 10 的
                                                      // 元素，返回 0
int divBy2Error = numbers.SingleOrDefault(n => n % 2 == 0); // Error
```

1）ElementAt()/ElementAtOrDefault()

- ElementAt()方法将返回集合中给定下标对应的元素。如果下标为负或是大于集合的元素个数，则抛出 ArgumentOutOfRange 异常。
- ElementAtOrDefault()方法也将返回集合中给定下标对应的元素。如果下标为负或是大于集合的元素个数，则不抛出异常，返回对应类型的默认对象。但如果集合本身为空，则会抛出 ArgumentNullException 异常。

```
int[] numbers = { 1, 2, 3, 4, 5 };
int third = numbers.ElementAt(2);            // 3
int tenthError = numbers.ElementAt(9);       // 下标越界，抛出异常
int tenth = numbers.ElementAtOrDefault(9); // 0
```

2）DefaultIfEmpty()

当操作的集合本身为空时，如果进行上述若干操作，则会抛出 ArgumentNullException 异常。此时可以使用 DefaultIfEmpty()方法，将本身为 null 的集合返回该集合中元素对应类型的默认值。

```
int[] numbers = new int[]{};
var numbersPlus = numbers.DefaultIfEmpty();         // [0]
```

6. 聚合方法

表 13.6 展示了常用的聚合方法及其说明。

表 13.6 常用的聚合方法及其说明

方　　法	说　　明
Count()，LongCount()	返回输入集合中的元素个数，也可以指定返回满足指定条件的元素个数
Min()，Max()	返回输入集合中的最小/最大值
Sum()，Average()	返回输入集合中所有元素的和或平均值
Aggregate()	对集合中的元素执行特定的计算

1）Count()/LongCount()

Count()方法可以简单地遍历集合，返回其元素的个数。如下所示：

```
int digitCount = "pa55w0rd".Count();      // 返回结果为 8
```

该方法也支持返回满足指定条件的元素个数，只需要将指定的条件以 Lambda 表达式作为参数给出即可，如下所示：

```
int digitCount = "pa55w0rd".Count(c => char.IsDigit(c));     //返回结果为 3
```

LongCount()方法的功能和 Count()方法一样，不同之处在于可以返回 64 位的整数，因此可以针对更多元素的集合进行操作。

2）Min()/Max()

Min()和 Max()分别返回输入集合中的最小/最大元素。

```
int[] numbers = { 28, 32, 14 };
int smallest = numbers.Min();   // 14;
int largest = numbers.Max();    // 32;
```

Min()和 Max()也支持选择器表达式，这样每个元素就都会先进行数据转换。如下所示：

```
int smallest = numbers.Max(n => n % 10);  // 8;
```

上面代码的作用就是将 numbers 中的所有元素对 10 取余后，再返回结果中最大的值。

如果集合中的元素本身是不支持比较的（即没有实现 IComparable<T>接口），那么在 Min()和 Max()方法的参数中就必须给出选择器表达式，通过选择器表达式指定进行比较的元素属性。假设有类型 Purchase 用来表示商品信息，其中的 Price 属性用于记录价格。Purchases 是一个 Purchase 类型的集合对象。因此有如下代码：

```
Purchase runtimeError = Purchases.Min(); // Error
decimal? lowestPrice = Purchases.Min(p => p.Price); // OK
```

从上面的示例可以看出，选择器表达式不只是决定了元素的比较方式，而且决定了最终的结果。上面使用 p => p.Price 的示例中，最终结果是一个 decimal 数值，而不是 purchase 对象。如果要想得到最便宜的 purchase，就需要一个子查询：

```
Purchase cheapest = Purchases
        .Where(p => p.Price == Purchases.Min(p2 => p2.Price))
        .FirstOrDefault();
```

上面的示例中首先找到最低价，然后通过 Where()方法筛选出价格为最低价的对象并返回第一个符合条件的对象。当然上述示例的功能也可以直接使用 OrderBy()方法来实现。

3）Sum()/Average()

Sum()和 Average()的使用方式和 Min()/Max()类似，它们用于对输入集合中的元素求和或平均值，如下所示：

```
decimal[] numbers = { 3, 4, 8 };
decimal sumTotal = numbers.Sum();        // 15
decimal average = numbers.Average();     // 5
```

下面的查询返回 names 数组中每个字符串的总长度：

```
string[] names = { "Tom", "Dick", "Harry", "Mary", "Jay" };
int combinedLength = names.Sum(s => s.Length); // 19
```

Sum()和 Average()对可操作的元素类型要求相当严格，它们可以操作下面这些数值类型（int、long、float、double、decimal 及其可空版本）。在使用 Average()方法时，若选择器表达式的类型为 decimal，则其结果类型为 decimal；此外的结果类型为 double。为了防止丢失数据精度，Average 隐式地把输入数值转换到表示范围更宽的数据类型。

4）Aggregate()

Aggregate()方法允许使用定制的算法来完成不常见的汇总或计算。例如下面的示例使用 Aggregate()方法完成了 Sum()方法的功能：

```
int[] numbers = { 2, 3, 4 };
int sum = numbers.Aggregate(0, (total, n) => total + n); // 9
```

Aggregate()的第一个参数是算法的种子，即初始值；第二个参数是一个表达式，用来针对每个元素更新计算数值。我们可以选择提供第三个参数来对最终结果进行数据转换。

当调用 Aggregate()时，可以省略种子值，这时第一个元素会隐式地成为种子值，并且集合计算从第二个元素继续下去。

```
// 省去种子参数调用 Aggregate
int[] numbers = { 1, 2, 3 };
int sum = numbers.Aggregate ((total, n) => total + n); // 6
```

上面的示例直接完成的是 1+2+3 的求和操作。如果采用带种子的算法，其计算的完整表达式为 0+1+2+3。尽管它们的计算结果相同，但过程是不同的。从下面的示例可以看出：

```
int[] numbers = { 1, 2, 3 };
int x = numbers.Aggregate(0, (prod, n) => prod * n);   // 0*1*2*3 = 0
int y = numbers.Aggregate((prod, n) => prod * n);      // 1*2*3 = 6
```

7. 量词方法

表 13.7 展示了常用的量词方法及其说明。

表 **13.7**　常用的量词方法及其说明

方　　法	说　　明
Contains()	返回输入集合中是否包含给定的元素
Any()	如果任意一个元素满足给定条件，则返回 true
All()	如果所有元素满足给定条件，则返回 true
SequenceEqual()	如果给定的集合与当前集合有值相同且顺序相同的元素，则返回 true

1）Contains()

Contains()方法必须给出一个与当前集合类型相兼容的参数。如果输入集合包含给定的元素，则返回 true。

```
bool hasAThree = new int[] { 2, 3, 4 }.Contains(3); // true;
```

2）Any()

Any()方法可以给出一个用于描述条件的 Lambda 表达式。通过对该表达式的判断可以返回对应的 bool 值。比如 Any()方法也可以实现 Contains()方法的功能，如下所示：

```
bool hasAThree = new int[] { 2, 3, 4 }.Any(n => n == 3); // true;
```

Any()也能实现 Contains()不能完成的功能。如下所示：

```
bool hasABigNumber = new int[] { 2, 3, 4 }.Any(n => n > 10); // false;
```

调用 Any()时省略了条件表达式，这时只要集合中含有元素就返回 true。下面使用另一种方式完成上面的查询功能：

```
bool hasABigNumber = new int[] { 2, 3, 4 }.Where(n => n > 10).Any();//false;
```

Any()在使用子查询时非常有用，如下所示：

```
var query =
    from c in Customers
    where c.Purchases.Any(p => p.Price> 1000)
    select c;
```

上述示例可查出 Customers 的 Purchases 集合中价格大于 1000 的所有元素。

3）All()

All()方法用于判断集合中是否所有的元素都满足给定的条件。下面的查询返回 Purchases 小于 100 的所有 Customer 对象。

```
var query = Customers.Where(c => c.Purchases.All(p => p.Price< 100));
```

4）SequenceEqual()

SequenceEqual()比较两个序列，如果它们拥有相同的元素，且相同的顺序，则返回 true。

```
int[] numbers1 = { 2, 3, 4 };
int[] numbers2 = { 2, 3, 4 };
int[] numbers3 = { 3, 2, 4 };
Console.WriteLine(numbers1.SequenceEqual(numbers2));    // True
Console.WriteLine(numbers1.SequenceEqual(numbers3));    // False
```

8. 集合运算方法

表 13.8 展示了集合运算方法及其说明。

表 13.8　集合运算方法及其说明

方　　法	说　　明
Concat()	返回连接给定两个集合后的所有元素
Union()	返回连接给定两个集合后的所有元素，但去除重复的元素
Intersect()	返回给定两个集合中都存在的元素
Except()	返回存在于给定的第一个集合中而不存在于第二个集合中的元素
Zip()	返回以指定方式将两个给定集合中的元素一一连接起来后的新的集合

1）Concat()和 Union()

Concat()方法将先返回第一个元素中的所有元素，后接第二个集合中的所有元素。而 Union()方法的工作与 Concat()方法一致，不同点在于它将去除重复的多余元素，即保留的元素仅为唯一的值，如下所示：

```
int[] seq1 = { 1, 2, 3 }, seq2 = { 3, 4, 5 };
IEnumerable<int> concat = seq1.Concat(seq2); // { 1, 2, 3, 3, 4, 5 }
IEnumerable<int> union = seq1.Union(seq2); // { 1, 2, 3, 4, 5 }
```

如上所示，调用 Concat()和 Union()方法的返回值类型均为 IEnumerable<T>类型。其中，T 为返回的集合中元素的类型。当两个集合的类型不同，但是它们的元素共享同一个基类型时，通常明确指定类型参数。比如，在使用反射 API 时，方法和属性分别用 MethodInfo 和 PropertyInfo 类型表示，它们的共同基类是 MemberInfo，可以在调用 Concat()时明确指定其类型来连接方法和属性：

```
MethodInfo[] methods = typeof(string).GetMethods();
PropertyInfo[] props = typeof(string).GetProperties();
IEnumerable<MemberInfo> both = methods.Concat<MemberInfo>(props);
```

当需要完成上述需求时，只能在 C# 4.0 中编译但不能在 C# 3.0 中编译，因为它依赖于接口类型参数协变，这是在 C# 4.0 才给出的。

2）Intersect()和 Except()

Intersect()返回两个集合中都存在的元素，Except()返回存在于第一个集合而不存在于第二个集合中的元素。如下所示：

```
int[] seq1 = { 1, 2, 3 }, seq2 = { 3, 4, 5 };
IEnumerable<int>
commonality = seq1.Intersect(seq2), // { 3 }
difference1 = seq1.Except(seq2), // { 1, 2 }
difference2 = seq2.Except(seq1); // { 4, 5 }
```

3）Zip()

Zip()方法在.NET Framework 4.0 被添加进来。它同步遍历两个集合（像拉链一样），并在返回的集合中的每一个元素对上应用 Lambda 表达式。任何输入集合中额外的元素（不能组成元素对）会被忽略。如下例：

```
int[] numbers = { 3, 5, 7 };
string[] words = { "three", "five", "seven", "ignored" };
IEnumerable<string> zip = numbers.Zip (words, (n, w) => n + "=" + w);
// 产生的 sequence 包含如下元素
// 3=three
// 5=five
// 7=seven
```

9. 转换运算方法

表 13.9 展示了常用转换运算符方法及其说明。

表 13.9　常用转换运算符方法及其说明

方　　法	说　　明
OfType()	筛选出集合中指定类型的元素，丢弃非指定类型的元素
Cast()	将集合中的元素转换为指定类型，如果存在非指定类型的元素则抛出异常
ToArray()	将可枚举型对象转换为数组对象
ToList()	将可枚举型对象转换为列表对象
ToDictionary()	将可枚举型对象转换为字典对象
ToLoopup()	将可枚举型对象转换为 ILookup 键值对对象
AsEnumerable()	将集合向上转换为 IEnumerable 类型
AsQueryable()	将集合向下转换到 IQueryable 类型

1）OfType()和 Cast()

OfType() 和 Cast() 接收一个非泛型的 IEnumerable 集合，返回一个泛型的 IEnumerable<T>，这样就可以对其进行查询了。如下所示：

```
ArrayList classicList = new ArrayList(); // in System.Collections
classicList.AddRange(new int[] { 3, 4, 5 });
IEnumerable<int> sequence1 = classicList.Cast<int>();
```

```
IEnumerable<int> sequence2 = classicList. OfType<int>();
```

ArrayList 对象是一个非泛型的 IEnumerable 集合，其中的所有元素都将向上转型为 Object 类型并被存储起来。通过 Cast<int>()和 OfType<int>()方法，就可以将该 ArrayList 对象中的元素转换为指定的 int 类型。

Cast()和 OfType()的行为表现在当遇到一个类型不兼容的输入元素时，Cast()抛出一个异常，而 OfType()忽略不兼容的元素。接上一示例的代码如下所示：

```
DateTime offender = DateTime.Now;
classicList.Add(offender);
IEnumerable<int> sequence3 = classicList.OfType<int>(), // OK - ignores
offending DateTime
IEnumerable<int> sequence4 = classicList.Cast<int>(); // Throws exception
```

上述代码将一个 DateTime 的对象 offender 放到 ArrayList 对象 classicList 中，再分别使用 Cast<int>()和 OfType<int>()方法进行类型转换。此时，OfType<int>()仅仅是忽略掉 offender 对象，于是在 sequence3 中仅有 "{1},{2},{3}" 3 个 int 值，而没有 offender 对象。在使用 Cast<int>()进行转换时，则抛出异常。

导致上述不同之处的原因在于，在 OfType()的实现中，使用了 is 运算符来判断元素类型是否兼容。如果兼容则进行相应的强制转换；而 Cast()具有相同的实现，除了它里面省略了类型兼容性的检测。由于这一机制，使得 Cast()方法在作用于数值或定制的转换时会失效。比如下面的代码：

```
int[] integers = { 1, 2, 3 };
IEnumerable<long> test1 = integers.OfType<long>();
IEnumerable<long> test2 = integers.Cast<long>();
```

当遍历结果时，test1 产生 0 个元素的集合，而 test2 会抛出异常。通过分析 OfType()方法的实现代码可知，当前集合的元素类型为 int，而目标类型为 long，因为 int 和 long 之间并没有继承关系，所以表达式（element is long）结果为 false，因此不会返回任何元素。而对于 Cast()方法，则是将 integers 中的元素向上转型为 Object 后，再强制转换为 long。而 long 是一个值类型，编译器会认为这是一个拆箱转换。而拆箱操作要求精确的类型匹配，即将 int 装箱为 Object 类型，则只能拆箱到 int 类型，因此会转换出错，从而抛出异常。

所以对于需要把一个泛型的输入集合中的元素向下转换（转为更具体的类型）时，Cast()和 OfType ()方法是非常有用的。

2）ToArray()、ToList()、ToDictionary()和 ToLookup()

ToArray()和 ToList()分别把结果输出到一个数组或泛型列表。这些运算符会强制对输入集合进行立即遍历（除非间接通过子查询或表达式树）。示例如下：

```
var numbers = new List<int>() { 1, 2 };
List<int> timesTen = numbers.Select(n => n * 10).ToList(); //将结果转换为列表
int[] timesArray = numbers.Select(n => n * 10).ToArray();//将结果转换为数组
```

ToList() 使用 IEnumerable<T>并将其转换为 List<T>，那么 ToDictionary()也是类似的。在大多数情况下 ToDictionary()是一个非常方便的方法，将查询的结果（或任何 IEnumerable<T>）转换成一个 Dictionary<TKey,TValue>。关键是需要定义 T 如何分别转换 TKey 和 TValue。

例如，有超级大的产品列表，希望把它放在一个 Dictionary<int, product>中，这样可以根据 ID 得到最短的查找时间。可能会这样做：

```
var results = new Dictionary<int, Product>();
foreach (var product in products)
    results.Add(product.Id, product);
```

通过使用 ToDictionary()方法，可以简化为：

```
var results = products.ToDictionary(product => product.Id);
```

它构造一个 Dictionary<int, Product>，Key 是产品的 Id 属性（in 模型），Value 是产品本身。这是最简单的形式 ToDictionary()，只需要指定一个 Key 选择器（上面示例中的参数则为 Key 选择器）。如果想要将不同的对象作为 Value，例如不在乎整个 Product，只是希望能够获取 Product 的 Name 属性值，则可以这样做：

```
var results = products.ToDictionary(product => product.Id, product =>
product.Name);
```

上述示例中的第二个参数称为元素选择器。这样的代码可以创建一个 Key 为 Id，Value 为 Name 的 Dictionary<int, string>对象。由此看来这个扩展方法有很多的方式来处理 IEnumerable<T>集合或查询结果以生成一个 Dictionary 集合对象。

ToLookup()方法创建一个类似字典（Dictionary）的列表 List，但是它是一个新的.NET 集合，被称为 Lookup。Lookup 不像 Dictionary，是不可改变的。这意味着一旦创建一个 Lookup 集合，将不能对其添加或删除元素。

```
var results = products.ToLookup(product => product.Category);
```

上述代码完成了将 products 集合中的所有元素，按 Category 属性值分类。因此也就获得了一个相当于 Dictionary<Key, List<Product>>类型的对象，即一个属性值，对应了包含若干个对象的列表，从而完成了分组的操作。要想访问 ToLookup()方法的结果，可使用如下代码来完成：

```
foreach(var group in results)
   foreach(var item in group)
      Console.WriteLine(item);
```

10. 生成运算方法

表 13.10 展示了常用的生成器运算符的方法及其说明。

表 13.10　常用的生成器运算符的方法及其说明

方　　法	说　　明
Empty()	创建一个空的集合
Repeat()	创建一个含有重复元素的集合
Range()	创建一个包含指定整数的集合

Empty()、Range()和 Repeat()是 Enumerable 类的静态方法，而不是扩展方法，用来创建简单的本地集合。

1）Empty()

Empty()创建一个空的集合，它只需要一个类型参数：

```
foreach (string s in Enumerable.Empty<string>())
    Console.Write(s); // 空的集合
```

通过配合使用??操作符,Empty()可以完成与 DefaultIfEmpty()相反的操作。比如,有一个交错整型数组,现在想要把所有的整数放到一个简单的平展列表中。下面的 SelectMany()查询在遇到一个空的内部数组时会失败:

```
int[][] numbers ={new int[] { 1, 2, 3 }, new int[] { 4, 5, 6 }, null };
IEnumerable<int> flat = numbers.SelectMany(innerArray => innerArray);
```

此时,可以使用 Empty()方法,通过判断当前对象为空时,则产生一个空的集合对象,即可避免抛出异常:

```
IEnumerable<int> flat = numbers
                   .SelectMany(innerArray => innerArray ??
                   Enumerable.Empty<int>());
```

在上述代码中,通过判断 innerArray 是否为空,如果为空,则调用 Enumerable.Empty<int>()方法,产生一个整型的空集合。因为最后 flat 集合中的元素仅为“1,2,3,4,5,6”。

2)Range()和 Repeat()

Range()和 Repeat()只能用来操作整型数据。Range()接收一个起始值和元素个数,从而产生一个从起始值开始的指定个数的元素集合。例如:

```
foreach (int i in Enumerable.Range(5, 5))
    Console.Write(i + ""); // 5 6 7 8 9;
```

而 Repeat()方法用于接收重复的数值和重复该数值的次数作为参数:

```
foreach (int i in Enumerable. Repeat (5, 5))
    Console.Write(i + ""); // 5 5 5 5 5;
```

13.4 延迟执行

LINQ 中大部分查询运算符都有一个非常重要的特性——延迟执行。这意味着,它们不是在查询创建的时候执行,而是在遍历的时候执行。考虑下面的代码:

```
var numbers = new List<int>();
numbers.Add(1);
IEnumerable<int> query = numbers.Select(n => n * 10);   // 构建查询
numbers.Add(2);                    //向集合中添加新元素
foreach (int n in query)
    Console.Write(n + "|");    // 10|20| 结果中一共有两个元素
```

可以看出,在查询创建之后添加的 number 也包含在查询结果中了,这是因为直到 foreach 语句对 query 进行遍历时,查询才会执行,这时,数据源 numbers 已经包含了我们后来添加的元素 2。这种特性就是延迟执行。

在 LINQ 中,除了下述两种查询运算符以外,所有其他的运算符都是采用延迟执行的策略:

- 返回单个元素或者标量值的查询运算符,如 First、Count 等。
- 转换运算符:ToArray、ToList、ToDictionary、ToLookup。

对于 LINQ 来说，延迟执行是非常重要的，因为它把查询的创建与查询的执行解耦了，这让我们可以像创建 SQL 查询那样，分成多个步骤来创建我们的 LINQ 查询。

但延迟执行带来的一个影响是当重复遍历查询结果时，查询会被重复执行。重复执行首先带来的是性能上的消耗。有些查询比较耗时，重复遍历时进行一次新的查询会消耗大量的时间；另一方面，重复执行会在对某个特定的结果进行保存时带来一些困扰。这时可以使用 ToArray、ToList、ToDictionary、ToLookup 等转换运算符，将结果保存起来，从而避免重复执行。

延迟执行还有一个副作用就是会在查询执行时对变量进行捕获。这意味着，如果在查询定义之后改变了该变量的值，则查询结果也会随之改变。如下所示：

```
int[] numbers = { 1, 2 };
int factor = 10;
IEnumerable<int> query = numbers.Select(n => n * factor);
factor = 20;
foreach (int n in query)
    Console.Write(n + "|");  // 20|40| 结果是以 20 为基数进行计算，而非 10
```

13.5　案例 12：商品信息分页展示

微课视频 13-1

数据的分页查看在应用程序中经常遇到。当数据较多时，除了在数据库端进行操作以外，还可以使用 LINQ 技术，实现分页查询。本案例就以商品信息展示为例，进行分页显示。运行效果如图 13.5 所示。

```
Welcome to the XXX Product Management System
This is the Products Page

| ID | Name | Price | Producer |
| 1 | M1 | 4.57 | M1_producer |
| 2 | M2 | 0.55 | M2_producer |
| 3 | M3 | 2.07 | M3_producer |
| 4 | M4 | 5.74 | M4_producer |
| 5 | M5 | 5.97 | M5_producer |

第1页/共2页
1—上一页      2—下一页      3—第一页      4—最后一页
```

```
Welcome to the XXX Product Management System
This is the Products Page

| ID | Name | Price | Producer |
| 6 | M6 | 7.57 | M6_producer |
| 7 | M7 | 1.98 | M7_producer |
| 8 | M8 | 3.78 | M8_producer |
| 9 | M9 | 2.23 | M9_producer |
| 10 | M10 | 6.86 | M10_producer |

第2页/共2页
1—上一页      2—下一页      3—第一页      4—最后一页
```

图 13.5　案例 12：商品信息分页展示运行效果图

首先，为本案例准备相应的数据进行实体类的声明。代码 13.3 中声明了名为 ProductInfo 的类，其实现了 IComparable<ProductInfo>接口。

代码 13.3　声明 ProductInfo 类示例代码

```
01    public class ProductInfo:IComparable<ProductInfo>
02    {
03        private static int autoId = 0;
04        public string ProductID { get; set; }
05        public string ProductName { get; set; }
06        public double ProductPrice { get; set; }
07        public string ProductProducer { get; set; }
08        public ProductInfo(string name, double price, string prod)
09        {
```

```
10          autoId++;
11          ProductID = autoId.ToString();
12          ProductName = name;
13          ProductPrice = price;
14          ProductProducer = prod;
15      }
16    public int CompareTo(ProductInfo other)
17    {
18          return this.ProductID.CompareTo(other.ProductID);
19    }
20  }
```

在上述代码中，为保证添加的 ProductInfo 对象拥有唯一的 ProductID 属性，使用了 autoId 的静态字段实现自增操作。

接下来完成演示数据的生成。这里设计了名为 DataCenter 的类。该类中声明了若干与数据相关的方法。示例代码如代码 13.4 所示。

代码 13.4 声明 DataCenter 类示例代码

```
01  class DataCenter//数据中心，所有数据在这里产生
02  {
03
04    public static List<ProductInfo>ProductInfos;
05
06    static DataCenter()//静态构造函数
07    {
08        ProductInfos = new List<ProductInfo>();
09    }
10    public static void InitialData()
11    {
12        Random ran = new Random();
13        for(int i=1;i<=10;i++)
14        ProductInfos.Add(new ProductInfo("M"+i, (int)(ran.NextDouble()*
    1000)/100.0, "M"+i+"_producer"));
15    }
16    internal static int GetAllProductInfosPages(int pageSize)
17    {
18        var result = GetAllProductInfos();
19        return (int)Math.Ceiling((double)result.Count / pageSize);
20    }
21    internal static List<ProductInfo>GetAllProductInfosByPage (int
    pageSize, int startPageIndex)
22    {
23        var result = GetAllProductInfos();
24        int totalPages = (int)Math.Ceiling((double)result.Count / pageSize);
25        return result.Skip(pageSize * startPageIndex).Take(pageSize).
    ToList();
26    }
27    public static List<ProductInfo>GetAllProductInfos()
28    {
```

```
29          return ProductInfos;
30      }
31  }
```

代码中通过静态构造函数完成静态集合 ProductInfos 的实例化。在 InitialData()方法中，通过 for 循环，生成 10 个随机的测试 ProductInfo 对象。GetAllProductInfosPages()方法用于返回当前集合按给定的 PageSize 进行划分所得到的页面总数。GetAllProductInfosByPage()方法用于获取给定起始页面下标的指定 PageSize 的数据集。该方法中使用 Skip()方法和 Take()方法进行配合使用，完成指定范围的数据的获取。GetAllProductInfos()方法用于获得当前数据集中的所有对象。

接下来完成显示界面的代码。首先设计了页面的接口 IPage 接口，代码如代码 13.5 所示。

代码 13.5　IPage 接口示例代码

```
01  interface IPage
02  {
03      void Display();      //1 显示页面
04      void AcceptUserInput();//2 接收用户输入
05      void DoBiz();        //3 完成当前页面的业务逻辑
06      IPage RedirecTo();    //4 返回跳转目标页面
07      IPage Do( );        //用于 Main()方法中调用的方法
08  }
```

一个页面有 4 个基本的操作方法：Display()、AcceptUserInput()、DoBiz()、RedirectTo()。Display()方法负责将当前页面的内容生成并显示；AcceptUserInput()用于获取控制台程序下的用户输入；DoBiz()则负责完成当前页面的业务逻辑；而 RedirectTo()主要用于设置跳转目标的页面对象。最后一个 Do()方法用于串连页面的四个基本操作方法。

接下来，设计了抽象类 BasePage 作为所有页面的基类。虽然当前案例仅有一个页面，但实际情况可能有若干不同的页面。使用抽象基类可以将若干页面的统一操作进行一次性声明，达到简化程序与逻辑的目的。示例代码如代码 13.6 所示。

代码 13.6　抽象类 BasePage 类示例代码

```
01  abstract class BasePage : IPage
02  {
03      protected string title;
04      protected string operationList;
05      protected string content;
06      protected string finalPageContent;
07      protected StringBuilder contentBuilder = new StringBuilder();
08      protected IPagetargetPage;
09      public BasePage()
10      {
11          contentBuilder.Clear();
12      }
13      public void Display()
14      {
15          Console.Clear();
16          Console.Write(finalPageContent);
17      }
```

```
18        public IPage RedirecTo()
19        {
20            return targetPage;
21        }
22        public abstract void AcceptUserInput();
23        public abstract void DoBiz();
24
25        public virtual IPage Do()
26        {
27            Display();
28            AcceptUserInput();
29            DoBiz();
30            return RedirecTo();
31        }
32    }
```

最后完成对当前页面类的声明。代码如代码 13.7 所示。

代码 13.7　当前页面类 MainPage 类示例代码

```
01    class MainPage : BasePage
02    {
03        string operationIndex;
04        const int PAGESIZE = 5;
05        int startPageIndex = 0;
06        int totalpage;
07        public MainPage()
08        {
09            ShowPage();
10        }
11        private void ShowPage()
12        {
13            contentBuilder.Clear();
14            contentBuilder.AppendLine("Welcome to the XXX Product Management
    System");
15            title = "This is the Products Page";
16            operationList = "1--上一页\t2--下一页\t3--第一页\t4--最后一页\n";
17            totalpage = DataCenter.GetAllProductInfosPages(PAGESIZE);
18            content = DisplayCenter.DisplayMedicineInfoWithBlock(DataCenter.
    GetAllProductInfosByPage(PAGESIZE, startPageIndex));
19            content += $"\n 第{startPageIndex + 1}页/共{totalpage}页";
20            contentBuilder.AppendLine(title);
21            contentBuilder.AppendLine(content);
22            contentBuilder.AppendLine(operationList);
23            finalPageContent = contentBuilder.ToString();
24        }
25        public override void AcceptUserInput()
26        {
27            operationIndex = Console.ReadLine();
28        }
29        public override void DoBiz()
```

```
30        {
31            switch (operationIndex)
32            {
33                case "1":
34                    startPageIndex = startPageIndex - 1 <= 0 ? 0 : --
   startPageIndex;
35                    break;
36                case "2":
37                    startPageIndex = startPageIndex + 1 >= totalpage ?
   totalpage-1 : ++startPageIndex;
38                    break;
39                case "3":
40                    startPageIndex = 0;
41                    break;
42                case "4":
43                    startPageIndex = totalpage - 1;
44                    break;
45            }
46            ShowPage();
47            targetPage = this;
48        }
49    }
```

上述代码设置了当前页面的标题属性，获取并生成了当前页面需要显示的内容属性及页码。在接收用户输入的指定指令之后，完成相应页面的跳转。

13.6　小结

本章对 C#中特有的 LINQ 技术进行了详细讲解。首先阐述了 LINQ 技术产生的由来以及优势；接着介绍了 LINQ 技术的一个前提技术匿名类型；再通过查询语句表达式和查询方法两种语法来介绍了 LINQ 的使用；最后介绍了 LINQ 技术执行原理中重要的延迟执行技术。熟练掌握 LINQ 可以使程序更为清晰和易读。

13.7　练习

（1）Lambda 表达式的标准格式是什么？
（2）对 LINQ 查询表达式进行筛选操作时，需要使用什么关键字？
（3）对 LINQ 查询表达式进行连接操作时，需要使用什么关键字？
（4）什么是投影？
（5）假设有如下的数据，写出下列问题的 LINQ 语句（使用查询语句表达式和查询方法两种形式）。

Person 表：

Name	Age
小明	19

Name	Age
小红	17
小强	20

Score 表：

PersonName	CourseName	Score
小明	数学	90
小明	英语	56
小红	数学	83
小红	英语	80

① 查询所有年龄大于 18 岁的人。

② 查询对应课程所有考试及格的人。

③ 查询选课数量。

④ 查询课程选修的人数。

⑤ 以课程排序，完成所有课程的分数降序排序。

第 14 章
CHAPTER 14

文件、流和序列化

本章要点：

- 文件概述；
- C#中的路径和驱动信息类；
- C#中的文件和目录；
- 流及其操作；
- 序列化与反序列化。

14.1 文件

14.1.1 文件概述

在计算机中通常用文件表示输出操作的对象，计算机文件是以计算机硬盘为载体，存储在计算机上的信息集合。文件可以是文本文件、图片文件或者程序文件等。

文件有很多分类的标准。根据文件的存取方式可分为顺序文件、随机文件和二进制文件。

- 顺序文件是最常用的文件组织形式，它由一系列记录按照某种顺序排列形成。其中的记录通常是定长记录，因而能用较快的速度查找文件中的记录。顺序文件适用于读写连续块中的文本文件，以字符形式存储。由于是以字符形式存储，因此不宜存储太长的文件，否则会占用大量资源。我们经常使用的文本文件就是顺序文件。

- 随机文件就是以随机方式存取的文件。"随机存取"是指当存取存储器中的信息被读取或写入时所需要的时间与这段信息所在的位置无关。随机文件适用于读写有固定长度多字段记录的文本文件或二进制文件，以二进制数存储。

- 广义的二进制文件即指文件在外部设备的存放形式为二进制而得名。狭义的二进制文件是指除文本文件以外的文件。二进制文件编码是变化的、灵活且利用率高，但译码要难一些。不同的二进制文件译码方式是不同的。

14.1.2 System.IO 命名空间

读写文件是把数据输入和输出的基本方式。因为文件用于输入输出，所以文件类包含在 System.IO 名称空间中。System.IO 包含用于在文件中读写数据的类，只有在 C#应用程序中引用此命名空间才能访问这些类，而不必完全限定类型名。表 14.1 展示了 C#中用于访问文件系统的类及说明。

表 14.1　C#中用于访问文件系统的类及说明

类	说　　明
File	静态类，提供许多静态方法，用于移动、复制和删除文件
Directory	静态类，提供许多静态方法，用于移动、复制和删除目录
Path	实现类，用于处理路径名称
FileInfo	表示磁盘上的物理文件，该类包含处理此文件的方法。要完成对文件的读写工作，就必须创建 Stream 对象
DirectoryInfo	表示磁盘上的物理目录，该类包含处理此目录的方法
FileSystemInfo	用作 FileInfo 和 DirectoryInfo 的基类，可以使用多态性来同时处理文件和目录
FileSystemWatcher	用于监控文件和目录，提供这些文件和目录发生变化时应用程序可以捕获的事件

14.2　路径

14.2.1　Path 类

　　Path 类包含对文件或目录路径相关的字符串执行操作的方法。这些方法是以跨平台的方式执行的。路径是提供文件或目录位置的字符串。路径不必指向磁盘上的位置。例如，路径可以映射到内存中或设备上的位置。路径的准确格式是由当前平台确定的。在某些系统中文件路径可以包含扩展名，但文件扩展名的格式是与平台相关的。某些系统将扩展名的长度限制为 3 个字符，而其他系统则没有这样的限制。因为存在差异，所以 Path 类的字段及 Path 类的某些成员的准确行为是与平台相关的。Path 类的常用方法及说明如表 14.2 所示。

表 14.2　Path 类的常用方法及说明

方　　法	说　　明
ChangeExtension()	更改路径字符串的扩展名
Combine()	将字符串数组或多个字符串组合成一个路径
GetDirectoryName()	返回指定路径字符串的目录信息
GetExtension()	返回指定的路径字符串的扩展名
GetFileName()	返回指定路径字符串的文件名和扩展名
GetFileNameWithoutExtension()	返回不具有扩展名的指定路径字符串的文件名
GetFullPath()	返回指定路径字符串的绝对路径
GetInvalidFileNameChars()	获取包含不允许在文件名中使用的字符的数组
GetInvalidPathChars()	获取包含不允许在路径名中使用的字符的数组
GetPathRoot()	获取指定路径的根目录信息
GetRandomFileName()	返回随机文件夹名或文件名
GetTempFileName()	创建磁盘上唯一命名的零字节的临时文件，并返回该文件的完整路径
GetTempPath()	返回当前用户的临时文件夹路径
HasExtension()	确定路径是否包括文件扩展名
IsPathRooted()	获取指示指定的路径字符串是否包含根的值

Path 类中的所有方法都是静态的，因此可以直接使用 Path 类名进行调用。示例如代码 14.1 所示。

代码 14.1　Path 类简单使用示例代码

```
01    string str = @"C:\Users\Administrator\Desktop\badao.txt";
02    //获得文件名
03    Console.WriteLine(Path.GetFileName(str));
04    //获得不包含扩展名的文件名
05    Console.WriteLine(Path.GetFileNameWithoutExtension(str));
06    //获得文件所在文件夹的名称
07    Console.WriteLine(Path.GetDirectoryName(str));
08    //获得文件所在的全路径
09    Console.WriteLine(Path.GetFullPath(str));
10    //拼接路径字符串
11    Console.WriteLine(Path.Combine(@"D:\a\b\","c.txt"));
```

14.2.2　绝对路径和相对路径

在.NET 代码中指定路径名时，可使用绝对路径名，也可以使用相对路径名。绝对路径名显式地指定文件或目录来自哪一个已知的位置。比如 C:驱动器，存在路径 C:\Work\File.txt。这个路径准确地定义了文件的位置。

相对路径是相对于一个起始位置的路径。使用相对路径时，不需要指定驱动器或者已知的位置，当前工作目录就是起点，这是相对路径的默认设置。例如，当前应用程序运行在 C:\File 目录中，并使用相对路径 LogFile.txt，则该文件的完整路径就是 C:\File\LogFile.txt。

14.2.3　System.Environment 类

在开发过程中，经常会需要获取当前程序运行所在的路径，结合相对路径表示法，程序就可以实现读取或写入硬盘或网络上的某些资料。在 C#中，提供有关当前环境和平台的信息的相关类是 System.Environment 类。该类不能被继承，其中的方法均为静态方法。表 14.3 列出了该类提供的方法、属性及说明。

表 14.3　System. Environment 类提供的方法、属性及说明

属性、方法	说　　明
GetLogicalDrives()	返回包含当前计算机中的逻辑驱动器名称的字符串数组
Is64BitOperatingSystem	判断当前操作系统是否为 64 位操作系统
MachineName	获取本地计算机的 NETBIOS 名称
SystemDirectory	获取系统目录的完全限定路径
ProcessorCount	获取当前进程可用的处理器数
TickCount	获取自上次启动计算机以来所经过的时间（以 Tick 为单位）
OSVersion	获取一个 Version 对象，该对象描述公共语言运行时的主版本、此版本、内部版本和修订号
UserName	获取当前计算机的用户名

下面的代码演示了 System.Environment 类的基本用法：

```
foreach(string drive in Enviornment.GetLogicalDrives())
{
    Console.WriteLine("Drive:{0}",drive);                    //输出本机所有驱动
}
Console.WriteLine("OS:{0}",Enviornment.OSVersion);           //输出本机的 OS
Console.WriteLine("Number of processors:{0}", Enviornment.ProcessorCount);
                                                              //输出处理器个数
Console.WriteLine(".NET Version{0}",Enviornment.Version);//输出.NET 版本
```

微课视频 14-1

14.3 DriveInfo 类

查看计算机驱动器信息主要包括查看磁盘的空间、磁盘的文件格式、磁盘的卷标等,在 C#语言中, 这些操作可以通过 DriveInfo 类来实现。DriveInfo 类是一个密封类, 即不能被继承, 其仅提供了一个构造方法, 如下所示:

```
DriveInfo(string driveName){}
```

其中, driveName 参数是指有效驱动器路径或驱动器号, Null 值是无效的。

```
DriveInfo driveInfo = new DriverInfo("C");
```

上面的代码创建了磁盘的盘符是 C 的驱动器实例,通过该实例能获取该盘符下的信息,包括磁盘的名称、磁盘的格式等。

表 14.4 中列出了 DriveInfo 类常用的属性、方法及作用。

表 14.4　DriveInfo 类常用的属性、方法及作用

属性、方法	作　　用
AvailableFreeSpace	只读属性, 获取驱动器上的可用空间量 (以字节为单位)
DriveFormat	只读属性, 获取文件系统格式的名称, 例如, NTFS 或 FAT32
DriveType	只读属性, 获取驱动器的类型, 例如, CD-ROM、可移动驱动器、网络驱动器或固定驱动器
IsReady	只读属性, 获取一个指示驱动器是否已准备好的值, true 为准备好了, false 为未准备好
Name	只读属性, 获取驱动器的名称, 例如 C:\
RootDirectory	只读属性, 获取驱动器的根目录
TotalFreeSpace	只读属性, 获取驱动器上的可用空闲空间总量, 以字节为单位表示
TotalSize	只读属性, 获取驱动器上存储空间的总大小, 以字节为单位表示
VolumeLabel	属性, 获取或设置驱动器的卷标
GetDrives()	静态方法, 检索计算机上所有逻辑驱动器的驱动器名称

扩展资源：实例 14.1-获取 D 盘中的驱动器类型、名称、文件系统名称、可用空间以及总空间大小的实例, 读者可扫描 14.3 节节首的二维码观看微课视频进行学习。

扩展资源：实例 14.2-获取计算机中所有驱动器的名称和文件格式的实例, 读者可扫描 14.3 节节首的二维码观看微课视频进行学习。

微课视频 14-2

14.4 文件和目录相关类

14.4.1 File 类和 Directory 类

File 类和 Directory 类提供了许多静态方法用于处理文件和目录。这些方法可以完成文件或目录的移动、查询和更新等操作，还可以创建 FileStream 对象。

1. File 类的相关操作

File 类的一些最常用的静态方法及说明如表 14.5 所示。

表 14.5   File 类常用的静态方法及说明

方 法	说 明
Open()	返回指定路径上的 FileStream 对象
Create()	在指定的路径上创建文件
Delete()	删除文件
Copy()	将文件从源位置复制到目标位置
Move()	将指定的文件移动到新位置。可在新位置为文件指定不同名称
SetAttributes()	将给定文件的属性设置为给定的属性状态
Exist()	判断给定的文件是否存在
CreateText()	将给定的文件名创建为一个接受 UTF-8 编码的文本文件，返回一个 StreamWriter 对象
AppendText()	将文本追加到给定的文本文件中，返回一个 StreamWriter 对象
OpenText()	打开给定路径的文本文件，返回 StreamReader 类型的对象

1）文件打开方法 File.Open()

代码 14.2 打开存放在 c:\tempuploads 目录下名称为 newFile.txt 文件，并在该文件中写入"hello"。

代码 14.2   File.Open()使用示例代码

```
01    private void OpenFile()
02    {
03      FileStream.TextFile=File.Open(@"c:\tempuploads\newFile.txt",FileMode.
    Append);
04      byte[] Info = {(byte)'h',(byte)'e',(byte)'l',(byte)'l',(byte)'o'};
05      TextFile.Write(Info,0,Info.Length);
06      TextFile.Close();
07    }
```

2）文件创建方法 File.Create()

代码 14.3 演示如何在 c:\tempuploads 下创建名为 newFile.txt 的文件。由于 File.Create() 方法默认向所有用户授予对新文件的完全读/写访问权限，所以文件是用读/写访问权限打开的，必须关闭后才能由其他应用程序打开。为此，需要使用 FileStream（14.5 节中介绍）类的 Close()方法将所创建的文件关闭。

代码 14.3   File.Create()使用示例代码

```
01    private void MakeFile()
```

```
02        {
03            FileStream NewText=File.Create(@"c:\tempuploads\newFile.txt");
04            NewText.Close();
05        }
```

3）文件删除方法 File.Delete()

代码 14.4 演示如何删除 c:\tempuploads 目录下的 newFile.txt 文件。

代码 14.4　File.Delete()使用示例代码

```
01        private void DeleteFile()
02        {
03            File.Delete(@"c:\tempuploads\newFile.txt");
04        }
```

4）文件复制方法 File.Copy()

代码 14.5 将 c:\tempuploads\newFile.txt 复制到 c:\tempuploads\BackUp.txt。由于 Copy()
方法的 OverWrite 参数设为 true，所以如果 BackUp.txt 文件已存在，则会被复制过去的文件
所覆盖。

代码 14.5　File.Copy()使用示例代码

```
01        private void CopyFile()
02        {
03            File.Copy(@"c:\tempuploads\newFile.txt",@"c:\tempuploads\BackUp.txt",
          true);
04        }
```

5）文件移动方法 File.Move()

代码 14.6 可以将 c:\tempuploads 下的 BackUp.txt 文件移动到 C 盘根目录下。

代码 14.6　File.Move()使用示例代码

```
01        private void MoveFile()
02        {
03            File.Move(@"c:\tempuploads\BackUp.txt",@"c:\BackUp.txt");
04        }
```

6）设置文件属性方法 File.SetAttributes()

代码 14.7 可以设置文件 c:\tempuploads\newFile.txt 的属性为只读、隐藏。文件除了常
用的只读和隐藏属性外，还有 Archive（文件存档状态）、System（系统文件）、Temporary
（临时文件）等。

代码 14.7　File.SetAttributes()使用示例代码

```
01        private void SetFile()
02        {
03            File.SetAttributes(@"c:\tempuploads\newFile.txt",
04                    FileAttributes.ReadOnly|FileAttributes.Hidden);
05        }
```

7）判断文件是否存在的方法 File.Exists()

代码 14.8 判断是否存在 c:\tempuploads\newFile.txt 文件。若存在，则先复制该文件，
然后将其删除，最后将复制的文件移动；若不存在，则先创建该文件，然后打开该文件并

进行写入操作，最后将文件属性设为只读、隐藏。

代码 14.8　File.Exists()使用示例代码

```
01    if(File.Exists(@"c:\tempuploads\newFile.txt")) //判断文件是否存在
02    {
03      CopyFile(); //复制文件
04      DeleteFile(); //删除文件
05      MoveFile(); //移动文件
06    }
07    else
08    {
09      MakeFile(); //生成文件
10      OpenFile(); //打开文件
11      SetFile(); //设置文件属性
12    }
```

8）创建文本文件 File.CreateText()。

代码 14.9 使用 File.CreateText()方法创建一个可接受 UTF-8 编码的文本文件。该方法将返回一个 StreamWriter（将在 14.5 节中介绍）类型的对象。通过该对象的 Write()或 WriteLine()方法，可以向所创建的文本文件中写入对应的文本字符。

代码 14.9　File.CreateText()使用示例代码

```
01    class Program
02    {
03        static void Main(string[] args)
04        {
05
06            string path = @"c:\temp\MyTest.txt";
07            if (!File.Exists(path))
08            {
09                using (StreamWriter sw = File.CreateText(path))
10                {
11                    sw.WriteLine("Hello");
12                    sw.WriteLine("And");
13                    sw.WriteLine("Welcome");
14                }
15            }
16            ReadKey();
17        }
18    }
```

9）追加文本文件 File.AppendText()

File.AppendText()方法将文本追加到现有文件中。该方法的参数为表示路径的字符串，并返回一个 StreamWriter 对象。通过对象的 Write()或 WriteLine()方法，向路径中的文件追加给定的文本。

代码 14.10 实现了向 MyText.txt 中追加 3 行内容。

代码 14.10 **File.AppendText()使用示例代码**

```
01    class Program
02    {
03        static void Main(string[] args)
04        {
05            string path = @"c:\temp\MyText.txt";
06            using (StreamWriter sw = File.AppendText(path))
07            {
08                sw.WriteLine("This");
09                sw.WriteLine("is Extra");
10                sw.WriteLine("Text");
11            }
12            ReadKey();
13        }
14    }
```

10）打开现有文本文件以进行读取 File.OpenText()

File.OpenText()可以打开给定的路径所指定的文本文件,并返回 StreamReader 类型的对象作为读取对象。调用 ReadLine()或 ReadToEnd()方法读取指定的文件内容。

代码 14.11 读取给定的 MyText.txt 文件的内容并显示。

代码 14.11 **File.OpenText()使用示例代码**

```
01    class Program
02    {
03        static void Main(string[] args)
04        {
05            string path = @"c:\temp\MyText.txt";
06            using (StreamReader sr = File.OpenText(path))
07            {
08                string s = "";
09                while ((s = sr.ReadLine()) != null)
10                {
11                    Console.WriteLine(s);
12                }
13            }
14            ReadKey();
15        }
16    }
```

2. Directory 类的相关操作

Directory 类的一些最常用的静态方法及说明如表 14.6 所示。

表 14.6 **Directory 类常用的静态方法及说明**

方　　法	说　　明
CreateDirectory()	创建指定路径的目录
Delete()	删除指定的目录及其中的所有文件
Move()	将指定目录移动到新位置,可为其指定一个新名称
Exist()	判断目录是否存在

方　　法	说　　明
GetDirectories()	以字符串数组返回指定目录下的子目录名
EnumerateDirectories()	与 GetDirectories()方法类似，但返回值为 IEnumerable<String>集合
GetFiles()	以字符串数组返回给定目录中的文件名
EnumerateFiles()	与 GetFiles ()方法类似，但返回值为 IEnumerable<String>集合
GetFileSystemEntries()	以字符串数组返回指定目录中的文件和目录名
EnumerateFileSystemEntries()	与 GetFileSystemEntries ()方法类似，但返回值为 IEnumerable<String>集合

1）创建目录 Directory.CreateDirectory ()

Directory.CreateDirectory ()可以在给定的路径名下创建指定名字的目录。值得注意的是，给定的路径名不能有扩展名。代码 14.12 演示了在 c:\tempuploads 目录下创建名为 NewDirectory 的子目录。

代码 14.12　Directory.CreateDirectory()使用示例代码

```
01    private void MakeDirectory()
02    {
03        Directory.CreateDirectory(@"c:\tempuploads\NewDirectoty");
04    }
```

2）删除目录 Directory.Delete()

当需要删除给定目录时，可以使用 Directory.Delete()方法。该方法没有任何返回值。该方法有两个参数：一个是待删除的目录路径字符串，另一个是布尔值。当该布尔值为 true 则表示将删除整个目录，即使该目录下有文件或子目录；若为 false 则表示仅当目录为空时才删除。方法也提供了仅给出一个目录路径字符串的重载，此时表示仅当该目录为空时才能删除。代码 14.13 可以将 c:\tempuploads\BackUp 目录删除。

代码 14.13　Directory.Delete()使用示例代码

```
01    private void DeleteDirectory()
02    {
03        Directory.Delete(@"c:\tempuploads\BackUp",true);
04    }
```

3）移动目录 Directory.Move()

移动目录就相当于剪切和粘贴的合并操作。该方法仅需要给出两个参数：一个是源目录路径，另一个是目标目录路径。代码 14.14 将目录 c:\tempuploads\NewDirectory 移动到 c:\tempuploads\BackUp。

代码 14.14　Directory.Move()使用示例代码

```
01    private void MoveDirectory ()
02    {
03      Directory.Move(@"c:\tempuploads\NewDirectory",@"c:\tempuploads\BackUp");
04    }
```

4）判断目录是否存在 Directory.Exist()

通过 Directory.Exist()可以直接判断给定的路径上是否存在目标目录。如果存在，则返回 true，否则返回 false。代码 14.15 就可以判断目录 c:\tempuploads\NewDirectory 是否存在。

代码 14.15　Directory.Exist()使用示例代码

```
01      private void ExistDirectory ()
02      {
03          Directory.Exists(@"c:\tempuploads\NewDirectory");
04      }
```

5）获取所有目录 Directory.GetDirectories()/Directory.EnumerateDirectories()

当给定某一个路径后，要获取路径中的所有目录，可以使用 Directory.GetDirectories()/Directory.EnumerateDirectories()方法。不同的是，Directory.GetDirectories()返回的是一个字符串数组，来存放当前目录的所有子目录的路径字符串，而 Directory.EnumerateDirectories()返回的是一个 IEnumerable<String>类型的字符串对象。因此可以通过 foreach 循环来获取每一个目录的路径字符串。代码 14.16 可以获取 c:\tempuploads 下的所有目录。

代码 14.16　Directory.GetDirectories()/Directory.EnumerateDirectories()使用示例代码

```
01      private void GetDirectories()
02      {
03          string[] DirectorysStrings = Directory.GetDirectories (@"c:\
        tempuploads");
04          IEnumerable<string> DirectorysEnumStrings = Directory.
        EnumerateDirectories(@"c:\tempuploads");
05      }
```

6）获取指定路径下的所有文件 Directory.GetFiles()/Directory. EnumerateFiles()

当给定某一路径后，若希望获得当前路径下的所有文件，则可以使用 Directory.GetFiles()/Directory.EnumerateFiles()方法。这两种方法的区别与 Directory.GetDirectories()/Directory.EnumerateDirectories()的区别类似，此处不再赘述。代码 14.17 可以获取 c:\tempuploads 下的所有文件。

代码 14.17　Directory.GetFiles()/Directory.EnumerateFiles()使用示例代码

```
01      private void GetFiles()
02      {
03          string[] FilesStrings = Directory.GetFiles(@"c:\tempuploads");
04          IEnumerable<string> FilesEnumStrings = Directory. EnumerateFiles
        (@"c:\tempuploads");
05      }
```

7）获取指定路径下的所有文件和目录 Directory.GetFileSystemEntries()/Directory.EnumerateFileSystemEntries()

当给定某一路径后，希望获得当前路径下的所有文件和目录，就可以使用 Directory.GetFileSystemEntries()/Directory.EnumerateFileSystemEntries()方法。代码 14.18 可以获取 c:\tempuploads 下的所有文件和目录。

代码 14.18　Directory.GetFileSystemEntries()/Directory. EnumerateFileSystemEntries()使用示例代码

```
01      private void GetFilesDirectories()
02      {
03          string[] FilesDirectorysStrings = Directory.GetFileSystemEntries
        (@"c:\tempuploads");
04          IEnumerable<string> FilesDirectorysEnumStrings = Directory.
        EnumerateFileSystemEntries(@"c:\tempuploads");
05      }
```

14.4.2　FileInfo 类和 DirectoryInfo 类

1. FileInfo 类

C# 语言中 File 类和 FileInfo 类都是用来操作文件的，并且作用相似，它们都能完成对文件的创建、更改文件的名称、删除文件、移动文件等操作。不同的是，File 类是静态类，其成员也是静态的，通过类名即可访问类的成员；FileInfo 类不是静态成员，其类的成员需要类的实例来访问。本节主要讲解 FileInfo 类的使用。

在 FileInfo 类中提供了一个构造方法，语法形式如下：

```
FileInfo(string filename)//fileName 参数用于指定新文件的完全限定名或相对文件
```

FileInfo 类中常用的属性和方法及说明如表 14.7 所示。

表 14.7　FileInfo 类常用的属性和方法及说明

属性和方法	说　　明
Directory	只读属性，获取父目录的实例
DirectoryName	只读属性，获取表示目录的完整路径的字符串
Exists	只读属性，判断指定的文件是否存在；若存在返回 True，否则返回 False
IsReadOnly	属性，获取或设置指定的文件是否为只读的
Length	只读属性，获取文件的大小
Name	只读属性，获取文件的名称
FileInfoCopyTo(string destFileName)	将现有文件复制到新文件，不允许覆盖现有文件
FileInfoCopyTo(string destFileName, bool overwrite)	将现有文件复制到新文件，允许覆盖现有文件
FileStream Create()	创建文件
void Delete()	删除文件
void MoveTo(string destFileName)	将指定文件移到新位置，提供要指定新文件名的选项
FileInfo Replace(string destinationFileName, string destinationBackupFileName)	使用当前文件对象替换指定文件的内容，先删除原始文件，再创建被替换文件的备份

扩展资源：实例 14.3-FileInfo 类应用的实例，读者可扫描 14.4 节节首的二维码观看微课视频进行学习。

2. DirectoryInfo 类

DirectoryInfo 类和 Directory 类之间的关系与 FileInfo 类和 File 类之间的关系十分类似。下面介绍一下 DirectoryInfo 类的常用属性。

在 DirectoryInfo 类中提供了一个构造方法，语法形式如下：

```
DirectoryInfo (string filename)//fileName 参数用于指定新文件的完全限定名或相对
文件名
```

DirectoryInfo 类的常用属性和方法说明如表 14.8 所示。

表 14.8　DirectoryInfo 类的常用属性和方法说明

属性和方法	说　　明
Attributes	设置当前 FileSystemInfo 的 FileAttributes
CreationTime	设置当前 FileSystemInfo 对象的创建时间
Exists	获取指示目录是否存在的值
FullName	获取目录或文件的完整目录
Parent	获取指定子目录的父目录
Name	获取此 DirectoryInfo 实例的名称
Create()	创建目录
CreateSubdirectory()	在指定路径中创建一个或多个子目录。指定路径可以是相对于 DirectoryInfo 类的此实例的路径
Delete()	从路径中删除 DirectoryInfo 及其内容
GetDirectories	返回当前目录的子目录
GetFiles（）	返回当前目录的文件列表
GetFileSystemInfos	检索表示当前目录的文件和子目录的强类型 FileSystemInfo 对象的数组
MoveTo	将 DirectoryInfo 实例及其内容移动到新路径

　　扩展资源：实例 14.4-DirectoryInfo 类应用的实例，读者可扫描 14.4 节节首的二维码观看微课视频进行学习。

微课视频 14-3

14.5　流及流的操作

　　在.NET 中进行的所有输入和输出工作都要用到流。流是序列化设备的抽象表示，它可以为可序列化对象提供字节序列的一般表示。字节序列是将可序列化对象存储为连续的、按一定的顺序组织而成的以字节形式存储的序列。因此序列化设备能以线性方式存储数据，并可按同样的方式访问：一次访问一个字节。此设备可以是磁盘、文件、网络通道、内存位置或其他支持以线性方式读写的对象。把设备变成抽象的，就可以隐藏流的底层目标和源。这种抽象级别支持代码重用，允许编写更通用的过程。因为不必担心数据传输方式的特性，所以当应用程序从文件流、输入流、网络输入流或其他流中读取数据时，就可以传输和重用类似的代码。此外，使用文件流还可以忽略各种设备的物理机制，不必担心磁盘、磁头、内存分配问题。

14.5.1　Stream 基类

　　在.NET 中，Stream 类是一个抽象类，提供了将字节以读或写的方式从程序传输到源的标准方法。它派生出了 MemoryStream、BufferedStream、FileStream、NetworkStream、PipeStream、CryptoStream 等多个实现类。流的类层次结构图如图 14.1 所示。

　　由于 Stream 类是一个抽象类，因此其不可以直接通过 new 关键字来构造对象。想要使用 Stream 类对象，除了直接使用其派生出的 3 个实现类以外，还可以自定义实现类。在自定义实现类时，需要给出 Stream 类中的抽象成员。

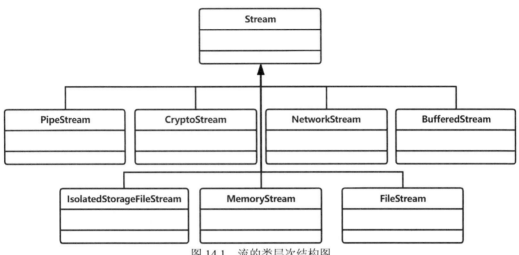

图 14.1　流的类层次结构图

- Position 属性。

Position 属性用于获取或设置流当前的位置。

- CanRead 属性。

CanRead 属性用于判断该流是否能够读取。

- CanSeek 属性。

CanSeek 属性用于判断该流是否支持跟踪查找，当 CanSeek 为 false 时，是不允许使用 Position 属性和调用 Seek()方法的，否则将抛出异常。

- CanWrite 属性。

CanWrite 属性用于判断当前流是否可写。

- Flush()方法。

Flush()方法用于清除流的缓冲区，将已经缓冲的数据写入目标位置中。

- Read()方法。

Read()方法用于从指定的流中读取一个字节块，并写入给定的缓冲区。其方法的定义如下：

```
int Read(byte[] buffer, int offset, int count)
```

其中，buffer 数组用于存放从流中读取的字节块，offset 是数组的起始偏移量，count 为读取的字节长度，上面的代码表示从流中将读取 count 个字节，再写入到 buffer 数组中以 offset 下标起始处。每当读取一个字节后，Position 属性会增加 1，最后返回每次读取到的实际字节数。当流已经读到了最后，因为会返回 0 表示当前流已经读取完毕。

- Seek()方法。

Seek()方法用于重新设置流中的偏移量。其方法的定义如下：

```
long Seek(long offset, SeekOrigin origin)
```

其中，offset 为偏移量，其值可为正可为负。offset 为正值时，表示新位置位于 origin 指定的位置之后 offset 个字节数之处；offset 为负值时，表示新位置位于 origin 指定的位置之前 offset 个字节数之处。origin 是指定偏移量的参考位置，其类型是 SeekOrigin 枚举。该枚举中有 3 个值：Begin 表示流的开始位置、Current 表示流的当前位置、End 表示流的结束位

置。通过 Seek()方法可以返回一个流中的新位置。例如，

```
Stream.Seek(-3,Origin.End);  表示在流末端往前数第三个位置
Stream.Seek(0,Origin.Begin); 表示在流的开头位置
Stream.Seek(3,Origin.Current); 表示在流的当前位置往后数第三个位置
```

- SetLength()方法。

SetLength()方法用于设置流的字节长度。

- Write()方法。

Write()方法用于将给定的缓冲区中的内容写入指定的流中，一次写入一个字节块。其方法定义如下所示：

```
int Write (byte[] buffer, int offset, int count)
```

其中，buffer 数组中已经存放了需要写入流中的字节块，offset 指定数组的起始偏移量，count 为写入流的字节长度。其意义在于将 buffer 中的字节块从下标为 offset 起的 count 个字节写入流中。每成功写入一个字节，Position 将自增 1，写入完成后返回流的当前位置。

- Close()方法。

Close()方法为虚方法，在 Stream 类中已经给出了定义，旨在关闭流并释放资源。在实际操作中，如果不用 using 进行限定，则需要在使用完流之后手动将其关闭。

14.5.2　流的读取器与写入器

1. TextReader 和 TextWriter

在介绍 Stream 类的若干派生类之前，需要先了解一下可以作用于流对象的操作类。本节主要讲解读取器类和写入器类。

1）TextReader

TextReader 类是一个可以用来读取文本或连续字符串的读取器类，该类旨在提供一系列读取文本的方法。由于该类是一个抽象类，不能直接创建这个类的对象，所以只定义了类的行为，不针对特定实现。表 14.9 中展示了常用的 TextReader 类的方法。

表 14.9　常用的 TextReader 类的方法

方　　法	说　　明
Close()	关闭当前读取器对象并释放相关资源
Peek()	读取下一个字符，而不更改读取器状态或字符源，仅返回下一个可用字符，不改变流的位置
Read()	读取文本读取器中的下一个字符并使该字符的位置前移一个字符
Read(Char[], Int32, Int32)	从当前读取器中读取指定数目的字符，并定入缓冲区的指定索引处
ReadBlock(Char[], Int32, Int32)	从当前文本读取器中读取指定的最大字符数并从指定索引处开始将该数据写入缓冲区
ReadLine()	从文本读取器中读取一行字符并将数据作为字符串返回
ReadToEnd()	读取从当前位置到文本读取器末尾的所有字符并将它们作为一个字符串返回

2）TextWriter

和 TextReader 类似，也是一个抽象类，表示一个可以编写有序字符序列的编写器。由

于存在着多种不同种类的文本文件，比如 HTML 文件、JSON 文件等，因此需要先声明一个抽象文本写入器，使用者通过预定义的派生类或自定义派生类来完成特定格式的文本文件的写入器类的定义。

该类有两个构造函数，分别定义如下：

```
TextWriter()
TextWriter(IFormatProvider)
```

表 14.10 中展示了常用的 TextWriter 类的属性和方法。

表 14.10　常用的 TextWriter 类的属性和方法

属性和方法	说　　明
Encoding	获得当前 TextWriter 对象的 Encoding 方式
FormatProvider	获得当前 TextWriter 的 IFormatProvider 方式
NewLine	每当调用 WriteLine()方法时，行结束符字符串都会写入到文本流中，该属性就是读取该结束符字符串
Close()	关闭 TextWriter 并释放其占用的资源
Flush()	和 Stream 类的 Flush()方法一样，将缓冲区所有数据立刻写入到目标区域
Write()	向对应的流写入数据。该方法有若干个重载可选
WriteLine()	和 Write()方法功能类似，但不同之处在于每个重载执行完毕之后会附加写入一个换行符

由于 TextReader 和 TextWriter 两个类都是抽象类，不能直接被实例化，因此.NET 中预定义了几个类作为它们的实现类。其中，StreamReader 和 StringReader 类是 TextReader 类的两个实现类，而 StreamWriter 和 StringWriter 类是 TextWriter 类的两个实现类。下面将详细介绍这几个类的使用方法。

2. StreamReader 和 StreamWriter

1）StreamReader

StreamReader 类派生自 TextReader 类，旨在以一种特定的编码从字节流中读取字符。在对于流的操作中，StreamReader 对于流的读取方面非常重要。常用的文件的复制、移动、上传、下载、压缩、保存、远程 FTP 文件的读取，甚至于 HttpResponse 等只要是与流相关的任何派生类，StreamReader 都能够轻松处理。当然也可以自定义相关的派生类去实现复杂的序列化工作。

首先对 StreamReader 的构造函数进行介绍。常用的构造有以下几种：

```
StreamReader(Stream stream)
StreamReader(string str, Encoding encoding)
StreamReader(string string, bool marks)
StreamReader(string string, Encoding encoding, bool marks,int bufferSize)
```

- StreamReader(Stream stream)：将 Stream 类的对象作为一个参数放入构造函数，这样的话，StreamReader 对象就可以对该 Stream 对象进行读取操作。这里的 Stream 对象可以非常广泛，包括所有 Stream 的派生类对象。
- StreamReader(string str, Encoding encoding)：str 表示具体的文件路径，用户可以根据 encoding 指定的编码方式将 str 的文件中的数据读取到流中。
- StreamReader(string str，bool marks)：在某些情况下，如果不清楚当前文件使用的

编码方式，则可以将 marks 置为 true，这样编译器可以通过查看流的前 3 个字节来检测编码方式，并以该编码方式完成对 str 所代表的路径的文件进行读取。如果文件以适当的字节顺序标记开头，该参数自动识别 UTF-8、Little-Endian Unicode 和 Big-Endian Unicode 文本，当为 false 时，该方法会去使用用户提供的编码。

- StreamReader(string str, Encoding encoding, bool marks, int bufferSize)：前 3 个参数的含义与上述 3 个构造函数中的一致，最后一个参数 bufferSize 表示的是缓冲区的大小。

StreamReader 类中的常用属性和方法如表 14.11 所示。

表 14.11 StreamReader 类常用属性和方法

属性和方法	作　　用
Stream BaseStream	只读属性，获取当前的流对象
Encoding CurrentEncoding	只读属性，获取当前流中使用的编码方式
bool EndOfStream	只读属性，获取当前的流位置是否在流结尾
void Close()	关闭流
int Peek()	获取流中的下一个字符的整数，如果没有获取到字符，则返回−1
int Read()	获取流中的下一个字符的整数
int Read(char[] buffer, int index, int count)	从指定的索引位置开始将来自当前流的指定的最多字符读到缓冲区
string ReadLine()	从当前流中读取一行字符并将数据作为字符串返回
string ReadToEnd()	读取来自流的当前位置到结尾的所有字符

下面通过实例来演示 StreamReader 类的应用。

扩展资源：实例 14.5-读取 D 盘 code 文件夹下 test.txt 文件中的信息的实例，读者可扫描 14.5 节节首二维码观看微课视频进行学习。

2）StreamWriter

StreamWriter 类派生自 TextWriter 类，旨在以一种特定的编码向流中写入字符或字符串，一般不针对二进制数据。TextWriter 是对连续字符进行处理的编写器，而 StreamWriter 是通过特定的编码和流的方式对数据进行处理的编写器。

首先对 StreamWriter 的构造函数进行介绍。常用的构造函数有以下几种：

```
StreamWriter (string path)
StreamWriter (Stream stream)
StreamWriter (Stream stream, Encoding encoding)
StreamWriter (string path, bool append)
StreamWriter (Stream stream, Encoding encoding, int bufferSize)
```

- StreamWriter (string path)：以默认的编码方式（默认为 UTF8 编码）和默认的缓冲区大小向给定路径 path 的文件中写入字符。
- StreamWriter (Stream stream)：以默认的编码方式（默认为 UTF8 编码）和默认的缓冲区大小向给定的流中写入字符。
- StreamWriter (Stream stream, Encoding encoding)：其中 Stream 表示可以为 Stream 类的任何子类或派生类，Encoding 表示让 StreamWriter 在写操作时使用该类编码对象对字符进行编码。
- StreamWriter (string path，bool append)：当 append 值为 true 时，StreamWriter 会通

过 path 去寻找当前文件是否存在。如果存在，则进行添加（append）或覆盖（overwrite）操作。如果 append 值为 false，则创建新的文件。

- StreamWriter (Stream stream, Encoding encoding, int bufferSize)：前两个参数的含义在前面已经介绍过，这里 bufferSize 表示当前 StreamWriter 的缓冲区大小。

相对来说，StreamWriter 的属性大多继承自 TextWriter，因此其独有的属性有：

- AutoFlush——表示每次使用 StreamWriter.Write()方法后直接将缓冲区数据写入文件或基础流；
- BaseStream——表示可获取当前 Stream 对象。

扩展资源：实例 14.6-向 D 盘 code 文件夹下 test.txt 文件中写入数据的实例，读者可扫描 14.5 节节首的二维码观看微课视频进行学习。

3. StringWriter 和 StringReader

1）StringWriter

StringWriter 类用于写入和处理字符串数据而不是文件。它是派生自 TextWriter 类。StringWriter 类的目的是将操作的字符串的结果保存到 StringBuilder 中。其给出了若干种构造函数，如下所示：

```
StringWriter()
StringWriter(IFormatProvider format)
StringWriter(StringBuilder stringbuilder)
StringWriter(StringBuilder stringbuilder, IFormatProvider format)
```

- StringWriter()：初始化一个 StringWriter 类的新实例；
- StringWriter(IFormatProvider format)：使用给定的格式控件初始化一个 StringWriter 类的新实例；
- StringWriter(StringBuilder stringbuilder)：初始化写入指定 StringBuilder 的 StringWriter 类的新实例；
- StringWriter(StringBuilder stringbuilder, IFormatProvider format)：使用给定的格式控件和指定的 StringBuilder 初始化一个 StringWriter 类的新实例。

StringWriter 类的属性和方法均继承自 TextWriter 类，不同的是，这些属性和方法仅支持字符串、字符或字符数组等类型。

2）StringReader

StringReader类用于读取 StringWriter 类写入的字符串数据。它是 TextReader类的子类。它使我们能够同步或异步读取字符串。它提供了执行读操作的构造函数和方法。其构造函数的定义如下：

```
StringReader(String) //从指定字符串来初始经 StringReader 类的实例
```

StringReader 中并未在 TextReader 的基础上添加私有的方法或属性。

扩展资源：实例 14.7-StringReader 和 StringWriter 读写字符串的实例，读者可扫描 14.5 节节首的二维码观看微课视频进行学习。

4. BinaryWriter 和 BinaryReader

前面介绍的是派生自 TextReader 的两个实现类，它们均作用于流或是字符串。但有时候需要将文件的内容以二进制的形式保存起来。因此对于这类文件的操作，.NET 中设计了专门针对二进制读写的类：BinaryReader 和 BinaryWriter。这两个类都是位于 System.IO 命名空间中，并不派生于 TextReader 和 TextWriter。这两个类本身并不执行流，而是提供其他对象流的包装。

1）BinaryWriter

BinaryWriter 类用于从 C#变量向指定流写入二进制数据，该类可以将 C#数据类型转换成可以写到底层流的一系列字节。其常见的构造函数如下所示：

```
BinaryWriter();
BinaryWriter(Stream stream);
BinaryWriter (Stream stream, Encoding encoding);
BinaryWriter (Stream stream, Encoding encoding, Boolean isOpen );
```

- BinaryWriter()：初始化一个 BinaryWriter 实例对象；
- BinaryWriter(Stream stream)：以给定的流初始化一个 BinaryWriter 实例对象；
- BinaryWriter (Stream stream, Encoding encoding)：以给定的流及给定的编码方式初始化一个 BinaryWriter 实例对象；
- BinaryWriter (Stream stream, Encoding encoding, Boolean isOpen)：以给定的流及给定的编码方式初始化一个 BinaryWriter 实例对象，并选择是否保持流的打开状态(当 isOpen 为 true 时)。

BinaryWriter 类主要用于向流中以二进制的方式写入数据，因此其常用的方法均与写入有关，如表 14.12 所示。

表 14.12　BinaryWriter 类常用方法

方　　法	说　　明
Close()	关闭当前写入器及基础流
Flush()	清理当前写入器的所有缓冲区，使所有缓冲数据写入基础设备
Seek()	设置当前流中的位置
Write()	有若干个重载，根据所使用的 Encoding 和向流中写入的特定数据，提升流的当前位置
Write7BitEncodedInt()	以压缩格式写出 32 位整数

2）BinaryReader

BinaryReader 类主要用于从流中读取二进制信息，它也支持以特定编码读取字符串。其常见的构造函数如下所示：

```
BinaryReader(Stream stream);
BinaryReader(Stream stream, Encoding encoding);
```

- BinaryReader(Stream stream)：基于所给定的流对象，使用默认编码 UTF8Encoding 来初始化 BinaryReader 类的新实例；
- BinaryReader(Stream stream, Encoding encoding)：基于所给定的流对象及特定的字符编码方式来初始化 BinaryReader 类的新实例。

采用 BinaryWriter 写入的内容，只能使用 BinaryReader 的对应方法来读取，使用 StreamReader 是不能读取出正确结果的。因为 StreamWriter 是将各种类型的数据都转化成字符，然后将字符按照一定的格式编码出来的数据写入文件中，而 BinaryWriter 是直接将数据在内存中的真实状态写入到文件中。所以，程序员需要记住自己是用什么方式写入文件的，然后再用 BinaryReader 读取，并指定好匹配的编码方式，将原来的数据还原。比如当初写进去的是 int 型，就用 BinaryReader.ReadInt32()方法来读取。

BinaryReader 类中常见的方法如表 14.13 所示。

表 14.13　BinaryReader 类常见方法

方　　法	说　　明
Close()	关闭当前阅读器及基础流
FillBuffer()	用从流中读取的指定字节数填充内部缓冲区
PeekChar()	返回下一个可用的字符，并且不提升字节或字符的位置
Read()	从基础流中读取字符，并根据所使用的 Encoding 和从流中读取的特定字符，提升流的当前位置
Read(Byte[], Int32, Int32) Read(Char[], Int32, Int32)	从字节数组/字符数组中的指定点开始，从流中读取指定的字节数/字符数
Read7BitEncodedInt()	以压缩格式读入 32 位整数
ReadBoolean()	从当前流中读取布尔值，并使该流的当前位置提升 1 个字节
ReadByte()	从当前流中读取下一个字节，并使流的当前位置提升 1 个字节
ReadBytes()	从当前流中读取指定的字节数以写入字节数组中，并将当前位置前移相应的字节数
ReadChar()	从当前流中读取下一个字符，并根据所使用的编码方式和从流中读取的特定字符，提升流的当前位置
ReadChars()	从当前流中读取指定的字符数，并以字符数组的形式返回数据，然后根据所使用的编码方式和从流中读取的特定字符，将当前位置前移
ReadDecimal()	从当前流中读取十进制数值，并将该流的当前位置提升 16 个字节
ReadDouble()	从当前流中读取 8 字节浮点值，并使流的当前位置提升 8 个字节
ReadInt16()	从当前流中读取 2 字节带符号整数，并使流的当前位置提升 2 个字节
ReadInt32()	从当前流中读取 4 字节带符号整数，并使流的当前位置提升 4 个字节
ReadInt64()	从当前流中读取 8 字节带符号整数，并使流的当前位置向前移动 8 个字节
ReadSByte()	从此流中读取一个有符号字节，并使流的当前位置提升 1 个字节
ReadSingle()	从当前流中读取 4 字节浮点值，并使流的当前位置提升 4 个字节
ReadString()	从当前流中读取一个字符串。 字符串有长度前缀，一次 7 位地被编码为整数
ReadUInt16()	使用小端编码从当前流中读取 2 字节无符号整数，并将流的位置提升 2 个字节
ReadUInt32()	从当前流中读取 4 字节无符号整数并使流的当前位置提升 4 个字节
ReadUInt64()	从当前流中读取 8 字节无符号整数并使流的当前位置提升 8 个字节

扩展资源：实例 14.8-BinaryReader 和 BinaryWriter 应用的实例，读者可扫描 14.5 节节首的二维码观看微课视频进行学习。

14.5.3　FileStream

在 C#中，文件流使用 FileStream 类表示在磁盘或网络路径上指向文件的流，该类派生自 Stream 类，它表示在磁盘或网络路径上指向文件的流。一个 FileStream 类的实例实际上代表一个磁盘文件，它通过 Seek 方法进行对文件的随机访问，也同时包含了流的标准输入、标准输出和标准错误等。FileStream 默认对文件的打开方式是同步的，但它同样很好地支持异步操作。

1. FileStream 的构造函数

常见的 FileStream 的构造函数有如下定义：

```
FileStream(String path, FileMode mode)
FileStream(String path, FileMode mode, FileAccess access)
FileStream(String path, FileMode mode, FileAccess access, FileShare share)
FileStream(String path, FileMode mode, FileAccess access, FileShare share,
Int32 bufSize)
```

- path：表示为给定文件的路径；
- mode：表示 FileMode 枚举值的方式打开或创建文件。FileMode 是一种枚举类型：CreateNew（创建新文件）、Create（创建并覆盖）、Open（打开）、OpenOrCreate（打开并创建）、Truncate（覆盖文件）、Append（追加）；FileMode 中定义的各种模式的含义如表 14.14 所示。

表 14.14 FileMode 中定义的各种模式的含义

成　　员	文 件 存 在	文件不存在
Append	打开文件，流指向文件的末尾，只能与枚举 FileAccess.Write 联合使用	创建一个新文件。只能与枚举 FileAccess.Write 联合使用
Create	删除该文件，然后创建新文件	创建新文件
CreateNew	抛出异常	创建新文件
Open	打开现有的文件，流指向文件的开头	抛出异常
OpenOrCreate	打开文件，流指向文件的开头	创建新文件
Truncate	打开现有文件，清除其内容。流指向文件的开头，保留文件的初始创建日期	抛出异常

- access：使用 FileAccess 的枚举值表示文件流对象如何访问该文件：Read（只读）、Write（只写）、ReadWirte（读写）。对文件进行不是 FileAccess 枚举成员指定的操作会导致抛出异常。此属性的作用是，基于用户的身份验证级别改变用户对文件的访问权限。其默认值为 FileAccess. ReadWrite。
- share：使用 FileShare 的枚举值表示进程如何共享文件：None（拒绝共享）、Read（只读）、Write（只写）、ReadWrite（读写）、Delete（允许删除文件）。当设置了文件共享模式后，即可允许多个线程同时操作文件。当操作为 Write 和 ReadWrite 时，允许多个线程同时写入文件。此时请求写入的线程会等待之前的线程写入结束后再执行写入，而不会出现错误。
- bufSize：表示给定的缓冲区大小。

除了通过使用 FileStream 本身的构造函数来创建对象以外，File 和 FileInfo 类也都提供了若干方法，更便于创建 FileStream 对象，比如 File.OpenRead()方法可以以只读方式打开文件并返回 FileStream 流。常见的 FileStream 对象的属性和方法说明见表 14.15。

表 14.15 常见的 FileStream 对象的属性和方法说明

属性和方法	说　　明
bool CanRead	只读属性，获取一个值，该值指示当前流是否支持读取

续表

属性和方法	说　　明
bool CanSeek	只读属性，获取一个值，该值指示当前流是否支持查找
bool CanWrite	只读属性，获取一个值，该值指示当前流是否支持写入
bool IsAsync	只读属性，获取一个值，该值指示 FileStream 是异步打开的，还是同步打开的
long Length	只读属性，获取用字节表示的流长度
string Name	只读属性，获取传递给构造方法的 FileStream 的名称
long Position	属性，获取或设置此流的当前位置
int Read(byte[] array, int offset, int count)	从流中读取字节块并将该数据写入给定缓冲区中
int ReadByte()	从文件中读取一个字节，并将读取位置提升 1 个字节
long Seek(lorig offset, SeekOrigin origin)	将该流的当前位置设置为给定值
void Lock(long position, long length)	防止其他进程读取或写入 System.IO.FileStream
void Unlock(long position, long length)	允许其他进程访问以前锁定的某个文件的全部或部分
void Write(byte[] array, int offset, int count)	将字节块写入文件流
void WriteByte(byte value)	将 1 个字节写入文件流中的当前位置

2. 文件位置定位

FileStream 类维护内部文件指针，该指针指向文件中进行下一次读写操作的位置。在大多数情况下，当打开文件时，它就指向文件的开始位置，但此指针是可以修改的。这允许应用程序在文件的任何位置读写、随机访问文件或直接跳到文件的特定位置上。当处理大型文件时，这非常省时，因为马上可以定位到正确的位置。实现此功能的方法是 Seek()方法，它有两个参数：第一个参数规定文件指针以字节为单位的移动距离；第二个参数规定开始计算的起始位置，用 SeekOrigin 枚举的一个值表示。SeekOrigin 枚举包含 3 个值：Begin、Current 和 End。

```
Seek(int offset, SeekOrigin seek);
FileStream aFile = File.OpenRead("Data.txt");
aFile.Seek(8,SeekOrigin.Begin);//从流的初始位置向前移动到文件的第八个字节处。
aFile.Seek(-2,SeekOrigin.Current);//从流的当前位置向后移动到第二个字节处。
```

3. 读取数据

FileStream 类只能处理原始字节。处理原始字节的功能使 FileStream 类可以用于任何数据文件，而不仅仅是文本文件。通过读取字节数据，FileStream 对象可以用于读取图像和声音文件。这种灵活性的代价是，不能使用 FileStream 类将数据直接读入字符串，而使用 StreamReader 类却可以这样处理。但是有几种转换类可以很容易地将字节数组转换为字符数组，或者进行相反的操作。FileStream.Read()方法是从 FileStream 对象所指向的文件中访问数据的主要手段。这个方法从文件中读取数据，再把数据写入一个字节数组。它有 3 个参数：第一个参数是传输进来的字节数组，用于接收 FileStream 对象中的数据；第二个参数是字节数组中开始写入数据的位置，它通常是 0，表示从数组开端向文件中写入数据，第三个参数指定从文件中读出多少字节。

代码 14.19 展示了如何使用 FileStream 流来读取给定的路径中文件的内容并返回字符串。

代码 14.19 使用 **FileStream** 读取文件示例代码

```
01    public static string FileStreamReadFile(string filePath)
02    {
03        byte[] data = new byte[100];
04        char[] charData = new char[100];
05        FileStream file = new FileStream(filePath, FileMode.Open);
                                                    //以只读方式来打开文件
06        file.Seek(0, SeekOrigin.Begin);          //文件指针指向0位置
07        file.Read(data, 0, (int)file.Length);//读入流中的字节到data中
08        Decoder dec = Encoding.UTF8.GetDecoder();//解码器对象
09        dec.GetChars(data, 0, data.Length, charData, 0);
                                                    //将字节数组解码为字符
10        file.Close();
11        file.Dispose();
12        return new String(charData);
13    }
```

4. 写入数据

向随机访问文件中写入数据的过程与从中读取数据非常类似。首先需要创建一个字节数组；最简单的办法是首先构建要写入文件的字符数组；然后使用 Encoder 对象将其转换为字节数组，其用法非常类似于 Decoder；最后调用 Write()方法，将字节数组传送到文件中。

代码 14.20 展示了如何创建一个给定名字的文件，并向其中按 UTF8 编码写入给定的内容至文件流中。

代码 14.20 使用 **FileStream** 写入文件示例代码

```
01    public static void FileStreamWriteFile(string filename, string content)
02    {
03        byte[] byData;
04        char[] charData;
05        try
06        {
07            FileStream aFile = new FileStream(fileName, FileMode.Create);
08            charData = content.ToCharArray();//将字符串转换为字符数组
09            byData = new byte[charData.Length];//根据字符数组的长度初始化字节数
                                                    //组的长度
10            Encoder e = Encoding.UTF8.GetEncoder();//使用UTF8编码来创建编码器
11            e.GetBytes(charData, 0, charData.Length, byData, 0, true);
                                    //将charData中的所有字符写入到byData字节数组中
12            aFile.Seek(0, SeekOrigin.Begin);//将文件流移动到最开始处
13            aFile.Write(byData, 0, byData.Length);//向流中写入字节数组长度的内容
14        }
15        catch (IOException ex)
16        {
17            Console.WriteLine("An IO exception has been thrown!");
18            Console.WriteLine(ex.ToString());
19            Console.ReadKey();
20            return;
21        }
22    }
```

在上述示例中，第 7 行 FileStream 的构造函数中使用 FileMode.Create 模式来创建文件流。其作用在于如果当前路径的文件存在，则将其删除后创建新文件，否则直接创建新文件。第 11 行表示将 charData 中的所有字符通过编码器编码后，写入到 byData 数组中，true 表示在转换后清除编码器的内部状态。

扩展资源：实例 14.9-在 D 盘 code 文件夹的 student.txt 文件中写入学生的学号信息并将其读出的实例，读者可扫描 14.5 节节首的二维码观看微课视频进行学习。

14.5.4 MemoryStream

MemoryStream 位于 System.IO 命名空间，与 FileStream 不同的是，其为系统内存提供流式的读写操作，常作为其他流数据交换时的中间对象操作。MemoryStream 也继承自 Stream 类。由于 MemoryStream 是通过无符号字节数组组成的，可以说 MemoryStream 的性能比较出色，所以它担当起了一些其他流进行数据交换时的中间工作，同时可降低应用程序中对临时缓冲区和临时文件的需要。因此，在很多场合都会使用 MemoryStream 来提高性能。

MemoryStream 和 FileStream 的区别在于 FileStream 主要对文件的一系列操作，属于比较高层的操作，但是 MemoryStream 很不一样，它更趋向于底层内存的操作，这样能够达到更快的速度和性能。很多时候，操作文件都需要 MemoryStream 来实际进行读写，最后放入相应的 FileStream 中。

MemoryStream 类封装一个字节数组，在构造实例时可以使用一个字节数组作为参数，但是数组的长度无法调整。使用默认无参数构造函数创建实例，可以使用 Write()方法写入，随着字节数据的写入，数组的大小自动调整。其常用的构造函数定义如下：

```
MemoryStream();//使用无参构造函数初始化可扩展容量的实例；
MemoryStream(byte[] buffer);//使用给定的字节数组来初始化对象，但容量不可扩展
MemoryStream(int capacity);//使用给定的值作为初始容量来初始化可扩展容量的对象
```

MemoryStream 类的常用属性和方法如表 14.16 所示。

表 14.16 MemoryStream 类的常用属性和方法

属性和方法	说　　明
CanRead	获取一个值，该值指示当前流是否支持读取
CanSeek	获取一个值，该值指示当前流是否支持查找
CanTimeout	获取一个值，该值确定当前流是否可以超时（从 Stream 继承）
CanWrite	获取一个值，该值指示当前流是否支持写入
Capacity	获取或设置分配给该流的字节数
Length	获取用字节表示的流长度。这个是真正占用的字节数
Position	获取或设置流中的当前位置
Flush()	清空缓冲区
GetBuffer()	返回从其创建此流的无符号字节数组。会返回所有分配的字节，不管用没用到
Read()	从当前流中读取字节块并将数据写入缓冲区中
ReadByte()	从当前流中读取一个字节

属性和方法	说　　明
Seek()	将当前流中的位置设置为指定值
SetLength()	将当前流的长度设为指定值
ToArray()	将整个流内容写入字节数组，而与 Position 属性无关
Write()	使用从缓冲区读取的数据将字节块写入当前流
WriteByte()	将一个字节写入当前流中的当前位置
WriteTo()	将此内存流的全部内容写入另一个流中

在对 MemoryStream 类中数据流进行读取时，可以使用 Seek()方法定位读取器的当前位置，可以通过指定长度的数组一次性读取指定长度的数据。ReadByte()方法每次读取一个字节，并将字节返回一个整数值。当向 MemoryStream 中完成了数据写入后，可使用 WriteTo()方法完成将内存流的全部内容写入另一个流中。

MemoryStream 是一个特例，MemoryStream 中没有任何非托管资源，所以它的 Dispose 不调用也没关系，托管资源.NET 会自动回收。

14.5.5　BufferedStream

在介绍 BufferedStream 之前，先来了解一下什么是缓冲区。缓冲区是内存中的一块连续区域，用来缓存或临时存储数据。也就是说，流可以通过缓冲区逐步对数据进行读取或写入操作。BufferedStream 中的缓存区可以由用户设定，其表现形式为 byte 数组。想象一下，没有缓存区将是很可怕的。假如非固态硬盘没有缓冲区，而下载速度达到惊人的 10MB/s 左右，那么下载一个 2GB 或更大的文件时，磁头的读写会非常频繁，直接的结果是磁头寿命急剧减少，甚至将硬盘直接烧毁或者损坏。

一般进行对流的处理时，系统肩负着 I/O 操作所带来的开销，调用十分频繁，这时候就应该想个办法去减少这种开销。BufferedStream 能够实现利用缓冲区完成流的缓存，换句话说，也就是在内存中能够缓存一定的数据而不是时时给系统带来负担。同时 BufferedStream 可以对缓存中的数据进行写入或是读取，所以对流的性能带来一定的提升。但是 BufferedStream 无法同时进行读取或写入工作。如果不使用缓冲区也行，BufferedStream 能够保证不用缓冲区时不会降低因缓冲区带来的读取或写入性能的下降。

可见，BufferedStream 类也是作用于内存的流，那么和 MemoryStream 有什么区别呢？BufferedStream 并不是将所有内容都存放到内存中，而 MemoryStream 则是。BufferedStream 必须跟其他流，如 FileStream 结合使用，而 MemoryStream 则不用。BufferedStream 类似于一个流的包装类，对流进行"缓存功能的扩展包装"。所以 BufferedStream 的优势不仅体现在其原有的缓存功能上，更体现在如何帮助原有类实现其功能的扩展层面上。

BufferedStream 是一个密封类，派生自 Stream 类。BufferedStream 的常见构造函数定义如下：

```
BufferedStream (Stream stream); //使用给定的 Stream 类对象来初始化实例，默认缓冲
                                //区大小为 4096 字节;
BufferedStream (Stream stream, int capacity);   //使用给定的 Stream 类对象和
                                                //缓冲区大小来初始化实例;
```

BufferedStream 类的常见属性和方法如表 14.17 所示。

表 14.17 **BufferedStream** 类的常见属性和方法

属性和方法	说　　明
BufferSize	获取此缓冲流的缓冲区大小（以字节为单位）
CanRead	获取一个值，该值指示当前流是否支持读取
CanSeek	获取一个值，该值指示当前流是否支持查找
CanTimeout	获取一个值，该值确定当前流是否可以超时（从 Stream 继承）
CanWrite	获取一个值，该值指示当前流是否支持写入
Length	获取用字节表示的流长度
Position	获取或设置流中的当前位置
UnderlyingStream	获取此缓冲流的基础 Stream 实例
Flush()	清除此流的所有缓冲区并导致所有缓冲数据都写入基础设备中
GetBuffer()	返回从其创建此流的无符号字节数组。是会返回所有分配的字节，不管用没用到
Read()	从当前流中读取字节块并将数据写入数组中
ReadByte()	从当前流中读取一个字节，并返回转换为 int 的该字节；或者如果从流的末尾读取则返回 −1
Seek()	将当前流中的位置设置为指定值
SetLength()	将当前流的长度设为指定值
ToArray()	将整个流内容写入字节数组，而与 Position 属性无关
Write()	将字节复制到缓冲流，并将缓冲流内的当前位置前进写入的字节数
WriteByte()	将一个字节写入当前流中的当前位置
CopyTo()	从当前流中读取字节并将其写入到另一个流中

14.6 *序列化与反序列化

14.6.1 序列化与反序列化概述

本节将讨论什么是序列化以及如何实现序列化，如何将对象数据写入 XML 文件以及如何从 XML 文件读取对象数据。

序列化是通过将对象转换为字节流，从而存储对象或将对象传输到内存、数据库或文件的过程。在此过程中，先将对象的公共字段和私有字段以及类的名称（包括类所在的程序集）转换为字节流，然后再把字节流写入数据流。在随后对对象进行反序列化时，将创建出与原对象完全相同的副本。其主要用途是保存对象的状态，包括对象的数据，以便能够在需要时重建对象。反向过程称为反序列化。

如图 14.2 所示，对象被序列化为字节流，其中不仅包含数据、还包含对象类型的相关信息，如版本、区域性和程序集名称，然后可以将此流中的内容存储到数据库、文件或内存中。

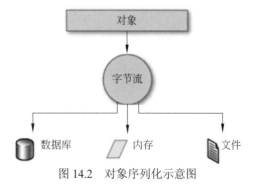

图 14.2 对象序列化示意图

通过序列化，可以执行如下操作：通过 Web

服务将对象发送到远程应用程序、在域之间传递对象、以 XML 字符串的形式传递对象通过防火墙、跨应用程序维护安全性或用户专属信息。　.

要使对象成为可序列化的，对象、包含已序列化对象的一个流和一个格式化器（Formatter）三者缺一不可。将对象声明为可序列化的对象，需要使用 System.Runtime. Serialization 命名空间。该命名空间中包含了序列化和反序列化对象所必需的类。在声明类型时，将 SerializableAttribute 特性应用于当前类型，以表示此类型的实例可以被序列化，如果对没有 SerializableAttribute 特性的类型进行序列化，则会引发异常。如果想让类中的某个字段不可序列化，可以使用 NonSerializedAttribute 特性。代码如下所示：

```
[Serializable]
public class Person
{
  public int StudentID{get;set;}
  [NonSerialized]
  public int  age;
}
```

上面的代码声明了 Person 类，并使用[Serializable]特性对类进行修饰，表示当前类型可序列化。在字段_age 上使用了[NonSerialized]特性进行修饰，代表当前字段不能进行序列化。需要注意的是，[NonSerialized]特性仅能支持对字段的修饰。

14.6.2　3 种序列化技术及序列化规则

.NET 框架提供了 3 种序列化的方式：使用 BinaryFormatter 进行二进制序列化；使用 SoapFormatter 进行 SOAP 序列化；使用 XmlSerializer 进行 XML 序列化。在使用前两种序列化方式时，需要提供格式化器。格式化器用来确定一个对象的序列格式。其目的是在传输一个对象之前将其序列化成合适的格式。它们提供 IFormatter 接口。.NET 提供了两个格式化类：BinaryFormatter 和 SoapFormatter，它们都继承了 IFormatter 接口。

1. 二进制序列化

在二进制序列化中，所有内容都会被序列化，且性能很好，使用二进制编码来生成精简的序列化，可以用于基于存储或 Socket 的网络流。为了使用二进制序列化，需要引入 System.Runtime.Serialization.Formatters.Binary 命名空间。

```
MyObject obj = new MyObject();
obj.n1 = 1;
obj.n2 = 24;
obj.str = "一些字符串";
IFormatter formatter = new BinaryFormatter();
Stream stream = new FileStream("MyFile.bin", FileMode.Create, FileAccess.
Write, FileShare.None);
formatter.Serialize(stream, obj);
stream.Close();
```

本例使用二进制格式化程序进行序列化。只需创建一个要使用的流和格式化程序的实例，然后调用格式化程序的 Serialize()方法。流和要序列化的对象实例作为参数提供给该方法调用。类中的所有成员变量（甚至标记为 private 的变量）都将被序列化。

2. SOAP 序列化

SOAP 序列化是一个在异构的应用程序之间进行信息交互的理想选择。在应用程序中应添加 System.Runtime.Serialization.Formatters.Soap 命名空间以便在.NET 中使用 SOAP 序列化。SOAP 序列化的主要优势在于可移植性。SoapFormatter 把对象序列化成 SOAP 消息或解析 SOAP 消息并重构被序列化的对象。下面的代码在.NET 中使用 SoapFormatter 类序列化 string 类的对象。

```
string str = "test";
FileStream stream = new FileStream("C:\\soaptest.txt", FileMode.Create,
FileAccess.Write,FileShare.None);
SoapFormatter formatter = new SoapFormatter();
formatter.Serialize(stream, str);
stream.Close();
FileStream readStream = new FileStream("C:\\ soaptest.txt", FileMode.Open,
FileAccess.Read, FileShare.Read);
string data = (string)formatter.Deserialize(readStream);
readStream.Close();
Console.WriteLine(data);
```

3. XML 序列化

XML 序列化将一个对象或参数的公开字段和属性以及方法的返回值转换（序列化）成遵循 XSD 文档标准的 XML 流。因为 XML 是一个开放的标准，XML 能在任何平台下被任何需要的程序处理，因此 XML 序列化被用到带有公开的属性和字段的强类型类中，它的这些属性和字段被转换成序列化的格式（在这里是 XML）存储或传输。XML 序列化可提高可读性，以及对象共享和使用的灵活性，XML 序列化将对象的公共字段和属性或方法的参数和返回值序列化成符合特定 XML 格式的流。

对对象进行 XML 序列化时，必须添加 System.XML.Serialization 引用以使用 XML 序列化。使用 XML 序列化的基础是 XmlSerializer。下面的代码是在.NET 中使用 XmlSerializer 类序列化 string 对象。

```
string str = "test";
FileStream stream = new FileStream("C:\\xmltest.txt", FileMode.Create,
FileAccess.Write,FileShare.None);
XmlSerializer xmlSerializer = new XmlSerializer(typeof(string));
XmlSerializer.Serialize(stream, str);
stream.Close();
FileStream readStream = new FileStream("C:\\xmltest.txt", FileMode.Open,
FileAccess.Read, FileShare.Read);
string data = (string)xmlSerializer.Deserialize(readStream);
readStream.Close();
Console.WriteLine(data);
```

4. 序列化规则

由于类编译后便无法序列化，所以在设计新类时应考虑序列化。需要考虑的问题有：是否必须跨应用程序域来发送此类？是否要远程使用此类？用户将如何使用此类？也许用户会从第三方类中派生出一个需要序列化的新类。只要有这种可能性，就应将类标记为可序列化。除下列情况以外，最好将所有类都标记为可序列化：

- 所有的类都永远且不会跨越应用程序域。如果某个类不要求序列化但需要跨越应用程序域，则从 MarshalByRefObject 派生此类。
- 类存储仅适用于其当前实例的特殊指针。例如，如果某个类包含非受控的内存或文件句柄，则应确保将这些字段标记为 NonSerialized 或根本不序列化此类。

某些数据成员包含敏感信息。在这种情况下，建议实现 ISerializable 并仅序列化所要求的字段。

微课视频 14-4

14.7 案例 13：网络爬虫

互联网中的网页都是使用超文本链接语言来完成相互的引用与跳转。通过网页浏览器，可以通过给定的网址完成相应网页的显示。在本案例中，我们将开发一个小程序，通过给定的网址，来自动地获取网址中相关链接的网页内容。这种小程序称为网络爬虫。通过初始页面，可获得若干链接，通过这些链接可以访问更多的页面，持续下去，将会获得若干网页的内容。但本程序将在获得 100 个页面之后停止。

分析上述需求，我们至少需要两个集合：一个用于保存待访问的网址，一个用于保存已访问的网址。在每次访问时，都需要检查当前网址是否已经被访问过，否则将导致循环访问而得到重复的数据。在每访问一个网页时，需要解析出当前网页中所存在的所有新的网址并将其存入待访问网址集合中。

案例示例代码如代码 14.21 所示。

代码 14.21 案例 13：网络爬虫示例代码

```
01   public class Program
02   {
03       static void Main(string[] args)
04       {
05           Console.WriteLine("Enter a URL:");
06           string url = "http://www.nsu.edu.cn";
07           crawler(url);
08           Console.ReadLine();
09       }
10       private static void crawler(string startingURL)
11       {
12           List<String> listOfPendingURLs = new List<String>();
13           List<String> listOfTraversedURLs = new List<String>();
14
15           listOfPendingURLs.Add(startingURL);
16           while (listOfPendingURLs.Count != 0 &&
17               listOfTraversedURLs.Count<= 100)
18           {
19               String urlString = listOfPendingURLs[0];
20               listOfPendingURLs.RemoveAt(0);
21               if (!listOfTraversedURLs.Contains(urlString))
22               {
23                   listOfTraversedURLs.Add(urlString);
24                   Console.WriteLine("Craw " + urlString);
25                   foreach (String s in getSubURLs(urlString))
26                   {
27                       if (!listOfTraversedURLs.Contains(s))
28                           listOfPendingURLs.Add(s);
```

```
29                          }
30                      }
31                  }
32              }
33      private static IEnumerable<string> getSubURLs(string urlString)
34      {
35          HttpWebRequest httpReq;
36          HttpWebResponse httpResp;
37          string strBuff = "";
38          char[] cbuffer = new char[256];
39          int byteRead = 0;
40          int current = 0;
41          List<String> list = new List<String>();
42          try
43          {
44              Uri url = new Uri(urlString);
45              httpReq = (HttpWebRequest)WebRequest.Create(url);
46              //通过 HttpWebRequest 的 GetResponse()方法建立 HttpWebResponse,
                //强制类型转换
47              httpResp = (HttpWebResponse)httpReq.GetResponse();
48              Stream respStream = httpResp.GetResponseStream();
49              StreamReader respStreamReader = new StreamReader(respStream,
    Encoding.UTF8);
50              byteRead = respStreamReader.Read(cbuffer, 0, 256);
51              while (byteRead != 0)
52              {
53                  string strResp = new string(cbuffer, 0, byteRead);
54                  strBuff = strBuff + strResp;
55                  byteRead = respStreamReader.Read(cbuffer, 0, 256);
56              }
57              respStream.Close();
58              current = strBuff.IndexOf("http:", current);
59              while (current > 0)
60              {
61                  int endIndex = strBuff.IndexOf("\"", current+1);
62                  if (endIndex> 0)
63                  { // Ensure that a correct URL is found
64                      list.Add(strBuff.Substring(current, endIndex-
    current-1));
65                      current = strBuff.IndexOf("http:", endIndex);
66                  }
67                  else
68                      current = -1;
69              }
70          }
71          catch (Exception ex)
72          {
73              Console.WriteLine("Error: " + ex.Message);
74          }
```

```
75          return list;
76      }
77  }
```

上述代码运行效果如图 14.3 所示。

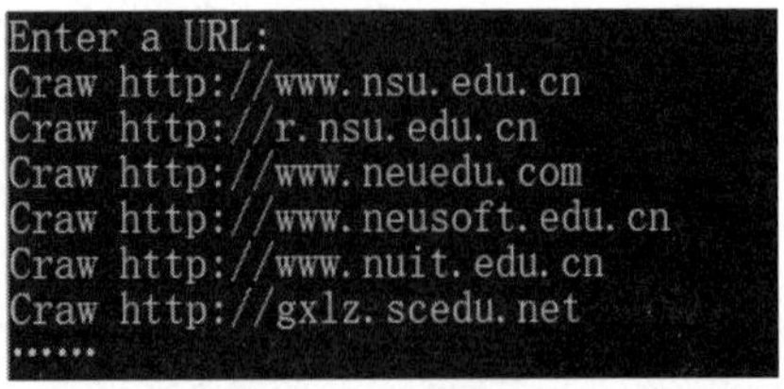

图 14.3 案例 13：网络爬虫运行效果图

14.8 小结

本章从文件入手，详细介绍了 C#中与文件相关的内容。首先介绍了路径和驱动信息类的使用；其次分别介绍了文件和目录的相关类和相关操作；接着介绍了流和流操作相关的技术；最后是序列化和反序列化的介绍。

14.9 练习

（1）编写程序，读取指定的文本文件，并从文件中删除用户给出的关键字。

（2）编写程序，统计一个文本文件中字符数、单词数和行数。

（3）编写程序，统计一个记录了若干个用空格隔开的分数的文件，程序输出文件中所有分数的总分。

（4）编写程序，随机生成 100 个整型数值，并将这些数值保存到文件中。数值之间用空格隔开。

（5）访问 www.baidu.com 并获取网页的 HTML 代码。

第 15 章

CHAPTER 15

数据访问技术

本章要点：

- 数据库概述；
- 结构化查询语言简介；
- ADO.NET 对象介绍与应用。

15.1 数据库概述

在信息社会中，各种数据通常存储在服务器的数据库中。因此在当前的软件开发中，数据库技术得到了广泛的应用。为了使客户端能够访问服务器中的数据库，需要使用各种数据访问技术。在众多的数据访问技术中，微软公司推出的 ADO.NET 是一种常用的数据库操作技术。本章将对 ADO.NET 进行详细的讲解。

数据库是按照数据结构来组织存储和管理数据的库，是存储在一起的相关数据的集合。使用数据库可以减少数据的冗余度，节省数据的存储空间。其具有较高的数据独立性和易扩充性，因此实现了数据资源的充分共享。计算机系统中只能存储二进制的数据，而数据存在的形式是多种多样的。数据库可以将多样化的数据转换成二进制的形式，使其能够被计算机识别。同时，可以将存储在数据库中的二进制数据以合理的方式转换为人们可以识别的逻辑数据。

随着数据库技术的发展，为了进一步提高数据库存储数据的高效性和安全性，随之产生了关系型数据库。关系型数据库是由许多数据表组成的，数据表有时由许多条记录组成。而记录又是由许多的字段组成的，每个字段对应一个对象。根据实际的要求，设置字段的长度、数据类型、是否必须存储数据。

数据库的种类有很多，常见的分类有以下几种：

- 按照是否联网，分为单机版、数据库和网络版数据库；
- 按照存储的容量，分为小型数据库、中型数据库、大型数据库和海量数据库；
- 按照是否支持关系，分为非关系型数据库和关系型数据库。

常见的数据库有 SQL Server、Oracle、MySQL、Access、SQLite 和 DB2 等。

15.2 结构化查询语言

结构化查询语言是一种数据库查询和程序设计语言，用于存取数据以及查询、更新和管理关系型数据库系统。SQL 的含义是结构化查询语言。目前 SQL 有两个不同的标准，分别由美国国家标准协会（ANSI）和国际标准化组织（ISO）制定。SQL 是一种计算机语言，可以用它与数据库交互。SQL 本身不是一个数据库管理系统，也不是一个单独的产品，但 SQL 是数据库管理系统不可或缺的组成部分。它是用于与数据库管理系统进行通信的一种语言和工具。由于它功能丰富，语言简洁，使用方法灵活，所以备受计算机界用户的青睐，被众多计算机公司和软件公司采用。经过多年的发展，SQL 已成为关系型数据库的标准语言。通过 SQL 语句可以实现对数据库的查询、添加、更新和删除操作。

15.3 ADO.NET 概述

ADO.NET 是微软公司新一代.NET 数据库的访问模型，是目前数据库程序设计人员用来开发基于.NET 的数据库应用程序的主要接口。ADO.NET 是一组向.NET Framework 程序员公开的数据访问服务。ADO.NET 为创建分布式数据共享应用程序提供了一组丰富的组件。它提供了对关系型数据库、XML 和应用程序数据的访问，是.NET Framework 中不可缺少的一部分。ADO.NET 支持多种开发需求，包括创建应用程序、工具、语言或 Internet 浏览器使用的前端数据库、客户端和中间层业务对象。ADO.NET 提供对诸如 SQL Server 和 XML 这样的数据源，以及通过 OLE DB 和 ODBC 公开的数据源的一致访问和共享数据的使用。应用程序可以使用 ADO.NET 连接到这些数据源，并可以检索、处理和更新其中包含的数据。

ADO.NET 用于访问和操作数据的两个主要组件是.NET Framework 数据提供程序和 DataSet。.NET Framework 数据提供程序用于连接到数据库、执行命令和检索结果。这些结果将被直接处理并放置在 DataSet 中，以便根据需要向用户公开，或与多个源中的数据组合，或在层之间进行远程处理。图 15.1 阐释了.NET Framework 数据提供和 DataSet 的关系。

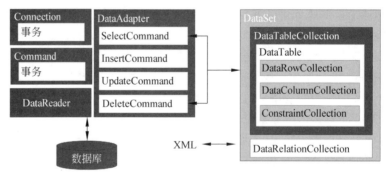

图 15.1　.NET Framework 数据提供和 DataSet 的关系图

.NET Framework 数据提供了应用程序与数据源之间的一座桥梁，包含一组用于访问特定数据库、执行 SQL 语句并获取值的.NET 类。它在数据源和代码之间创建最小的分层，并在不降低功能性的情况下提高性能，图 15.2 给出了数据提供程序的模型。

表 15.1 列出了.NET Framework 中包含的数据提供程序，表 15.2 描述了.NET Framework 数据提供程序的核心对象。

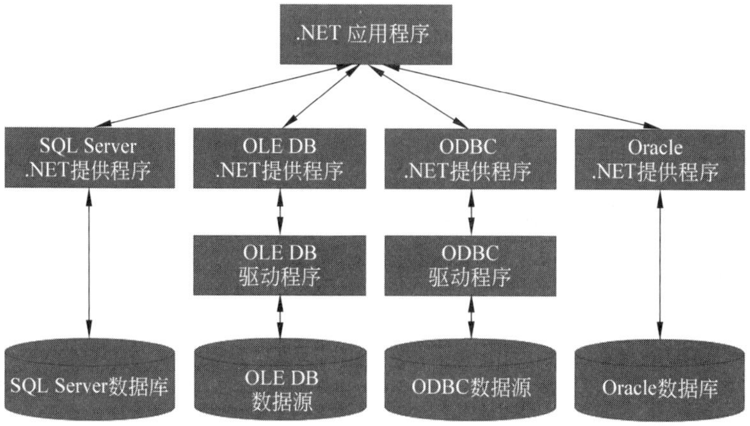

图 15.2　数据提供程序的模型

表 15.1　.NET Framework 中包含的数据提供程序

数据提供程序	说　　明
用于 SQL Server 的.NET Framework 数据提供程序	提供微软 SQL Server 的数据访问，使用 System.Data.SqlClient 命名空间
用于 OLE DB 的.NET Framework 数据提供程序	提供对使用 OLE DB 公开的数源中数据的访问，使用 System.Data.OleDb 命名空间
用于 ODBC 的.NET Framework 数据提供程序	提供对使用 ODBC 公开的数源中数据的访问，使用 System.Data.Odbc 命名空间
用于 Oracle 的.NET Framework 数据提供程序	提供 Oracle 的.NET Framework 数据提供程序支持 Oracle 客户端软件 8.1.6 和更高版本，并使用 System.Data.OracleClient 命名空间

表 15.2　.NET Framework 数据提供程序的核心对象

对　　象	说　　明
Connection	建立与特定数据源的连接，所有 Connection 对象的基类均为 DbConnection 类
Command	对数据源执行命令。公开 Parameters，并可在 Transaction 范围内从 Connection 执行。所有 Command 对象的基类为 DbCommand 类
DataReader	从数据源中读取只进且只读的数据流。所有 DataReader 对象的基类均为 DbDataReader 类
DataAdapter	使用数据源填充 DataSet 并解决更新。所有 DataAdapter 对象的基类均为 DbDataAdapter 类

　　DataSet 对象对于支持 ADO.NET 中的断开连接的分布式数据方案起到至关重要的作用。DataSet 是数据驻留在内存中的表示形式。不管数据源是什么，它都可以提供一致的关系编程模型。DataSet 是专门为独立于任何数据源的数据访问而设计的，因此它可以用于多种不同的数据源、XML 数据，或用于管理应用程序。本地的数据 DataSet 包含一个或多个 DataTable 对象的集合。这些对象由数据行和数据列以及有关 DataTable 对象中数据的主键、外键、约束和关系信息组成。

　　在应用程序中，可以利用 ADO.NET 的核心对象来操作数据库中的数据，图 15.3 给出了利用 ADO.NET 技术访问数据库的一般模型。

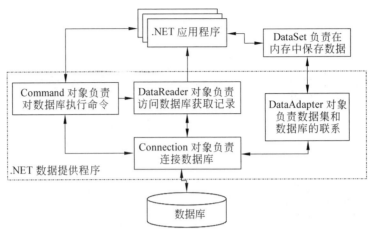

图 15.3　ADO.NET 技术访问数据库的一般模型图

15.4　Connection 对象

15.4.1　Connection 对象概述

Connection 对象的主要功能是建立应用程序和物理数据库的连接。它主要包括 4 种类型访问数据库的对象,分别对应 4 种数据提供程序,每一种数据提供程序中都包含一种数据库连接对象。表 15.3 给出了各种连接对象的具体情况说明。

表 15.3　各种连接对象的具体情况

名　　称	命 名 空 间	描　　述
SqlConnection	System.Data.SqlClient	表示与 SQLServer 数据库的连接对象
OleDbConnection	System.Data.OleDb	表示与 OLEDB 数据库的连接对象
OdbcConnection	System.Data.Odbc	表示与 ODBC 数据库的连接对象
OracleConnection	System.Data.OracleClient	表示与 Oracle 数据库的连接对象

不管哪种连接对象,都继承于 DbConnection 类。DbConnection 类封装了很多重要的方法和属性,表 15.4 描述了其中几个重要方法和属性。

表 15.4　DbConnection 类常用方法和属性

	项　　目	说　　明
属性	ConnectionString	获取或设置用于打开连接的字符串
	ConnectionTimeOut	获取在建立连接时终止深度并生成错误之前所等待的时间
方法	Database()	在连接打开之后获取当前数据库的名称,或者在连接打开之前获取连接字符串中指定的数据库名
	State()	获取描述连接状态的字符串,其值是 ConnectionState 类型的一个枚举值
	Open()	使用 ConnectionString 所指定的设置打开数据库连接
	Dispose()	释放由 Component 使用的所有资源
	Close()	关闭与数据库的连接

15.4.2　连接字符串

ADO.NET 类库为不同的外部数据源提供了一致的访问。这些数据源可以是本地的数据文件，也可以是远程的数据库服务器。数据源是多种多样的，那 ADO.NET 是如何能够准确而且高效地访问到不同数据源呢？连接字符串则是这个问题的答案。连接字符串告诉 ADO.NET 数据源在哪里、需要什么样的数据格式、提供什么样的访问信任级别，以及其他任何包括连接的相关信息。

连接字符串由一组元素组成，一个元素包含一个键值对，元素之间用分号隔开。典型的元素应包含这些信息：

- 数据源是基于文件的数据库服务器，还是基于网络的数据库服务器；
- 是否需要账号和密码来访问数据源；
- 超时的限制是多少；
- 其他相关的配置信息。

我们知道，键值对中的值是根据键来确定的。那么如何确定键呢？语法并没有规定键是什么，这需要根据连接的数据源来决定。一般来说，一个连接字符串所包含的信息如表 15.5 所示。

表 15.5　连接字符串所包含的信息

参　　数	说　　明
Provider	用于提供连接驱动程序的名称
Initial Catalog 或 Database	指明所需访问数据库的名称
Data Source 或 Server	指明所需访问的数据源
Password 或 PWD	指明所需访问对象的密码
User ID 或 UID	指明所需访问对象的用户名
Connection TimeOut	指明所需访问对象所持续的时间
Integrated Security 或 Trusted Connection	集成连接（信任连接）

下面以连接 SQL Server 2017 数据库为例介绍如何编写数据库连接字符串。

语法格式如下：

```
string str="Server=服务器名;User ID=用户名;PWD=密码;Database=数据库名称"
```

例如，通过 ADO.NET 技术连接本地的 db_EMS 数据库，则连接字符串如下：

```
string str="Server=mr\\wxk;User ID=sa;PWD=XXXX;Database=db_EMS"
```

为了有效地使用数据库连接，在实际的数据库应用程序中打开和关闭数据连接时，一般都会使用以下两种技术：

（1）添加 try…catch 块。在进行连接数据库时可能会出现异常，因此需要增加异常处理。典型的异常处理是添加 try…catch 块。为确保打开连接后，无论是否出现异常，都应该关闭连接和释放资源。所以必须在 finally 语句块中调用 Close()方法来关闭连接数据库。连接典型的代码结构如下：

```
try
{
    //使用 Connection.Open()打开连接
```

```
}
catch(Exception ex){…}
finally
{
    conn.Close();//使用 Connection.Close()关闭连接
}
```

（2）使用 using 语句。using 语句的作用是确保资源使用后很快释放它们。using 语句帮助减少意外的运行时错误带来的潜在问题，它封装了资源的使用。具体来说，它执行以下内容：

- 分配资源；
- 把数据库连接建立语句放进 try 块；
- 创建资源的 Dispose()方法并把它放进 finally 块。

因此上面以 SQL Server 数据为例的代码等同于：

```
using(SqlConnection conn=new SqlConnection(connStr))
{
  …//其他数据库操作代码
}
```

15.5　Command 对象

ADO.NET 最主要的目的是对外部数据源提供一致的访问。要访问数据源数据，就少不了增加、删除、修改、查询等操作。虽然 Connection 对象已经为我们连接好了外部数据源，但它并不提供对外部数据源的任何操作。在 ADO.NET 中，Command 对象封装了所有对外部数据源的操作，并在执行完成后返回合适的结果。与 Connection 对象一样，对于不同的数据源，ADO.NET 提供了不同的 Command 对象。表 15.6 列举了主要的 Command 对象。在实际的编程过程中，应根据访问的数据源不同，选择相应的 Command 对象。

表 15.6　.NET 数据提供程序对应的 Command 对象

.NET 数据提供程序	对应的 Command 对象
用于 OLE DB 的.NET Framework 数据提供程序	OleDbCommand 对象
用于 SQL Server 的.NET Framework 数据提供程序	SqlCommand 对象
用于 ODBC 的.NET Framework 数据提供程序	OdbcCommand 对象
用于 Oracle 的.NET Framework 数据提供程序	OracleCommand 对象

表 15.7 中给出了 Command 对象的常用属性和方法。

表 15.7　Command 对象的常用属性和方法

项　　目		说　　明
属性	Connection	设置或获取 Command 对象使用的 Connection 对象
	CommandText	当 CommandType 为 Text 时，则代表 SQL 语句的内容，此为默认值 当 CommandType 为 StoreProcedure 时，则代表存储过程的名称 当 CommandType 为 TableDirect 时，则为表的名称

续表

项　目		说　明
属性	CommandType	需要引入 System.Data 命名空间，有 3 种可能的取值。 Text：表示 Command 对象用于执行 SQL 语句 StoreProcedure：表示 Command 对象用于执行存储过程 TableDirect：表示 Command 对象用于直接处理某个表
	Parameters	获取 Command 对象需要使用的参数集合
	CommandTimeOut	指定 Command 对象用于执行命令的最长延迟时间，以秒为单位，如果在指定时间内仍不能开始执行命令，则返回失败信息。默认为 30s
方法	ExecuteNonQuery()	当 Command 所执行的命令为无返回结果集的 SQL 命令时调用
	ExecuteReader()	执行查询，并返回一个 DataReader 对象，可完成对每一行数据的只读遍历操作
	ExecuteScalar()	执行查询，并返回查询结果集中的第一行第一列对象，如果结果集为空，则返回 null

15.5.1　创建 Command 对象

在创建 Command 对象之前，需要明确两件事情：一是要执行什么样的操作，二是要对哪个数据源进行操作。可以构造一条 SQL 语句的字符串来指定需要对数据源进行什么样的操作，也可以通过 Connection 对象指定连接的数据源。如何将这些信息交给 Command 对象呢？下面以 SqlCommand 命令为例来详细说明。

SqlCommand 对象提供了多个构造函数，其中两个比较常用的格式如下：

```
SqlCommand();
SqlCommand(string cmdText, SqlConnection conn);
```

第一个构造函数是无参构造函数。在这种情况下，需要在创建 SqlCommand 对象之后，分别对 Connection 和 CommandText 属性进行赋值。代码如下：

```
SqlCommand cmd = new SqlCommand();
cmd.Connection = conn;
cmd.CommandText = "select * from tb";
```

第二个构造函数带两个参数，分别指定为 Command 对象可执行的 SQL 语句以及 SqlConnection 对象。代码如下：

```
string sqlStr = "select * from tb";
SqlCommand cmd = new SqlCommand(sqlStr, conn);
```

15.5.2　执行数据库操作

建立数据连接之后，就可以对数据执行数据操作了。对数据表的操作通常会有两种情况：一种是执行查询 SQL 语句的操作，另一种是执行非查询 SQL 语句的操作，即增加、修改、删除的操作。

1. 执行查询 SQL 语句的操作

如果仅需要对数据库中的数据进行统计、汇总等操作，需要执行 Command 类的 ExecuteScalar()方法；如果需要对检索的数据进行进一步的处理，则需要执行 Command 类的 ExecuteReader()方法获取一个数据集合，然后遍历该数据集读取需要的数据进行处理。图 15.4 展示了 ADO.NET 中执行查询 SQL 语句的过程。

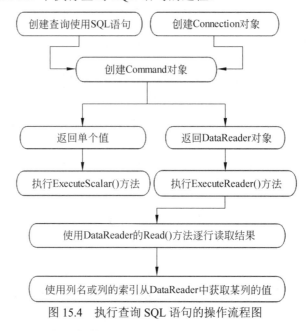

图 15.4　执行查询 SQL 语句的操作流程图

2. 执行非查询 SQL 语句的操作

在执行非查询 SQL 语句时并不需要返回表中的数据，直接使用 Command 类的 ExecuteNonQuery()方法即可。该方法的返回值是一个整数，用于返回 Command 类在执行 SQL 语句后对表中数据产生影响的行数。当该方法的返回值为−1 时，代表 SQL 语句执行失败；当该方法的返回值为 0 时，代表 SQL 语句对当前数据表中的数据没有影响。图 15.5 展示了 ADO.NET 中执行非查询 SQL 语句的过程。

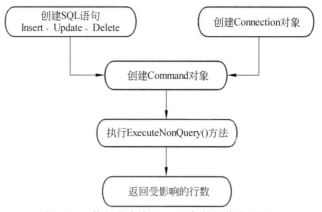

图 15.5　执行非查询 SQL 语句的操作流程图

代码 15.1 使用 SqlCommand 对象向数据库 db_MyDemo 的表 tb_SelCustomer 中删除 id 为 5 的所有记录。

代码 15.1　使用 SqlCommand 对象示例代码

```
01    class Program
02    {
```

```
03        static void Main(string[] args)
04        {
05            string connStr = @"Data Source=.\SQLEXPRESS;Initial Catalog=
      db_MyDemo;Integrated Security=SSPI";
06            using(SqlConnection conn=new SqlConnection(connStr))
07            {
08                string strSQL = "Delete from tb_SelCustomer where id = 5";
09                SqlCommand cmd = new SqlCommand(strSQL, conn);
10                cmd.CommandType = CommandType.Text;
11                try
12                {
13                    conn.Open();
14                    int rows = cmd.ExecuteNonQuery();
15                    Console.WriteLine($"{rows}行受影响。");
16                }
17                catch(Exception ex)
18                {
19                    Console.WriteLine($"error: {ex.Message}");
20                }
21            }
22            Console.ReadKey();
23        }
24    }
```

上面的示例展示了在使用 SQL 语句的情况下，如何访问数据库的示例。存储过程是一种完成特定功能的 SQL 语句集，经编译后存储在数据库中。用户通过指定存储过程的名字并给出参数（如果该存储过程带有参数）来执行它。由于存储过程是事先优化并编译好的 SQL 语句，所以执行效率高。在企业级项目中存储过程应用非常广泛。

为了调用存储过程，Command 对象的 CommandType 设置为 CommandType.StoredProcedure，并在 CommandText 中设置为存储过程的名称。代码 15.2 演示了如何使用 SqlCommand 调用存储过程。

代码 15.2　使用 SqlCommand 执行存储过程示例代码

```
01  class Program
02  {
03      static void Main(string[] args)
04      {
05          string connStr = @"Data Source=.\SQLEXPRESS;Initial Catalog=
      db_MyDemo;Integrated Security=SSPI";
06          using(SqlConnection conn=new SqlConnection(connStr))
07          {
08              try
09              {
10                  conn.Open();
11                  using(SqlCommand cmd = new SqlCommand("CreateBoard", conn))
12                  {
13                      cmd.CommandType = CommandType.StoredProcedure;
14                      cmd.Parameters.Add("@ClassName",SqlDbType.VarChar,50);
15                      cmd.Parameters["@ClassName"].Value = "className1";
```

```
16                    cmd.Parameters["@ClassName"].Direction =
    ParameterDirection.Input;
17                    cmd.Parameters.Add("@BoardName",SqlDbType.VarChar,50);
18                    cmd.Parameters["@BoardName"].Value = "boardName1";
19                    cmd.Parameters["@BoardName"].Direction =
    ParameterDirection.Input;
20                    cmd.Parameters.Add("@BoardCount", SqlDbType.Int);
21                    cmd.Parameters["@BoardCount"].Direction =
    ParameterDirection.Output;
22                    cmd.ExecuteNonQuery();
23                }
24            }
25            catch(Exception ex)
26            {
27                Console.WriteLine($"error: {ex.Message}");
28            }
29        }
30        Console.ReadKey();
31    }
32 }
```

上面代码通过 SqlCommand 对象完成对存储过程 CreateBoard 的调用。由于该存储过程中需要提供参数,因此使用了 Parameters 属性来向 SqlCommand 对象添加参数 SqlParameter,这样可防止 SQL 语句的歧义性,增强系统的安全性。SqlParameter 对象可以通过其构造函数来创建,也可以通过调用 SqlParameterCollection 集合的 Add()方法,将对象添加到集合中。Add()方法将构造函数实参或现有形参对象用作输入,具体取决于数据提供程序。

15.6 DataReader 对象

15.6.1 DataReader 对象概述

Commond 对象可以对数据源的数据直接操作,但是如果执行的是要求返回数据结果集的查询命令或存储过程,则需要先获取数据结果集的内容,然后再进行处理或输出。这就需要 DataReader 对象来配合。

DataReader 对象是一个简单的数据集,用于从数据源中检索只读数据集,常用于检索大量数据。DataReader 对象是以连接的方式工作,只允许以只读、顺向(数据库向应用程序方向)的方式查看其中所存储的数据,DataReader 对象提供了一个非常有效率的数据查看模式。

DataReader 对象不能直接使用构造函数实例化,必须通过 Command 对象的 ExecuteReader()方法来生成,如下所示:

```
SqlDataReader dr= cmd.ExecuteReader();
```

使用 DataReader 对象无论在系统开销还是在性能方面都很有效。它在任何时候只缓存一条记录,并且没有把整个结果集载入内存的等待时间,从而避免了使用大量内存,大大提高了性能。DataReader 对象中常用的属性和方法如表 15.8 所示。

表 15.8 **DataReader 对象中常用的属性和方法**

项 目		说 明
属性	FieldCount	获取当前行中的列数
	HasRows	获取 DataReader 中是否包含数据
	IsClosed	获取 DataReader 的状态是否为已经被关闭
方法	Read()	让 DataReader 对象前进到下一条记录
	Close()	关闭 DataReader 对象
	GetXXX(int i)	获取指定列的值，其中 XXX 代表的是数据类型。如 GetDouble(0)为获取当前行第 1 列 double 类型的值

作为数据提供程序的一部分，DataReader 对应着特定的数据源。每个.NET Framework 的数据提供程序实现一个 DataReader 对象，如 System.Data.OleDb 命名空间中的 OleDbDataReader 以及 System.Data.SqlClient 命名空间中的 SqlDataReader。

15.6.2 使用 DataReader 对象读取查询结果

在使用 DataReader 来读取查询结果时，需要注意，当查询结果仅为一条时，可以使用 if 语句查询 DataReader 对象中的数据，示例代码如下所示：

```
if(dr.Read())
{
    …//访问数据字段值
}
```

如果返回值是多条数据，则需要通过 while 循环语句遍历 DataReader 对象中的数据。任意时刻 DataReader 对象只表示查询结果集中的某一行记录，示例代码如下所示：

```
while(dr.Read())
{
    …//访问数据字段值
}
```

有多种方法可以从 DataReader 对象中返回其当前所表示的数据行的字段值。例如，假设使用一个名为 reader 的 SqlDataReader 对象来表示查询语句为 "Select Title, Director from movies" 的结果。如果要得到 DataReader 对象所表示的当前数据行中的 Title 字段的值，那么可以使用下面这些方法中的任意一个：

```
string Title = (string)reader["Title"];
string Title = (string)reader[0];
string Title = reader.GetString(0);
string Title = reader.GetSqlString(0);
```

第一个方法，通过字段的名称来返回该字段的值。不过该字段的值是以 Object 类型返回的，因此，在将该返回值赋值给字符串变量之前，必须对其进行显示的类型转换。

第二个方法，通过字段的位置来返回该字段的值。不过该字段的值也是以 Object 类型返回的。因此，在使用前也必须对其进行显式的类型转换。

第三个方法也是通过该字段的位置来返回其字段值的。然而这个方法得到的返回值的类型是字符串，因此使用这个方法不用对返回结果进行任何类型转换。

最后一个方法还是通过字段的位置来返回字段值的。但该方法得到的返回值的类型是

SqlString，而不是普通的字符串。SqlString 类型表示在 System.Data.SqlTypes 命名空间定义的专门类型值。

对上述几种返回数据行字段值的方法进行比较可知，通过字段所在的位置来返回字段值比通过字段名称来返回字段值要快一些。但是使用这个方法会使程序代码变得十分脆弱。如果查询中字段返回的位置稍有改变，那么程序将无法正确工作。

DataReader 对象是一个轻量级的数据对象。但 DataReader 对象在读取数据时要求数据库一直保持在连接状态。使用 DataReader 对象读取数据之后，务必将其关闭；否则其所使用的连接对象将无法进行其他操作。

15.7 ADO.NET 的数据访问模型

在数据库应用系统中，大量的客户可能同时连接到数据库服务器，数据库服务器会频繁进行"建立连接""释放资源""关闭连接"等数据操作。这些操作将分散服务器的性能，使其响应时间加长。那么怎样才能改进数据库连接的性能呢？ADO.NET 提供了两种机制来处理这种情况。

15.7.1 连接模式

在连接模式下，应用程序在操作数据时，客户机必须一直保持和数据库的服务器的连接。这种模式适合数据传输量少、系统规模不大，客户机和服务器在同一网络中的环境连接。模式下的数据访问步骤如下：

（1）使用 Connection 对象连接数据库；

（2）使用 Command 对象从数据库索取数据；

（3）把取回来的数据放在 DataReader 对象中进行读取；

（4）完成读取操作后关闭 DataReader 对象；

（5）关闭 Connection 对象。

ADO.NET 的连接模式，只能返回向前的、只读的数据。这是由 DataReader 对象的特性决定的。

15.7.2 断开连接模式

断开连接模式是指应用程序在操作数据时，并非一直与数据源保持连接。这种方式适合网络数据量大、系统节点多、网络结构复杂，尤其是通过 Internet/Intranet 进行连接的网络。断开连接模式下的数据访问的步骤如下：

（1）使用 Connection 对象连接数据库；

（2）使用 Command 对象，获取数据库的数据；

（3）把 Command 对象封装到 DataAdapter 对象中；

（4）把 DataAdapter 对象中的数据填充到 DataSet 对象中；

（5）关闭 Connection 对象；

（6）在客户及本地内存保存的对象中执行数据的各种操作；

（7）操作完毕后，启动 Connection 对象连接数据库；

（8）利用 DataAdapter 对象更新数据库；

（9）关闭 Connection 对象。

由于使用断开连接服务模式，服务器不需要维护和客户机之间的连接。只有当客户机需要将更新的数据传回到服务器时，再重新连接。这样服务器的资源消耗少，可以同时支持更多并发的客户机。当然这需要 DataSet 对象的支持和配合才能完成，这是 ADO.NET 的卓越之处。

15.7.3　DataSet 对象

1. DataSet 对象概述

DataSet 对象是支持通过 ADO.NET 断开连接的分布式数据方案的核心。DataSet 是数据的内存驻留表示形式，可提供一致的关系编程模型，而不考虑数据源。它可以用于多种不同的数据源、XML 数据，或用于管理应用程序本地的数据。DataSet 就像存储于内存中的一个小型关系数据库，包含任意数据表以及所有表的约束、索引和关系等。DataSet 对象的层次结构如图 15.6 所示。

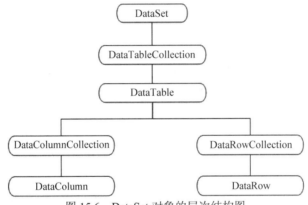

图 15.6　DataSet 对象的层次结构图

从图 15.6 中可以看出，ADO.NET 数据集包含由 DataTable 对象表示的零个或多个表的集合。DataTableCollection 包含数据集中的所有 DataTable 对象。DataTable 对象在 System.Data 命名空间中定义，表示内存驻留数据的单个表，其中包含由 DataColumnCollection 表示的列集合以及由 ConstraintCollection 表示的约束集合。这两个集合共同定义表的架构。DataTable 还包含由 DataRowCollection 表示的行的集合，其中包含表中的数据。除了当前状态之外，DataRow 还会保留其当前版本和初始版本，以标识对行中存储的值的更改。表 15.9 中给出了 DataSet 的常用属性和方法。

表 15.9　DataSet 的常用属性和方法

项　目		说　明
属性	Tables	返回一个 DataTableCollection 对象，可通过索引获得某个 DataTable 对象
	Relations	返回一个 DataRelationCollection 对象，可通过索引获得某个 DataRelation 对象
	DataSetName	当前 DataSet 的名称。如果不指定，则该属性值设置为 NewDataSet
方法	AcceptChanges()	调用 AcceptChanges()方法时，RowState 属性值为 Added 或 Modified 的所有行的 RowState 属性都被设置为 UnChanged。任何标记为 Deleted 的 DataRow 对象都将从 DataSet 中被删除

续表

项 目		说 明
方法	Clear()	清除 DataSet 中所有 DataRow 对象
	HasChange()	表示 DataSet 中是否包含挂起更改的 DataRow 对象

2. DataSet 工作原理

DataSet 并不直接和数据库打交道,它和数据库之间的相互作用是通过.NET 数据提供程序中的数据适配器对象(DataAdapter)来完成的。数据的工作原理如图 15.7 所示。

图 15.7 DataSet 工作原理图

首先,客户端与数据库服务器端建立连接;然后由客户端应用程序向数据库服务器发送数据请求。数据库服务器接到数据请求后,经检索选择出符合条件的数据,发送给客户端的数据集后,再断开连接;最后 DataSet 以数据绑定控件或直接引用等形式将数据传递给客户端应用程序。如果客户端应用程序在运行过程中有数据发生变化,那么它会修改 DataSet 中的数据。

当应用程序运行到某一阶段时,例如,应用程序需要保存数据时,就可以再次建立客户端到数据库服务端的连接,将数据集中被修改的数据提交给服务器,然后再次断开连接。

3. 创建 DataSet

创建 DataSet 可以调用其构造函数来创建对应的实例。在创建实例时,可以指定一个名称参数作为 DataSet 的名字,否则该名称会设置为 NewDataSet。DataSet 的构造函数示例语句如下所示:

```
DataSet ds = new DataSet();
```

或

```
DataSet ds = new DataSet("MyDataSet");
```

15.7.4 DataAdapter 对象

1. 认识 DataAdapter 对象

DataSet 和物理数据库是两个实体,要使这两个实体保持一致,就需要使用 DataAdapter 类来同步两个实体。DataAdapter 为外部数据源与本地 DataSet 集合架起了一座桥梁,将从外部数据源检索到的数据合理、正确地调配到本地的 DataSet 集合中,同时 DataAdapter 还可以将对 DataSet 的更改解析回数据源。DataAdapter 本质上就是一个数据调配器。当需要查询数据时,它从数据库检索数据,并填充到本地的 DataSet 或者 DataTable 中;当需要更新数据库时,它将本地内存的数据路由到数据库,并执行更新命令。

不同的数据提供程序,其对应的 DataAdapter 对象也是不一样的:OLE DB .NET

Framework 数据提供程序包括一个 OleDbDataAdapter 对象；SQL Server .NET Framework 数据提供程序包括一个 SqlDataAdapter 对象；ODBC .NET Framework 数据提供程序包括一个 OdbcDataAdapter 对象；Oracle .NET Framework 数据提供程序包括一个 OracleDataAdapter 对象。

2. DataAdapter 对象的常用属性

DataAdapter 对象的工作步骤一般有两种：一种是通过 Command 对象执行 SQL 语句，将获得的结果集填充到 DataSet 对象中；另一种是将 DataSet 中更新数据的结果返回到数据库中。

DataAdapter 对象的常用属性形式为 XXXCommand，用于描述和设置数据库操作。使用 DataAdapter 对象，可以读取、添加、更新和删除数据源中的记录。对于每种操作的执行方式，适配器支持以下 4 个属性，类型都是 Command，分别用来管理数据查询、添加、删除和修改操作。

- SelectCommand 属性：该属性用来从数据库中查询数据；
- InsertCommand 属性：该属性用来从数据库中添加数据；
- DeleteCommand 属性：该属性用来从数据库中删除数据；
- UpdateCommand 属性：该属性用来从数据库中修改数据。

例如，以下代码可以给 DataAdapter 对象的 SelectCommand 属性赋值：

```
SqlConnection conn = new SqlConnection("…");
SqlDataAdapter da = new SqlDataAdapter();//声明一个 SqlDataAdapter 对象
da.SelectCommand = new SqlCommand("select * from user", conn);//设置 da 的
                                      //SelectCommand 属性为给定的 SQL 语句
```

同样，可以使用上述方式给其他的 InsertCommand、DeleteCommand 和 UpdateCommand 属性赋值，从而实现数据的插入、删除和修改。

当在代码中使用 DataAdapter 对象的 SelectCommand 属性获得数据表的连接数据时，如果表中数据有主键，则可以使用 CommandBuilder 对象来自动为这个 DataAdapter 对象隐式地生成其他 3 个属性（InsertCommand、DeleteCommand 和 UpdateCommand）。这样，在修改数据后，就可以直接调用 Update()方法将修改后的数据更新到数据库中，而不必再使用 InsertCommand、DeleteCommand 和 UpdateCommand 这 3 个属性来执行更新操作。相关代码如下所示：

```
SqlDataAdapter da = new SqlDataAdapter();//声明一个 SqlDataAdapter 对象
SqlCommandBuilder builder = new SqlCommandBuilder(da);
```

3. DataAdapter 对象的常用方法

DataAdapter 对象主要用来将数据源的数据填充到 DataSet 中，以及将 DataSet 中的数据更新到数据库，同样有 SqlDataAdapter 和 OleDbAdapter 两种对象。它的常用方法有构造函数、填充或刷新 DataSet 的方法、将 DataSet 中的数据更新到数据库里的方法和释放资源的方法。

1）构造函数

不同类型的数据提供程序使用不同的构造函数来完成 DataAdapter 对象的实例化。以 SqlDataApdater 为例，其构造函数如表 15.10 所示。

表 15.10　SqlDataApdater 构造函数

方 法 定 义	参 数 说 明	方 法 说 明
SqlDataApdater()	不带参数	创建 SqlDataApdater 对象
SqlDataApdater(SqlCommand selectCommand)	selectCommand: 指定新创建对象的 SelectCommand 属性	创建 SqlDataApdater 对象,用参数 selectCommand 设置其 SelectCommand 属性
SqlDataApdater(string selectCommandText, SqlConnection selectConnection)	selectCommandText: 指定新创建对象的 SelectCommand 属性值 selectConnection: 指定连接对象	创建 SqlDataApdater 对象,用参数 selectCommandText 设置其 SelectCommand 属性值,并设置其连接对象为 selectConnection
SqlDataApdater(string selectCommandText, string selectConnectionString)	selectCommandText: 指定新创建对象的 SelectCommand 属性值 selectConnectionString: 指定新创建对象的连接字符串	创建 SqlDataApdater 对象,用参数 selectCommandText 设置其 SelectCommand 属性值,其连接字符串为 selectConnectionString

2)填充方法 Fill()

当调用 Fill()方法时,它将向数据存储区传输一条 SQL SELECT 语句。该方法主要用来填充或刷新 DataSet,返回值是影响 DataSet 的行数。该方法的常用定义如表 15.11 所示。

表 15.11　Fill()方法的常用定义

方 法 定 义	参 数 说 明	方 法 说 明
int Fill(DataSet ds)	参数 ds 是需要填充的数据集名	添加或更新参数所指定的 DataSet 数据集,返回值为影响的行数
int Fill(DataSet ds, string srcTable)	参数 ds 是需要填充的数据集名,srcTable 指定需要填充的数据集的 DataTable 数据表的名称	填充指定的 DataSet 数据集中的指定表

3)更新方法 Update()

使用 DataAdapter 对象更新数据时,需要用到 Update()方法。Update()方法通过为 DataSet 中的每个已插入、已更新或已删除的行执行相应的 INSERT、UPDATE 或 DELETE 语句来更新数据库中的值。

Update()方法最常用的重载形式如下所示:

- Update(DataRow[])——通过为 DataSet 中的指定数据中的每个已插入、已更新或已删除的行执行相应的 INSERT、UPDATE 或 DELETE 语句来更新数据库中的值。
- Update(DataSet)——通过为指定的 DataSet 中的每个已插入、已更新或已删除的行执行相应的 INSERT、UPDATE 或 DELETE 语句来更新数据库中的值。
- Update(DataTable)——通过为指定的 DataTable 中的每个已插入、已更新或已删除的行执行相应的 INSERT、UPDATE 或 DELETE 语句来更新数据库中的值。

代码 15.3 演示了如何通过显式设置 DataAdapter 的 UpdateCommand 并调用其 Update()方法对已修改行执行更新。

代码 15.3　DataAdapter 对修改执行更新示例代码

```
01    private static void AdapterUpdate(string connectionString)
02    {
03        using (SqlConnection conn = new SqlConnection(connectionString))
```

```
04          {
05              SqlDataAdapter dataAdapter = new SqlDataAdapter("SELECT CategoryID,
    CategoryName FROM Categories", conn);
06              dataAdapter.UpdateCommand = new SqlCommand("UPDATE Categories
    SET CategoryName=@CategoryName WHERE CategoryID = @CategoryID", conn);
07              SqlParameter parameter = dataAdapter.UpdateCommand.Parameters.
    Add("@CategoryID", SqlDbType.Int);
08              parameter.SourceColumn = "CategoryID";
09              parameter.SourceVersion = DataRowVersion.Original;
10              dataAdapter.UpdateCommand.Parameters.Add("@CatetoryName",
    SqlDbType.NVarChar, 15, "CategoryName");
11              DataTable categoryTable = new DataTable();
12              dataAdapter.Fill(categoryTable);
13              DataRow categoryRow = categoryTable.Rows[0];
14              categoryRow["CategoryName"] = "New Beverages";
15              dataAdapter.Update(categoryTable);
16              Console.WriteLine("Rows after update:");
17              foreach (DataRow row in categoryTable.Rows)
18                  Console.WriteLine("{0}:{1}", row[0], row[1]);
19          }
20      }
```

在上述代码中，第 5 行声明一个 SqlDataAdapter 对象 dataAdapter，并指定其默认的 SelectCommand 属性值；第 6 行为其设置 UpdateCommand 属性对象；第 7 行声明了一个 SqlParameter 对象 parameter，并通过构造函数指定 SqlDataAdapter 对象的 UpdateCommand 属性值中的参数及其对应的 SqlDbType 的类型；第 8 行指定 parameter 对象对应于数据库中的字段；第 9 行设置 parameter 的 SourceVersion 属性，表示该参数的值为数据库中的值而非修改后的值；第 10 行添加另一参数到 Parameters 集合中；第 11 行声明一个 DataTable 对象 categoryTable 并于 12 行中将 dataAdapter 对象获取到的数据存放到 categoryTable 中。第 13 行获取 categoryTable 中的第 0 行记录并保存到 categoryRow 对象中，然后修改 categoryRow 中的 CategoryName 字段的值；第 15 行调用 dataAdapter 的 Update()方法将修改后的值提交到数据库中。

15.8　事务处理

在 ADO.NET 中，使用 Connection 对象控制事务，可以使用 BeginTransaction()方法启动本地事务。开始事务处理过程后，可以使用 Command 对象的 Transaction 属性在该事务中登记一个命令。然后，可以根据事务组件的成功或失败，提交或回滚在数据源上进行的修改。在 ADO.NET 执行事务的步骤如下：

（1）调用 Connection 对象的 BeginTransaction() 方法，以标记事务的开始。BeginTransaction()方法返回对事务的引用。此引用分配给在事务中登记的 Command 对象。

（2）将 Transaction 对象分配给要执行的 Command 的 Transaction 属性。如果在具有活动事务的连接上执行命令，并且尚未将 Transaction 对象配给 Command 对象的 Transaction 属性，则会引发异常。

（3）执行所需的命令。

（4）调用 Transaction 对象的 Commit()方法完成事务，或调用 Rollback()方法结束事务。如果在 Commit()或 Rollback()方法执行之前连接关闭或断开，事务将回滚。

微课视频 15-1

15.9 案例 14：商品销售统计

在进销存系统中，用户经常需要对某个月份的商品销售情况进行统计（包括统计产品名称、销售数量和销售金额等），所以月销售统计表在进销存软件中必不可少。本案例制作一个商品月销售统计表。运行效果如图 15.8 所示。

首先需要根据需要设计出相应的数据库。本案例设计的数据库表有商品表（GoodsInfo）和销售表（BillInfo）。两个表的表结构如图 15.9 和图 15.10 所示。

BillID	日期	商品编号	商品名称	商品单价	销售数量	销售总价	销售公司	销售人员	商品单位
12	2022/2/2	T1001	小米手机	3000.00	4	12000	小米公司	Dim	台
13	2022/1/18	T1002	华为手机	4000.00	7	28000	华为公司	Dim	台
14	2022/2/23	T1003	苹果手机	5000.00	5	25000	苹果公司	Dim	台
15	2022/1/6	T1004	三星手机	2500.00	7	17500	三星公司	Dim	台
16	2022/4/23	T2001	小米平板	4800.00	1	4800	小米公司	Dim	台

Welcome to the XXX Product Management System
This is the Sales Management Page

第1页/共4页
1—上一页   2—下一页   3—第一页   4—最后一页

图 15.8 案例 14：商品销售统计运行效果图

名	类型	长度	小数点	不是 null	虚拟	键
GoodsId	int	0	0	☑	☐	🔑1
GoodsCode	varchar	10	0	☐	☐	
GoodsName	varchar	255	0	☑	☐	🔑2
GoodsPrice	decimal	10	2	☐	☐	

图 15.9 商品表（GoodsInfo）表结构图

名	类型	长度	小数点	不是 null	虚拟	键
BillId	int	0	0	☑	☐	🔑1
BillDate	datetime	0	0	☐	☐	
BillAmount	int	0	0	☐	☐	
BillPayment	decimal	10	0	☐	☐	
GoodsId	int	0	0	☐	☐	
BillStaff	varchar	255	0	☐	☐	
BillUnit	varchar	255	0	☐	☐	
BillCompany	varchar	255	0	☐	☐	

图 15.10 销售表（BillInfo）表结构图

为了程序设计的方便，BillInfo 表并未设置任何外键，而是通过程序完成两个表的外键约束。

接下来，根据数据库的表结构，完成两个实体类 GoodsInfo 类和 BillInfo 类的声明。上述两个类的代码这里不再展示，请读者自行完成。此外，由于显示的销售统计信息是两个表的联合，因此本案例声明了第三个实体类 BillDetailInfo 类。类声明如代码 15.4 所示。

代码 15.4　**BillDetailInfo** 类示例代码

```
01    public class BillDetailInfo
02    {
03        public GoodsInfo GoodsInfo { get; set; }
04        public BillInfo BillInfo { get; set; }
05    }
```

在本例中，首先设计一个专门访问数据库获取两个表中所有数据的 DataAccess 类。类的声明如代码 15.5 所示。

代码 15.5　**DataAccess** 类示例代码

```
01    public class DataAccess
02    {
03        public static string connString = "Server=Localhost; Database=
    billmanagement;Uid=root;Pwd=…;";
04        public static DataSetGetAllGoods()
05        {
06            return GetData("select * from goodsinfo");
07        }
08        public static DataSetGetAllBills()
09        {
10            return GetData("select * from billinfo");
11        }
12        private static DataSetGetData(string sql)
13        {
14            using (SqlConnectionmySqlConnection = new SqlConnection
    (connString))
15            {
16                mySqlConnection.Open();
17                SqlCommandmy SqlCommand = new SqlCommand(sql, SqlConnection);
18                SqlDataAdapter mySqlDataAdapter = new SqlDataAdapter();
19                mySqlDataAdapter.SelectCommand = mySqlCommand;
20                DataSet result = new DataSet();
21                mySqlDataAdapter.Fill(result);
22                return result;
23            }
24        }
25    }
```

在上述代码中，GetAllGoods()方法可以获得 GoodsInfo 表中的所有数据，GetAllBills()方法可以获得 BillInfo 表中的所有数据。这两个方法都调用了 GetData()方法，通过传入不同的 SQL 语句，从而得到各自的数据。

在获取了数据之后，由于页面上的显示需求与原始数据之间还有差别，因此首先需要将数据库数据进行联结查询以达到显示需求的目的。本案例因此设计了 BLL 类，用于完成数据库数据与页面显示需求的业务逻辑处理的目的。首先在类中声明了 3 个集合并在静态构造函数中对其进行初始化。如代码 15.6 所示。

代码 15.6　**BLL** 类部分示例代码 1

```
01    public static List<GoodsInfo> GoodsInfos { get; set; }
```

```
02    public static List<BillInfo> BillInfos { get; set; }
03    public static List<BillDetailInfo> BillDetailInfos { get; set; }
04    static BLL()//静态构造函数
05    {
06        GoodsInfos = new List<GoodsInfo>();
07        BillInfos = new List<BillInfo>();
08        BillDetailInfos = new List<BillDetailInfo>();
09    }
```

其次，虽然在 DataAccess 类中，已经获得了数据库中的数据，但数据仅保存在 DataSet 对象中，因此还需要一个将 DataSet 对象转换为实体对象的过程。这里在 BLL 类中设计了 GetAllGoodsInfos()和 GetAllBillInfos()这两个方法分别完成这个任务，如代码 15.7 所示。

代码 15.7　BLL 类部分示例代码 2

```
01    private static List<GoodsInfo>GetAllGoodsInfos()
02    {
03        DataSet ds = DataAccess.GetAllGoods();
04        foreach(var item in ds.Tables[0].Rows)
05        {
06            DataRowdr = item as DataRow;
07            GoodsInfo goodsInfo = new GoodsInfo()
08            {
09                GoodsId = (int)dr["GoodsId"],
10                GoodsCode = dr["GoodsCode"].ToString(),
11                GoodsName = dr["GoodsName"].ToString(),
12                GoodsPrice = (decimal)dr["GoodsPrice"]
13            };
14            GoodsInfos.Add(goodsInfo);
15        }
16        return GoodsInfos;
17    }
18    private static List<BillInfo>GetAllBillInfos()
19    {
20        DataSet ds = DataAccess.GetAllBills();
21        foreach (var item in ds.Tables[0].Rows)
22        {
23            DataRowdr = item as DataRow;
24            BillInfo billInfo = new BillInfo()
25            {
26                BillId = (int)dr["BillId"],
27                BillDateTime = (DateTime)dr["BillDate"],
28                BillAmount = (int)dr["BillAmount"],
29                BillPayment = (decimal)dr["BillPayment"],
30                GoodsId = (int)dr["GoodsId"],
31                BillStaff = dr["BillStaff"].ToString(),
32                BillUnit = dr["BillUnit"].ToString(),
33                BillCompany=dr["BillCompany"].ToString()
34            };
35            BillInfos.Add(billInfo);
```

```
36          }
37      return BillInfos;
38   }
```

上述代码通过遍历 DataSet 对象中的第 1 个表中的所有行，并对所有行的对应列取值，从而实例化出对应的对象，并存放到相应的集合中。

此时，已经完成了将数据库数据与实体对象集合的转换。下一步就是完成显示对象集合的获取。该工作被定义在 GetAllBillDetailInfos() 方法中，如代码 15.8 所示。

代码 15.8　BLL 类部分示例代码 3

```
01   public static List<BillDetailInfo> GetAllBillDetailInfos()
02   {
03      GoodsInfos = GetAllGoodsInfos();
04      BillInfos = GetAllBillInfos();
05      BillDetailInfos = BillInfos.Join(GoodsInfos, b =>b.GoodsId, g =>
g.GoodsId, (b, g) => new BillDetailInfo() { BillInfo = b, GoodsInfo =
g }).ToList();
06      return BillDetailInfos;
07   }
```

上述代码首先调用 GetAllGoodsInfos() 和 GetAllBillInfos() 两个方法来准备原始对象集合，再使用 LINQ 语句完成两个集合的联结操作，最终获得 BillDetailInfos 集合对象。为配合前端页面显示，在 BLL 类中还设计了 GetAllBillDetailInfosPages() 方法来获取待显示数据的总页数以及 GetAllBillDetailInfosByPage() 方法来获取当前页面显示的数据，如代码 15.9 所示。

代码 15.9　BLL 类部分示例代码 4

```
01   internal static List<BillDetailInfo> GetAllBillDetailInfosByPage(int
     pageSize, int startPageIndex)
02   {
03      int totalPages = (int)Math.Ceiling((double)BillDetailInfos.Count /
pageSize);
04      return BillDetailInfos.Skip(pageSize* startPageIndex).Take(pageSize).
ToList();
05   }
06   internal static int GetAllBillDetailInfosPages(int pageSize)
07   {
08      return (int)Math.Ceiling((double)BillDetailInfos.Count / pageSize);
09   }
```

最终，在前端显示的所有数据和业务逻辑都准备完毕。接下来就可以完成前端显示页面的相应代码了。在案例 12 的基础上，我们修改了 MainPage.cs 代码，如代码 15.10 所示。

代码 15.10　MainPage.cs 示例代码

```
01   class MainPage : BasePage
02   {
03      string operationIndex;
04      const int PAGESIZE = 5;
05      int startPageIndex = 0;
06      int totalpage;
07      public MainPage()
08      {
```

```
09              ShowPage();
10          }
11      private void ShowPage()
12          {
13              contentBuilder.Clear();
14              contentBuilder.AppendLine("Welcome to the XXX Product Management
    System");
15              title = "This is the Sales Management Page";
16              operationList = "1--上一页\t2--下一页\t3--第一页\t4--最后一页\n";
17              totalpage = BLL.GetAllBillDetailInfosPages(PAGESIZE);
18              content = DisplayCenter.DisplayMedicineInfoWithBlock(BLL.
    GetAllBillDetailInfosByPage(PAGESIZE, startPageIndex));
19              content += $"\n 第{startPageIndex + 1}页/共{totalpage}页";
20              contentBuilder.AppendLine(title);
21              contentBuilder.AppendLine(content);
22              contentBuilder.AppendLine(operationList);
23              finalPageContent = contentBuilder.ToString();
24          }
25      public override void AcceptUserInput()
26          {
27              operationIndex = Console.ReadLine();
28          }
29      public override void DoBiz()
30          {
31
32              switch (operationIndex)
33              {
34                  case "1":
35                      startPageIndex = startPageIndex - 1 <= 0 ? 0 : --
    startPageIndex;
36                      break;
37                  case "2":
38                      startPageIndex = startPageIndex + 1 >= totalpage ?
    totalpage-1 : ++startPageIndex;
39                      break;
40                  case "3":
41                      startPageIndex = 0;
42                      break;
43                  case "4":
44                      startPageIndex = totalpage - 1;
45                      break;
46              }
47          ShowPage();
48          targetPage = this;
49          }
50      }
```

至此，本案例结束。

15.10　小结

本章详细介绍了 C#中的数据库技术 ADO.NET。通过 ADO.NET 内置的几种对象，可以完成程序与指定数据库服务器的连接以及相关操作。读者需要熟练掌握这几种对象，并能使用这些对象，配合正确的 SQL 语句，完成对数据库的操作。此外，介绍了 ADO.NET 的数据访问模型所涉及的 DataSet 和 DataAdapter 对象以及事务处理。

15.11　练习

（1）对数据表执行添加、删除和修改操作时，分别使用什么语句？

（2）ADO.NET 中主要包含哪些对象？

（3）如何连接 SQL Server 数据库？

（4）DataSet 对象主要有哪几个子类？

（5）DataAdapter 对象和 DataSet 对象有什么关系？

（6）如何访问 DataSet 数据集中的指定数据表？

（7）简述 DataSet 对象与 DataReader 对象的区别。

表现层技术篇

本篇为表现层技术篇。Windows 编程中的表现层技术有多种。本篇选择 WPF 技术。毫无疑问，WPF 是现在开发传统 Windows 应用最先进的框架。该技术具有更为前沿的设计和强大的框架，有丰富的多媒体支持能力，有更全面和更强大的数据绑定与展示功能，有完善的工具予以支持并且具有更为理想的性能表现。本章从 WPF 程序入门开始，介绍了布局和控件、资源和样式、数据绑定和命令等相关技术，最终辅以天气预报案例，完成 WPF 程序与 WebAPI 进行通信示例。

第 16 章

桌面编程 WPF 技术

本章要点:
- XAML 的基本语法;
- WPF 应用程序的结构;
- WPF 布局和控件;
- 资源和样式;
- 数据绑定的实现机制。

16.1 WPF 程序开发入门

WPF(Windows Presentation Foundation)是微软推出的基于 Windows 用户界面的框架,属于.NET Framework 3.0 的一部分。它提供了统一的编程模型、语言或框架,真正做到了将界面设计人员和开发人员的工作分离,从而让界面设计和开发人员可以同步工作。开发在 Windows 7 及其以上的操作系统上运行的桌面应用程序时,使用 WPF 应用程序能够发挥最大的运行性能。本章主要学习 WPF 应用程序开发的基本知识。

16.1.1 WPF 概述

WPF 是一个可创建桌面客户端应用程序的 UI 框架,是微软公司利用.NET Framework 解决 GUI 框架问题的方案,用于生成能带给用户震撼视觉体验的 Windows 客户端应用程序。

WPF 的核心是一个与分辨率无关的,且基于矢量的呈现引擎,旨在充分利用现代图形硬件。它提供了超丰富的.NET UI 框架,集成了矢量图形、丰富的流动文字支持、3D 视觉效果和强大无比的控件模型框架。传统的 GUI 界面都是由 Windows 消息通过事件传递给程序,程序根据不同的操作表达出不同的数据并体现在 UI 上。这样数据在某种程度上受到很大的限制。WPF 实现了 UI 与代码逻辑的分离,设计人员和开发人员可以很好地协同工作,提高开发效率。使用 WPF 技术开发产品,界面是"皮",也就是 UI,是使用 XAML 语言"画"出来的;而程序是"瓤",也就是功能逻辑,可以由程序员选择使用 C#等语言来实现。

在 WPF 出现之前,无论是 Win32 API 编程、使用 MFC 编程还是 Windows Form 编程,设计人员设计出来的界面,都需要由程序员使用 Visual Studio 实现。程序员不是美工,Visual Studio 也比不过 Photoshop 等专业制图工具。如今为了支持 WPF 程序设计,微软推出了专门的、使用 XAML 语言进行 UI 设计的工具——Expression Studio。使用它就像使用 Photoshop

一样,设计出来的结果保存为 XAML 文件,程序员可以直接拿来用。当 UI 有变更时,程序员用新版 XAML 文件替换旧版即可。

实际上,大多数 WPF 程序已经同时包含 XAML 代码和程序代码。首先使用 XAML 定义的程序界面,然后再用.NET 语言编写相应的逻辑代码。逻辑代码既可以直接嵌入 XAML 文件中,也可以将它保存为单独的代码文件。XAML 并非是设计 WPF 程序所必需的,因此按照传统方式使用程序来实现界面依然有效。如果 XAML 界面设计和逻辑设计可以完全分开,那么不但程序的开发和维护更加方便,而且在团队开发中可以使程序员专注于业务逻辑的实现,而将界面设计交由专业人员来完成,从而使各类人员在项目中各显其能,开发出功能强大、界面一流的 WPF 程序。

16.1.2 XAML 基础

XAML 是 eXtensible Application Markup Language 的首字母缩写。它本质上和 XML 相近,是一种声明性标记语言。如同应用于.NET Framework 编程模型一样,XAML 简化了.NET Framework 应用程序创建 UI 的过程。用户可以在声明性 XAML 标记中创建可见的 UI 元素,然后使用代码隐藏文件将 UI 定义与运行时逻辑相分离。XAML 直接以程序集中定义的一组特定后备类型表示对象的实例化。这与大多数其他标记语言不同,后者通常是与后备类型系统没有此类直接关系的解释语言。XNML 实现了一个工作流,通过此工作流,各方可以采用不同的工具来处理应用程序的 UI 和逻辑。

以文本表示时,XAML 文件通常是具有.xaml 扩展名的 XML 文件,可通过任何 XML 编码对文件进行编码,但通常以 UTF-8 编码。

为了帮助理解,下面给出一个简单地利用 XAML 构造应用程序 UI 的示例代码,如代码 16.1 所示。

代码 16.1 利用 XAML 构造应用程序 UI 的示例代码

```
01  <Window x:Class="WpfApp5.MainWindow"
02    xmlns="http://schemas.microsoft.com/winfx/2006/xaml/presentation"
03    xmlns:x="http://schemas.microsoft.com/winfx/2006/xaml"
04    xmlns:d="http://schemas.microsoft.com/expression/blend/2008"
05    xmlns:mc="http://schemas.openxmlformats.org/markup-compatibility/2006"
06    xmlns:local="clr-namespace:WpfApp5"
07    mc:Ignorable="d"
08    Title="MainWindow" Height="450" Width="800">
09    <Grid>
10      <TextBlock HorizontalAlignment="Center" VerticalAlignment="Center"
    FontSize="72">
11          Hello, WPF
12      </TextBlock>
13    </Grid>
14  </Window>
```

上述代码仅有 XAML 代码,没有后端逻辑代码。通过在 Visual Studio 中创建 WPF 应用程序项目即可。上述代码的运行效果如图 16.1 所示。

1. XML 根元素和 XML 命名空间

一个 XAML 文件只能有一个根元素,这样才能成为格式正确的 XML 文件和有效的

图 16.1　利用 XAML 构造应用程序 UI 的示例代码运行效果图

XAML 文件。通常，应选择属于应用程序模型一部分的元素（例如，为页面选择 Window 或 Page，为外部字典选择 ResourceDictionary，或为应用程序定义根选择 Application）。

　　根元素还包括属性 xmlns 和 xmlns:x。这些属性为 XAML 处理器指明哪些命名空间包含标记将要引用的元素定义。XAML 中的命名空间与 C#语言中的命名空间的用途是一样的，就是为了避免命名冲突。XAML 继承了 XML 的引入方法，使用 xmlns 引入命名空间，例如：

```
<Object xmlns = http://test/>
```

或者

```
<Object xmlns:doc = http://test/>
```

　　第一种方法，引入命名空间 "http://test/" 后，不分配别名。在当前文件的其他地方使用该命名空间就不必添加前缀。而第二种方法引入命名空间，并分配一个别名 doc。在当前文件的其他地方使用该命名空间中的内容时要添加前缀，例如：

```
<doc:Text>Hello, WPF</doc:Text>
```

　　这里的命名空间使用 http 开头只是一种习惯，它并不指向某个真实的 URL 地址，仅仅是一个标识符，其实可以使用其他命名方式，例如：

```
<Object xmlns = "MyNamespace">
```

　　在大多数 XAML 文件的根元素中，有两个 xmlns 声明。第一个声明将一个 XAML 命名空间映射为默认命名空间：

```
xmlns="http://schemas.microsoft.com/winfx/2006/xaml/presentation"
```

　　该命名空间用于映射 System.Windows.Markup 命名空间中的类型，也定义了 XAML 编译器或解析器中的一些特殊的指令。

　　第二个声明映射 XAML 定义的语言元素的一个独立的 XAML 命名空间，通常将它映射到 "x:" 前缀：

```
xmlns:x="http://schemas.microsoft.com/winfx/2006/xaml"
```

其目的是通过 "x:" 前缀来声明可被其他 XAML 和 C#代码引用的对象。

2. 使用自定义.NET 类

　　在 xmlns 前缀声明内使用一系列标记可将 XML 命名空间映射到自定义的.NET 类，其方法类似于将标准 WPF 和 XAML 内部函数、XAML 命名空间映射到前缀。此语法采用以下可能的已命名标记和值：

- clr-namespace——在程序集中声明的 CLR 命名空间，此程序集包含要作为元素公开的公共类型。

- assembly——包含部分或全部引用 CLR 命名空间的程序集。此值通常为程序集的名称，而不是路径，且不包括扩展名。程序集路径必须创建为包含要映射的 XAML 的项目文件中的项目引用。为了合并版本控制和强名称签名，assembly 值可以是定义的 AssemblyName 字符串，而不是简单的字符串名称。

注意：分隔 clr-namespace 标记和其值的字符是冒号（:），而分隔 assembly 标记和其值的字符为等号（=）。这两个标记之间应使用的字符是分号。此外，在声明中的任何位置都不包含任何空格。

为了说明这个过程，代码 16.2 定义了一个简单的 Person 类及其 FirstName 和 LastName 属性。

代码 16.2　**Person 类声明示例代码**

```
01    namespace SDKSample
02    {
03      public class Person
04      {
05        public string FirstName { get; set; }
06        public string LastName { get; set; }
07        public override string ToString() => $"{FirstName} {LastName}";
08      }
09    }
```

此自定义类随后编译为库，库按项目设置命名为 SDKSampleLibrary。为引用此自定义类，还需要将其添加为当前项目的引用（通常可使用 Visual Studio 中的解决方案资源管理器 UI 完成此操作），将如下前缀映射到 XAML 中的根元素中：

```
xmlns:custom="clr-namespace:SDKSample;assembly=SDKSampleLibrary"
```

在 XAML 代码中添加一个列表框，其中包含 Person 类型的项。使用 XAML 特性设置 FirstName 和 LastName 属性的值，运行该应用程序，ToString()方法的输出会显示在列表框中，XAML 代码如代码 16.3 所示。

代码 16.3　**代码 16.2 对应的 XAML 代码**

```
01    <Window x:Class="SDKSample.MainWindow"
02        xmlns="http://schemas.microsoft.com/winfx/2006/xaml/presentation"
03        xmlns:x="http://schemas.microsoft.com/winfx/2006/xaml"
04        xmlns:d="http://schemas.microsoft.com/expression/blend/2008"
05        xmlns:mc="http://schemas.openxmlformats.org/markup-compatibility/
2006"
06        xmlns:local="clr-namespace:SDKSample"
07        mc:Ignorable="d"
08        Title="MainWindow" Height="450" Width="800">
09        <Grid>
10            <ListBox>
11                <local:Person FirstName="Stephanie" LastName="Nagel" />
12                <local:Person FirstName="Matthias" LastName="Nagel" />
13            </ListBox>
14        </Grid>
15    </Window>
```

在上述代码中，第 6 行调用了当前解决方案所在的命名空间，并设置 local 为其前缀。
在第 11 行和第 12 行中，使用 local 为前缀，并创建两个 Person
对象的实例，将其显示在 ListBox 控件对象中。其显示效果
如图 16.2 所示。

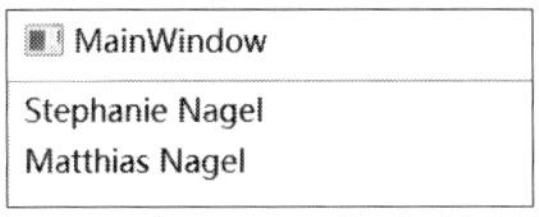

图 16.2　代码 16.3 运行效果图

3. 对象元素

XAML 的对象元素是指 XAML 中的一个完整的节点。一个 XAML 文件始终只有一个
根元素，在 Windows 10 系统中通常是 Page 作为根元素，其他都是子元素。子元素可以包
含一个或多个下级子元素。对象元素通常声明类型的实例。该类型通常在程序集中定义并
在 XAML 文件中进行引用。

对象元素语法始终以左尖括号（<）开头，后跟要创建实例的类型的名称（该名称可能
包含前缀）。此后可以选择声明该对象元素的特性。要完成对象元素标记，请以右尖括号（>）
结尾，也可以使用不含任何内容的自结束形式，方法是用一根正斜杠后接一个右尖括号（/>）
来完成标记。如下所示：

```
<ListBox>
    <local:Person FirstName="Stephanie" LastName="Nagel" />
    <local:Person FirstName="Matthias" LastName="Nagel" />
</ListBox>
```

4. XAML 对象属性

在面向对象程序开发中，属性是指对象的属性。在开发过程中，对象属性是最重要、
最常用的概念。在 XAML 代码中，允许开发人员声明"元素对象"。不同的"元素对象"
对应多个对象属性。例如，一个 TextBox 文本框有背景属性、宽度属性和高度属性等。为
了适应实际项目的需求，XAML 提供 3 种方法设置属性。

1）通过 Attribute 特性置对象属性

在 XAML 代码中允许在开始标签的对象后使用特性（Attribute）定义一个或多个对象
元素的属性，实现属性复制操作，其语法结构如下：

```
<元素对象  属性名="属性值" 属性名="属性值"......></元素对象>
```

例如，下面的标记将创建一个具有红色文本和蓝色背景的按钮，还将创建指定为
Content 的显示文本。

```
<Button Background="Blue" Foreground="Red" Content="This is a Button" />
```

由于元素对象属性名在标签内部，所以这种表达方式也被称为"内联属性"。

2）通过 Property 属性元素设置对象属性

使用 XAML 的 Attribute 特性，可以简单快捷地设置对象的属性。但其属性值局限于简
单的字符串形式。在实际项目中经常会遇到复合型控件或者自定义控件引用较为复杂的对
象属性，以达到个性化的效果。对此 Attribute 特性无法支持。从而引入 Property 属性元素
的概念。

在传统.NET 开发语言中，可以简单地使用"."点运算符来完成对象的某个属性的调用。
而在 XAML 代码中，其调用方法类似于.NET 开发语言属性的调用方法，其语法格式为：

```
<元素对象>
<元素对象.属性>
```

```
    <属性设置器 属性值="">
  </元素对象.属性>
  </元素对象>
```

其中，属性设置器可以设置为较为复杂的对象元素，例如，布局控件元素、自定义控件元素等。

下面的代码演示了如何在 WPF 应用程序中组合使用特性语法和属性语法，其中属性语法针对的是 Button 的 ContextMenu 属性。

```
<Button Background="Blue" Foreground="Red" Content="快捷菜单">
    <Button.ContextMenu>
        <ContextMenu>
            <MenuItem>快捷菜单 1</MenuItem>
            <MenuItem>快捷菜单 2</MenuItem>
        </ContextMenu>
    </Button.ContextMenu>
</Button>
```

3）通过隐式数据集设置对象属性

通过学习 Property 属性元素，可以了解到 XAML 的元素对象属性不仅包含单一对象属性，同时还支持复杂属性，属性值可以为简单的字符数据类型，同时也可以是一个数据集。为了简化 XAML 代码的复杂性，提高代码的易读性，XAML 提供隐式数据集设置对象属性方法。例如，在 XAML 中为一个 ComboBox 组合框赋值，传统代码如下：

```
<ComboBox>
    <ComboBox.Items>
        <ComboBoxItem Content="XAML 示例 1"/>
        <ComboBoxItem Content="XAML 示例 2"/>
        <ComboBoxItem Content="XAML 示例 3"/>
    </ComboBox.Items>
</ComboBox>
```

在以上代码中，使用<ComboBox.Items>属性赋值 ComboBoxItem 内容，使用隐式数据集设置对象属性方法。可以将上面的代码修改为：

```
<ComboBox>
    <ComboBoxItem Content="XAML 示例 1"/>
    <ComboBoxItem Content="XAML 示例 2"/>
    <ComboBoxItem Content="XAML 示例 3"/>
</ComboBox>
```

XAML 代码可以直接生成渐变背景效果，实现方法是使用画刷类的 GradientStops 属性控制。下面的代码生成蓝色背景渐变效果：

```
<Rectangle Width="200" Height="150">
    <Rectangle.Fill>
        <LinearGradientBrush>
            <LinearGradientBrush.GradientStops>
                <GradientStop Offset="0.0" Color="Gold"/>
                <GradientStop Offset="1.0" Color="Blue"/>
            </LinearGradientBrush.GradientStops>
        </LinearGradientBrush>
    </Rectangle.Fill>
</Rectangle>
```

16.1.3 依赖属性和附加属性

1. 依赖属性（Dependency Property）

在传统.NET 应用开发中，CLR 属性是面向对象程序编程的基础，主要提供对私有字段的封装。开发人员可以用 get 和 set 访问器实现读写属性操作。在 WPF 应用程序中，依赖属性和 CLR 属性类似，同样提供了一个实例级私有字段的访问封装。通过调用 GetValue() 和 SetValue()方法实现属性的读写操作。依赖属性最重要的一个特点是属性值依赖于一个或多个数据源。提供这些数据源的方式不尽相同。例如，通过数据绑定提供数据源，通过动画、模板资源、样式等方式提供数据源等。在不同的数据源下，依赖属性可以实时对属性值进行修改。也正是因为依赖多数据源的缘故，所以称之为依赖属性。依赖属性是.NET 标准属性的一个新的特性，在执行效率上具有一个显著的升级。想要操控 WPF 的一些核心功能，例如动画、数据绑定和样式等，都离不开依赖属性。大多数由 WPF 元素公开的属性都是依赖属性。

在编程过程中，更多的时间是花在使用依赖属性，而非创建它们的过程中。在许多情况下，开发人员仍需要创建自己的依赖属性。显然，当设计一个自定义的 WPF 元素时，依赖属性是一个关键要素。此外，在某些情况下，当要给原本不支持数据绑定、动画或 WPF 的一些其他功能的一部分代码添加上述功能时，需要创建依赖属性。下面的示例定义 IsSpinning 依赖属性，并说明 DependencyProperty 标识符与它所支持的属性之间的关系。

```
//定义依赖属性
public static readonly DependencyProperty IsSpinningProperty=
DependencyProperty.Register("IsSpinning", typeof(Boolean), typeof(MyCode));
//添加属性封装器
public bool IsSpinning
{
    get {return (bool)GetValue(IsSpinningProperty);}
    set {SetValue(IsSpinningProperty, value);}
}
```

按照惯例，定义依赖属性的字段名称是由普通属性名称以及在末尾添加"Property"字符构成的。这样一来，可以将依赖属性的定义名称和实际属性的名称区别开。通常会为一个依赖属性提供对应的属性封装器，这能让用户使用依赖属性和使用常规属性具有操作上的一致性。

2. 附加属性（Attached Properties）

附加属性是一种特殊的依赖属性，同时也是 XAML 中特有的属性之一。其语法调用格式如下：

```
<控件元素对象 附加元素对象.附加属性名 = 属性值/>
```

可以通过以下实例理解附加属性。例如，在布局控件 Canvas 中定义一个按钮控件，而按钮本身没有任何属性可以控制其在布局控件 Canvas 中的位置。在 Canvas 中定义了 4 个依赖属性（Left、Top、Right、Button）作为其包含的控件的附加属性，帮助按钮控件确定其在 Canvas 中的位置。有如下代码：

```
<Canvas>
  <Button Canvas.Left = "25" Canvas.Top = "30"/>
< Canvas />
```

在上述代码中，按钮控件使用了 Canvas.Letf 和 Canvas.Top 来设置自己位于布局控件 Canvas 中的位置。该控件从控件 Canvas 中继承了 Left 和 Top 两个属性值。尽管这两个属性仍旧属于 Canvas 控件，但属性已经附加到了按钮控件上，并产生了效果。

16.1.4　XAML 中的事件

和其他开发语言类似，XAML 具有事件机能，帮助应用管理用户输入，执行不同的行为。根据用户不同的操作执行不同的业务逻辑代码。例如，用户输入日期、单击按钮确认、移动鼠标等操作，都可以使用事件进行管理。

在传统应用中，一个对象激活一个事件被称为事件发送者（Event Sender）。而事件所影响的对象则称为事件接收者（Event Receiver）。例如，在 Windows Form 应用开发中，对象事件的 Sender 和 Receiver 永远是同一个对象。简单地理解，如果单击一个按钮对象，则这个按钮对象激活 Click 事件，同时该对象后台代码将接收事件并执行相关逻辑代码。而 XAML 不仅继承了传统的事件处理方法，并且引入了依赖属性系统，同时还引入了一个增强型事件处理系统路由事件（Routed Event）。路由事件和传统事件不同，路由事件允许一个对象激活时间后，既是一个事件发送者，又同时拥有一个或多个事件接收者。

路由事件是一个 CLR 事件，可以由 RoutedEvent 类的实例提供支持，并由 WPF 事件系统来处理。XAML 的路由事件处理方式可分为 3 种。

- 冒泡事件（Bubbling Event）：该事件是最常见的事件处理方式。该事件表示对象激活事件后，将沿着对象树由下至上、由子到父的方式传播扩散，直到被处理或者到达对应的根对象元素，或者该事件对应的"RoutedEventArgs.Handled = true"时完成处理。在传播扩散中，所有涉及的元素对象都可以被该事件进行控制。
- 隧道事件（Tunneling Event）：该事件处理方式和冒泡事件相反。对象激活事件后，将从根对象元素传播扩散到激活事件的子对象，或者该事件对应的"RoutedEventArgs.Handled = true"时完成处理。
- 直接路由事件（Direct Routing Event），该事件没有向上或向下传播扩散，仅作用于当前激活事件的对象上。

要在 XAML 中添加事件处理程序，只需将相应的事件名称作为一个特性添加到某个元素中，并将特性值设置为用来实现相应委托的事件处理程序的名称，基础语法如下：

```
<元素对象 事件名称 = "事件处理程序">
```

例如：使用按钮控件的 Click 事件，响应按钮单击效果，代码可为：

```
<Button Click = "Button_Click"/>
其中 Button Click 连接后台代码中的同名事件处理程序：
private void Button_Click(object sender, RoutedEventArgs e)
{…}
```

Button_Click 是实现的事件处理程序的名称，该处理程序包含用来处理 Click 事件的代码。Button_Click 必须具备与 RoutedEventHandler 委托相同的签名,该委托是 RoutedEventArgs 事件的事件处理程序委托。所有路由事件处理程序委托的第一个参数都指定要向其中添加事件处理程序的元素。第二个参数指定事件的数据。在不同的事件中，第二个参数类型名称可能不同，但是都有路由事件参数的共性功能。

当添加事件处理程序特性时，Visual Studio 的智能感知功能可提供极大的帮助。一旦输入等号，Visual Studio 会显示一个包含在代码隐藏类中的所有合适的事件处理程序的下拉列表。要创建一个新的事件处理程序来处理这一事件，只需要从列表顶部选择 New Event Handler 选项。此外，也可以使用 Properties 窗口的 Events 选项卡来关联和创建事件处理程序。

16.1.5　WPF 程序的生命周期

WPF 应用程序和传统的 Windows Form 类似，WPF 同样需要一个 Application 来统领一些全局的行为和操作。并且每一个应用程序域（Domain）中只能有一个 Application 实例存在，该实例称为单例。WPF 应用程序实例化 Application 之后，Application 对象的状态会在一段时间内频繁变化。在此时间段内，Application 会自动执行各种初始化任务。当 Application 初始化任务完成后，WPF 应用程序的声明期才真正开始。

在 Visual Studio 2022 中创建一个 WPF 应用程序，使用 App.xaml 文件定义启动应用程序。从严格意义上说，XAML 并不是一个纯粹的 XML 格式文件，它更像是一种 DSL（Domain Specific Language，领域特定语言），它的所有定义都会由编译器最后编译成代码。App.xaml 文件默认内容和解释如图 16.3 所示。

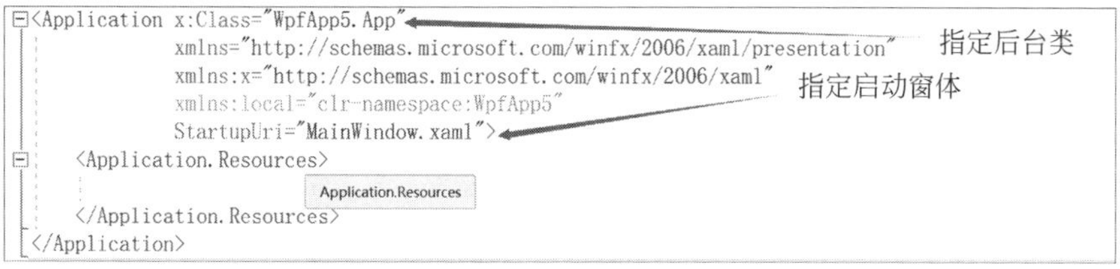

```
<Application x:Class="WpfApp5.App"                                              指定后台类
             xmlns="http://schemas.microsoft.com/winfx/2006/xaml/presentation"
             xmlns:x="http://schemas.microsoft.com/winfx/2006/xaml"            指定启动窗体
             xmlns:local="clr-namespace:WpfApp5"
             StartupUri="MainWindow.xaml">
    <Application.Resources>
        Application.Resources
    </Application.Resources>
</Application>
```

图 16.3　App.xaml 文件默认内容和解释图

App.xaml 文件中，代码 "x:Class="WpfApp5.App"" 的作用，相当于创建一个名为 App 的 Application 对象。而根节点 Application 的 StartupUri 属性，指定了启动的窗口。这就相当于创建了一个 MainWindow 类型的对象，然后调用其 Show()方法。此时读者可能会问，按理说这个程序应该有一个Main()方法，为何看不到Main()呢？程序如何创建Application？其实这一切都归功于 App.xaml 文件的一个属性"生成操作"（Build Action），如图 16.4 所示。

图 16.4　App.xaml 文件属性设置图

"生成操作"属性指定了程序生成的方式默认为 ApplicationDefinition（应用程序定义）。对于 WPF 程序来说，如果指定了 BuildAction 为 ApplicationDefinition 之后，WPF 会自动创建 Main()方法，并且自动检测 Application 定义文件，根据定义文件自动创建 Application 对象并启动它。

既然如此，用户也可以将 BuildAction 设置为无（None），然后在应用程序中自定义 Main()方法来实现 WPF 应用程序的启动。为此需要在应用程序中添加一个 Program.cs 类，如代码 16.4 所示。

代码 16.4　Program.cs 类示例代码

```
01    static class Program
02    {
03        [STAThread]
04        static void Main()
05        {
06            Application App = new Application();
07            MainWindow mw = new MainWindow();
08            App.MainWindow = mw;
09            mw.Show();
10            App.Run();
11        }
12    }
```

运行之后看到的效果和之前完全一样。换句话说，App.xaml 文件和上面代码起到的效果是相同的。事实上，上面的 XAML 代码在编译时编译器也会做出同样的解析，这也是 WPF 设计的一个优点，很多东西都可以在 XAML 中实现而不需要编写过多的代码。App.xaml 做的工作具体如下：

- 创建 Application 对象，并且设置其静态属性 Current 为当前对象。
- 根据 StartupUri 创建并显示 UI。
- 设置 Application 的 MainWindow 属性。
- 调用 Application 对象的 Run()方法，并保持运行，直到应用关闭。

1. WPF 的主窗体

主窗体是一个顶级窗口，它不包含或者不从属于其他窗体。默认情况下，创建了 Application 对象之后会设置 Application 对象的 MainWindow 属性为第一个窗口对象，并作为程序的主窗口。当然如果用户愿意，这个属性在程序运行的任何时候都是可以修改的。

在 WPF 中，想要结束程序，仅仅是关闭主窗体，整个应用程序生命周期还未结束。首先在应用程序中添加另一个 Window 对象 OtherWindow，然后在 MainWindow 对象中放置一个按钮，单击按钮显示 OtherWindow 对象，运行效果如图 16.5 所示。

图 16.5　创建新窗体运行效果图

当单击关闭 MainWindow 对象之后，可以发现 OtherWindow 对象并未关闭，说明 Application 并未结束。在 WPF 中，Application 的关闭模式有 3 种，它由 Application 对象的 ShutdownMode 属性来决定。

- OnLastWindowClose：当应用程序最后一个窗口关闭后，整个应用结束。
- OnMainWindowClose：当主窗口关闭后，应用程序结束。
- OnExplicitShutdown：只有通过调用 Application.Current.Shutdown()，才能结束应用

程序。

默认情况下，ShutdownMode 值是 OnLastWindowClose，因此当 MainWindow 关闭后，应用程序没有退出。对关闭选项更改时，可以直接在 App.xaml 中更改，如图 16.6 所示。

图 16.6　App.xaml 更改代码截图

2. WPF 窗口的生存期

窗口的生存期是指窗口从第一次打开到关闭经历的一系列过程。在窗口的生存期中会引发很多事件。

1）显示窗口

如果需要使用 C#代码创建某个窗口，那么首先应该创建该窗口的实例，然后再用 Show()方法或 ShowDialog()方法将其显示出来。Show()方法显示非模态窗口，这意味着应用程序所运行的模式允许用户在同一应用程序中激活其他窗口。ShowDialog()方法显示模态窗口，在该窗口关闭之前，应用程序的其他窗口都会被禁用，并且只有在该窗口关闭以后，才会继续执行后面的代码。代码如下所示：

```
OtherWindow otherWindow = new OtherWindow();
otherWindow.Show();//显示为非模态窗口
```

或者

```
otherWindow.ShowDialog();//显示为模态窗口
```

无论是调用 Show()方法还是 ShowDialog()方法，在窗口显示之前，新窗口都会执行初始化操作。当初始化窗口时，将引发窗口的 SourceInitialized 事件，在该事件的处理程序中也可以显示其他窗口，初始化完成后该窗口会显示出来。

2）窗口的激活

在首次打开一个窗口时，它便成为活动窗口（除非是在 ShowActivated 设置为 false 的情况下显示）。活动窗口是当前正在捕获用户操作的窗口。当窗口变为活动窗口时，它会引发 Activated 事件。

当第一次打开窗口时，只有在引发了 Activated 事件之后，才会引发 Loaded 和 ContentRendered 事件。在引发 ContentRendered 事件时，便可认为窗口已打开。窗口变为活动窗口后，用户可以在同一个应用程序中激活其他窗口，还可以激活其他应用程序。当这种情况出现时，当前活动窗口将停用，并引发 Deactivated 事件。同样，当用户选择当前停用的窗口时，该窗口会再次变成活动窗口并引发 Activated 事件。

3）窗口的关闭

当用户关闭窗口时，窗口的生命便开始走向终结。在 C#代码中，可以使用 Close()方法关闭窗口，并释放窗口的资源。例如，下面的代码会关闭当前窗口：

```
this.Close();
```

当窗口关闭时，会引发 Closing 事件和 Closed 事件。Closing 事件在窗口关闭前引发，常在 Closing 事件中提示用户是否退出等信息或阻止关闭窗口。Closed 事件在窗口关闭之后引发，在该事件中无法阻止窗口关闭。

用户在运行系统上的多个窗口中切换时，Activated 和 Deactivated 在窗口的生存期中会发生多次。为了让一些操作能在所有内容都显示给用户之前马上执行，可以用 Loaded 事件；为了让一些操作能在所有内容都显示给用户之后马上执行，可以用 ContentRendered 事件。ContentRendered 事件只对窗口第一次完全呈现出来进行触发。

16.2 布局和控件

16.2.1 控件模型

用户界面是让用户能够观察数据和操作数据的。为了让用户观察数据，需要用 UI 来显示数据；为了让用户可以操作数据，需要使用 UI 来响应用户的操作。在 WPF 程序中，那些能够展示数据、响应用户操作的 UI 元素称为控件（Control）。控件所展示的数据称为控件的"数据内容"，控件在响应用户的操作之后会执行自己的一些方法或以事件的方式通知应用程序，称为控件的行为。在 WPF 应用程序中，控件扮演着双重角色，是数据和行为的载体。

为了理解各个控件的模型，先了解一些 WPF 中的内容模型。内容模型就是每一族的控件都含有一个或者多个元素作为其内容。把符合某类内容模型的元素称为一个族。每一个族用它们共同的基类来命名。WPF 控件模型层次结构如图 16.7 所示。

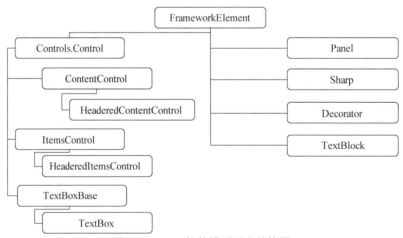

图 16.7　WPF 控件模型层次结构图

1. 简单控件

简单控件是没有 Content（内容）属性的控件。例如，Button 类可以包含任意形状或任意元素，这对于简单控件没有问题。表 16.1 给出了简单控件及其说明。

尽管简单控件没有 Content 属性，但通过定义模板，完全可以定制这些控件的外观。

2. 内容控件

内容控件均派生自 ContentControl 类，具有一个 Content 属性。Content 属性的类型为 Object，因此，可以在 ContentControl 中放置的内容没有任何限制。可以使用可扩展应用程

表 16.1 简单控件及其说明

简单控件	说　　明
TextBox	用于显示简单无格式文本
RichTextBox	通过 FlowDocument 类支持带格式的文本。它与 TextBox 都派生于 TextBoxBase
Calendar	显示年份、月份。用户可以选择一个日期或日期范围
DatePicker	控件会打开日期屏幕，提供日期供用户选择
PasswordBox	输入密码。这个控件提供了用于输入密码的专用属性
ScrollBar	包含一个 Thumb，用户可以从 Thumb 中选择一个值，如果内容超过这个值，就可以显示滚动条
ProgressBar	可以指示时间较长的操作的进度
Slider	用户可以移动 Thumb，选择一个范围的值，它和 ScrollBar、ProgressBar 都来源一个基类 RangeBase

序标记语言或代码来设置 Content。表 16.2 中给出了内容控件包含的控件及其说明。

表 16.2 内容控件包含的控件及其说明

控　件　名	说　　明
Button RepeatButton ToggleButton CheckBox RadioButton	Button、RepeatButton、ToggleButton 派生自同一个基类 ButtonBase。所有这些按钮都响应 Click 事件 RepeatButton 类会重复引发 Click 事件，直到释放按钮为止 ToggleButton 是 CheckBox 和 RadioButton 的基类。这些按钮有开关状态 CheckBox 可以由用户选择和取消选择，RadioButton 可以由用户选择
Label	表示控件的文本标签
ListBoxItem	ListBoxItem 是 ListBox 控件中的一项
StatusBarItem	StatusBarItem 是 StatusBar 控件中的一项
ScrollViewer	ScrollViewer 是包含滚动条的内容控件，可以把任意内容放入这个控件中，滚动条会在需要时显示
ToolTip	该控件可创建一个弹出窗口，以便在界面中显示元素的信息
Window	Window 类可以创建窗口和对话框
NavigationWindow	NavigationWindow 派生自 Window，表示支持内容导航的窗口
UserControl	提供一种创建自定义控件的简单方法

注意，在 Content 中只能放置一个控件。如果需要放置多个控件，可以放置一个容器，然后再在窗口中放置多个控件。例如，代码 16.5 创建一个包含文本和图像的按钮。

代码 16.5 创建一个包含文本和图像的按钮示例代码

```
01    <Button VerticalAlignment="Center" HorizontalAlignment="Center">
02       <StackPanel HorizontalAlignment="Center">
03          <TextBlock HorizontalAlignment="Center" FontSize="20">
04        Image and Text Button
05       </TextBlock>
06          <Image Source="/gauge.png" Height="111" Width="197"/>
07       </StackPanel>
08    </Button>
```

图 16.8　代码 16.5 运行
效果图

上述代码的显示效果如图 16.8 所示。

3. 带标题的内容控件

带标题的内容控件均派生自 HeaderedContentControl 类，HeaderedContentControl 是 ContentControl 的派生类，可以显示带标题的数据，内容属性为 Content 和 Header。这两个属性都只能容纳一个元素。

代码 16.6 演示了如何创建一个简单的 Expander 控件。

代码 16.6　Expander 控件简单使用示例代码

```
01    <Expander x:Name="MyExpander"
02        Header="Expander示例" ExpandDirection="Down" Width="200">
03        <StackPanel>
04            <TextBlock TextWrapping="Wrap">文本1</TextBlock>
05            <TextBlock TextWrapping="Wrap">文本2</TextBlock>
06            <TextBlock TextWrapping="Wrap">文本3</TextBlock>
07        </StackPanel>
08    </Expander>
```

上述代码的效果如图 16.9 所示。

图 16.9　代码 16.6 运行效果图

Expander 可以创建一个带对话框的"高级"模式，它在默认情况下不显示所有的信息。只有用户展开它时，才会显示更多的信息，在未展开的情况下只显示标题信息，在展开的情况下显示内容。

带标题的内容控件包含的控件及其说明如表 16.3 所示。

表 16.3　带标题的内容控件包含的控件及其说明

控　件	说　明
Expander	可以创建一个带对话框的"高级"模式，它在默认情况下不显示所有的信息。只有用户展开它时，才会显示更多的信息，在未展开的情况下只显示标题信息，在展开的情况下显示内容
GroupBox	显示为具有圆角和标题的方框
TabItem	表示 TabControl 内某个可选择的项。TabItem 的 Header 属性定义了标题的内容，这些内容用 TabControl 的标签显示

4. 项控件

项控件可包含一个对象集合，用于显示列表化的数据，其内容属性为 ItemsSource 或

Items。ItemsSource 通常使用数据集填充。项控件如果不想使用集合填充，则可以使用属性 Items 添加项。

下面的示例创建一个 ListBox 并订阅 SelectionChanged 事件：

```
<ListBox x:Name="MyListBox"
    SelectionChanged="MyListBox_SelectionChanged"
    SelectionMode="Single">
    <ListBoxItem>Item1</ListBoxItem>
    <ListBoxItem>Item2</ListBoxItem>
    <ListBoxItem>Item3</ListBoxItem>
</ListBox>
```

项控件包含的控件及其说明如表 16.4 所示。

表 16.4 项控件包含的控件及其说明

控 件	说 明
Menu ContextMenu	Menu 类和 ContextMenu 类派生自抽象类 MenuBase。将 MenuItem 元素放在数据项列表和相关联的命令中，就可以给用户提供菜单
StatusBar	通常在应用程序的底部，为用户提供状态信息。可以将 StatusBarItem 元素放在 StatusBar 列表中
TreeView	分层显示数据项
ListBox ComboBox TabControl	ListBox、ComboBox、TabControl 都有相同的抽象基类 Selector，这个基类可以从列表中选择数据项。ListBox 显示列表中的数据项。ComboBox 有一个附带的 Button 控件，只有单击该按钮才会显示数据项。在 TabControl 中，内容可以排列为表格
DataGrid	显示数据的可定制网格

5. 带标题的项控件

带标题的项控件是不仅包含数据项，而且包含标题的控件。其基类 HeaderedItemsControl 类派生自 ItemsControl。Header 属性可以是任何类型。带标题的项控件包含的控件及其说明如表 16.5 所示。

表 16.5 带标题的项控件包含的控件及其说明

控 件	说 明
MenuItem	Menu 内某个可选择的项
TreeViewItem	在 TreeView 控件中实现可选择的项
ToolBar	为一组命令或控件提供容器

16.2.2 布局控件

布局（Layout）是 WPF 界面开发成一个很重要的环节。所谓布局，即确定所有控件的大小和位置，是一种递归进行的父元素和子元素交互的过程。为了同时满足父元素和子元素的需要，WPF 采用了一种包含测量（Measure）和排列（Arrange）两个步骤的解决方案。在测量阶段，容器遍历所有子元素，并询问子元素所期望的尺寸。在排列阶段，容器在合适的位置放置子元素。

当然，元素未必总能得到最合适的尺寸，有时容器没有足够大的空间以适应所包含的元素。在这种情况下，容器为了适应可视化区域的尺寸，就必须裁剪不能满足要求的元素。

在后面可以看到,通常可设通过设置最小窗口尺寸来避免这种情况。

在应用程序界面设计中,合理的元素布局至关重要。它可以方便用户使用,并将信息清晰、合理地展现给用户。WPF 提供了一套功能强大的工具——面板(Panel)来控制用户界面的布局。可以使用这些面板控件来排列元素。如果内置布局控件不能满足需要,则可以创建自定义的布局元素。面板就是一个容器,里面可以放置 UI 元素。面板中也可以嵌套面板。面板要负责计算其子元素的尺寸、位置和维度。WPF 用于布局的面板主要有 6 个:Canvas、WrapPanel、StackPanel、DockPanel、Grid 和 UniformGrid。下面介绍常用的几个面板。

1. Canvas

Canvas 是最基本的面板,只是一个存储控件的容器。它不会自动调整内部元素的排列及大小。它仅支持用显式坐标定位控件,也允许指定相对任何角的坐标,而不仅仅是左上角。目标控件可以使用附加属性 Left、Top、Right、Bottom 实现在 Canvas 中定位。通过设置 Left 和 Right 属性的值表示元素最靠近的那条边,应该与 Canvas 左边缘或右边缘保持一个固定的距离。设置 Top 和 Bottom 的值也是类似的意思。实质上,在选择每个控制停靠的角时,附加属性的值是作为外边距使用的。如果一个控件没有使用任何附加属性,那么它会被放在 Canvas 的左上方。

下面的示例生成 3 个 Rectangle 元素,每个元素为 100×100 像素大小。第一个 Rectangle 为红色,其左上角(x,y)的位置指定为(0,0)。第二个 Rectangle 为绿色,其左上角的位置为(100,100),这正好位于第一个正方形的右下方。第三个 Rectangle 为蓝色,其左上角的位置为(50,50)。因此,第三个 Rectangle 覆盖第一个 Rectangle 的右下象限和第二个 Rectangle 的左上部。由于第三个 Rectangle 是最后布局的,因此它看起来是在另两个正方形的顶层,如代码 16.7 所示。

代码 16.7　Canvas 使用示例代码

```
01   <Canvas>
02     <Canvas Height="100" Width="100" Canvas.Top="0" Canvas.Left="0"
     Background="Red"/>
03     <Canvas Height="100" Width="100" Canvas.Top="100" Canvas.Left="100"
     Background="Green"/>
04     <Canvas Height="100" Width="100" Canvas.Top="50" Canvas.Left="50"
     Background="Blue"/>
05   </Canvas>
```

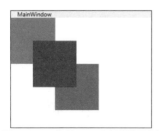

图 16.10　代码 16.7 运行效果图

上述代码的效果如图 16.10 所示。

Canvas 的主要用途是画图。Canvas 默认不会自动裁剪超过自身范围的内容,即溢出的内容会显示在 Canvas 外面,这是因为默认 ClipToBounds 的值为 false。可以通过设置其值为 true 来裁剪多出的内容。

2. WrapPanel

WrapPanel 按从左到右的顺序位置定位子元素,在包含框的边缘处将内容切换到下一行。后续排序按照从上至下或从右到左的顺序进行,具体取决于 Orientation 属性的值。当 WrapPanel 使用水平方向时,基于最高的项,子控件将被赋予相同的高度。当 WrapPanel 是垂直方向时,基于最宽的项,子控件将被赋予相同的宽度。

代码 16.8 将创建一个具有默认为水平方向的 WrapPanel。

代码 **16.8** 水平方向的 **WrapPanel** 示例代码

```
01    <WrapPanel>
02        <Button Text="TestButton1"/>
03        <Button Text="TestButton2"/>
04        <Button Text="TestButton3"/>
05        <Button Text="TestButton4"/>
06        <Button Text="TestButton5"/>
07        <Button Text="TestButton6"/>
08    </WrapPanel>
```

上述代码的运行效果如图 16.11 所示。

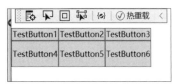

图 16.11 代码 16.8 运行效果图

3. StackPanel

StackPanel 就是将控件按照行或列来顺序排列，但不会换行。通过设置面板的 Orientation 属性设置了两种排列方式：横排（Horizontal）或竖排（Vertical）。纵向的 StackPanel 默认每个元素都与面板的宽度一样，横向亦然。如果包含的元素超过了面板空间，那么它只会截断多出的内容。

代码 16.9 说明了 StackPanel 的用法。

代码 **16.9** **StackPanel** 使用示例代码

```
01    <StackPanel>
02        <Label>Label</Label>
03        <TextBox>TextBox</TextBox>
04        <CheckBox>CheckBox1</CheckBox>
05        <CheckBox>CheckBox2</CheckBox>
06        <ListBox>
07            <ListBoxItem>ListBoxItem1</ListBoxItem>
08            <ListBoxItem>ListBoxItem2</ListBoxItem>
09        </ListBox>
10    </StackPanel>
```

图 16.12 代码 16.9 运行效果图

上述代码的运行效果如图 16.12 所示。

4. DockPanel

DockPanel 使得在所有 4 个方向（顶部、底部、左侧和右侧）都可以很容易地停靠内容。这在很多情况下都是一个很好的选择，例如，希望将容器划分为特定的区域，尤其是因为默认情况下，DockPanel 内的最后一个元素将自动填充剩余的空间。

DockPanel 定义了 Dock 附加属性，可以在控件的子控件将它设置为 Left、Right、Top 和 Bottom。如果不使用这个附加属性，那么第一个控件将停靠在左边，最后一个控件占用剩余的空间。下面是一个如何使用 DockPanel 的示例，如代码 16.10 所示。

代码 **16.10** **DockPanel** 使用示例

```
01    <DockPanel>
02        <Button DockPanel.Dock="Left">Left Button</Button>
03        <Button DockPanel.Dock="Top">Top Button</Button>
```

```
04        <Button DockPanel.Dock="Right">Right Button</Button>
05        <Button DockPanel.Dock="Bottom">Bottom Button</Button>
06        <Button >Center Button</Button>
07    </DockPanel>
```

上述代码的运行效果如图 16.13 所示。

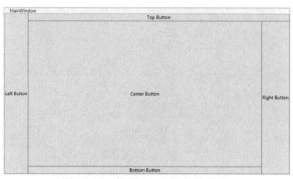

图 16.13   代码 16.10 运行效果图

5. Grid

Grid 可以包含多行和多列。用户可以在行和列中排列控件。对于每一列,可以指定一个 ColumnDefinition;对于每一行,可以指定一个 RowDefinition。在行和列中,均可以指定高度和宽度。ColumnDefinition 有一个 Width 依赖属性,RowDefinition 有一个 Height 依赖属性。可以用像素、厘米、英寸或点为单位定义高度和宽度,或者把它们设置为 Auto,根据内容来确定其大小。Grid 还允许根据具体情况指定大小,即根据可用空间以及与其他行和列的相对位置计算行和列的空间。在为列提供可用空间时,可以将 Width 属性设置为"*"。要使某一列的空间是另一列的两倍,应指定为"2*"。代码 16.11 定义了一个 1 行 3 列的网格,第一个按钮具有星形宽度,第二个按钮将其宽度设置为 Auto,最后一个按钮具有 100 像素的静态宽度。

代码 16.11   Grid 使用示例代码

```
01    <Grid>
02      <Grid.ColumnDefinitions>
03        <ColumnDefinition Width="1*"/>
04        <ColumnDefinition Width="Auto"/>
05        <ColumnDefinition Width="100"/>
06      </Grid.ColumnDefinitions>
07      <Button>Button1</Button>
08      <Button Grid.Column="1">Button2 with long text</Button>
09      <Button Grid.Column="2">Button 3</Button>
10    </Grid>
```

上述代码的运行效果如图 16.14 所示。

默认的网格行为是每个控件占用一个单位格,如果希望某个控件占用更多的行或列,可使用附加属性 ColumnSpan 和 RowSpan。此属性的默认值为 1,但用户可以指定一个更大的数字,以使控件跨越更多行或列。下面是一个使用 ColumnSpan 属性的简单示例,如代码 16.12 所示。

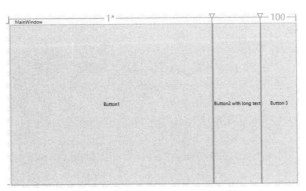

图 16.14 代码 16.11 运行效果图

代码 16.12 Grid 控件的 ColumnSpan 属性使用示例代码

```
01    <Grid>
02        <Grid.ColumnDefinitions>
03            <ColumnDefinition Width="1*"/>
04                <ColumnDefinition Width="1*"/>
05        </Grid.ColumnDefinitions>
06        <Grid.RowDefinitions>
07            <RowDefinition Height="*"/>
08            <RowDefinition Height="*"/>
09        </Grid.RowDefinitions>
10        <Button>Button1</Button>
11        <Button Grid.Column="1">Button2 with long text</Button>
12        <Button Grid.Row="1" Grid.ColumnSpan="2">Button 3</Button>
13    </Grid>
```

上述代码的运行效果如图 16.15 所示。

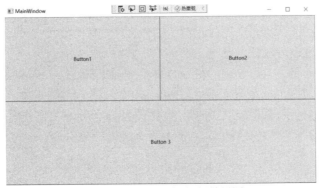

图 16.15 代码 16.12 运行效果图

6. UniformGrid

下面介绍的 UniformGrid 就是 Grid 的简化版,每个单元格的大小相同,不需要定义行列集合。每个单元格始终具有相同的大小,每个单元格只能容纳一个控件,将自动按照定义在其内部的元素个数,自动创建行列,并通常保持相同的行列数。UniformGrid 中没有 Row 和 Column 附加属性,也没有空白单元格。

与 Grid 布局控件相比,UniformGrid 布局控件很少使用。Grid 面板是用于创建简单乃至复杂窗口布局的通用工具。UniformGrid 面板是一种更特殊的布局容器,主要用于在一个固定的网格中快速地布局元素。代码 16.13 声明了一个 UniformGrid 对象，其具有 2 行 2 列，将 4 个 Button 对象按顺序依次放入网格中。

代码 16.13　UniformGrid 控件使用示例代码

```
01   <UniformGrid Rows="2" Columns="2">
02      <Button>第一个(0,0)</Button>
03      <Button>第二个(0,1)</Button>
04      <Button>第三个(1,0)</Button>
05      <Button Name="btnAddByCode" Click="btnAddByCode_Click">第四个(1,1)
     </Button>
06   </UniformGrid>
```

上述代码的运行效果如图 16.16 所示。

图 16.16　代码 16.20 运行效果图

16.2.3　通用界面控件

1. 菜单控件 Menu

在大部分 Windows 应用程序中，菜单（Menu）通常会置于窗口顶部，但是在 WPF 中为了保证较高的灵活性，实际上可以在窗体的任意位置放置菜单控件（Menu Control），菜单控件的高度和宽度也可以任意设定。

WPF 有一个用于创建菜单选项的很好的控件——Menu。在 Menu 中添加子项非常简单，只需要向 Menu 中添加 MenuItem 即可。MenuItem 可以拥有一系列子项，就像在许多 Windows 程序中看到的一样，它允许创建分层式的菜单。代码 16.14 演示了如何使用 Menu 来创建菜单。

代码 16.14　使用 Menu 创建菜单示例代码

```
01   <DockPanel>
02      <Menu DockPanel.Dock="Top">
03         <MenuItem Header="File">
04            <MenuItem Header="_New"/>
05            <MenuItem Header="_Open"/>
06            <MenuItem Header="_Save"/>
07            <Separator/>
08            <MenuItem Header="_Exit"/>
09         </MenuItem>
10      </Menu>
11      <TextBox AcceptsReturn="True"/>
12   </DockPanel>
```

上述代码的运行效果如图 16.17 所示。

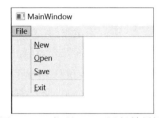

在上面的例子中定义了一个顶级条目,其中该条目下面有 4 个子条目和 1 条分割线,利用 Header 属性设置各个条目的标签。应该注意到,在每一个标签的第一个字符前有一个下画线,在 WPF 的 Menu 控件中,这样的命名规则意味着窗体将会接收到相应的快捷键,用于激活 Menu 中的子条目。这将会以从顶层依次向下展开层次的子项目的方式工作。

图 16.17 代码 16.14 运行效果图

在该例中,如果在按下 Alt 键的同时,依次按下 F 键,然后再按下 N 键,那么标签名为 New 的子条目将会被选中激活。

菜单项的两个常见特征是图标和复选框。图标用于更轻松地识别菜单项做什么,复选框表示打开和关闭特定功能。WPF 的 MenuItem 支持两者,并且它们都非常易于使用。带图标和复制框的 Menu 示例代码如代码 16.15 所示。

代码 16.15 带图标和复制框的 Menu 示例代码

```
01      <DockPanel>
02          <Menu DockPanel.Dock="Top">
03              <MenuItem Header="File">
04                  <MenuItem Header="_Exit"/>
05              </MenuItem>
06              <MenuItem Header="_Tools">
07                  <MenuItem Header="_Manage Users">
08                      <MenuItem.Icon>
09                          <Image Source="/gauge.png"/>
10                      </MenuItem.Icon>
11                  </MenuItem>
12                  <MenuItem Header="_Show Groups" IsCheckable="True" IsChecked=
    "True"/>
13              </MenuItem>
14          </Menu>
15          <TextBox AcceptsReturn="True"/>
16      </DockPanel>
```

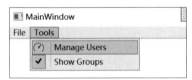

图 16.18 代码 16.15 运行效果图

上述代码的运行效果如图 16.18 所示。

在这个例子中,创建了两个顶级项,其中一个添加了两个子项:一个定义了图标,使用带有标准 Image 控件的 Icon 属性;另一个使用 IsCheckable 属性来允许用户选中和取消选中该项目。

当用户单击菜单时,通常想告诉系统做些什么。最简单的方法是向 MenuItem 添加一个 Click 事件处理程序,例如:

```
<MenuItem Header="_New" Click="MenuItem_Click">
```

在后台代码中,需要实现 MenuItem_Click()方法,如下所示:

```
private void MenuItem_Click(object sender, RoutedEventArgs e){…}
```

2. 上下文菜单 ContextMenu

上下文菜单是在某些用户动作时显示的菜单，通常是在特定控件或窗口上右击。上下文菜单通常用于提供在单个控件内相关的功能。

WPF 的 ContextMenu 控件是需要绑定到一个特定的控件才能工作，通常是将它添加到界面元素上。这是通过 ContextProperty 完成的，它对所有控件都公开。代码 16.16 演示了在 Button 控件上添加上下文菜单的过程。

代码 16.16 在 Button 控件上添加上下文菜单示例代码

```
01    <Button Content="Right-Click" VerticalAlignment="Center"
      HorizontalAlignment="Center">
02       <Button.ContextMenu>
03          <ContextMenu>
04             <MenuItem Header="Menu item1"/>
05             <MenuItem Header="Menu item2"/>
06             <Separator/>
07             <MenuItem Header="Menu item3"/>
08          </ContextMenu>
09       </Button.ContextMenu>
10    </Button>
```

图 16.19　代码 16.16 运行效果图

上述代码的运行效果如图 16.19 所示。

3. 工具栏 Toolbar

工具栏是一行命令，它通常位于标准窗体应用程序主菜单的正下方。事实上，这可能是一个简单的有按钮的面板。通过使用 WPF 工具栏控件，可以获得一些额外的好处，如自动溢出处理以及由最终用户重新定位工具栏。

WPF 工具栏通常放在工具栏托盘（ToolBarTray）控件内。工具栏托盘可以处理诸如放置和大小调整等功能，并且可以在工具栏托盘元素内部放置多个工具栏控件。代码 16.17 演示了如何添加一个工具栏中的工具。

代码 16.17 向工具栏添加工具项示例代码

```
01    <ToolBarTray DockPanel.Dock="Top">
02       <ToolBar>
03          <Button ToolTip="Label">
04             <Image  Source="/User.png" Width="20" Height="20"/>
05          </Button>
06          <Button ToolTip="Notifier">
07             <StackPanel Orientation="Horizontal">
08                <Image Source="/Star.png" Width="20" Height="20"/>
09                <TextBlock FontSize="8" VerticalAlignment="Center">
      Notifier</TextBlock>
10             </StackPanel>
11          </Button>
12       </ToolBar>
13    </ToolBarTray>
```

上述代码的运行效果如图 16.20 所示。

这段代码前面一个按钮通过将内容指定为图像控件，它将基于图标而不是基于文本。第二个按钮把图像控件和文本控件组合在一个面板控件中，以实现在按钮上同时显示图标和文本。这个方式对于非常重要的按钮以及一些使用不明显图标的按钮是非常有用的。

图 16.20　代码 16.17 运行效果图

虽然工具栏的最常见位置位于屏幕顶部，但工具栏也可以位于应用程序窗口的底部，甚至可以在两侧。WPF 工具栏支持所有这些功能。工具栏置底就是简单地将工具栏与面板底部连接。垂直工具栏需要使用工具栏托盘的 Orientation 属性，将其置为 Vertical 即可。

4. 状态栏控件

状态栏（StatusBar）一般显示在窗口下方，主要用于显示文本和图像指示器。在使用状态栏时，通常使用水平的 StackPanel 面板从左到右地放置状态栏的子元素。然后，应用程序使用按比例设置的状态栏项，或将某些项保持锁定在状态栏的右边，可使用 ItemsPanelTemplate 属性指示状态栏使用不同的面板来实现这种设计。代码 16.18 使用 Grid 布局控件在状态栏左边放置一个 TextBlock 元素，在右边放置了另外一个 TextBlock 元素。

代码 16.18　状态栏控件使用示例代码

```
01    <Grid>
02       <Grid.RowDefinitions>
03          <RowDefinition Height="*"/>
04          <RowDefinition Height="auto"/>
05       </Grid.RowDefinitions>
06       <StatusBar Grid.Row="1">
07          <StatusBar.ItemsPanel>
08             <ItemsPanelTemplate>
09                <Grid>
10                   <Grid.ColumnDefinitions>
11                      <ColumnDefinition Width="*"/>
12                      <ColumnDefinition Width="auto"/>
13                   </Grid.ColumnDefinitions>
14                </Grid>
15             </ItemsPanelTemplate>
16          </StatusBar.ItemsPanel>
17          <TextBlock>Left Side</TextBlock>
18          <StatusBarItem Grid.Column="1">
19             <TextBlock>Right Side</TextBlock>
20          </StatusBarItem>
21       </StatusBar>
22    </Grid>
```

图 16.21　代码 16.18 运行效果图

上述代码的运行效果如图 16.21 所示。

5. 功能区控件

微软发明了功能区控件来替代菜单控件，并最初在 Office 2007 中使用。它将原本的菜单和工具栏结合起来，用标签和组来整理功能。它最重要的目的是让用户方便地发现所有的功能，而不是把功能藏在冗长的菜单里。

功能区控件也支持安排功能的优先级，或使用不同大小的按钮。

WPF 功能区控件在 System.Windows.Controls.Ribbon 命名空间中，需要引用程序集 System.Windows.Controls.Ribbon。代码 16.19 展示了一个功能区控件的使用。

代码 16.19　功能区控件使用示例代码

```
01    <DockPanel>
02        <Ribbon DockPanel.Dock="Top">
03            <Ribbon.QuickAccessToolBar>
04                <RibbonQuickAccessToolBar>
05                    <RibbonButton SmallImageSource="/User.png" />
06                    <RibbonButton SmallImageSource="/User.png" />
07                </RibbonQuickAccessToolBar>
08            </Ribbon.QuickAccessToolBar>
09            <Ribbon.ApplicationMenu>
10                <RibbonApplicationMenu SmallImageSource="/User.png">
11                    <RibbonApplicationMenuItem Header="Hello"/>
12                    <RibbonSeparator/>
13                    <RibbonApplicationMenuItem Header="Exit" Command="Close"/>
14                </RibbonApplicationMenu>
15            </Ribbon.ApplicationMenu>
16            <RibbonTab Header="Home">
17                <RibbonGroup Header="Clipboard">
18                    <RibbonButton Command="Paste" Label="Paste" LargeImageSource
    ="/User.png"/>
19                    <RibbonButton Command="Cut" Label="Cut" LargeImageSource
    ="/User.png"/>
20                    <RibbonButton Command="Copy" Label="Copy" LargeImageSource
    ="/User.png"/>
21                    <RibbonButton Command="Undo" Label="Undo" LargeImageSource
    ="/User.png"/>
22                </RibbonGroup>
23                <RibbonGroup Header="Show">
24                    <RibbonButton Label="Book" LargeImageSource= "/User.png"/>
25                    <RibbonButton Label="Book List" LargeImageSource=
    "/User.png"/>
26                    <RibbonButton Label="Book Grid" LargeImageSource=
    "/User.png"/>
27                </RibbonGroup>
28            </RibbonTab>
29            <RibbonTab Header="Others">
30            </RibbonTab>
31        </Ribbon>
32    </DockPanel>
```

上述代码的运行效果如图 16.22 所示。

可以使用 RibbonQuickAccessToolBar 来定义快捷工具栏，而应用程序菜单使用 ApplicationMenu 属性定义。在应用程序菜单后面，使用 RibbonTab 元素定义功能区控件的内容，该标签的标题用 Header 属性定义。RibbonTab 包含两个 RibbonGroup 元素，每个 RibbonGroup 中包含 RibbonButton，在按钮中用 Label 显示文本，设置 SmallImageSource

图 16.22 代码 16.19 运行效果图

或 LargeImageSource 属性来显示图像。

16.2.4 综合示例——基本控件的用法

在了解了 WPF 控件和布局的基本使用方法后，就可以使用这些控件来创建一个实际的应用。本示例完成图书管理系统中的添加图书的功能。基本界面如图 16.23 所示。

图 16.23 图书管理系统中的添加图书的基本界面示意图

具体步骤如下：

（1）打开 VS，创建 WPF Application 项目，新建图书管理系统项目 BookDemo。

（2）设计应用程序界面。在项目中添加一个新窗体，在窗体中添加一个 6 行 3 列的 Grid。在 Grid 中添加 Label、TextBlock、TextBox、RadioButton、ComboBox、Image、Button、DatePicker 等基础控件并分别设置其属性。具体的 XAML 代码如代码 16.20 所示。

代码 16.20 图书管理系统中的添加图书的基本界面 XAML 示例代码

```
01    <Window x:Class="WpfApp5.MainWindow"
02    xmlns="http://schemas.microsoft.com/winfx/2006/xaml/presentation"
03        xmlns:x="http://schemas.microsoft.com/winfx/2006/xaml"
04    xmlns:d="http://schemas.microsoft.com/expression/blend/2008"
05        xmlns:mc="http://schemas.openxmlformats.org/markup-compatibility
      /2006"
06        xmlns:local="clr-namespace:WpfApp5"
07        mc:Ignorable="d"
08        Title="添加图书" Height="350" Width="600">
09      <Grid Background="GhostWhite">
10        <Grid.RowDefinitions>
11          <RowDefinition Height="*"/>
12          <RowDefinition Height="*"/>
```

```
13              <RowDefinition Height="*"/>
14              <RowDefinition Height="*"/>
15              <RowDefinition Height="*"/>
16              <RowDefinition Height="*"/>
17          </Grid.RowDefinitions>
18          <Grid.ColumnDefinitions>
19              <ColumnDefinition Width="137*"/>
20              <ColumnDefinition Width="280*"/>
21              <ColumnDefinition Width="205*"/>
22          </Grid.ColumnDefinitions>
23          <Label Content="图书名称"  Margin="30,0,0,0" Grid.Row="0"
    HorizontalAlignment="Left" VerticalAlignment="Center"/>
24          <Label Content="作      者" Margin="30,0,0,0" Grid.Row="1"
    HorizontalAlignment="Left" VerticalAlignment="Center"/>
25          <Label Content="出版单位" Margin="30,0,0,0" Grid.Row="2"
    HorizontalAlignment="Left" VerticalAlignment="Center"/>
26          <Label Content="图书分类" Margin="30,0,0,0" Grid.Row="3"
    HorizontalAlignment="Left" VerticalAlignment="Center"/>
27          <Label Content="出版时间" Margin="30,0,0,0" Grid.Row="4"
    HorizontalAlignment="Left" VerticalAlignment="Center"/>
28          <TextBox x:Name="txt_Name" Grid.Row="0" Grid.Column="1"
    HorizontalAlignment="Left" TextWrapping="Wrap" Text="" VerticalAlignment=
    "Center" Width="200" Height="23"/>
29          <TextBox x:Name="txt_Author" Grid.Row="1" Grid.Column="1"
    HorizontalAlignment="Left" TextWrapping="Wrap" Text="" VerticalAlignment=
    "Center" Width="200" Height="23" />
30          <ComboBox x:Name="cmb_Publish" Grid.Row="2" Grid.Column="1"
    HorizontalAlignment="Left" VerticalAlignment="Center" Width="200"/>
31          <Image x:Name="image" Grid.Row="1" Grid.Column="2"
    HorizontalAlignment="Center" Height="180" Grid.RowSpan="3"
    VerticalAlignment="Center" Width="120" Stretch="Fill" />
32          <GroupBox  Grid.Row="3" Grid.Column="1" x:Name="group_Type">
33              <StackPanel Orientation="Horizontal">
34                  <RadioButton x:Name="rdBtn_Nature" Content="自然科学"
    HorizontalAlignment="Left" VerticalAlignment="Center" />
35                  <RadioButton x:Name="rdBtn_Social"  Content="社会科学"
    HorizontalAlignment="Right" VerticalAlignment="Center" />
36              </StackPanel>
37          </GroupBox>
38          <DatePicker x:Name="datePicker" Grid.Row="4"  Grid.Column="1"
    HorizontalAlignment="Left" VerticalAlignment="Center" Width="200"/>
39          <Button x:Name="btn_Image" Content="浏览图片" Grid.Column="3"
    HorizontalAlignment="Center" Grid.Row="4" VerticalAlignment="Center"
    Width="75" Click="btn_Image_Click"/>
40          <DockPanel Grid.RowSpan="4"  Grid.Row="1" Grid.Column="2"
    VerticalAlignment="Top" HorizontalAlignment="Center" Height="155"
    Width="100" LastChildFill="False"/>
41          <Button x:Name="btn_Add" Margin="100,0,0,0" Grid.ColumnSpan="2"
    Content="添加" HorizontalAlignment="Left" Grid.Row="5" VerticalAlignment
    ="Center" Width="75" Click="btn_Add_Click"/>
42          <Button x:Name="btn_Close" Margin="100,0,0,0" Grid.Column="1"
```

```
       Grid.ColumnSpan="2" Content="添加" HorizontalAlignment="Left" Grid.Row =
       "5" VerticalAlignment="Center" Width="75" Click="btn_Close_Click"/>
43         </Grid>
44     </Window>
```

16.2.5　用户控件

用户控件（UserControl）即用户自定义的控件。用户通过对给定的系统通用控件进行组合，并结合自定义的依赖属性等，实现符合特定需求的复合型控件。用户控件在定义完成后，可像通用控件一样直接使用。下面就用一个简单的自定义按钮实例来说明其用法。

首先在 VS 中右击项目，单击"添加"，在出现的选择列表中选择"用户控件（WPF）"，如图 16.24 所示。VS 会自动生成一个 XAML 文件及其对应的后台代码文件（*.cs 或其他）。

图 16.24　添加"用户控件"界面图

接下来就可以在新建的用户控件的 XAML 代码中自定义控件的展示层代码，如代码 16.21 所示。

代码 **16.21**　自定义控件的展示层示例代码

```
01   <UserControl x:Class="WpfApp6.UC_Button"
02   xmlns="http://schemas.microsoft.com/winfx/2006/xaml/presentation"
03           xmlns:x="http://schemas.microsoft.com/winfx/2006/xaml"
04           xmlns:mc="http://schemas.openxmlformats.org/markup-
     compatibility/2006"
05   xmlns:d="http://schemas.microsoft.com/expression/blend/2008"
06           xmlns:local="clr-namespace:WpfApp6"
07           mc:Ignorable="d"
```

```
08              d:DesignHeight="450" d:DesignWidth="800">
09     <Grid>
10         <Grid.RowDefinitions>
11             <RowDefinition Height="*"/>
12             <RowDefinition Height="*"/>
13         </Grid.RowDefinitions>
14         <StackPanel Orientation="Horizontal">
15             <Label Content="这是一个自定义控件, 滑块值为" HorizontalAlignment
   ="Center" VerticalAlignment="Center"/>
16             <Label Content="{Binding ElementName=slider1, Path=Value}"
   HorizontalAlignment="Center" VerticalAlignment="Center"/>
17         </StackPanel>
18         <Slider x:Name="slider1" Minimum="0" Maximum="100" Grid.Row="1"
19             Value="{Binding RelativeSource={RelativeSource AncestorType=
   UserControl},Path=SliderValue}"/>
20     </Grid>
21 </UserControl>
```

在上面的代码中，第二个 Lable 控件显示当前 Slider 控件中的 Value 属性值，而 Slider 的 Value 属性则通过绑定到当前用户控件的依赖属性 SliderValue 中。这样当用户在使用该用户控件时，可以直接指定 Slider 的 Value 值。因此在用户控件的后台代码中添加如下代码完成依赖属性的定义，如代码 16.22 所示。

代码 16.22　用户控件的后台代码中添加依赖属性示例代码

```
01     public static readonly DependencyProperty SliderValueProperty =
   DependencyProperty.Register("SliderValue", typeof(double), typeof(UC_
   Button), new PropertyMetadata(0.0));
02     public double SliderValue
03     {
04       get { return (double)GetValue(SliderValueProperty); }
05       set { SetValue(SliderValueProperty, value); }
06     }
```

接下来就可以在页面中使用该自定义控件了。首先在页面中添加用户控件所在的命名空间并指定前缀名，然后在页面的 XAML 代码中，使用前缀加用户控件名的方式完成用户控件的引用，如代码 16.23 所示。

代码 16.23　用户控件引用示例代码

```
01 <Window x:Class="WpfApp6.MainWindow"
02 xmlns="http://schemas.microsoft.com/winfx/2006/xaml/presentation"
03         xmlns:x="http://schemas.microsoft.com/winfx/2006/xaml"
04 xmlns:d="http://schemas.microsoft.com/expression/blend/2008"
05         xmlns:mc="http://schemas.openxmlformats.org/markup-
   compatibility/2006"
06         xmlns:local="clr-namespace:WpfApp6"
07         mc:Ignorable="d"
08         Title="WPF用户控件" Height="404" Width="662">
09     <Grid>
10         <local:UC_Button HorizontalAlignment="Center" VerticalAlignment=
   "Center" SliderValue="34"></local:UC_Button>
```

```
11      </Grid>
12  </Window>
```

在上述代码的第 10 行是在 MainWindow.xaml 页面中对自定义控件的调用。最终显示结果如图 16.25 所示。

图 16.25　自定义控件最终运行效果图

16.3　资源和样式

16.3.1　画刷

屏幕上可见的所有内容都是可见的，因为它是由画刷（Brush）对象绘制的。例如，画刷可用于绘制按钮的背景、文本的前景和形状的填充效果。借助画刷可以利用任意内容（从简单的纯色到复杂的图案和图像集）来绘制用户界面对象。

画刷绘制带有其输出的区域。不同的画刷具有不同类型的输出。某些画刷使用纯色绘制区域，其他画刷使用渐变、图案、图像或绘图。画刷的所有类型都在 System.Windows.Media 命名空间下。Brush 类是各种画刷的抽象基类，其他画刷都是从该类继承的。

1. 纯色画刷 SolidColorBrush

SolidColorBrush 是一支使用纯色的画笔，全部区域用同一种颜色绘制。有多种方法可以指定 SolidColorBrush 的填充颜色，例如，可以指定其 Alpha 值、红色、蓝色和绿色通道值，或使用 Colorsod 提供的预定颜色之一。下面的示例使用 SolidColorBrush 绘制红色实心矩形：

```
<Rectangle Width = "75" Height = "75">
    <Rectangle.Fill>
        <SolidColorBrush Color = "Red"/>
    </Rectangle.Fill>
</Rectangle>
```

2. 渐变画刷 LinearGradientBrush 和 RadialGradientBrush

渐变画刷使用沿轴相互混合的多种颜色绘制区域，可以使用它们创建光和影的效果，使控件具有三维外观。还可以使用它们来模拟玻璃、镶边、水和其他光滑表面。WPF 提供了两种类型的渐变画刷：LinearGradientBrush（线性渐变画刷）和 RadialGradientBrush（径向渐变画刷）。

LinearGradientBrush 使用沿直线定义的渐变绘制区域。线性的终点由线性渐变的 StartPoint 和 EndPoint 属性定义。默认情况下，线性渐变的 StartPoint 为（0，0），即绘制的区域的左上角；其 EndPoint（1，1），即所绘制区域的右下角。生成的渐变中的颜色沿对角路径内插。

 LinearGradientBrush 使用 GradientStop 对象指定渐变的颜色及其在渐变轴上的位置，还可以修改渐变轴，从而能够创建水平和垂直渐变以及反转渐变方向。代码 16.24 显示了使用 4 种颜色创建线性渐变的代码。

代码 16.24　LinearGradientBrush 使用示例代码

```
01    <Rectangle Width="200" Height="100">
02        <Rectangle.Fill>
03            <LinearGradientBrush StartPoint="0,0" EndPoint="1,1">
04                <GradientStop Color="Yellow" Offset="0.0"/>
05                <GradientStop Color="Red" Offset="0.25"/>
06                <GradientStop Color="Blue" Offset="0.75"/>
07                <GradientStop Color="Lime" Offset="1.0"/>
08            </LinearGradientBrush>
09        </Rectangle.Fill>
10    </Rectangle>
```

上述代码运行效果如图 16.26 所示。

在上面的代码中，为 Rectangle 对象设置了线性渐变画刷。该画刷中有 4 个 GradientStop

图 16.26　代码 16.24 运行效果图

对象，每个对象有不同的 Color 属性以及 Offset 属性。Color 属性表示当前 GradientStop 对象使用的颜色，而 Offset 表示当前颜色相对于 StartPoint 的一个偏移量。该偏移量是一个 double 值，只有 0.0~1.0 的值才能正常显示。可以认为该值是一个从 StartPoint 到 EndPoint 值之间的百分比值。

比如"<GradientStop Color="Red" Offset="0.25"/>"表示当前的红色将于 StartPoint 到 EndPoint 之间的横向和纵向 25%的位置开始为纯红色。其前和其后将和前后的颜色进行按比例混合。

 RadialGradientBrush 使用径向渐变绘制区域。径向渐变为若干个同心圆，通过两种或更多种色彩二模进行填充。与 LinearGradientBrush 类一样，可以使用 GradientStop 对象来指定渐变的色彩及其位置，使用 GraduateOrigin 指定径向渐变画刷的渐变轴的起点。径向渐变有一个椭圆以及一个焦点（GradientOrigin）用于定义渐变行为。渐变轴从渐变原点向渐变圆辐射开来。画刷的渐变圆由其 Center、RadiusX 和 RadiusY 属性定义。在代码 16.25 中，用径向渐变画刷绘制矩形内部。

代码 16.25　RadialGradientBrush 使用示例代码

```
01    <Rectangle Width="200" Height="100">
02        <Rectangle.Fill>
03            <RadialGradientBrush GradientOrigin="0.5,0.5"
     Center="0.5,0.5" RadiusX="0.5" RadiusY="0.5">
04                <GradientStop Color="Yellow" Offset="0.0"/>
05                <GradientStop Color="Red" Offset="0.25"/>
06                <GradientStop Color="Blue" Offset="0.75"/>
07                <GradientStop Color="Lime" Offset="1.0"/>
08            </RadialGradientBrush>
09        </Rectangle.Fill>
10    </Rectangle>
```

上述代码运行效果如图 16.27 所示。

16.3.2　图形

WPF 提供了丰富的对象来帮助开发者生成和操作矢量图形。计算机根据图形的几何性质来绘制矢量图形，并

图 16.27　代码 16.25 运行效果图

且这种图形与分辨率无关，可以根据实际比例重新生成，即矢量图形被放大后不会造成失真现象。WPF 中的图形都是基于矢量图形的，基础框架提供了一些常见的几何图形。

1. Shape 类

WPF 提供了许多现成的 Shape 类对象。所有形状对象都从 Shape 类继承。Shape 被定义为抽象类，不能直接在代码中使用，可用的形状对象包括 Ellipse（椭圆）、Line（直线）、Path（路径）、Polygon（多边形）、PolyLine（折线）和 Rectangle（矩形）。Shape 对象共享以下公共属性：

- Stroke——描述形状轮廓的绘制方式。
- StrokeThickness——描述形状轮廓的厚度。
- Fill——描述形状内部如何绘制。
- 数据属性——用于指定坐标和顶点，以与设备无关的像素来度量。

代码 16.26 绘制了一个黄色的笑脸，它用一个椭圆表示笑脸，两个椭圆表示眼睛，两个椭圆表示眼睛中的瞳孔，一条路径表示嘴形。

代码 16.26　Shape 类使用示例代码

```
01  <Canvas>
02      <Ellipse Canvas.Left="10" Canvas.Top="10" Width="100"
    Height="100" Stroke="Blue" StrokeThickness="4" Fill="Yellow"/>
03      <Ellipse Canvas.Left="30" Canvas.Top="12" Width="60" Height="30">
04          <Ellipse.Fill>
05              <LinearGradientBrush StartPoint="0.5, 0"
    EndPoint="0.5,1">
06                  <GradientStop Offset="0.1" Color="DarkGreen"/>
07                  <GradientStop Offset="0.7" Color="Transparent"/>
08              </LinearGradientBrush>
09          </Ellipse.Fill>
10      </Ellipse>
11      <Ellipse Canvas.Left="30" Canvas.Top="35" Width="25" Height="20"
    StrokeThickness="3" Stroke="Blue" Fill="White"/>
12      <Ellipse Canvas.Left="40" Canvas.Top="43" Width="6" Height="5"
    StrokeThickness="3" Stroke="Black" Fill="White"/>
13      <Ellipse Canvas.Left="65" Canvas.Top="35" Width="25" Height="20"
    StrokeThickness="3" Stroke="Blue" Fill="White"/>
14      <Ellipse Canvas.Left="75" Canvas.Top="43" Width="6" Height="5"
    StrokeThickness="3" Stroke="Black" Fill="White"/>
15      <Path x:Name="mouth" Stroke="Blue" StrokeThickness="4" Data="M 40,74
    Q 57,95 80,74"/>
16  </Canvas>
```

上述代码的运行效果如图 16.28 所示。

2. 路径和几何图形

WPF 的 Shape 对象提供了基本图形的 2D 图形绘制功能。但是这些是远远不够的。在

图 16.28　代码 16.26 的
运行效果图

日常应用中，更多的是使用几何图形（Geometry）类来绘制更多复杂的几何图形。上面的示例使用了 Path 对象。Path 是 WPF 中用来描述路径数据的类，根据 Path 对象，WPF 可以绘制出对应的几何图形。WPF 供两个类来描述路径数据：一个是 StreamGeometry，另一个是 PathFigureCollection。上面示例中的"<Path x:Name="mouth" Stroke="Blue" StrokeThickness="4" Data="M 40,74 Q 57,95 80,74"/>"使用的是 StreamGeometry 表示法，这是最简洁的表示形式。其对应的 PathFigureCollection 表示形式为：

```
<Path x:Name="mouth" Stroke="Blue" StrokeThickness="4" >
    <Path.Data>
        <PathGeometry Figures =" M 40,74 Q 57,95 80,74"/>
    </Path.Data>
</Path>
```

这两种方式都可以达到同一种显示效果，那么，什么时候使用 StreamGeometry，什么时候使用 PathFigureCollection 方式呢？一般地，当用户建立路径后，不再需要修改时，可使用 StreamGeometry 方式；如果还需要对路径数值进行修改，则使用 PathFigureCollection 方式（这里就是 PathGeometry）。

在 WPF 图形体系中，Geometry 类表示几何图形的基类，使用时可实例化它的一些子类，具体包括线段（LineGeometry）、矩形（RectangleGeometry）和椭圆（EllipseGeometry）。

代码 16.27 演示了几何图形的用法。

代码 16.27　绘制几何图形示例代码

```
01    <Canvas>
02      <Path Stroke="Black" StrokeThickness="1">
03        <Path.Data>
04          <LineGeometry StartPoint="10,20" EndPoint="100,100"/>
05        </Path.Data>
06      </Path>
07      <Path Stroke="Black" StrokeThickness="1" Fill="Gold" >
08        <Path.Data>
09          <EllipseGeometry Center="150,50" RadiusX="50" RadiusY="50"/>
10        </Path.Data>
11      </Path>
12      <Path Stroke="Black" StrokeThickness="1" Fill="LemonChiffon" >
13        <Path.Data>
14          <RectangleGeometry Rect="250,5,100,100"/>
15        </Path.Data>
16      </Path>
17    </Canvas>
```

上述代码运行效果如图 16.29 所示。

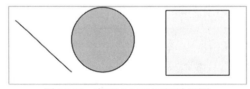

图 16.29　代码 16.27 运行效果图

除了上述介绍的使用几何图形的方式来绘制，还可以指定路径数据属性的值来进行图形的绘制。路径数据属性的组成分为两部分：移动指令和绘制指令，如图 16.30 所示。

图 16.30 路径数据属性的组成说明图

（1）移动指令：Move Command，用 M 或 m 表示，即 M 起始点或者：m 起始点。比如，"M 100，240" 或 "m 100，240"。使用大写 M 时，表示绝对值；使用小写 m 时，表示相对于前一点的值。如果前一点没有指定，则使用（0，0）。指令与位置数据之间用空格分隔。

（2）绘制指令：Draw Command，用对应的形状缩写表示。WPF 的路径中可以绘制以下形状：

- 直线——Line（L）
- 水平直线——Horizontal Line（H）
- 垂直直线——Vertical Line（V）
- 三次方程式贝塞尔曲线——Cubic Bezier Curve（C）
- 二次方程式贝塞尔曲线——Quadratic Bezier Curve（Q）
- 平滑三次方程式贝塞尔曲线——Smooth Cubic Bezier Curve（S）
- 平滑二次方程式贝塞尔曲线——Smooth Quadratic Bezier Curve（T）
- 椭圆圆弧——Elliptical Arc（A）

上面每种形状后用括号括起的英文字母为命令简写的大写形式，也可以使用小写字母。使用大写字母与小写字母的区别是：大写字母是绝对值，小写字母是相对值。比如，"L 100，200 L 300,400" 表示从绝对坐标点（100,200）到另一绝对坐标点（300,400）的一条直线。而 "l 100, 200 l 300,400" 则表示相对上一点（如果未指定，则默认为（0,0）坐标点）开始计算的坐标点（100,200）到坐标点为（300,400）的一条直线。当重复使用同一种类型时，就可以省略前面的命令。比如，"L 100, 200 L 300,400" 简写为 "L 100, 200 300,400"。

对于绘制不同的形状，每个绘制指令有其自身的语法。

- Line（L）。

格式："L 结束点坐标" 或 "l 结束点坐标"。

比如，"L 100，100" 或 "l 100 100"。坐标值可以使用 x，y（中间用英文逗号隔开）或 x y（中间用半角空格隔开）的形式。

- Horizontal Line（H）：绘制从当前点到指定 x 坐标的直线。

格式："H x 值" 或 "h x 值"（x 为 System.Double 类型的值）。

比如，H 100 或 h 100，也可以是 H 100.00 或 h 100.00 等形式。

- Vertical Line（V）：绘制从当前点到指定 y 坐标的直线。

格式："V y 值" 或 "v y 值"（y 为 System.Double 类型的值）。

比如，"V 100" 或 "v 100"，也可以是 V 100.00 或 v 100.00 等形式。

- Cubic Bezier Curve（C）：通过指定两个控制点来绘制由当前点到指定结束点间的三

次方程贝塞尔曲线。

格式:"C 第一控制点 第二控制点 结束点"或"c 第一控制点 第二控制点 结束点"。

比如,"C 100,200 200,400 300,200"或"c 100,200 200,400 300,200"。

其中,点(100,200)为第一控制点,点(200,400)为第二控制点,点(300,200)为结束点。

- Quadratic Bezier curve(Q):通过指定的一个控制点来绘制由当前点到指定结束点间的二次方程贝塞尔曲线。

格式:"Q 控制点 结束点"或"q 控制点 结束点"。

比如,q 100,200 300,200。其中,点(100,200)为控制点,点(300,200)为结束点。

- Smooth cubic Bezier curve(S):通过一个指定点来"平滑"地控制当前点到指定点的贝塞尔曲线。

格式:"S 控制点 结束点"或"s 控制点 结束点"。

比如,S 100,200 200,300。

- Smooth quadratic Bezier curve(T):与平滑三次方程贝塞尔曲线类似。

格式:"T 控制点 结束点"或"t 控制点 结束点"。

比如,T 100,200 200,300。

- Elliptical Arc(A):在当前点与指定结束点间绘制圆弧。

格式:"A 尺寸 圆弧旋转角度值 优势弧的标记 正负角度标记 结束点"或"a 尺寸 圆弧旋转角度值 优势弧的标记 正负角度标记 结束点"。

尺寸(Size):System.Windows.Size 类型,指定椭圆圆弧 x、y 方向上的半径值。

旋转角度(rotationAngle):System.Double 类型。

圆弧旋转角度值(rotationAngle):椭圆弧的旋转角度值。

优势弧的标记(isLargeArcFlag):是否为优势弧,如果弧的角度大于或等于 180°,则设为 1,否则为 0。

正负角度标记(sweepDirectionFlag):当正角方向绘制时设为 1,否则为 0。

结束点(endPoint):System.Windows.Point 类型。

比如,"A 10 12 12 1 100,200"。

(3)关闭指令:Close Command,用 Z 或 z 表示,意图将图形的首、尾点用直线连接,以形成一个封闭的区域。

16.3.3 资源

资源是可以在应用程序中的不同位置重复使用的对象。WPF 允许在代码中以及在标记中的各个位置定义资源(和特定的控件、窗口一起定义,或在整个应用程序中定义)。WPF 支持不同类型的资源。这些资源主要分为两类:XAML 资源和资源数据文件。XAML 资源的示例包括画刷和样式。资源数据文件是应用程序所需的不可执行的数据文件。

XAML 资源是一些保存在元素 Resources 属性中的.NET 对象,通常需要共享给多个子元素。代码 16.28 定义了一个画刷资源,并在 Button 中使用该资源,效果如图 16.31 所示。

代码 **16.28** 定义并使用 **Resources** 示例代码

```
01    <Window.Resources>
```

```
02              <ImageBrush x:Key="TileBrush" TileMode="Tile"
     ViewportUnits= "Absolute" Viewport="0 0 32 32" ImageSource="/User.png"
     Opacity="0.3"/>
03          </Window.Resources>
04          <Grid>
05              <Button Background="{StaticResource TileBrush}" Width="150"
     Height ="100" FontWeight="Bold" FontSize="14">A Tiled Button</Button>
06          </Grid>
```

在 WPF 中，Application、FrameworkElement 和 FrameworkContentElement 等基类均包含 Resources 属性。因此大部分 WPF 类都有这个属性。该属性实际上是一个资源集合的容器。每个资源需要用 x:Key 关键字来唯一标识。定义在窗口中的资源可以在整个窗口内使用；定义在应用程序内的资源可以在整个应用程序中使用。用户仍然可以通过标记扩展的方式来引用资源，如上例中的"Background="{StaticResource TileBrush}""就是在引用当前一个名为 TileBrush 的资源。当然也可以使用 C#代码在后端完成资源的引用，代码如下所示：

图 16.31　代码 16.28
运行效果图

```
ImageBrush brush = (ImageBrush)this.Resources["TileBrush"];
```

WPF 提供两种访问资源的方式：第一种是静态资源，通过 StaticResources 标记扩展来实现，前面引用资源的方式就是采用这种方式；第二种是动态资源，通过 DynamicResources 标识扩展来实现。这两种方式的主要区别在于静态资源只从资源集合中查找一次数据，而动态资源在每次需要对象时都会重新从资源集合中查找对象。下面 通过一个示例来演示它们的区别，XAML 代码如下所示：

```
<Window.Resources>
    <SolidColorBrush x:Key="RedBrush" Color="Red"/>
</Window.Resources>
<StackPanel>
    <Button Background="{StaticResource RedBrush}" FontSize="14" Content=
"静态资源"/>
    <Button Background="{DynamicResource RedBrush}" FontSize="14" Content =
"动态资源"/>
    <Button FontSize="14" Content="修改颜色" Click="Button_Click"/>
</StackPanel>
```

对应的后端代码如下所示：

```
private void Button_Click(object sender, RoutedEventArgs e)
{
    this.Resources["RedBrush"] = new SolidColorBrush(Colors.Yellow);
}
```

可见，当单击"修改颜色"按钮以后，资源集中的 RedBrush 的资源已经改变。但对于静态方式访问的资源而言，并不会再次刷新；而使用动态方式访问的资源，会实时刷新资源的改变。因此显示效果如图 16.32 所示。

如果希望在多个项目之间共享资源，那么可创建资源字典。资源字典是一个简单的 XAML 文档。该文档用于存储资源。可以通过右击项目，添加资源字典的方式来添加一个资源字典文档，如图 16.33 所示。这样就可以将上面示例中于某个窗体中定义的资源对象放置于资源字典中，这样在多个项目之间就可以共享这个资源。

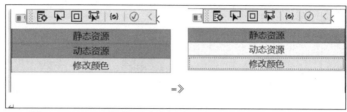

图 16.32　WPF 提供两种访问资源的方式区别效果示意图

图 16.33　创建资源字典界面

为了使用资源字典，需要将其合并到应用程序某些位置的资源集合中。例如，可以合并到窗口资源集合中，但是通常是将其合并到应用程序资源集合中，即在 App.xaml 文档中，完成资源的定义。

（1）在新建的资源字典 Dictionary1.xaml 文档中有如下代码：

```
<ResourceDictionary
xmlns="http://schemas.microsoft.com/winfx/2006/xaml/ presentation"
xmlns:x="http://schemas.microsoft.com/winfx/2006/xaml">
    <SolidColorBrush x:Key="RedBrush" Color="Red"/>
    <FontWeight x:Key="fontWeight">Bold</FontWeight>
</ResourceDictionary>
```

（2）在 App.xaml 中完成资源的合并，代码如下：

```
<Application.Resources>
```

```
    <ResourceDictionary>
        <ResourceDictionary.MergedDictionaries>
            <ResourceDictionary Source="Dictionary1.xaml"/>
        </ResourceDictionary.MergedDictionaries>
    </ResourceDictionary>
</Application.Resources>
```

（3）在 MainWindow.xaml 窗口中对资源进行引用，其 XAML 代码如下：

```
<StackPanel>
    <Button Background="{StaticResource RedBrush}" FontSize="14" Content=
"静态资源"/>
    <Button Background="{DynamicResource RedBrush}" FontSize="14" Content=
"动态资源"/>
    <Button FontSize="14" FontWeight="{StaticResource fontWeight}" Content =
"修改颜色"/>
</StackPanel>
```

16.3.4　样式

在 WPF 应用程序中，使用资源可以在一个地方定义对象而在整个应用程序中重用它们。除了在资源中可以定义各种对象外，还可以定义样式，从而达到样式的重用。样式可以理解为元素的属性集合，与 Web 中的 CSS 类似。WPF 可以将具体的元素类型作为样式应用的目标。此外，通过样式，还可以设置触发器，即当元素的某个属性值达到触发条件时，触发器将被激活，从而修改所设置的属性值。

WPF 资源其实完全可以完成 WPF 样式的功能，只是 WPF 样式对资源中定义的对象进行了封装，使其存在于样式中，利于管理和应用。开发者可以把一些公共的属性放在样式中进行定义。引用这些属性的控件，只需要引用具体的样式即可，而不需要对多个属性进行分别设置。WPF 应用程序中的样式是利用 XAML 资源来实现的，即在 XAML 资源中使用 Style 元素声明样式和模板，并在控件中引用它。Style 元素的常用形式如下：

```
<Style x:key=键值 TargetType=控件类型 BasedOn=其他样式中定义的键值>
…
</Style>
```

下面的 XAML 代码为 Button 定义了一个样式，自动应用于所有 Button 元素，这个样式对象包含了一个设置器集合，该集合具有 3 个 Setter 对象，每个 Setter 对象用于一个希望设置的属性。每个 Setter 对象包括两部分信息：希望进行设置的属性名称和希望为该属性应用的值。

```
<Window.Resources>
    <Style TargetType="Button">
        <Setter Property="FontFamily" Value="Times New Roman"/>
        <Setter Property="FontSize" Value="18"/>
        <Setter Property="FontWeight" Value="Bold"/>
    </Style>
</Window.Resources>
```

样式通过元素 Style 属性插入到元素中。当样式中没有定义 key 标记时，则对应的样式会指定应用到目标对象上。上面的示例就是指当前窗口中，所有 Button 类型的控件（除非做了特殊说明）都将会应用该样式。如果显式为样式定义了 key 标记，则必须显式指定样式 key 的方式，对应的样式才会被应用到目标对象上。下面的例子说明了这种情况：

```
<Window.Resources>
    <Style TargetType="Button" x:Key="NormalButton">
        <Setter Property="FontFamily" Value="Times New Roman"/>
        <Setter Property="FontWeight" Value="Bold"/>
        <Setter Property="HorizontalAlignment" Value="Center"/>
    </Style>
    <Style TargetType="Button" x:Key="BigButton"
 BasedOn="{StaticResource NormalButton}">
        <Setter Property="FontSize" Value="18"/>
    </Style>
    <Style TargetType="Button" x:Key="SmallButton" BasedOn= "{StaticResource
NormalButton}">
        <Setter Property="FontSize" Value="10"/>
    </Style>
</Window.Resources>
```

上面的示例首先声明了一个 Key 值为"NormalButton"的样式，在其基础上，又声明了两个 Key 值为"BigButton"和"SmallButton"的样式。后两者通过 BasedOn 属性，使用 StaticResources 完成对 NormalButton 的引用。

在上述代码的基础上，完成窗口的 XAML 的代码如下：

```
<StackPanel>
    <Button Content="常规按钮"/>
    <Button Content="Normal 按钮" Style="{StaticResource NormalButton}"/>
    <Button Content="Big 按钮" Style="{StaticResource BigButton}"/>
    <Button Content="Small 按钮" Style="{StaticResource SmallButton}"/>
</StackPanel>
```

图 16.34　4 种不同样式按钮
的运行效果图

在上述代码中，声明了 4 个按钮：第一个按钮并没有指定 Style 所采用的对象，因此将使用默认的按钮样式；第二个按钮指定了 Style 为 NormalButton 样式；第三个按钮指定了 Style 为 BigButton 样式；第四个按钮指定了 Style 为 SmallButton 样式。最终效果如图 16.34 所示。

WPF 样式中有一种称为触发器的特性。在样式中定义的触发器，只有在该属性或事件发生时才会被触发。下面介绍简单的样式触发器是如何定义和使用的，具体的 XAML 的代码如代码 16.29 所示。

代码 16.29　触发器使用示例代码

```
01    <Window …>
02        <Window.Resources>
03            <Style x:Key="BigFontButton" TargetType="Button">
04                <Setter Property="Width" Value="100"/>
05                <Setter Property="FontFamily" Value="Times New Roman"/>
06                <Setter Property="FontSize" Value="18"/>
07                <Style.Triggers>
08                    <Trigger Property="IsFocused" Value="True">
09                        <Setter Property="Foreground" Value="Red"/>
10                    </Trigger>
11                    <Trigger Property="IsMouseOver" Value="True">
```

```
12                        <Setter Property="Foreground" Value="Yellow"/>
13                        <Setter Property="FontWeight" Value="Bold"/>
14                    </Trigger>
15                    <Trigger Property="IsPressed" Value="True">
16                        <Setter Property="Foreground" Value="Blue"/>
17                    </Trigger>
18                </Style.Triggers>
19            </Style>
20        </Window.Resources>
21        <StackPanel>
22            <Button Content="常规按钮" Width="100" Margin="5"/>
23            <Button Content="Big 按钮" Style="{StaticResource BigFontButton}"
    Margin="5"/>
24        </StackPanel>
25    </Window>
```

在上面的代码中，触发器根据控件是否获得焦点、鼠标指针是否移动到控件上、是否单击控件分别进行了的设置，修改控件的前景色为对应的颜色。运行效果如图 16.35 所示。

图 16.35　触发器运行效果图

16.3.5　动画

动画是快速循环播放一系列图像（其中每个图像与下一个图像略微不同）给人造成的一种幻觉。大脑感觉这组图像是一个变化的场景。在电影中,摄像机每秒拍摄许多照片(帧),便可使人形成这种幻觉。用投影仪播放这些帧，观众便可以看电影了。

在 WPF 之前，开发人员必须创建和管理自己的计时系统，或使用特殊的自定义库来构建自己的动画系统。WPF 通过自带的基于属性的动画系统，可以轻松地对控件和其他图形对象进行动画处理。

WPF 可以高效地处理及管理计时系统和重绘屏幕的所有后台任务。它提供了计时类，使用户能够重点关注要创造的效果，而非实现这些效果的机制。此外 WPF 通过公开动画基类，可以轻松创作自己的动画，这样便可以制作自定义动画。这些自定义动画获得了标准动画类的许多性能优点。

16.3.6　三维图形

生成三维图形的基本思想是能得到一个物体的三维立体模型。由于屏幕是二维的，因而定义一个用于给物体拍照的照相机。拍到的照片其实是物体在一个平坦表面的投影。这个投影有三维渲染引擎渲染成位图。引擎通过计算所有光源对三维空间中物体的投影面反射的光量，来决定为图中每个像素点的颜色。

微课视频 16-1

16.4 数据绑定

16.4.1 认识数据绑定

数据绑定(Data Binding)也称为数据关联,就是在应用程序 UI 与业务逻辑之间建立连接的过程。如果绑定设置正确并且数据提供正确通知,则当数据更改其值时,绑定到数据的元素会自动响应更改。数据绑定可能还意味着如果元素中数据的外部表现形式发生更改,则基础数据可以自动更新以反映更改。例如,如果用户编辑 TextBox 元素中的值,则基础数据值会自动更新以反映该更改。

1. 数据绑定原理

数据绑定主要包含两大模块:一个模块是绑定目标,也就是 UI 这块;另一个模块是绑定源,也就是给数据绑定提供数据的后台代码。这两大模块通过某种方式和语法关联起来,会互相影响或者只是一边对另一边产生影响,这就是数据绑定的基本原理。图 16.36 详细地描述了这一绑定的过程。不论要绑定什么元素,不论数据源的特性是什么,每个绑定都始终遵循这个图的模型。

图 16.36 数据绑定的基本过程图

通常,每个绑定都具有 4 个组件:绑定对象、目标属性、绑定源以及要使用的绑定源中的值的路径。例如,如果要将 TextBox 的内容绑定到 Employee 对象的 Name 属性,则绑定对象是 TextBox,目标属性是 Text 属性,要使用的值是 Name,源对象是 Employee 对象。

绑定源又称为数据源,充当一个数据中心的角色,是数据绑定的数据提供者,可以理解为最底层的数据层。数据源是数据的来源,它可以是一个 UI 元素对象或者某个类的实例,也可以是一个集合。数据源作为一个实体可能保存着很多数据,那么具体关注它的哪个数值呢?这个数值就是路径(Path)。比如要用一个 Slider 控件作为一个数据源,这个 Slider 控件会有很多属性,这些属性都可作为数据源提供。它拥有很多数据,除了 Value 之外,还有 Width、Height 等,这时数据绑定就要选择一个最关心的属性来作为绑定的路径。比如,使用的数据绑定是为了监测 Slider 控件的值的变化,就需要把 Path 设为 Value。使用集合作为数据源的道理也是一样,Path 的值就是集合中的某个字段。

数据将传送到哪里去?这就是绑定目标,也就是数据源对应的绑定对象。绑定对象一定是数据的接收者、被驱动者,但它不一定是数据的显示者。目标属性则是绑定对象的属性,必须是依赖项属性。大多数 UIElement 对象的属性都是依赖项属性,而大多数依赖项属性默认情况下都支持数据绑定。注意,只有 DependencyObject 类型可以定义依赖项属性,所以 UIElement 都派生自 DependencyObject。

2. 数据绑定模式

从图 16.36 可以看出,数据绑定的数据流可以从绑定目标流向数据源和/或从绑定源流向绑定目标。图 16.37 演示了不同类型的数据流，可以通过设置 Binding 对象的 Mode 属性来控制数据流中数据的流向。

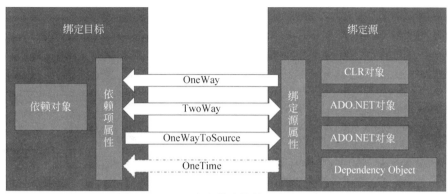

图 16.37 不同绑定模式的数据流向示意图

- 单向（OneWay）绑定对源属性的更改会自动更新目标属性，但是对目标属性的更改不会传播回源属性。此绑定类型适用于绑定的控件为隐式只读控件的情况。例如，可能绑定到如股票行情自动收录器这样的源，或者目标属性没有用于进行更改的控件接口。
- 双向（TwoWay）绑定对源属性的更改会自动更新目标属性，而对目标属性的更改也会自动更新源属性。此绑定类型适用于可编辑窗体或其他完全交互式 UI 方案。大多数属性都默认为单向绑定，但是一些依赖项属性（通常为用户可编辑的控件的属性）默认为双向绑定。确定依赖项属性绑定在默认情况下是单向还是双向的编程方法是：使用 GetMetadata 获取属性的属性元数据，然后检查 BindsTwoWayByDefault 属性的布尔值。
- 指向数据源的单向（OneWayToSource）绑定与单向绑定相反，它在目标属性更改时更新源属性。一个典型的方案是只需要从 UI 重新计算源值的情况。
- 一次性（OneTime）绑定会使用源属性初始化目标属性，但不传播后续更改。这意味着如果数据上下文发生了更改，或者数据上下文中的对象发生了更改，则更改不会反映在目标属性中。这种绑定模式适用于当前状态的快照或数据实际为静态数据的情况。如果开发人员要使用源属性中的某个值初始化目标属性，并且事先不知道数据上下文，则可以使用此绑定类型。此绑定类型实质上是 OneWay 绑定的简化形式，在源值不更改的情况下可以提供更好的属性。

3. 更新数据源

如果要实现数据源更改时，改变目标的值需要使数据源对象实现 System.ComponentModel 命名空间的 INotifyPropertyChanged 接口。INotifyPropertyChanged 接口定义了一个 PropertyChanged 事件，在某属性值发生变化时引发此事件，即可通知绑定目标更改其显示的值。例如代码 16.30 声明一个 MyData 类，实现了 INotifyPropertyChanged 接口。其中声明了事件对象 PropertyChanged。在属性 Name 写入访问器时，检查 PropertyChanged 是否为空。如果不为空，则触发 PropertyChanged 事件。

代码 16.30 声明 MyData 类示例代码

```
01     public class MyData:INotifyPropertyChanged
```

```
02    {
03        public event PropertyChangedEventHandler PropertyChanged;
04        private string _name;
05        public string Name
06        {
07           set
08           {
09               _name = value;
10               if(PropertyChanged !=null)
11               {
12                   PropertyChanged(this, new PropertyChangedEventArgs ("name"));
13               }
14           }
15        }
16    }
```

TwoWay 或 OneWayToSource 绑定侦听目标属性的更改，并将这些更改传播回源，称为更新源。例如，可以编辑文本框中的文本以更改基础源值。但是，源值是在编辑文本的同时进行更新，还是在结束编辑文本并将鼠标指针从文本框移走后才进行更新呢？绑定的 UpdateSourceTrigger 属性确定触发源更新的原因。如果 UpdateSourceTrigger 值为 PropertyChanged，则 TwoWay 或 OneWayToSource 绑定的右箭头指向的值会在目标属性更改时立刻进行更新。但是，如果 UpdateSourceTrigger 值为 LostFocus，则仅当目标属性失去焦点时，该值才会更新。

与 Mode 属性类似，不同的依赖项属性具有不同的默认 UpdateSourceTrigger 值。大多数依赖项属性的默认值都是 PropertyChanged，而 Text 属性的默认值为 LostFocus。这意味着，只要目标属性更改，源更新通常都会发生，这对于 CheckBox 和其他简单控件很有用。但对于文本字段，每次击键后都进行更新会降低性能，用户也没有机会在提交新值之前使用退格键修改键入错误。这就是 Text 属性的默认值为 LostFocus 而不是 PropertyChanged 的原因。

16.4.2　创建数据绑定

如果将 Binding 对象比作数据的桥梁，那么它的两端分别是源和目标。数据从哪里来哪里就是源，到哪里去哪里就是目标。数据源可以是任何修饰符为 public 的属性，包括控件属性、数据库、XML 或者 CLR 对象的属性。

1. UI 对象间的绑定

UI 对象间的绑定也是最基本的形式，通常是将源对象的某个属性值绑定（复制）到目标对象的某个属性上。源属性可以是任意类型，但目标属性必须是依赖属性。通常情况下对于 UI 对象间的绑定源属性和目标属性都是依赖属性（有些属性不是），因为依赖属性有垂直的内嵌变更通知机制。WPF 可以保持目标属性和源属性的同步。下面的例子说明了如何在 XAML 中实现数据绑定。

```
<StackPanel>
   <TextBox x:Name="txtName" Width="200" BorderThickness="0"
Height="50" Text="Source Element" TextChanged="txtName_TextChanged"/>
   <TextBlock x:Name="tbShowMessage" Width="200" Height="50"
```

```
Text= "{Binding ElementName=txtName,Path=Text}"/>
</StackPanel>
```

上面的代码将名为 txtName 的对象的 Text 属性作为源对象绑定给了 TextBlock 对象的
Text 属性。这里用 Binding 关键字指定 ElementName 和 Path，这两个就是指定源对象和源
属性。

通常使用 Binding 标记扩展来声明绑定时，声明包含一系列子句，这些子句跟在 Binding
关键字后面，并用逗号分隔。Binding 标记扩展的语法格式如下：

```
<object property="{Binding declaration}"/>
```

其中，object 为绑定对象（一般为 WPF 元素），property 为目标属性，declaration 为绑定声
明语句。绑定声明中的子句可以按任意顺序排列，因此有许多可能的组合。子句是"名称=
值"的键值对，其中名称是 Binding，属性值是要为该属性设置的值。

当在标记中创建绑定声明字符串时，必须将它们附加到目标对象的特定依赖项属性。
下面的示例演示如何通过使用绑定扩展并指定 Source、Path 和 UpdateSourceTrigger 属性来
绑定 TextBox.Text 属性。

```
<TextBlock Text="{Binding Source={StaticResource myDataSource},
Path= PersonName"/>
```

实际上，在后台的代码中，用 Binding 类实现数据绑定时，不论采用哪种形式，其本
质都是在绑定声明中利用 Binding 类提供的各种属性来描述绑定信息。表 16.6 列出了
Binding 类的常用属性及其说明。

表 16.6　**Binding 类的常用属性及其说明**

属　　性	说　　明
Mode	获取或设置一个值，该值指示绑定的数据流方向。默认为 Default
Path	获取或设置绑定源的属性路径
UpdateSourceTrigger	获取或设置一个值，该值确定绑定源更新的执行时间
Converter	获取或设置要使用的转换器
StringFormat	获取或设置一个字符串。该字符串指定如何绑定值显示为字符串的格式，其用法类似于 ToString()方法中的格式化表示形式
TargetNullValue	获取或设置当源的值为 null 时在目标中使用的值

除了用 XAML 代码定义绑定信息之外，还可以在代码中直接为 Binding 对象设置 Path
和 Source 属性来实现数据绑定。Source 设置为源对象，Path 属性设置为一个 PropertyPath
类的实例，它用源对象的 Value 属性名进行初始化。下面的示例演示如何在代码中创建
Binding 对象并指定属性。

```
Binding binding = new Binding();
binding.Source = sliderFontSize;
binding.Path = new PropertyPath("Value");
binding.Mode = BindingMode.TwoWay;
lbText.SetBinding(TextBlock.FontSizeProperty, binding);
```

2. 绑定到集合
绑定源对象可以被视为其属性包含数据的单个对象，也可以被视为通常组合在一起的

多态对象的数据集合。到目前为止，仅讨论了绑定到单个对象，但绑定到数据集合也是常见方案。例如，一种常见方案是使用 ItemsControl 来显示数据集合。若要将 ItemsControl 绑定到集合对象，则需要使用 ItemsControl.ItemsSource 属性。ItemsSource 可以接收一个 IEnumerable 接口派生类的实例作为自己的值。下面的语句可以将一个名为 photos 的集合赋予 ListBox 对象，并显示 Name 属性的值：

```
<ListBox x:Name = "pictureBox" DisplayMemberPath = "Name" ItemsSource =
"{Binding {DynamicResource photos}}">
```

通常情况下，依赖属性内建的垂直通知功能让 UI 对象间的绑定可以自己完成同步处理。但是.NET 集合/对象不具备这样的能力。为了让目标属性与源集合的更改保持同步，源集合必须实现一个名为 INotifyCollectionChanged 的接口。但通常开发人员只需要使集合类继承于 ObservableCollection 类。因为 ObservableCollection 实现了 INotifiPropertyChanged 和 INotifyCollectionChanged 接口。下面的示例代码定义了 Photos 集合类：

```
public class Photos : ObservableCollection<Photo>
```

扩展资源：实例 16.1-数据绑定实例。完整的代码及代码解析请扫描 16.4 节节首的二维码观看微课视频进行学习。

16.4.3 数据转换

在前面的示例中，在 TextBox 和 Slider 之间建立关联：Slider 控件作为源，TextBox 控件作为目标。可以发现，Slider 控件的 Value 属性是 double 类型值，而 TextBox 的 Text 属性是 string 类型的值。在 C#这种强类型语言中，Binding 还有另外一种机制，称为数据转换。当源端指定的 Path 属性值的数据类型和目标端指定的目标属性的数据类型不一致时，可以添加数据转换器。上面提到的问题实际上就是 double 和 string 类型相互转换的问题，因为处理起来比较简单，所以 WPF 类库就为开发人员进行了预定义。但有些数据类型转换就不是 WPF 类库能完成的，比如：

- 源对象中的值有多个，而目标控件为类似于 CheckBox 的控件，则需要把 3 个值映射为它的 IsChecked 属性；
- 当 TextBox 中必须有输入的内容时用于登录的 Button 才会出现，这是 string 类型与 Visibility 枚举类型或布尔类型之间的转换。
- 源对象里面的值有可能是 string 类型或枚举类型，UI 是用于显示图片的 Image 控件，这时候需要把源对象中的值转换为对应的头像图片的 URI。

当遇到上述情况时，只能自己动手编写转换器。其方法是创建一个实现了 IValueConverter 接口的类，然后实现 Convert()和 ConvertBack()方法。转换器可以将数据从一种类型更改为另一种类型，根据区域性信息转换数据，或修改表示形式的其他方面。

当数据从 Binding 的源流向目标时，Convert()方法将被调用；反之，ConvertBack()将被调用。

代码 16.31 演示了如何将数据转换应用到绑定的数据。当 bool 值为 true 时，在 UI 上就显示"男"，否则显示"女"。

代码 16.31 将 bool 类型转换为字符串类型示例代码

```
01    public class GenderConverter : IValueConverter
```

```
02    {
03        public object Convert(object value, Type targetType, object parameter,
   CultureInfo culture)
04        {
05            bool result = (bool)value;
06            return result == true ? "男" : "女";
07        }
08        public object ConvertBack(object value, Type targetType, object
   parameter, CultureInfo culture)
09        {
10            string str = value as string;
11            if (str == "男") return true;
12            if (str == "女") return false;
13            return DependencyProperty.UnsetValue;
14        }
15    }
```

一旦创建了转换器,即可将其作为资源添加到 XAML 文件中,关键代码如下:

```
<Window.Resources>
    <local:GenderConverter x:Key="genderConverter"/>
</Window.Resources>
<StackPanel>
    <TextBlock x:Name="tb" DataContext="{Binding}"
            Text="{Binding Path=Sex, Converter={StaticResource
genderConverter}}"/>
</StackPanel>
```

16.4.4 利用 DataContext 来作为共享数据源

DataContext 属性是绑定的默认源,这个属性定义在 FrameworkElement 类中。这是包括 WPF 中大多数 UI 控件的基类。为了避免多个对象共享一个数据源时,重复对所有对象显式地使用 Binding 标记每个 Source/RelativeSource/ElementName,而把同一个数据源在上下文对象的某个范围内共享。这样当一个绑定没有显式的源对象时,WPF 便会通过逻辑树找到一个非空的 DataContext。例如,可以通过以下代码给 ListBox 和 Title 设置绑定:

```
<StackPanel DataContext="{DynamicResource photos}">
    <Label Content="{Binding Path=Count}"/>
    <ListBox DisplayMemberPath="Name" ItemsSource="{Binding}"/>
</StackPanel>
```

上述代码首先为 StackPanel 控件绑定数据源 photos,然后在 Label 控件的 Content 属性中绑定 photos 集合中元素的 Count 属性;在 ListBox 中将 DisplayMemberPath 属性值设置为 photos 集合中元素的 Name 属性,而 ItemsSource 属性直接使用 Binding,意思是绑定当前 DataContext 的数据源。

16.4.5 数据模板——DataTemplate

源属性和目标属性为兼容的数据类型,且源所显示的内容正是开发人员需要显示的内容时,数据绑定确实很简单,只需要指定匹配对象关系即可。而通常情况下对数据绑定都要做一些定制，特别是对于.NET 对象的绑定，开发人员需要将数据源按照不同的方式分隔显示。数据模板就负责完成这样的功能：按照预想的数据展现模式将数据源的不同部分显示出来，而其作为可以被利用的独立结构，一旦定义就可以被添加到一个对象内部，将会创建一个全新的可视树。

数据模板通常会被应用到以下几类控件来填充类型为 DataTemplate 的属性：

- 内容控件 Content Control——ContentTemplate 属性，控制 Content 的显示；
- 项控件 Items Control——ItemTemplate 属性，应用于每个显示的项；
- 头控件 Header Content Control——HeaderTemplate 属性，控制 Header 的展现。

每个数据模板的定义都是类似的方式，开发人员可以像设计普通的窗体一样来设计其展现的方式，而且它们共享数据模板父控件所赋予的绑定源。例如，下面的代码用一个图片来替代 ListBox 中的每一项：

```xml
<ListBox ItemsSource="{Binding}">
    <ListBox.ItemTemplate>
        <DataTemplate>
            <Image Source="{Binding Path=FullPath}">
                <Image.ToolTip>
                    <StackPanel>
                        <TextBlock Text="{Binding Path=Name}"/>
                        <TextBlock Text="{Binding Path=DateTime}"/>
                    </StackPanel>
                </Image.ToolTip>
            </Image>
        </DataTemplate>
    </ListBox.ItemTemplate>
</ListBox>
```

扩展资源：实例 16.2-数据模板使用实例。完整的代码及代码解析请扫描 16.54 节节首的二维码观看微课视频进行学习。

微课视频 16-2

16.5 命令

16.5.1 命令模型

在 WPF 应用程序中，任务可以通过多种不同的路由事件出发，经常需要编写多个事件处理程序来调用相同的方法。当需要处理用户界面状态时，问题就变得更为复杂。在应用周期的某个特定的时刻，需要暂时禁用某个方法，也就需要暂时禁用触发该方法的所有控件，并忽略相应的快捷键。然后还需要添加代码，使得应用程序在另一个特定的时刻启用这些控件。编码完成这些工作很麻烦，稍有不慎，可能会使不同状态的代码块相互重叠，从而导致某个控件不应该可用时被启用了。

WPF 使用新的命令模型解决了这个问题。它增加了两个重要特性：将事件委托到适当的命令并使控件的启用状态和相应命令的状态保持同步。在 WPF 应用程序中，命令可以理解为系统定义的一系列操作，在应用程序中可以直接使用，如保存、复制、剪切这些操作都可以理解为命令。命令与事件处理程序的主要区别在于：命令将操作的语义和发起方与其逻辑分开。这使得多个完全不同的源可以调用相同的命令逻辑，并使得可以针对不同的目标对命令逻辑进行自定义。命令对象的语义在所有的应用程序中是一致的。但操作的逻辑是"被操作"对象所特有的，而不是在调用命令的源上定义的。

WPF 中的命令模型可分解为 4 个主要概念：命令、命令源、命令目标和命令绑定。

1．命令

命令是要执行的操作，WPF 的命令是通过实现 ICommand 接口来创建的。ICommand 公开了两个方法和一个事件：Execute()方法、CanExecute()方法和 CanExecuteChanged 事件。Execute()方法执行与命令关联的操作；CanExecute()方法确定是否可以在当前命令目标上执行命令。如果集中管理命令操作的命令管理器检测到命令源发生了更改，那么此更改可能使得已引发但尚未有命令绑定执行的命令无效，则将引发 CanExecuteChanged 事件。

ICommand 的 WPF 实现是 RoutedCommand 类。RoutedCommand 类中的 Execute()方法在命令目标上引发 PreviewExecuted 和 Executed 事件。RoutedCommand 中的 CanExecute() 方法在命令目标上引发 CanExecute 和 PreviewCanExecuted 事件。这些事件沿元素树以隧道和冒泡形式传递，直到遇到具有该特定命令的 CommandBinding 的对象。

WPF 提供常用应用程序所用的命令集，常用的命令集包括 ApplicationCommands、ComponentCommands、NavigationCommands、MediaCommands 和 EditingCommands。其中，ApplicationCommands 提供一组标准的与应用程序相关的通用命令，包括剪贴板命令，如 Copy、Cut、Paste 以及文档命令，如 New、Open、Save、Close 等。NavigationCommands 提供一组标准的与导航相关的命令，包括 BrowseHome、BrowseStop 等。MediaCommands 提供一组标准的与媒体相关的命令，包括 Play、Pause、Stop 等。ApplicationCommands 为默认的命令类，引用其中的命令可以省略 ApplicationCommands。

2．命令源和命令目标

命令源是调用命令的对象，WPF 中的命令源通常实现 ICommandSource 接口。该接口公开 3 个属性：Command、CommandTarget 和 CommandParameter。Command 是在调用命令源时执行的命令；CommandTarget 是要在其上执行命令的对象，用于执行命令。CommandParameter 是用户定义的数据类型，用于将信息传递到实现命令的处理程序。值得注意的是，在 WPF 中 ICommandSource 上的 CommandTarget 属性只有在 ICommand 是 RoutedCommand 时才使用。对 RoutedCommand 而言，命令目标是 Executed 和 CanExecute 路由的起始元素。如果在 ICommandSource 上设置了 CommandTarget，而对应的命令不是 RoutedCommand，则会忽略命令目标。如果未设置 CommandTarget，则具有键盘焦点的元素将是命令目标。将具有键盘焦点的元素作为命令目标的一个好处是，开发人员可以使用统一命令源在多个目标上调用命令，而不需要跟踪命令目标。例如，如果 MenuItem 在具有一个 TextBox 控件、一个 RichTextBox 控件和一个 PasswordBox 控件的应用程序中调用 EditingCommands.Delete 命令，则目标既可以是 TextBox，又可以是 RichTextBox，还可以是 PasswordBox。

实现 ICommandSource 的 WPF 类包括 ButtonBase、MenuItem、Hyperlink 以及 InputBinding。ButtonBase、MenuItem 和 Hyperlink 在被单击时调用命令。InputBinding 在与之关联的 InputGesture 执行时调用命令。ButtonBase 等直接使用控件的 Command 属性绑定命令：

```
<Button Command = "ApplicationCommands.Copy" />
```

InputBinding 可使用 KeyBinding 或 MouseBinding 绑定特定的输入手势到某一命令上。例如，在 Windows 上注册 Ctrl+F2 组合键到 ApplicationCommands.Open 上：

```
<KeyBinding Command = "ApplicationCommands.Open"
            Key="F2" Modifiers = "Control" />
```

3. 命令绑定

命令绑定是将命令逻辑映射到命令对象。CommandBinding 将一个命令与实现该命令的事件处理程序关联。这种关联就是事件绑定。CommandBinding 内包含一个 Command 属性以及 PreviewCanExecute、CanExecute、PreviewExecuted、Executed 事件。Command 是 CommandBinding 要与之关联的命令。附加到 PreviewExecuted 和 Executed 事件的事件处理程序实现命令逻辑，是执行命令的真正代码；附加到 PreviewCanExecute、CanExecute 事件的事件处理程序，通过其 EventArgs 参数中的 CanExecute 属性设置命令是否可以执行，并且系统会自动地和命令目标的某些特定属性进行绑定。

扩展资源：实例 16.3-命令使用实例。完整的代码及代码解析请扫描 16.5 节节首的二维码观看微课视频进行学习。

16.5.2 自定义命令

根据 WPF 命令模型的要素以及它们之间的关系，自定义命令分为以下几步：

（1）创建命令类——即获得一个实现 ICommand 接口的类，如果命令与具体的业务逻辑无关，则使用 WPF 类库中的 RoutedCommand 类即可。如果想得到与业务逻辑相关的专有命令，则需要创建 RoutedCommand 类或是 ICommand 接口的派生类。

（2）声明命名实例——使用命令时需要创建命令类的实例。一般情况下，程序中某些操作只需要一个命令实例与之对应即可。

（3）指定命令源——即指定由谁来发送命令。如果把命令看作炮弹，命令源就相当于火炮。同一命令可以有多个源，例如，"保存"命令既可以由菜单中的"保存"项来发送，也可以由"保存"工具栏中的图标进行发送。需要注意的是，一旦把命令指派给了命令源，那么命令源就会受命令的影响。当命令不能执行时，命令源的控件将处于不可用状态。还需要注意，各种控件发送命令的方法不尽相同。例如，Button 和 MenuButton 在单击时发送命令，而 ListBoxItem 单击时表示被选中双击的时候才发送命令。

（4）指定命令目标——命令目标并不是命令的属性，而是命令源的属性。指定命令目标是告诉命令源向哪个组件发送命令。无论这个组件是否拥有焦点，都会收到这个命令。如果没有为源指定命令目标，则 WPF 系统认为当前拥有焦点的对象就是命令目标。

（5）设置命令关联——WPF 命令需要 CommandBinding 在执行之前来帮助判断是否可以执行以及在执行后做一些事来"打扫战场"。

在命令目标和命令关联之间还有一些微妙的关系。无论命令目标是由程序员指定的，还是由 WPF 系统根据焦点所在地判断出来的，一旦某个 UI 组件与命令源锁定，命令源就会不断地向命令目标发出命令执行指令，命令目标就会不断的发送可路由的 PreviewCanExecute 和 CanExecute 附加事件。事件会沿 UI 元素树向上传递，并被命令关联所捕获，命令关联会完成一些后续任务。

微课视频 16-3

16.6　案例 15：天气预报

本案例是通过获取某网站发布的天气预报数据，编写 WPF 以完成天气预报数据的展示。本案例通过调用互联网上 apis.juhe.cn 公开的天气预报 API。将所需要的参数通过 API 传入服务器端，再接收来自于服务器端的数据，并对解析出的数据进行显示。其运行效果如图 16.38 所示。

图 16.38　案例 15：天气预报案例运行效果图

案例的前台 XAML 页面代码如代码 16.32 所示。

代码 16.32　案例 15：天气预报案例前台 XAML 示例代码

```
01  <Window x:Class="WpfApp6.MainWindow" …
02        mc:Ignorable="d" Title="WPF 调用天气预报 API" >
03    <Window.Resources>
04      <Style TargetType="Label">
05        <Setter Property="VerticalAlignment" Value="Center"/>
06      </Style>
07    </Window.Resources>
08    <Grid>
09      <Grid.RowDefinitions>
10        <RowDefinition Height="0.5*"/>
11        <RowDefinition Height="0.2*"/>
12        <RowDefinition Height="0.8*"/>
13        <RowDefinition Height="0.2*"/>
14        <RowDefinition Height="*"/>
15      </Grid.RowDefinitions>
16      <Grid Grid.Row="0">
17        <Grid.ColumnDefinitions>
```

```
18              <ColumnDefinition Width="*"/>
19              <ColumnDefinition Width="3*"/>
20              <ColumnDefinition Width="3*"/>
21          </Grid.ColumnDcfinitions>
22          <Label Content="输入城市名称: " VerticalAlignment="Center" Grid.
    Column="0" />
23          <TextBox Height="29" HorizontalAlignment="Center" Name= "txt_
    City"  Grid.Column="1" Width="200"/>
24          <Button Content="查询" Height="28"  x:Name="button1" Click=
    "button1_Click" Grid.Column="2" Width="50" />
25      </Grid>
26      <Grid Grid.Row="1">
27          <Label Content="当前天气: " VerticalAlignment="Center" Grid.
    Column="0" />
28      </Grid>
29      <Grid Grid.Row="2">
30          <Grid.ColumnDefinitions>
31              <ColumnDefinition Width="*"/>
32              <ColumnDefinition Width="*"/>
33              <ColumnDefinition Width="*"/>
34              <ColumnDefinition Width="*"/>
35          </Grid.ColumnDefinitions>
36          <Label x:Name="lbl_Info" Content="{Binding Path=Info}" Grid.
    Column="0"/>
37          <Image x:Name="image_Info" Width="50" Height="50"/>
38          <StackPanel VerticalAlignment="Center" Grid.Column="1" >
39              <Label Content="温度: "/>
40              <Label x:Name="lbl_Temperature"  Content="{Binding Path=
    Temperature}" Grid.Column="1"/>
41          </StackPanel>
42          <StackPanel Grid.Column="2" VerticalAlignment="Center">
43              <Label Content="湿度: "/>
44              <Label x:Name="lbl_Humidity"  Content="{Binding Path=
    Humidity}" Grid.Column="1"/>
45              <Label Content="空气质量: "/>
46              <Label x:Name="lbl_Aqi"  Content="{Binding Path=Aqi}"
    Grid.Column="1"/>
47          </StackPanel>
48          <StackPanel Grid.Column="3
     VerticalAlignment="Center">
49              <Label x:Name="lbl_Direct"  Content="{Binding Path=Direct}"
    Grid.Column="1"/>
50              <Label x:Name="lbl_Power"  Content="{Binding Path=Power}"
    Grid.Column="1"/>
51          </StackPanel>
52      </Grid>
53      <Grid Grid.Row="3">
54          <Label Content="未来 5 天天气: "
     VerticalAlignment="Center" Grid.Column="0" />
55      </Grid>
```

```
56          <Grid Grid.Row="4">
57              <ListBox x:Name="listBox_Future"
      HorizontalAlignment="Center" >
58                  <ListBox.ItemsPanel>
59                      <ItemsPanelTemplate>
60                          <StackPanel Orientation="Horizontal"/>
61                      </ItemsPanelTemplate>
62                  </ListBox.ItemsPanel>
63                  <ListBox.ItemTemplate>
64                      <DataTemplate>
65                          <Border Background="LightGray"
      CornerRadius="10">
66                              <StackPanel HorizontalAlignment="Center">
67                                  <Label x:Name="lbl_FutureDate"
      Content="{Binding Path=Date}"/>
68                                  <Label x:Name="lbl_FutureTemperatur"
      Content="{Binding Path=Temperature}"/>
69                                  <Label x:Name="lbl_FutureWeather"
      Content= "{Binding Path=Weather}"/>
70                                  <Label x:Name="lbl_FutureDirect"
      Content= "{Binding Path=Direct}"/>
71                              </StackPanel>
72                          </Border>
73                      </DataTemplate>
74                  </ListBox.ItemTemplate>
75              </ListBox>
76          </Grid>
77      </Grid>
78  </Window>
```

在上述的代码中首先将整个界面分为 5 行，每行分别安排不同的内容进行填充。第一行显示用户输入城市名所需要的 TextBox 控件和按钮控件；第二行和第四行则为信息提示行；第三行则分为 4 列，分别用于显示当前的温度、湿度、空气质量、风速风向等当前实时天气的信息；第五行则使用 ListBox 控件，显示未来 5 天的天气情况。在 ListBox 中，使用了数据模板对数据进行组织。

后台 CS 代码如代码 16.33 所示。

代码 16.33　案例 15：天气预报案例后台 CS 示例代码

```
01  private void button1_Click(object sender, RoutedEventArgs e)
02      {
03          var result = GetWeather();
04          DataContext = result.Result.RealTime;
05          listBox_Future.ItemsSource = result.Result.Future;
06          image_Info.Source = new BitmapImage(new Uri($"/images/
      {result.Result.RealTime.Wid}.gif",UriKind.Relative));
07      }
08       public WeatherResult GetWeather()
09       {
10          var city = this.txt_City.Text.Trim();
```

```
11              string key = "这里放置注册后的个人 key 值";
12              string url = @"http://apis.juhe.cn/simpleWeather/query?city
   ="+city+"&key="+key;
13              HttpWebRequest webRequest = HttpWebRequest.Create(url) as
   HttpWebRequest;
14              webRequest.Method = "GET";
15              webRequest.ContentType = "text/html";
16              using(StreamReader sr = new StreamReader(webRequest.
   GetResponse().GetResponseStream()))
17              {
18                  string str = sr.ReadToEnd();
19                  var result = JsonConvert.DeserializeObject<WeatherResult>
   (str);
20                  return result;
21              }
22          }
```

　　在上述后台代码的按钮单击事件处理函数中，首先调用 GetWeather()方法去访问 API 完成服务器数据的访问；接着将获取到的天气数据赋值到 DataContext 属性中向前端控件提供基本数据；然后向 ListBox 的 ItemsSource 进行赋值，为其提供数据源；最后根据当前天气数据中的 Wid 值完成从图片库中选择图片并加载。

　　上述案例中所使用的天气图标可以从 http://www.webxml.com.cn/images/weather.zip 下载，从而实现其他丰富功能，如未来天气预报等。

16.7　小结

　　（1）WPF 是微软新一代图形系统，运行在.NET Framework 3.0 及以上版本中，为用户界面、二维/三维图形、文档和媒体提供了统一的描述和操作方法。

　　（2）XAML 是一种声明性标记语言，简化了为.NET Framework 应用程序创建 UI 的过程。开发人员可以在声明性 XAML 标记中创建可见的 UI 元素，然后使用代码隐藏文件，将 UI 定义与运行时逻辑相分离。

　　（3）WPF 应用程序需要一个 Application 来统领一些全局的行为和操作。WPF 应用程序实例化 Application 对象之后，Application 对象的状态会在一定段时间内频繁变化。

　　（4）在 WPF 程序中，那些能够展示数据、响应用户操作的 UI 元素，称为控件。控件所展示的数据称为控件的数据内容，控件在响应用户的操作之后会执行自己的一些方法或以事件的方式通知应用程序，称为控件的行为。

　　（5）WPF 常用的布局控件有 Grid、StackPanel、Canvas、DockPanel、WrapPanel 等，均继承自 Panel 抽象类。

　　（6）数据绑定也称为数据关联，就是在应用程序 UI 与业务逻辑之间建立连接的过程。如果绑定具有正确设置，并且数据提供正确通知，则当数据更改其值时，绑定到数据的元素会自动反映更改。

　　（7）资源是可以在应用程序中的不同位置重复使用的对象。WPF 支持不同类型的资源。这些资源主要分为两种类型的资源：XAML 资源和资源数据文件。

（8）样式可以理解为元素属性集合，与 Web 中的 CSS 类似。WPF 可以指定具体的元素类型，并且 WPF 样式还支持触发器，即当一个属性发生变化时，触发器中的样式才会被应用。

（9）屏幕上可见的所有内容都可见，因为它是由画刷绘制的。借助画刷，可以利用任意内容绘制用户界面对象。

（10）Shape 是一种允许在屏幕中绘制形状的界面元素，可以在面板和大多数控件中使用。Shape 对象具有一些共同的属性。

（11）在 WPF 中，命令是实现共享动作的一种手段。在应用程序中，这些动作可以被分组并且可以以几种不同的方式触发。在大多数 WPF 应用程序中，大量的经常需要的功能可以通过窗口中的具有快捷键的菜单项、按钮、各种控件或应用程序逻辑在任意位置使用。这些项目中的每一个都可以与可执行逻辑相关联，以执行这些通常的操作。为了减少冗余，WPF 为开发人员提供了命令。

（12）WPF 中的命令模型可分解为 4 个主要概念：命令、命令源、命令目标和命令绑定。

16.8　练习

（1）WPF 由哪两部分组成？
（2）什么是 WPF？
（3）简述 WPF 中 Binding 的作用及实现语法。
（4）什么是依赖属性？它和以前的属性有什么不同？为什么在 WPF 会使用它？
（5）WPF 中支持哪几种路由事件？
（6）写出创建一个 3 行 2 列的网格效果的 XAML 代码。

综合案例篇

本篇为综合案例篇，选择超市收银系统作为本书的综合案例。超市收银系统是电子收款机系统。通过计算机化的方法来处理销售和支付事务，并记录销售信息。之所以选择该系统为综合案例，是因为该系统是日常生活当中经常接触到的系统之一。本篇从需求分析开始，详细介绍了总体设计、数据库设计、项目开发架构、主要类设计以及系统主要模块的设计与开发等系统开发各环节所涉及的技术与知识。

第 17 章 综合案例——超市收银系统

CHAPTER 17

17.1 需求分析

超市收银系统是电子收款机系统。通过计算机化的方法来处理销售和支付，记录销售信息。该系统包括计算机、条码扫描仪、现金抽屉等硬件，已经是系统运转的软件，可为不同服务的应用程序提供接口。

超市收银系统的问题描述如下：

- 收银员可以记录销售商品信息，系统计算总价。
- 收银员能够通过系统处理支付业务，包括现金支付、信用卡支付和第三方平台支付。
- 管理人员能处理超控操作。
- 系统要求具有一定的容错性，即如果远程服务（如库存系统）暂时中断，系统必须仍然能够获取销售信息，并且至少能够处理现金付款。
- 系统需要一种机制，提供灵活处理不同客户独特的业务逻辑规则和定制能力。

17.2 总体设计

17.2.1 系统目标

本系统属于中小型的数据库信息管理系统，可以对超市的收银工作进行有效管理。通过本系统可以达到以下目标：

- 灵活地运用客户端界面方便快捷地录入数据；
- 系统采用人机交互方式，界面美观友好，信息检查灵活、方便，数据存储安全、可靠；
- 具有对收银情况进行分析与统计的能力；
- 支持多种类型的查询；
- 系统对用户输入的数据进行严格的数据检验，尽可能地排除人为错误；
- 系统最大限度地实现了易安装、易维护和易操作等特性。

17.2.2 构建开发环境

- 系统开发平台：Microsoft Visual Studio 2022。
- 系统开发语言：C#。

- 数据库管理软件：MySQL。
- 操作系统：Windows 10。
- 运行环境：Microsoft .NET 6。

17.2.3 系统功能结构

超市收银系统是一个典型的数据库开发应用程序，主要由处理销售、处理支付、处理超控操作等模块组成，具体规划如图 17.1 所示。

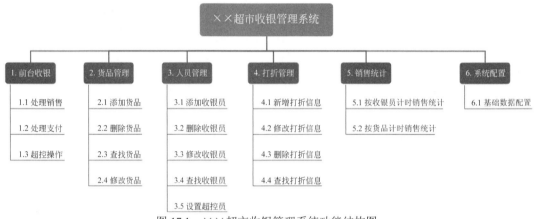

图 17.1　××超市收银管理系统功能结构图

从图 17.1 中可以看出，本系统主要分为前台收银、货品管理、人员管理、打折管理、销售统计以及系统配置几个业务。其中前台收银主要包括处理销售、处理支付和超控操作3 个模块；货品管理主要是对货品进行增、删、改、查的操作；人员管理除了有对收银员的增、删、改、查等常规操作以外，还有一个设置超控员的功能；打折管理是对打折信息进行的增、删、改、查；销售统计主要有按收银员计时销售统计和按货品计时销售统计两个简单的统计；系统配置主要是完成系统的基础数据配置等操作。

17.2.4 主要业务流程图

1. 前台收银业务流程图

前台收银业务的流程图如图 17.2 所示。收银员在登录本系统之后，选择进入收银界面。

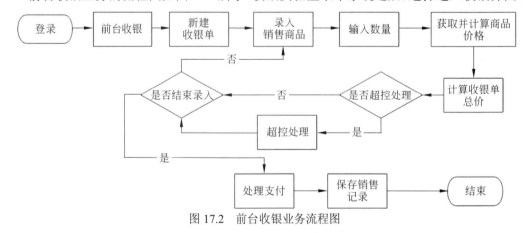

图 17.2　前台收银业务流程图

在录入第一个货品时，将新建一个收银单，获取录入的货品的单价。货品的价格有正价和打折价两种。因此在获取货品单价时则需要对货品的价格信息进行读取，再根据当前货品的数量计算出货品的价格，并计算出当前收银单的总价和优惠金额。接着录入本单的下一货品，重复上述操作。如果录入完成，则进入处理支付。支付成功后，将本单的所有信息存入数据库中。

2. 货品管理业务流程图

货品管理业务的流程如图17.3所示。本业务需要超控员首先完成登录操作。登录成功后，超控员可通过录入货品完成货品的新增功能。在新增时，如果货品不存在，则新增成功；否则被视为修改当前货品的数量。超控员可选择本页面列出的已有货品，完成对所选货品进行的修改或删除操作。

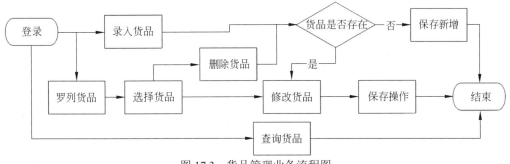

图17.3 货品管理业务流程图

3. 人员管理业务流程图

人员管理业务的流程如图17.4所示。本业务需要超控员首先完成登录操作。登录成功后，超控员可完成对收银员的新增、修改和删除操作。此外，还可以选择列出的人员列表中的某一个人员成为超控员。

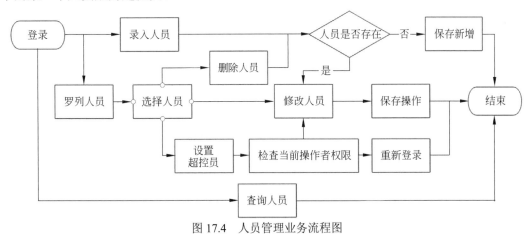

图17.4 人员管理业务流程图

4. 打折管理业务流程图

打折管理业务的流程如图17.5所示。在录入打折信息时，首先需要选择货品，录入打折的类型和相应的打折比例或是打折价，再录入打折的生效时间。在保存打折信息时，则需要对当前的打折信息进行检验，看是否与现有打折信息发生冲突。如果没有冲突，则保存打折信息。本业务也可以完成对打折信息的修改和删除操作。

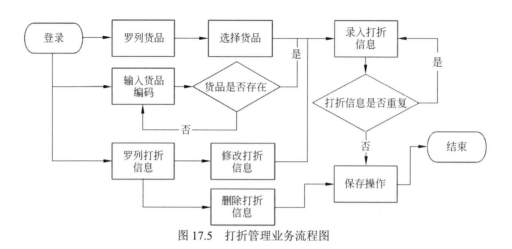

图 17.5　打折管理业务流程图

17.3　数据库设计

在使用任何数据库之前，都必须设计好数据库，包括将要存储的数据的类型、数据之间的相互关系以及数据的组织形式。数据库设计是对于一个指定的应用环境构造最优的数据库模式，建立数据库及其相应数据，直至能够有效存储数据。为了合理地组织和高效率地存取数据，目前最好的方式就是建立数据库系统。因此在系统的总体设计阶段，数据库的建立与设计是一项十分重要的内容。

17.3.1　概念结构设计

概念结构设计就是将通过需求分析得到的用户需求抽象为概念结构，或称为概念模型。描述概念模型的有力工具是 E-R 模型。E-R 模型由三大要素组成，分别是实体、属性和联系。根据本系统的需求描述，可以分析出如下的 E-R 模型。

本系统的主要功能之一就是处理销售。销售过程中，需要记录的一个实体则是收银机实体。根据分析，本系统需要保存收银机编码和收银机状态这两个信息。收银机实体 E-R 图如图 17.6 所示。

本系统在处理销售过程中，除了收银机实体参与过程以外，还需要有收银员或是超控员参与。这两种实体只是在权限部分有所区别，因此将这两种实体合并，设计为人员实体。通过分析，人员实体由人员编号、人员姓名、密码、人员类型和人员状态组成。人员实体的 E-R 图如图 17.7 所示。

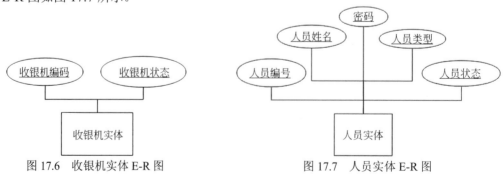

图 17.6　收银机实体 E-R 图　　　　　图 17.7　人员实体 E-R 图

货品信息是本系统的最基本的实体。除了需要对货品信息进行价格方面的设定以外，还需要对库存数量进行管理。因此货品信息实体包含货品编码、货品名称、货品库存、计量单位、货品状态和货品价格等信息。货品信息实体的 E-R 图如图 17.8 所示。

对商品进行打折销售是超市的常规操作。商品的打折信息具有一定的时效性，并且打折的方式多种多样。本系统仅支持按比例打折和价格直接打折两种模式。因此打折信息实体包含折扣比例或价格、打折类型、打折状态、开始时间和结束时间等信息。打折信息实体的 E-R 图如图 17.9 所示。

图 17.8　货品信息实体 E-R 图　　　　图 17.9　打折信息实体 E-R 图

通过本系统完成收银操作，首先需要创建一个收银单。收银单代表的是一笔收银过程的票据，其中包含流水号、客户支付金额、找零金额、实付金额、总金额、优惠金额、状态和日期时间等信息。收银单实体的 E-R 图如图 17.10 所示。

本系统中，一个收银单中会包含若干收银项。一个收银项将会记录所购买的商品的数量、正常价格、折扣价格和应付价格。收银项实体的 E-R 图如图 17.11 所示。

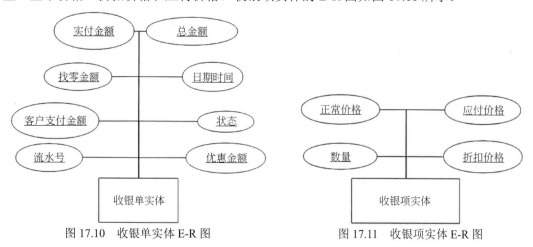

图 17.10　收银单实体 E-R 图　　　　图 17.11　收银项实体 E-R 图

本系统中还有很多信息实体，由于篇幅原因，这里不再一一介绍，详情请参见本书配套资源中的数据库。

17.3.2　数据库表结构

根据设计好的 E-R 图在数据库中创建数据表，下面给出比较重要的数据表结构，其他数据表结构可参见本书配套资源。图 17.12 是本系统数据库表结构总览图。本系统一共有 7

张表，分别为 db_casher、db_discountpriceinfo、db_saleinfo、db_cashmachineinfo、db_normalpriceinfo、db_productinfo、db_saledetailinfo。下面对上述 7 张表的表结构进行详细说明。

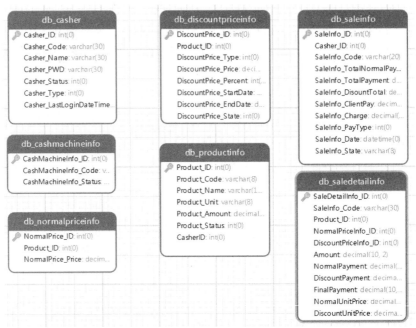

图 17.12　数据库表结构总览图

1. db_casher（人员表）

db_casher 表结构如表 17.1 所示。

表 17.1　db_casher 表结构

字　段　名	数　据　类　型	注　　释
Casher_ID	int	主键，自增
Casher_Code	varchar(30)	自编码
Casher_Name	varchar(30)	人员姓名
Casher_PWD	varchar(30)	登录密码
Casher_Status	int	人员在线状态
Casher_Type	int	人员类型
Casher_LastLoginDateTime	DateTime	最后登录系统时间

2. db_discountpriceinfo（折扣信息表）

db_discountpriceinfo 表结构如表 17.2 所示。

表 17.2　db_discountpriceinfo 表结构

字　段　名	数　据　类　型	注　　释
DiscountPrice_ID	int	主键，自增
DiscountPrice_Type	int	打折类型
DiscountPrice_Price	decimal	打折价格
DiscountPrice_Percent	int	打折比例

续表

字 段 名	数 据 类 型	注 释
DiscountPrice_StartDate	DateTime	打折开始时间
DiscountPrice_EndDate	DateTime	打折结束时间
DiscountPrice_Status	int	打折信息状态
ProductInfo_ID	int	外键，db_productinfo 表主键

3. db_saleinfo（收银单表）

db_saleinfo 表结构如表 17.3 所示。

表 17.3 db_saleinfo 表结构

字 段 名	数 据 类 型	注 释
SaleInfo_ID	int	主键，自增
SaleInfo_Code	varchar(30)	收银单流水号，唯一
SaleInfo_TotalNormalPayment	decimal	收银单应付原价
SaleInfo_TotalPayment	decimal	收银单应付价格
SaleInfo_DiscountTotal	decimal	收银单总计优惠价格
SaleInfo_ClientPay	decimal	用户支付金额
SaleInfo_Charge	decimal	找零金额
SaleInfo_PayType	int	支付类型
SaleInfo_Date	DateTime	收银单交易时间
SaleInfo_Status	varchar(30)	收银单状态
Casher_ID	int	外键，db_casher 表主键

4. db_cashmachineinfo

db_cashmachineinfo 表结构如表 17.4 所示。

表 17.4 db_cashmachineinfo 表结构

字 段 名	数 据 类 型	注 释
CashMachineInfo_ID	int	主键，自增
CashMachineInfo_Code	varchar(30)	收银机号
CashMachineInfo_Status	int	收银机状态

5. db_normalpriceinfo

db_normalpriceinfo 表结构如表 17.5 所示。

表 17.5 db_normalpriceinfo 表结构

字 段 名	数 据 类 型	注 释
NormalPrice_ID	int	主键，自增
NormalPrice_Price	decimal	货品原价
ProductInfo_ID	int	外键，db_productinfo 表主键

6. db_productinfo

db_productinfo 表结构如表 17.6 所示。

表 17.6　db_productinfo 表结构

字 段 名	数 据 类 型	注 释
Product_ID	int	主键，自增
Product_Code	varchar(30)	商品自编码
Product_Name	varchar(30)	商品名称
Product_Unit	varchar(10)	商品单位
Product_Amount	decimal	商品库存量
Product_Status	int	商品状态
Casher_ID	int	外键，db_casher 表主键

7. db_saledetailinfo

db_saledetailinfo 表结构如表 17.7 所示。

表 17.7　db_saledetailinfo 表结构

字 段 名	数 据 类 型	注 释
SaleDetailInfo_ID	int	主键，自增
SaleInfo_Code	varchar(30)	外键，收银单流水号
Product_ID	int	外键，db_productinfo 表主键
NormalPriceInfo_ID	int	外键，db_normalpriceinfo 表主键
DiscountPriceInfo_ID	int	外键，db_discountpriceinfo 表主键
Amount	decimal	收银项数量
NormalPayment	decimal	原价小计金额
DiscountPayment	decimal	优惠小计金额
FinalPayment	decimal	最终支付金额

17.4　项目开发架构

17.4.1　三层架构

三层架构主要是指将业务应用规划中的表示层 UI、数据访问层 DAL 以及业务逻辑层 BLL，其分层的核心任务是"高内聚、低耦合"的实现。在整个软件架构中，分层结构是常见和普通的软件结构框架，同时也具有非常重要的地位和意义。这种三层架构可以在软件开发的过程中，划分技术人员和开发人员的具体开发工作，重视核心业务系统的分析、设计以及开发，提高信息系统开发质量和开发效率，进而为信息系统日后的更新与维护提供很大的方便。

三层架构的体系结构：表示层和业务逻辑层之间用对象模型的实体类对象来传递数据，业务逻辑层和数据访问层之间用对象模型的实体类对象来传递数据，数据访问层通过.NET 提供的 ADO.NET 组件来操作数据库，或者利用 SQL Server 数据库服务器的存储过程来完成数据操作。三层架构的体系结构示意图如图 17.13 所示。

表示层又称表现层（UI），位于三层构架的最上层，与用户直接接触。表示层的主要功能是实现系统数据的传入与输出，在此过程中不需要借助逻辑判断操作就可以将数据传送到业务逻辑层（BLL）中进行数据处理，处理后会将处理结果反馈到表示层中。

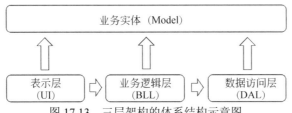

图 17.13 三层架构的体系结构示意图

业务逻辑层（BLL）的功能是对具体问题进行逻辑判断与执行操作，在接收到表示层的用户指令后，会连接数据访问层（DAL）。BLL 在三层构架中位于表示层与数据层的中间位置，同时也是表示层与 DAL 的桥梁，实现三层之间的数据连接和指令传达，可以对接收数据进行逻辑处理，实现数据的修改、获取、删除等功能，并将处理结果反馈到表示层 UI 中，实现软件功能。

数据访问层（DAL）是数据库的主要操控系统，实现数据的增加、删除、修改、查询等操作，并将操作结果反馈到业务逻辑层。在实际运行的过程中，数据访问层没有逻辑判断能力，为了实现代码编写的严谨性，提高代码可读性，一般软件开发人员会在该层中编写通用的数据访问类，以保证数据访问层的数据处理功能。

业务实体类是数据库表的映射对象，在信息系统软件实际开发的过程中，要建立对象实例，将关系数据库表采用对象实体化的方式表现出来，辅助软件开发中对各个系统功能的控制与操作执行，并利用 GET 与 SET 把数据库表中的所有字段映射为系统对象，建立实体类库，进而实现各个结构层的参数传输，提高代码的阅读性。从本质上看，实体类库主要服务于表示层、业务逻辑层以及数据访问层，在三层之间进行数据传输，强化数据表示的简洁性。

这种分层体系结构具有以下 4 个优点：

（1）避免了表示层直接访问数据访问层，表示层只和业务逻辑层有联系，提高了数据安全性。

（2）有利于系统的分散开发，每一层可以由不同的人员来开发，只要遵循接口标准，利用相同的对象模型实体类就可以了，这样就可以大大提高系统的开发速度。

（3）方便系统的移植。如果要把一个 C/S 的系统变成 B/S 系统，只要修改三层架构的表示层就可以了，业务逻辑层和数据访问层几乎不用修改就可以轻松地将系统移植到网络上。

（4）项目结构更清楚，分工更明确，有利于后期的维护和升级。

17.4.2 MVVM 框架

MVVM 框架，顾名思义即 Model-View-ViewModel 框架。它萌芽于 2005 年微软推出的基于 Windows 的用户界面框架 WPF，前端最早的 MVVM 框架 knockout 在 2010 年发布。借助 MVVM 框架，开发者只需完成包含声明绑定的视图模板，编写 ViewModel 中业务数据变更逻辑，View 层则完全实现了自动化。这将极大地降低前端应用的操作复杂度，极大地提升应用的开发效率。MVVM 最标志性的特性就是数据绑定，MVVM 的核心理念就是通过声明式的数据绑定来实现 View 层和其他层的分离。

MVVM 的本质还是一种分层架构，其分层思想如下：

- Model 层——与三层构架中的业务实体类相对应，用于持久化，主要用于抽象出 ViewModel 中视图的 Model；
- View 层——作为视图模板存在，具体到本项目则为前端的 XAML 页面。在 MVVM 里，整个 View 是一个动态模板。除了定义结构、布局外，它展示的是 ViewModel 层的数据和状态。View 层不负责处理状态，View 层完成的是数据绑定的声明、指令的声明、事件绑定的声明。
- ViewModel 层——作为视图的模型，为视图服务。把 View 需要的层数据暴露出来，并对 View 层的数据绑定声明、指令声明、事件绑定声明负责，也就是处理 View 层的具体业务逻辑。ViewModel 底层会做好绑定属性的监听。当 ViewModel 中数据变化，View 层会得到更新；而当 View 中声明了数据的双向绑定（通常是表单元素）后，框架也会监听 View 层(表单)值的变化。一旦值变化，View 层绑定的 ViewModel 中的数据也会得到自动更新。

MVVM 的体系结构图如图 17.14 所示。

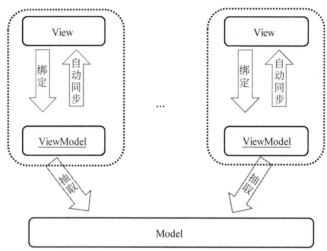

图 17.14　MVVM 的体系结构图

如图 17.14 所示，在 MVVM 框架中，往往没有清晰、独立的 Model 层。在实际业务开发中，通常按规范来进行组件化的开发。因此 Model 层往往分散在一个或几个组件的 ViewModel 层，而 ViewModel 层也会引入一些 View 层相关的中间状态，目的就是为了更好地为 View 层服务。开发者在 View 层的视图模板中声明数据绑定或事件绑定后，在 ViewModel 中进行业务逻辑的数据处理。事件触发后，ViewModel 中数据变更，View 层自动更新。因为 MVVM 框架的引入，开发者只需关注业务逻辑、完成数据抽象、聚焦数据，MVVM 的视图引擎会自动反馈至 View。因为数据驱动，一切变得更加简单。

17.5　类设计

17.5.1　业务实体类设计

在进行业务实体类的设计时，对需求分析所得的每个业务实体进行类的封装。由于本次系统的前端开发采用 MVVM 模式,因此为发挥该模式的双向数据绑定的优势,在业务实体类设计的时候为所有实体类创建一个名为 NotifyPropertyBase 的基类。该类实现了 INotifyPropertyChanged 和 ICloneable 接口。业务实体类的关系图如图 17.15 所示。

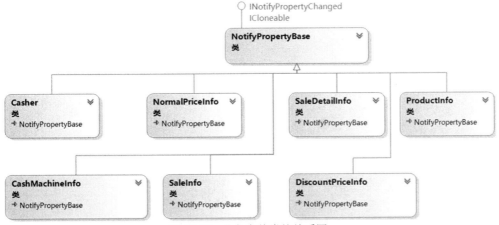

图 17.15 业务实体类的关系图

从图 17.15 中可以看出,NotifyPropertyBase 基类主要负责完成数据变化时的通知机制,如代码 17.1 所示。

代码 17.1 NotifyPropertyBase 类代码

```
01    public class NotifyPropertyBase : INotifyPropertyChanged, ICloneable
02    {
03      public event PropertyChangedEventHandler PropertyChanged;
04      public object Clone()
05      {
06          return this.MemberwiseClone();
07      }
08      public void RaisePropertyChanged([CallerMemberName] string propName
    = "")
09      {
10          PropertyChanged?.Invoke(this, new PropertyChangedEventArgs
    (propName));
11      }
12      public void Set<T>(ref T field, T value, [CallerMemberName] string
    propName = "")
13      {
14          if (EqualityComparer<T>.Default.Equals(field, value))
15            return;
16          field = value;
17          RaisePropertyChanged(propName);
18      }
19    }
```

在 NotifyPropertyBase 类中,除了声明事件 PropertyChanged 以外,还给出了 Clone() 方法的实现体,从而让所有派生类都可以进行浅拷贝操作。

代码 17.2 为 Casher 类的实现代码片段。该类继承自 NotifyPropertyBase 类,因此可以直接将该类中的属性绑定到前端 XAML 代码中，完成数据绑定。由于本项目采用了 FreeSql 对象映射工具，因此在所有的业务实体的实现代码中都采用了注解的方式，指定当前业务实体所对应的数据库表的名称，以及每个属性所对应的表中字段的名称及数据类型。

代码 17.2　Casher 类实现代码片段

```
01    [Table(Name = "db_Casher")]
02      public class Casher : NotifyPropertyBase
03      {
04          private string casher_PWD;
05          private string casher_Code;
06          private string casher_Name;
07          private int casher_Type;
08          private int casher_Status;
09          [Column(DbType = "int", IsPrimary = true, IsIdentity = true, Name
   = "Casher_ID")]
10          public int ID { get; set; }
11          [Column(DbType = "varchar(30)")]
12          public string Casher_Code { get => casher_Code; set { casher_Code
   = value; this.RaisePropertyChanged(); } }
13          [Column(DbType = "varchar(30)")]
14          public string Casher_Name { get => casher_Name; set { casher_Name
   = value; this.RaisePropertyChanged(); } }
15          [Column(DbType = "varchar(30)")]
16          public string Casher_PWD { get => casher_PWD; set { casher_PWD =
   value; this.RaisePropertyChanged(); } }
17          [Column(DbType = "int")]
18          public int Casher_Status { get => casher_Status; set { casher_Status
   = value; this.RaisePropertyChanged(); } }
19          [Column(DbType = "int")]
20          public int Casher_Type { get => casher_Type; set { casher_Type =
   value; this.RaisePropertyChanged(); } }
21          [Column(DbType = "datetime")]
22          public DateTime Casher_LastLoginDateTime { get; set; }
23          [Column(IsIgnore = true)]
24          public int Casher_SaleAccountPerDay { get; set; } = 0;
25      }
```

由于篇幅限制，这里不再一一列出所有的业务实体类的具体实现代码。请参见本书配套资源中的项目源代码。

17.5.2　数据访问层类设计

数据访问层主要负责与数据库进行连接、数据通信等。在设计数据访问层类时，可以分析出，项目代码与数据库通信的代码存在一致性。因此可以将这些代码封装在一个基类中，并在基类中规定好派生类需要给出的对于数据库进行的增、删、改、查等常规操作的方法签名。因此在数据访问层设计时，首先设计了一个 IService<T>接口。在接口之下由基类 BaseService<T>完成在接口中所给出的常规操作方法的泛型实现。BaseService<T>类的派生类则为若干个业务实体类所对应的数据访问层服务类。整个数据访问层的类结构如图 17.16 所示。

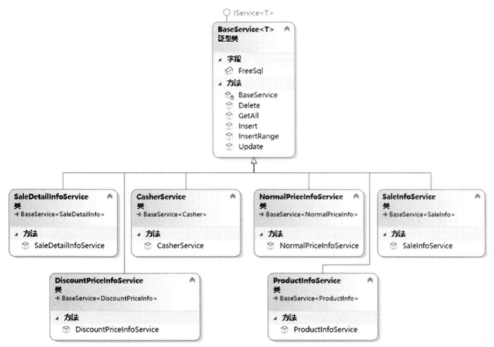

图 17.16　数据访问层的类结构图

IService<T>接口为一个泛型接口，因为其将服务于不同的业务实体类，故将之设计为泛型，并将泛型约束为带构造函数的引用类型。在该接口中，定义了 5 个常规的数据库操作方法：Insert（单条插入）、InsertRange（批量插入）、Delete（删除）、Update（修改）和 GetAll（获取全部）方法。IService<T>接口的详细代码如代码 17.3 所示。

代码 17.3　IService<T>接口代码

```
01    public interface IService<T> where T: class, new()
02    {
03        void Insert(T item);
04        void InsertRange(List<T> items);
05        void Delete(T item);
06        void Update(T item);
07        List<T> GetAll();
08    }
```

BaseService<T>泛型类的作用是给出 IService<T>接口中所声明的若干方法的实现体。由于这些方法所对应的均为不同的业务实体，因此该类也必须为泛型类。不同业务实体虽然类型不同，但是对于上述常规的数据库操作是一致的，因此可以组织在一个基类中。BaseService<T>泛型类的具体实现如代码 17.4 所示。

代码 17.4　BaseService<T>泛型类代码

```
01    public class BaseService<T> : IService<T> where T : class, new()
02    {
03        public static IFreeSql FreeSql;
04        static BaseService()
05        {
06            FreeSql = FreeSqlDAL.GetFreeSqlDAL();
```

```
07            }
08        public void Delete(T item)
09        {
10            var t1 = FreeSql.Delete<T>(item).ExecuteAffrows();
11        }
12        public List<T> GetAll()
13        {
14            return FreeSql.Select<T>().ToList();
15        }
16        public void Insert(T item)
17        {
18            var t1 = FreeSql.Insert(item).ExecuteAffrows();
19        }
20        public void InsertRange(List<T> items)
21        {
22            var t1 = FreeSql.Insert(items).ExecuteAffrows();
23        }
24        public void Update(T item)
25        {
26            FreeSql.Update<T>().SetSource(item).ExecuteAffrows();
27        }
28    }
```

在该类的静态构造函数中，通过 FreeSqlDAL.GetFreeSqlDAL()代码创建一个 IFreeSql 对象。该对象是对象映射工具类 FreeSql 的对象。FreeSql 是功能强大的 .NET 对象关系映射（Object Relation Mapping, ORM）组件。其可以工作在.NET Framework 4.0+、.NET Core 2.1+、Xamarin 等支持.NET Standard 的所有平台上。同时，FreeSql 还支持多种数据库。使用 FreeSql 可以大大提高与数据库操作的效率，减少代码出错率。FreeSqlDAL 是我们自定义的一个类，用于封装创建 IFreeSql 对象的相关实现代码。FreeSqlDAL 类的代码如代码 17.5 所示。

代码 17.5 FreeSqlDAL 类代码

```
01    public class FreeSqlDAL
02    {
03        private static IFreeSql Fsql { get; set; }
04        public static IFreeSql GetFreeSqlDAL()
05        {
06            Fsql = new FreeSql.FreeSqlBuilder()
07            .UseConnectionString(FreeSql.DataType.MySql, @"Server= localhost;
    Database=db_cashsys;Uid=root;Pwd=******;")
08            .UseAutoSyncStructure(true)
09            .Build();
10            Fsql.CodeFirst.IsAutoSyncStructure = true;
11            return Fsql;
12        }
13    }
```

在FreeSqlDAL类的代码的GetFreeSqlDAL()方法中，开发人员可以通过UseConnectionString()方法完成当前系统所连接的数据库类型设置，也可以给出对应的连接字符串，指定所要连接的数据库名和相应的登录用户名及密码。其中语句"Fsql.CodeFirst.IsAutoSyncStructure =

true;" 的作用是将 FreeSql 设置为代码优先模式，即可以根据业务实体类的代码完成对数据库表结构的更新。

通过使用 FreeSql 工具，在 BaseService<T>泛型类的实现代码中，就可以直接调用 FreeSql 提供的 Select、Delete、Update、Insert 等方法完成对指定数据库的增、删、改、查工作。

在 BaseService<T>泛型类的派生类中，已经自动拥有了操作数据库的相关方法的实现。如果没有额外的功能需求，则可以像代码 17.6 那样，直接给出一个默认构造函数即可。其他的若干派生类的实现代码与代码 17.6 非常类似，此处不再赘述。

代码 17.6　CasherService 类实现代码

```
01    public class CasherService : BaseService<Casher>
02    {
03        public CasherService()
04        {
05        }
06    }
```

17.5.3　业务逻辑层类设计

业务逻辑层起到架起表示层和数据访问层之间的桥梁的作用。用户通过表示层发起一些请求。但这些请求是否合理，该如何向数据访问层发起命令，则是业务逻辑层需要完成的事情。因此业务逻辑层就是类似指挥官的角色。

在本系统中，为每个业务实体都设计了一个对应的业务逻辑类，以 BLL 作为类名的后缀。图 17.17 则为业务逻辑层类结构图。可以看出，业务逻辑类中基本为方法的定义。这些方法主要对应的是表示层所提供给用户的功能。该层中类的具体实现将在介绍功能时进一步详细介绍。

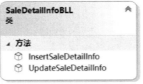

图 17.17　业务逻辑层类结构图

17.5.4　表示层 View 类设计

表示层是用户与系统进行交互的第一道关卡。系统提供的每个功能，都需要通过表示层展示出来。因此表示层实质上是对业务实体类的一个再组合的过程,因为一个页面可能对应多个业务实体类及其对应的业务逻辑类。图 17.18 为表示层的界面类设计汇总图。从图 17.18 中可以看到,整个系统包括登录功能、销售功能、货品管理功能、折扣管理功能等。每个功能都有着自己的窗体或视图。同样,我们将在功能介绍中对每个窗体和视图的具体实现进行讲解。

图 17.18　表示层的界面类设计汇总图

17.5.5　表示层 ViewModel 类设计

在 MVVM 模式中,为每个 View 类设置一个对应的 ViewModel 类作为其后台处理类,可以产生比 Model 类更灵活的效果。因此 Model 类还担负着与数据访问类相关联的任务,因此要想将 Model 类与 View 类进行对接,则势必两头不能兼顾。为每个 View 设置一个对应的 ViewModel 类,就可以解决这个问题。ViewModel 类成为了 Model 类与 View 类之间的桥梁,可以灵活地根据 View 中的需要调整该页面所需要的属性等。图 17.19 为表示层 ViewModel 类设计的汇总图。

图 17.19　表示层 ViewModel 类设计汇总图

17.6　系统主要模块开发与实现

根据如图 17.1 所示的系统功能结构图，整个系统主要分为登录模块、导航模块、收银模块、货品管理模块、销售统计模块、打折管理模块、人员管理模块。本节将对这些模块进行详细描述。

17.6.1　登录模块

登录模块主要完成的是对已有用户进行身份验证的过程。本模块要求用户输入人员编号以及对应的密码进行身份确认。登录界面设计如图 17.20 所示。

图 17.20　系统登录界面

根据如图 17.20 所示的界面设计，可以给出如代码 17.7 所示的前端界面的代码片段。

代码 17.7　登录界面 LoginWindow.xaml 代码片段

```
01  <Window x:Class="CashSys.View.LoginWindow"…
02      Title="LoginPage" Foreground="Black" x:Name="loginWindow">
03    <Grid>
04      <Grid.RowDefinitions>…</Grid.RowDefinitions>
05      <StackPanel Orientation="Horizontal" Grid.Row="0" VerticalAlignment=
  "Center" HorizontalAlignment="Center">
06        <TextBlock Text="{x:Static global:GlobalValues.SystemName}"
  VerticalAlignment="Center" HorizontalAlignment="Center" FontSize="40"/>
07      </StackPanel>
08      <Grid Grid.Row="1">
09        <TextBlock Text="工号:" Grid.Column="0" HorizontalAlignment=
  "Right" VerticalAlignment="Center" FontSize="20"/>
10        <TextBox x:Name="tb_CasherCode" Height="50" Width="250"
  HorizontalAlignment="Left" Text="{Binding Casher.Casher_Code,
  UpdateSourceTrigger=PropertyChanged}"/>
11      </Grid>
12      <Grid Grid.Row="2">
13        <TextBlock Text="密码:" Grid.Column="0" HorizontalAlignment=
  "Right" VerticalAlignment="Center" FontSize="20"/>
14        <TextBox x:Name="tb_CasherPWD" Grid.Column="1" Height="50"
  Width="250" HorizontalAlignment="Left"
15              Text="{Binding Casher.Casher_PWD, UpdateSourceTrigger
  = PropertyChanged}"/>
```

```
16          </Grid>
17          <Grid Grid.Row="3">
18              <TextBlock Foreground="Red"  HorizontalAlignment="Center"
    TextWrapping="Wrap" LineHeight="22" Text="{Binding ErrorMessage}"/>
19          </Grid>
20          <Grid Grid.Row="4">
21              <Button Content="确定" Grid.Column="0"  Command="{Binding
    LoginCommand}" CommandParameter="{Binding ElementName=loginWindow}" />
22              <Button Content="取消" Grid.Column="1"  Command="{Binding
    CancelCommand}" CommandParameter="{Binding ElementName=loginWindow}"/>
23          </Grid>
24      </Grid>
25  </Window>
```

在上述代码中，使用 Grid 对整体进行布局。在第 6 行中，使用表达式 "{x:Static global:GlobalValues.SystemName}" 实现对静态类 GlobalValues 的 SystemName 静态字段的引用。该类为保存系统的基础配置的类，其中的字段均为静态字段，以方便引用。在第 10 行完成人员编号输入时，对 TextBox 控件的 Text 属性进行数据绑定，与其对应的 LoginViewModel 类的 Casher 属性的 Casher_Code 属性进行绑定，并将其数据更新模式设置为属性值变化时生效。而在"确定"按钮和"取消"按钮上，分别绑定了 LoginViewModel 类的 LoginCommand 属性和 CancelCommand 属性。LoginViewModel 类的代码片段如代码 17.8 所示。

代码 17.8　LoginViewModel 类代码片段

```
01  public class LoginViewModel:NotifyPropertyBase
02      {
03          private CasherBLL _casherBLL;
04          public CommandBase LoginCommand { get; set; }
05          public CommandBase CancleCommand { get; set; }
06          public CommandBase ResetDBCommand { get; set; }
07          private Models.Casher _casher;
08          public Models.Casher Casher{ get { return _casher; } set { _casher
    = value; this.RaisePropertyChanged(); }}
09          private string _errorMessage;
10          public string ErrorMessage{ get { return _errorMessage; } set
    { _errorMessage = value; this.RaisePropertyChanged(); }}
11          public LoginViewModel()
12          {
13              _casherBLL = new CasherBLL();
14              Casher = new Models.Casher() ;
15              LoginCommand = new CommandBase((o) =>{ DoLogin(o);},(o) =>
    { return true; });
16              CancleCommand = new CommandBase((o) =>{ ((Window)o).Close(); });
17          }
18          public void DoLogin(object obj)
19          {
20              ErrorMessage = "";
21              if (String.IsNullOrEmpty(Casher.Casher_Code))
22              {
```

```
23                    ErrorMessage = "工号不为空";
24                }
25                if (String.IsNullOrEmpty(Casher.Casher_PWD))
26                {
27                    ErrorMessage = "密码不为空";
28                }
29                Task.Run(new Action(async () =>
30                {
31                    await Task.Delay(0);
32                    try
33                    {
34                        var user = _casherBLL.Login(_casher.Casher_Code,
     _casher.Casher_PWD);
35                        if (user == null)
36                            throw new Exception("登录失败，用户名或密码错误");
37                        user.Casher_Status = 1;
38                        GlobalValues.CurrentCasher = user;
39                        if(user.Casher_LastLoginDateTime.Date - DateTime.Now.
     Date > new TimeSpan(1,0,0,0))
40                        {
41                            user.Casher_SaleAccountPerDay = 0;
42                        }
43                        //当前在子线程，要求主线程中的控件返回一个值给主线程
44                        Application.Current.Dispatcher.Invoke(new Action(() =>
45                        {
46                            (obj as Window).DialogResult = true;
47                        }));
48                    }
49                    catch (Exception ex)
50                    {
51                        this.ErrorMessage = ex.Message;
52                    }
53                }));
54            }
55        }
```

根据上述代码可知，当用户单击"确定"按钮时，会触发 LoginCommand 属性，进而运行 DoLogin() 方法完成登录。DoLogin() 方法中首先验证了用户输入的合法性，并利用 Task.Run() 方法完成多线程的身份判定。在该方法中，利用 CasherBLL 对象的 Login() 方法将用户输入的人员编号和密码与数据库中的数据进行比对。CasherBLL 类的 Login() 方法的实现代码如代码 17.9 所示。

代码 17.9 CasherBLL 类的 Login() 方法代码片段

```
01  public class CasherBLL
02  {
03      public ObservableCollection<Casher> GetAllCashers()
04      {
05          return new ObservableCollection<Casher>(new CasherService().
     GetAll());
```

```
06          }
07      public Casher Login(string code, string pwd, int usertype = 0)
08      {
09          var allCashers = GetAllCashers();
10          return allCashers.First(c => c.Casher_Code == code && c.Casher_PWD
    == pwd && c.Casher_Type == usertype);
11      }
12  }
```

在上述代码的第 9 行，首先调用 GetAllCashers()方法获得当前数据库中的所有人员数据。而 GetAllCashers()方法则是调用 CasherService 对象的 GetAll()方法来实现数据的获取。在获取到数据后，第 10 行利用 LINQ 语句，对用户输入的信息和数据库中的信息进行比对。如果存在符合条件的 Casher 对象，则将其返回给调用者。因此一旦判定成功，系统将进入主页面 PortalWindow。至此，登录模块介绍完毕。

17.6.2　导航模块

当用户登录之后，则可以显示主页面。主页面上主要显示了系统的名称及导航栏。用户可通过单击导航栏上的文字完成页面的跳转。图 17.21 中展示的是导航栏界面图。

图 17.21　导航栏界面图

根据上述界面图，代码 17.10 中展示了主页面 PortalWindow 类的代码片段。

代码 17.10　PortalWindow 代码片段

```
01  <Window x:Class="CashSys.View.PortalWindow"…
02      Title="主页面" Height="450" Width="800" WindowState="Maximized"
    Loaded="Window_Loaded">
03    <Grid>
04      <StackPanel VerticalAlignment="Center">
05        <TextBlock Text="XX 超市收银管理系统" Foreground="White" FontSize
    = "25" Margin="20,0,0,0"/>
06      </StackPanel>
07      <StackPanel VerticalAlignment="Bottom" Margin="0,20,0,0">
08        <DockPanel VerticalAlignment="Bottom">
09          <StackPanel Orientation="Horizontal" VerticalAlignment=
    "Bottom"  DockPanel.Dock="Left">
10            <RadioButton Content="收银"  Command="{Binding TabCommand}"
    CommandParameter="CashSys.View.MainWindow"/>
11            <RadioButton Content="进货管理" Command="{Binding TabCommand}"
    CommandParameter="CashSys.View.AddProductView"/>
12            <RadioButton Content="销售管理" Command="{Binding TabCommand}"
    CommandParameter="CashSys.View.SaleStatisticView"/>
13            <RadioButton Content="打折管理" Command="{Binding TabCommand}"
    CommandParameter="CashSys.View.DiscountInfoView"/>
14            <RadioButton Content="人员管理" Command="{Binding TabCommand}"
```

```
                CommandParameter="CashSys.View.UserManageView"/>
15            </StackPanel>
16          <ContentControl Grid.Row="1" Content="{Binding MainContent}"
    Margin= "0,10">
17          </ContentControl>
18      </Grid>
19  </Window>
```

在上述代码中，利用 RadioButton 作为导航按钮，将其与 PortalViewModel 类中的
TabCommand 进行绑定并将跳转的目标页面的完事路径作为命令参数传入后台代码。通过
后台代码向 ContentControl 控件传入目标页面。PortalViewModel 类的实现代码如代码 17.11
所示。

代码 17.11　PortalViewModel 代码片段

```
01  public class PortalViewModel:NotifyPropertyBase
02  {
03      private UIElement _mainContent;
04      public CommandBase TabCommand { get; set; }
05      public UIElement MainContent
06      {
07          get { return _mainContent; }
08          set
09          {
10              Set<UIElement>(ref _mainContent, value);
11          }
12      }
13      public PortalViewModel()
14      {
15          TabCommand = new CommandBase((o) =>
16          {
17              Type type = Type.GetType(o.ToString());
18              MainContent = (UIElement)Activator.CreateInstance(type);
19          });
20      }
21  }
```

至此，导航模块介绍完毕。

17.6.3　收银模块

当用户进入系统的主页面时，默认显示的则是收银页面。收银模块主要集中在收银页
面中。该模块包含新建收银单、录入收银项、计算收银金额、处理支付等功能。收银界面
如图 17.22 所示。

收银界面主要分为 3 部分：顶部区域为当前收银员信息，收银机信息以及当前收银单
的流水号；中间区域为收银项的详细信息；底部为收银单付款信息以及相应的若干操作。

顶部区域的页面代码如代码 17.12 所示。

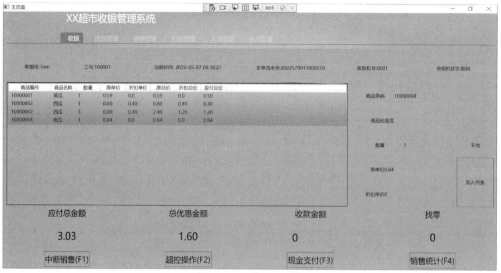

图 17.22　收银界面

代码 17.12　收银界面顶部区域代码片段

```
01  <Grid>
02    <StackPanel Orientation="Horizontal" Grid.Column="0" HorizontalAlignment
      ="Center">
03      <TextBlock Text="收银员:"/>
04      <TextBlock x:Name="txb_CasherName" Text="{Binding Casher.Casher_
      Name}"/>
05    </StackPanel>
06    <StackPanel Orientation="Horizontal" Grid.Column="1" HorizontalAlignment
      ="Center">
07      <TextBlock Text="工号:"/>
08      <TextBlock x:Name="txb_CasherCode"  Text="{Binding Casher.Casher_
      Code}"/>
09    </StackPanel>
10    <StackPanel Orientation="Horizontal" Grid.Column="2" HorizontalAlignment
      ="Center">
11      <TextBlock Text="当前时间:"/>
12      <Label x:Name="lbl_CurrentTime"  Content="{Binding CurrentDateTime}"
      ContentStringFormat="yyyy-MM-dd HH:mm:ss" VerticalContentAlignment=
      "Center" />
13    </StackPanel>
14    <StackPanel  Orientation="Horizontal"  Grid.Column="0"  HorizontalAlignment
      ="Center">
15      <TextBlock Text="本单流水号:"/>
16      <TextBlock x:Name="txb_SaleInfoCode"  Text="{Binding CurrentSaleInfo.
      SaleInfo_Code, UpdateSourceTrigger=Explicit}"/>
17    </StackPanel>
18    <StackPanel Orientation="Horizontal" Grid.Column="1" HorizontalAlignment
      ="Center">
19      <TextBlock Text="收银机号:"/>
20      <TextBlock x:Name="txb_CashMachineCode"  Text="{Binding
      CashMachineInfo.CashMachineInfo_Code}"/>
21    </StackPanel>
```

```
22      <StackPanel  Orientation="Horizontal"  Grid.Column="2"  HorizontalAlignment
   ="Center">
23        <TextBlock Text="收银机状态:"/>
24        <TextBlock x:Name="txb_ashMachineInfoStatus" Text="{Binding
   CashMachineInfo.CashMachineInfo_Status}"/>
25      </StackPanel>
26    </Grid>
```

代码中将需要在前端显示的字段与后台 MainViewModel 代码中对应的属性进行绑定。这里需要说明一点的是，为了动态地显示实时的时间，首先要将前端页面的显示控件与后台 MainViewModel 中的 MainViewModel 属性进行绑定，然后在 MainViewModel 中声明一个 DispatcherTimer 对象，并为对象的 Tick 事件绑定对应的事件处理函数，最后启动DispatcherTimer 对象即可。如代码 17.13 所示。

代码17.13　MainViewModel 类中实时显示时间代码片段

```
01    public class MainViewModel
02    {
03        private DateTime _now;
04        public DateTime CurrentDateTime { get => _now; set { _now = value;
   this.RaisePropertyChanged(); } }
05        public MainViewModel()
06         {
07             _now = DateTime.Now;
08             DispatcherTimer timer = new DispatcherTimer();
09             timer.Interval = TimeSpan.FromSeconds(1);
10             timer.Tick += new EventHandler((o,e) => { CurrentDateTime =
   DateTime.Now; });
11             timer.Start();
12         }
13    }
```

中部收集信息区域的右侧部分为收银项录入部分，该部分的前端代码如代码 17.14 所示。

代码17.14　MainView 中部收银项录入前端代码片段

```
01      <Grid Grid.Column="1">
02        <TextBlock Text="商品条码" Grid.Row="0" Grid.Column="0"
   HorizontalAlignment="Right"/>
03        <TextBox x:Name="txb_ProductCode" Grid.Row="0" Grid.Column="1"
   HorizontalAlignment="Left" Text="{Binding ProductCode, UpdateSourceTrigger
   =PropertyChanged}" >
04          <TextBox.InputBindings>
05            <KeyBinding Key="Tab" Command="{Binding AcceptUserInputCommand}"
   CommandParameter="{Binding ElementName=mainWindow}" />
06          </TextBox.InputBindings>
07        </TextBox>
08        <TextBlock Text="商品名"  Grid.Row="1" Grid.Column="0"
   HorizontalAlignment="Right"/>
09        <TextBlock x:Name="txb_ProductName"  Grid.Row="1" Grid.Column =
   "1" HorizontalAlignment="Left" Text="{Binding CurrentSaleDetailInfo.
   Product_Name}"/>
10        <TextBlock Text="数量" Grid.Row="2" Grid.Column="0"
```

```
                   HorizontalAlignment="Right"/>
11            <TextBox x:Name="txb_SaleAmount"  Grid.Row="2" Grid.Column="1"
         HorizontalAlignment="Left"  Text="{Binding  CurrentSaleDetailInfo.Amount}"
         Style="{StaticResource  txt_style_ProductInfo}"/>
12            <TextBlock x:Name="txb_ProductUnit" d:Text=" 千克 " Grid.Row="2"
         Grid.Column="2" Text="{Binding CurrentProductInfo.Product_Unit}"/>
13            <TextBlock Text="原单价" Grid.Row="3" Grid.Column="0"
         HorizontalAlignment="Right"/>
14            <TextBlock x:Name="txb_NormalPrice"  Grid.Row="3" Grid.Column=
         "1" HorizontalAlignment="Left" Text="{Binding CurrentSaleDetailInfo.
         NormalUnitPrice}"/>
15            <TextBlock Text="折扣单价" Grid.Row="4" Grid.Column="0"
         HorizontalAlignment="Right"/>
16            <TextBlock x:Name="txb_DiscountPrice" Grid.Row="4" Grid.Column
         ="1" HorizontalAlignment="Left" Text="{Binding CurrentSaleDetailInfo.
         DiscountUnitPrice}"/>
17            <Button x:Name="btn_InsertSaleInfo" Grid.Row="3" Grid.Column="2"
         Grid.RowSpan="2" Content="加入列表" Command="{Binding InsertToListCommand}"
         CommandParameter="{Binding ElementName=mainWindow}" />
18        </Grid>
```

从上面的代码可以看出，收银项的录入部分只有商品编码和数量是需要输入的，其他都是从数据源获取生成的。当录入了商品编码后，可按 Tab 键获得当前商品的信息。按 Tab 键后，控件绑定了后端 ViewModel 中的 AcceptUserInputCommand 命令。该命令的代码如代码 17.15 所示。

代码 17.15　MainViewModel 类中 AcceptUserInputCommand 命令代码片段

```
01  public MainViewModel()
02  {
03     AcceptUserInputCommand = new CommandBase(
04         (o) =>
05         {
06             DoAccept();
07         },
08         (o) =>
09         {
10             return true;
11         });
12  }
13  private void DoAccept()
14  {
15     try
16     {
17         DateTime dt = DateTime.Now;
18         CurrentSaleInfo.Casher_ID = GlobalValues.CurrentCasher.ID;
19         if (CurrentSaleInfo.SaleDetailInfos.Count() == 0)
20         {
21             CurrentSaleInfo.SaleInfo_Code = dt.Year.ToString() + dt.Month.
     ToString() + dt.Day.ToString() + GlobalValues. CurrentCashMachineInfo.
     CashMachineInfo_Code + GlobalValues.CurrentCasher.Casher_Code +
```

```
        GlobalValues.CurrentCasher.Casher_SaleAccountPerDay.ToString();
22          }
23          CurrentSaleDetailInfo = new SaleDetailInfo();
24          var result = _productInfos.FirstOrDefault(o => o.Product_Code ==
     ProductCode);
25          if (result == null)
26              throw new Exception("没有找到商品");
27          CurrentProductInfo = result;
28          CurrentNormalPriceInfo = NormalPriceInfos.First(o => o.Product_ID
     == CurrentProductInfo.ID);
29          CurrentSaleDetailInfo.SaleInfo_Code = CurrentSaleInfo.SaleInfo_
     Code;
30          CurrentSaleDetailInfo.NormalPriceInfo_ID =
     _currentNormalPriceInfo.ID;
31          CurrentSaleDetailInfo.Product_ID = _currentProductInfo.ID;
32          CurrentSaleDetailInfo.Product_Name =
     _currentProductInfo.Product_Name;
33          CurrentSaleDetailInfo.Product_Code =
     _currentProductInfo.Product_Code;
34          CurrentSaleDetailInfo.NormalUnitPrice =
     _currentNormalPriceInfo.NormalPrice_Price;
35          CurrentDiscountPriceInfo = DiscountPriceInfos.FirstOrDefault(o =>
     o.Product_ID == CurrentProductInfo.ID && o.DiscountPrice_State == 1 &&
     o.DiscountPrice_EndDate >= DateTime.Now && o.DiscountPrice_StartDate <=
     DateTime.Now);
36          }
37      catch(Exception ex) {  }
38  }
```

本代码在录入的首个商品编码时,生成一个新的收银单流水号。根据录入的商品编码获取商品的所有信息。商品的所有信息是通过 ProductInfoBLL 类的 GetAllProductInfos()方法获得系统中所有商品信息对象存入_productInfos 字段中,再通过表达式 "_productInfos.FirstOrDefault (o => o.Product_Code == ProductCode)" 来获取当前收银项的商品信息。ProductInfoBLL 类的 GetAllProductInfos()方法的代码如代码 17.16 所示。

代码 17.16　ProductInfoBLL 类的 GetAllProductInfos 方法代码片段

```
01  public ObservableCollection<ProductInfo> GetAllProductInfos()
02  {
03      return new ObservableCollection<ProductInfo>(new
     ProductInfoService().GetAll().Where(o=>o.Product_Status==0));
04  }
```

当前收银项的商品的价格存在两种情况:要么是原价商品,要么是打折商品。因此在计算当前收银项的小计价格之前,需要根据商品编码在正价表和打折信息表中去查找对应的正价对象和打折信息对象。以便在页面显示具体信息。通过 NormalPriceInfoBLL 类的 GetAllNormalPriceInfos()方法获得所有商品的正价信息对象,DiscountPriceInfoBLL 类的 GetAllDiscountPriceInfos()方法获得所有打折信息对象。利用当前商品编码,即可获得当前商品的最终销售价格。上述两个方法的代码分别如代码 17.17 和代码 17.18 所示。

代码 17.17　NormalPriceInfoBLL 类的 GetAllNormalPriceInfos 方法代码片段

```
01  public class NormalPriceInfoBLL
02  {
03      public ObservableCollection<NormalPriceInfo> GetAllNormalPriceInfos()
04      {
05          return new ObservableCollection<NormalPriceInfo>(new
    NormalPriceInfoService().GetAll());
06      }
07  }
```

代码 17.18　DiscountPriceInfoBLL 类的 GetAllDiscountPriceInfos 方法代码片段

```
01  public class DiscountPriceInfoBLL
02  {
03      public ObservableCollection<DiscountPriceInfo> GetAllDiscountPriceInfos()
04      {
05          return new ObservableCollection<DiscountPriceInfo>(new
    DiscountPriceInfoService().GetAll().Where(o => o.DiscountPrice_State ==
    1 || o.DiscountPrice_State == 0).ToList());
06      }
07  }
```

单击“加入列表”按钮之后，与之绑定的 InsertToListCommand 命令被执行。如代码 17.19 所示。

代码 17.19　MainViewModel 中 InsertToListCommand 代码片段

```
01  public MainViewModel()
02  {
03  InsertToListCommand = new CommandBase(
04      (o) =>
05      {
06          DoInsertToList();
07      },
08      (o) =>
09      {
10          return true;
11      });
12  }
13  private void DoInsertToList()
14  {
15      SaleDetailInfo saleDetailInfo_ToInsert = new SaleDetailInfo();
16      saleDetailInfo_ToInsert = CurrentSaleDetailInfo.Clone() as
    SaleDetailInfo;
17      CalcSaleDetailPayment(saleDetailInfo_ToInsert);
18
19      CurrentSaleInfo.SaleDetailInfos.Add(saleDetailInfo_ToInsert);
20      DoCalcSaleInfoPayment();
21  }
```

上述代码首先将当前的 SaleDetailInfo 对象进行克隆，防止后续该对象的修改影响前面保存的对象，再通过 CalcSaleDetailPayment()方法，根据 SaleDetailInfo 对象中的 Amount

属性来计算收银项的应付正价金额和打折金额。然后将计算好金额的 SaleDetailInfo 对象加入到 CurrentSaleInfo.SaleDetailInfos 集合中。该集合用于保存当前收银单中的所有收银项，并通过 DoCalcSaleInfoPayment()方法完成收银单总金额的计算。收银项集合的显示是在中部收银信息区域左侧完成的。具体计算过程稍显繁杂，详细代码参见教材配套资源。

中部收银信息区域左侧的收银项部分的前端代码如代码 17.20 所示。

代码 17.20 MainWindow 收银项部分前端代码片段

```
01    <Border BorderBrush="Black" BorderThickness="1">
02        <ListView BorderBrush="AliceBlue" Grid.Column="0" x:Name= "lv_
   SaleDetailInfos" ItemsSource="{Binding CurrentSaleInfo.SaleDetailInfos}"
03        MouseDoubleClick="ListView_MouseDoubleClick" VerticalAlignment=
   "Top" >
04            <ListView.Background>
05                <LinearGradientBrush EndPoint="0.5,1" StartPoint="0.5,0">
06                    <GradientStop Color="#FFCDD3E8"/>
07                    <GradientStop Color="#FF96A7D3" Offset="1"/>
08                </LinearGradientBrush>
09            </ListView.Background>
10            <ListView.View>
11                <GridView>
12                    <GridViewColumn Width="65" Header="商品编号"
   DisplayMemberBinding="{Binding Product_Code}" />
13                    <GridViewColumn Width="65" Header="商品名称"
   DisplayMemberBinding="{Binding Product_Name}"/>
14                    <GridViewColumn Width="65" Header="数量"
   DisplayMemberBinding="{Binding Amount}"/>
15                    <GridViewColumn Width="65" Header="原单价"
   DisplayMemberBinding="{Binding NormalUnitPrice}"/>
16                    <GridViewColumn Width="65" Header="折扣单价"
   DisplayMemberBinding="{Binding DiscountUnitPrice}"/>
17                    <GridViewColumn Width="65" Header="原总价"
   DisplayMemberBinding="{Binding NormalPayment}"/>
18                    <GridViewColumn Width="65" Header="折扣总价"
   DisplayMemberBinding="{Binding DiscountPayment}"/>
19                    <GridViewColumn Width="65" Header="应付总价"
   DisplayMemberBinding="{Binding FinalPayment}"/>
20                </GridView>
21            </ListView.View>
22        </ListView>
23    </Border>
```

这部分内容主要作为信息展示，因此这里采用了 ListView 作为数据展示视图，并使用 GridView 的方式来展示对应的数据。通过将 GridViewColumn 绑定到其对应的后端 ViewModel 类的 CurrentSaleInfo.SaleDetailInfos 集合所包含的对象的对应属性上，从而显示相应的数据信息。

底部区域主要用于显示收银单的支付信息以及相应的操作按钮。其前端代码如代码 17.21 所示。

代码 17.21　MainView 底部区域前端代码片段

```
01  <Grid Grid.Row="2">
02      <TextBlock FontSize="20" HorizontalAlignment="Center"  Text="应付总金
    额" Grid.Row="0" Grid.Column="0"/>
03      <TextBlock FontSize="20" HorizontalAlignment="Center" Text="总优惠金
    额" Grid.Row="0" Grid.Column="1"/>
04      <TextBlock FontSize="20" HorizontalAlignment="Center" Text="收款金额"
    Grid.Row="0" Grid.Column="2"/>
05      <TextBlock FontSize="20"  HorizontalAlignment="Center"  Text="找零"
    Grid.Row="0" Grid.Column="3"/>
06      <TextBlock FontSize="25" HorizontalAlignment="Center" Text= "{Binding
    CurrentSaleInfo.SaleInfo_TotalPayment}" Grid.Row="1" Grid.Column="0"/>
07      <TextBlock FontSize="25" HorizontalAlignment="Center" Text="{Binding
    CurrentSaleInfo.SaleInfo_DisountTotal}" Grid.Row="1" Grid.Column="1"/>
08      <TextBox FontSize="25" HorizontalAlignment="Center" Text="{Binding
    CurrentSaleInfo.SaleInfo_ClientPay, Mode=TwoWay, UpdateSourceTrigger=
    PropertyChanged}" Grid.Row="1" Grid.Column="2" Background="#FFC0BAE0"
    Width="100" Height="30" />
09      <TextBlock FontSize="25" HorizontalAlignment="Center" Text="{Binding
    CurrentSaleInfo.SaleInfo_Charge}" Grid.Row="1" Grid.Column="3"/>
10      <Button FontSize="20" HorizontalAlignment="Center" Content="中断销售
    (F1)" Grid.Row="2" Grid.Column="0" Command="{Binding InterruptCommand}"
    CommandParameter="1"/>
11      <Button FontSize="20" HorizontalAlignment="Center" Content="超控操作
    (F2)" Grid.Row="2" Grid.Column="1" Command="{Binding SuperOperationCommand}"
    CommandParameter="1"/>
12      <Button FontSize="20" HorizontalAlignment="Center" Content="现金支付
    (F3)" Grid.Row="2" Grid.Column="2" Command="{Binding  CalcPayCommand}"
    CommandParameter="1" />
13      <Button FontSize="20" HorizontalAlignment="Center" Content="销售统计
    (F4)" Grid.Row="2" Grid.Column="3" Command="{Binding SaleStatisticCommand}"
    CommandParameter="1"/>
14  </Grid>
```

　　上述代码中与支付相关的"应付总金额""总优惠金额""收款金额""找零"分别与后端 MainViewModel 类中 CurrentSaleInfo 对象的对应属性进行绑定。而下方的"中断销售""超控操作""现金支付"和"销售统计"则分别与后端 MainViewModel 类中的 InterruptCommand、SuperOperationCommand、CalcPayCommand 和 SaleStatisticCommand 命令进行绑定。

　　在用户单击了"中断销售"按钮后，将显示如图 17.23 所示的销售中断界面。

　　当用户需要修改所选货品数量时，则需要点击"超控操作"按钮并进入如图 17.24 所示的超控登录和货品数量修改界面。

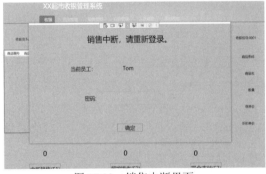

图 17.23　销售中断界面

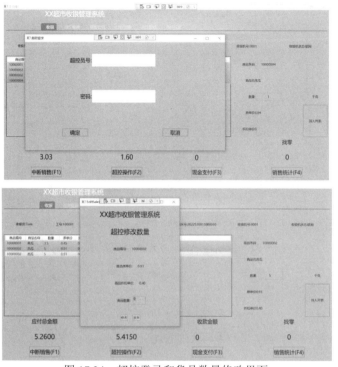

图 17.24　超控登录和货品数量修改界面

当用户需要支付时，可在收款金额输入客户支付的金额后，单击"现金支付"按钮，进入如图 17.25 所示的支付界面。界面将显示计算出的找零金额。

图 17.25　支付界面

至此，收银模块介绍完毕。由于篇幅的原因，这里就不再对上述 4 个命令的详细代码进行展示，请参见教材的配套资源。

17.6.4　货品管理模块

货品管理模块也是本系统的一个重要模块之一。通过本模块，可以实现对货品的添加、修改和删除操作。货品管理模块的界面展示如图 17.26 所示。本界面也是分为左右两部分。左侧部分则为现有货品信息的展示区域，右侧则为添加和修改货品信息的编辑区域。

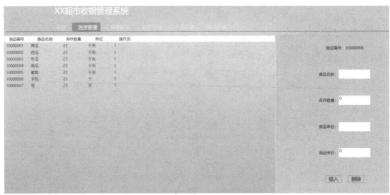

图 17.26　货品管理界面

右侧编辑区域的前端代码如代码 17.22 所示。

代码 17.22　货品管理界面右侧编辑区域前端代码片段

```
01  <Grid Grid.Column="1">
02      <StackPanel Orientation="Horizontal" Grid.Row="0" HorizontalAlignment
    ="Center" VerticalAlignment="Center" Margin="10">
03          <TextBlock Text="商品编号: "/>
04          <TextBlock Text="{Binding CurrentProductInfo.Product_Code}"/>
05      </StackPanel>
06      <StackPanel Orientation="Horizontal" Grid.Row="1" HorizontalAlignment
    ="Center" VerticalAlignment="Center" Margin="10">
07          <TextBlock Text="商品名称: "/>
08          <TextBox Text="{Binding CurrentProductInfo.Product_Name, Mode=
    TwoWay, UpdateSourceTrigger=PropertyChanged}"/>
09      </StackPanel>
10      <StackPanel Orientation="Horizontal" Grid.Row="2" HorizontalAlignment
    ="Center" VerticalAlignment="Center" Margin="10">
11          <TextBlock Text="库存数量: "/>
12          <TextBox Text="{Binding CurrentProductInfo.Product_Amount, Mode=
    TwoWay, UpdateSourceTrigger=PropertyChanged}"/>
13      </StackPanel>
14      <StackPanel Orientation="Horizontal" Grid.Row="3" HorizontalAlignment
    ="Center" VerticalAlignment="Center" Margin="10">
15          <TextBlock Text="商品单位: "/>
16          <TextBox Text="{Binding CurrentProductInfo.Product_Unit, Mode=
    TwoWay, UpdateSourceTrigger=PropertyChanged}"/>
17      </StackPanel>
18      <StackPanel Orientation="Horizontal" Grid.Row="3" HorizontalAlignment
    ="Center" VerticalAlignment="Center" Margin="10">
19          <TextBlock Text="商品单价: "/>
20          <TextBox Text="{Binding Price, Mode=TwoWay, UpdateSourceTrigger =
    PropertyChanged}"/>
21      </StackPanel>
22      <StackPanel Orientation="Horizontal" Grid.Row="4" HorizontalAlignment
    ="Center" VerticalAlignment="Center" Margin="10">
23          <Button x:Name="btn_InsertOrModify" Content="{Binding ButtonContent}"
    Command="{Binding InsertCommand}" CommandParameter="{Binding ElementName
    =btn_InsertOrModify}"/>
```

```
24            <Button x:Name="btn_Delete" Content="删除" Visibility="{Binding
     DeleteButtonVisibility}" Command="{Binding DeleteCommand}" CommandParameter
     ="{Binding ElementName=btn_Delete}"/>
25        </StackPanel>
26  </Grid>
```

在上述代码中，默认用户的操作为新增货品，因此在显示的时候会自动生成新增货品的编码。用户在填入新增货品信息之后，可单击"插入"按钮完成新增。但如果用户在左侧列表区域选择了某一个货品，则该"插入"按钮变为"修改"按钮，同时"删除"按钮也会显示出来。此时用户可修改所选货品的库存数量或是删除当前货品。上述按钮所绑定的后端 ViewModel 类中的 InsertCommand 和 DeleteCommand 的代码如代码 17.23 所示。

代码 17.23　AddProductViewModel 中 InsertCommand 和 DeleteCommand 的代码片段

```
01  public AddProductViewModel()
02  {
03      InsertCommand = new CommandBase((o) =>
04      {
05          DoBiz(o);
06          ButtonContent = "插入";
07          CurrentProductInfo = new Models.ProductInfo();
08          CurrentProductInfo.Product_Code = _productInfoBLL.
     GetInsertProductInfoCode();
09      },
10      (o) =>
11      {
12          return true;
13      });
14      DeleteCommand = new CommandBase((o) =>
15      {
16          _productInfoBLL.DeleteProductInfo(CurrentProductInfo);
17          DeleteButtonVisibility = Visibility.Hidden;
18          ButtonContent = "插入";
19          ProductInfos.Remove(CurrentProductInfo);
20          CurrentProductInfo = new Models.ProductInfo();
21          CurrentProductInfo.Product_Code = _productInfoBLL.
     GetInsertProductInfoCode();
22      },
23      (o) =>
24      {
25          return true;
26      });
27  }
```

在对货品信息进行插入和删除的代码中，都是通过 ProductInfoBLL 类的相应方法向数据库访问端发起请求。插入货品信息时调用的是 ProductInfoBLL 类的 InsertProductInfo()方法，其代码如代码 17.24 所示。删除货品信息时，调用的是 ProductInfoBLL 类的 DeleteProductInfo()方法，其代码如代码 17.25 所示。可以看出，为保证数据库中数据的有效性，删除商品所做的操作其实是伪删除，即只是修改了商品的状态，使之成为一种特殊状态的商品，而不是真正地从数据库中删除掉。因为一旦删除了某种商品，那么与该商品相关联的所有其他数据的完整性将被破坏。

代码 17.24　ProductInfoBLL 类的 InsertProductInfo 方法代码片段

```
01    public class ProductInfoBLL
02    {
03        public bool InsertProductInfo(ProductInfo productInfo)
04        {
05            bool isSuccess = false;
06            var result = GetAllProductInfos().ToList();
07            if (result.Find(o => o.Product_Code == productInfo.Product_Code)
      == null)
08            {
09                new ProductInfoService().Insert(productInfo);
10                isSuccess = true;
11            }
12            return isSuccess;
13        }
14    }
```

代码 17.25　ProductInfoBLL 类的 DeleteProductInfo 方法代码片段

```
01    public class ProductInfoBLL
02    {
03        public void DeleteProductInfo(ProductInfo productInfo)
04        {
05            ProductInfo t = productInfo.Clone() as ProductInfo;
06            t.Product_Status = 1;
07            new ProductInfoService().Update(t);
08        }
09    }
```

至此，货品管理模块介绍完毕。

17.6.5　销售统计模块

销售统计模块主要是统计指定时间范围内，某个收银员的收银明细。收银员登录后，仅能查看自己的销售统计情况。在统计之前，需要选择统计的时间范围并显示"统计"按钮。销售管理界面如图 17.27 所示。

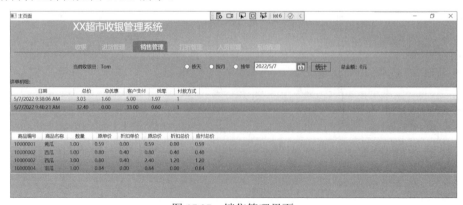

图 17.27　销售管理界面

　　上述界面中分为两部分显示销售明细：收银单明细和指定收银单中收银项的明细。销售统计界面的前端代码如代码 17.26 所示。

代码 17.26　销售统计界面前端代码片段

```
01  <Grid Grid.Row="1">
02      <TextBlock Text="收银单: " Grid.Row="0" HorizontalAlignment="Left"/>
03      <ListView BorderBrush="AliceBlue" Grid.Row="1" x:Name="lv_SaleInfos"
    ItemsSource="{Binding SaleInfos}"
04          MouseDoubleClick="ListView_MouseDoubleClick" VerticalAlignment =
    "Top" >
05          <ListView.Background>
06              <LinearGradientBrush EndPoint="0.5,1" StartPoint="0.5,0">
07                  <GradientStop Color="#FFCDD3E8"/>
08                  <GradientStop Color="#FF96A7D3" Offset="1"/>
09              </LinearGradientBrush>
10          </ListView.Background>
11          <ListView.View>
12              <GridView>
13                  <GridViewColumn Width="100" Header="日期" DisplayMemberBinding
    ="{Binding SaleInfo_Date}" />
14                  <GridViewColumn Width="65" Header="总价" DisplayMemberBinding
    ="{Binding SaleInfo_TotalPayment}"/>
15                  <GridViewColumn Width="65" Header="总优惠" DisplayMemberBinding
    ="{Binding SaleInfo_DisountTotal}"/>
16                  <GridViewColumn Width="65" Header="客户支付" DisplayMemberBinding
    ="{Binding SaleInfo_ClientPay}"/>
17                  <GridViewColumn Width="65" Header="找零" DisplayMemberBinding
    ="{Binding SaleInfo_Charge}"/>
18                  <GridViewColumn Width="65" Header="付款方式" DisplayMemberBinding
    ="{Binding SaleInfo_PayType}"/>
19              </GridView>
20          </ListView.View>
21      </ListView>
22      <TextBlock Text="收银单明细: " Grid.Row="0" HorizontalAlignment =
    "Left"/>
23      <ListView BorderBrush="AliceBlue" Grid.Row="2" x:Name="lv_SaleDetailInfos"
    ItemsSource="{Binding CurrentSaleInfo.SaleDetailInfos}"
24          MouseDoubleClick="ListView_MouseDoubleClick" VerticalAlignment =
    "Top" >
25          <ListView.Background>
26              <LinearGradientBrush EndPoint="0.5,1" StartPoint="0.5,0">
27                  <GradientStop Color="#FFCDD3E8"/>
28                  <GradientStop Color="#FF96A7D3" Offset="1"/>
29              </LinearGradientBrush>
30          </ListView.Background>
31          <ListView.View>
32              <GridView>
33                  <GridViewColumn Width="80" Header="商品编号" DisplayMemberBinding
    ="{Binding Product_Code}" />
34                  <GridViewColumn Width="65" Header="商品名称" DisplayMemberBinding
```

```
                ="{Binding Product_Name}"/>
35                   <GridViewColumn Width="65" Header="数量" DisplayMemberBinding
     ="{Binding Amount}"/>
36                   <GridViewColumn Width="65" Header="原单价" DisplayMemberBinding
     ="{Binding NormalUnitPrice}"/>
37                   <GridViewColumn Width="65" Header="折扣单价" DisplayMemberBinding
     ="{Binding DiscountUnitPrice}"/>
38                   <GridViewColumn Width="65" Header="原总价" DisplayMemberBinding
     ="{Binding NormalPayment}"/>
39                   <GridViewColumn Width="65" Header="折扣总价" DisplayMemberBinding
     ="{Binding DiscountPayment}"/>
40                   <GridViewColumn Width="65" Header="应付总价" DisplayMemberBinding
     ="{Binding FinalPayment}"/>
41              </GridView>
42          </ListView.View>
43       </ListView>
44  </Grid>
```

在上述代码中，将 ListView 控件绑定到后端 SaleStatisticViewModel 的 SaleInfos 集合。SaleInfos 集合是由 SaleInfoBLL 类中所定义的 GetAllSaleInfos()方法根据统计日期选项获取的属于当前收银员的收银单集合，如代码 17.27 所示。当用户选中某个收银单对象后，则将该对象的 SaleDetailInfos 集合绑定到"收银单明细" ListView 中。

代码 17.27　SaleInfoBLL 类的 GetAllSaleInfos 方法代码片段

```
01  private ObservableCollection<SaleInfo> GetAllSaleInfos(Models.Casher
    casher, int type, int day = 0, int month=0, int year=0)
02  {
03      var temp = new SaleInfoService().GetAll();
04      temp = temp.Where(o => o.Casher_ID == casher.ID).ToList();
05      ObservableCollection<SaleInfo> result = new ObservableCollection
    <SaleInfo>();
06      DateTime dt;
07      switch(type)
08      {
09         case 0://当天
10             result = new ObservableCollection<SaleInfo>(temp.FindAll(o =>
    o.SaleInfo_Date.Date == DateTime.Now.Date));
11             break;
12         case 1://按天
13             result = new ObservableCollection<SaleInfo>(temp.FindAll(o =>
    o.SaleInfo_Date.Date.Day == day && o.SaleInfo_Date.Month == month &&
    o.SaleInfo_Date.Year == year));
14             break;
15         case 2://按月
16             result = new ObservableCollection<SaleInfo>(temp.FindAll(o =>
    o.SaleInfo_Date.Month == month && o.SaleInfo_Date.Year == year));
17             break;
18         case 3://按年
19             result = new ObservableCollection<SaleInfo>(temp.FindAll(o =>
    o.SaleInfo_Date.Year == year));
```

```
20              break;
21          }
22      return result;
23  }
```

用户可以在 ListView 显示的列表中，双击选中某个收银单对象。在 ListView 控件中双击某个项，将会触发 ListView 的 MouseDoubleClick 事件。该事件主要用于获取 ListView 控件中被选中的对象，并通知后端 SaleStatisticViewModel 对象执行相应的 SaleDetailInfoStatisticCommand 命令，如代码 17.28 所示。

代码 17.28　ListView 的 MouseDoubleClick 事件处理代码片段

```
01  private void ListView_MouseDoubleClick(object sender, MouseButtonEventArgs
    e)
02  {
03      SaleStatisticViewModel.CurrentSaleInfo = lv_SaleInfos.SelectedItem
    as Models.SaleInfo;
04      SaleStatisticViewModel.SaleDetailInfoStatisticCommand.Execute(null);
05  }
```

SaleStatisticViewModel 类的 SaleDetailInfoStatisticCommand 命令主要是获取当前用户选中的 SaleInfo 对象，并获取该对象所包含的 SaleDetailInfo 对象的集合，以此向收银单明细列表中加载对象内容，如代码 17.29 所示。

代码 17.29　SaleStatisticViewModel 类的 SaleDetailInfoStatisticCommand 命令代码片段

```
01  public SaleStatisticViewModel()
02  {
03      SaleDetailInfoStatisticCommand = new CommandBase((o) =>
04      {
05          var SaleDetailInfos = new SaleDetailInfoService().GetAll();
06          CurrentSaleInfo.SaleDetailInfos = new ObservableCollection
    <Models.SaleDetailInfo>(SaleDetailInfos.Where(o => o.SaleInfo_Code ==
    CurrentSaleInfo.SaleInfo_Code).ToList());
07          var ProductInfos = new ProductInfoService().GetAll();
08          var NormalPriceInfos = new NormalPriceInfoService().GetAll();
09          var DiscountPriceInfos = new DiscountPriceInfoService().GetAll();
10          for (int i = 0; i < CurrentSaleInfo.SaleDetailInfos.Count; i++)
11          {
12              var r1 = ProductInfos.First(o => o.ID == CurrentSaleInfo.
    SaleDetailInfos[i].Product_ID);
13              CurrentSaleInfo.SaleDetailInfos[i].Product_Name = r1.Product_
    Name;
14              CurrentSaleInfo.SaleDetailInfos[i].Product_Code = r1.Product_
    Code;
15          }
16      },
17      (o) =>{ return true;});
18  }
```

至此，销售统计模块介绍完毕。

17.6.6 打折管理模块

在本系统中，除了在新增货品时可以设置货品的原价以外，还可以对货品进行打折销售。打折管理的界面如图 17.28 所示。

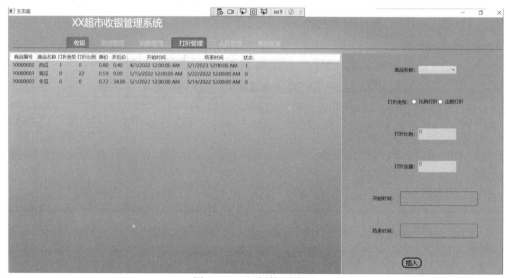

图 17.28 打折管理界面

从图 17.28 可以看出，打折管理模块的界面与之前的界面风格统一，也是分为左右两部分。左侧为当前正在执行或待执行两种状态的打折信息的逻辑，右侧则为新建打折信息的录入控件。右侧信息录入部分的前端代码如代码 17.30 所示。

代码 17.30　打折管理右侧录入部分前端代码片段

```
01  <Grid Grid.Column="1">
02      <StackPanel Orientation="Horizontal" Grid.Row="0" HorizontalAlignment
    ="Center" VerticalAlignment="Center" Margin="10">
03          <TextBlock Text="商品名称: "/>
04          <ComboBox DisplayMemberPath="Product_Name" ItemsSource="{Binding
    ProductInfos}" SelectionChanged="ComboBox_SelectionChanged" Width="100"/>
05      </StackPanel>
06      <StackPanel Orientation="Horizontal" Grid.Row="1" HorizontalAlignment =
    "Center" VerticalAlignment="Center" Margin="10">
07          <TextBlock Text="打折类型: "/>
08          <RadioButton Content="比例打折" IsChecked="{Binding isRateChecked}"
    GroupName="discount" x:Name="radio_Rate"/>
09          <RadioButton Content="金额打折" IsChecked="{Binding isPriceChecked}"
    GroupName="discount" x:Name="radio_Price"/>
10      </StackPanel>
11      <StackPanel Orientation="Horizontal" Grid.Row="2" HorizontalAlignment
    ="Center" VerticalAlignment="Center" Margin="10">
12          <TextBlock Text="打折比例: "/>
13          <TextBox IsEnabled="{Binding ElementName=radio_Rate, Path=IsChecked}"
    Text="{Binding  CurrentdiscountPriceInfo.DiscountPrice_Percent,  Mode=
    TwoWay, UpdateSourceTrigger=PropertyChanged}"/>
14      </StackPanel>
```

```
15      <StackPanel Orientation="Horizontal" Grid.Row="3" HorizontalAlignment
   ="Center" VerticalAlignment="Center" Margin="10">
16          <TextBlock Text="打折金额: "/>
17          <TextBox IsEnabled="{Binding ElementName=radio_Price, Path=
   IsChecked}" Text="{Binding CurrentdiscountPriceInfo.DiscountPrice_
   Price, Mode=TwoWay, UpdateSourceTrigger=PropertyChanged}"/>
18      </StackPanel>
19      <StackPanel Orientation="Horizontal" Grid.Row="4" HorizontalAlignment
   ="Center" VerticalAlignment="Center" Margin="10">
20          <TextBlock Text="开始时间: "/>
21          <ctrl:DateTimePicker BorderBrush="Gray" Height="35" Width="200"
   Margin="10,0,0,0" DateTimeStr="{Binding StartDateTime, Mode=TwoWay,
   UpdateSourceTrigger=PropertyChanged}" />
22      </StackPanel>
23      <StackPanel Orientation="Horizontal" Grid.Row="5" HorizontalAlignment
   ="Center" VerticalAlignment="Center" Margin="10">
24          <TextBlock Text="结束时间: "/>
25          <ctrl:DateTimePicker BorderBrush="Gray" Height="35" Width="200"
   Margin="10,0,0,0" DateTimeStr="{Binding EndDateTime, Mode=TwoWay,
   UpdateSourceTrigger=PropertyChanged}"/>
26      </StackPanel>
27      <StackPanel Orientation="Horizontal" Grid.Row="6" HorizontalAlignment
   ="Center" VerticalAlignment="Center" Margin="10">
28          <Button  x:Name="btn_InsertOrModify" Content=" 插 入 " Command=
   "{Binding InsertCommand}" CommandParameter="{Binding ElementName=btn_
   InsertOrModify}"/>
29          <Button x:Name="btn_Delete" Content="失效" Visibility="{Binding
   DeleteButtonVisibility}" Command="{Binding DeleteCommand}" CommandParameter
   ="{Binding ElementName=lv_DiscountPriceInfos, Path=SelectedItem}"/>
30      </StackPanel>
31  </Grid>
```

上述代码在页面加载时，需要获取当前系统中的所有商品信息以方便操作人员进行选择。这部分功能是通过 ProductInfoBLL 类的 GetAllProductInfos()方法完成的，其代码如代码 17.16 所示。通过 ProductInfoService().GetAll()方法获得数据库中所有的商品信息，再利用 Where()语句对商品状态进行过滤，返回状态为正常（0）的所有商品对象。将返回的商品信息集合对象与前端页面中的 ComboBox 对象进行绑定，以显示所有商品。

当用户录入完打折信息之后，则可以单击"插入"按钮完成插入。此时，将会执行后端 DiscountInfoViewModel 类的 InsertCommand 命令，其代码如代码 17.31 所示。

代码 17.31 DiscountInfoViewModel 类的 InsertCommand 命令代码片段

```
01  public DiscountInfoViewModel()
02  {
03      InsertCommand = new CommandBase((o) =>
04      {
05          CurrentdiscountPriceInfo.DiscountPrice_StartDate = DateTime.Parse
   (StartDateTime);
06          CurrentdiscountPriceInfo.DiscountPrice_EndDate = DateTime.Parse
   (EndDateTime);
07          CurrentdiscountPriceInfo.Product_Code = CurrentProductInfo.
```

```
         Product_Code;
08           CurrentdiscountPriceInfo.Product_ID = CurrentProductInfo.ID;
09           CurrentdiscountPriceInfo.Product_Name = CurrentProductInfo.
    Product_Name;
10           CurrentdiscountPriceInfo.NormalPrice_Price = normalPriceInfos.
    First(o => o.Product_ID == currentProductInfo.ID).NormalPrice_Price;
11         if (IsRateChecked)
12             CurrentdiscountPriceInfo.DiscountPrice_Type = 0;
13         else
14             CurrentdiscountPriceInfo.DiscountPrice_Type = 1;
15         DoInsert(CurrentdiscountPriceInfo);
16         DeleteButtonVisibility = Visibility.Hidden;
17       },
18       (o) =>{ return true});
19    }
```

上述代码通过 DoInsert()方法，调用 DiscountPriceInfoBLL 类的 InsertDiscountPriceInfo() 方法，如代码 17.32 所示。

代码 17.32　DiscountPriceInfoBLL 类的 InsertDiscountPriceInfo 方法代码片段

```
01    public bool InsertDiscountPriceInfo(DiscountPriceInfo discountPriceInfo)
02    {
03
04      bool isSuccess = false;
05      var result = GetAllDiscountPriceInfos().ToList();
06
07      foreach(var item in result)
08      {
09          isSuccess = isSuccess || item.Equals(discountPriceInfo);
10          if (isSuccess)
11              break;
12      }
13      if(!isSuccess)
14          new DiscountPriceInfoService().Insert(discountPriceInfo);
15      return isSuccess;
16    }
```

上述代码首先通过 DiscountPriceInfoService ().Insert ()方法将给定的打折信息对象写入 数据库中。

当页面加载时，系统将获取数据库中正在执行或待执行的所有打折信息数据并绑定到 页面左侧的 ListView 控件中。其前端代码如代码 17.33 所示。

代码 17.33　打折信息界面左侧信息展示前端代码片段

```
01    <ListView BorderBrush="AliceBlue" Grid.Column="0" x:Name="lv_
    DiscountPriceInfos" ItemsSource="{Binding DiscountPriceInfos}"
02        MouseDoubleClick="ListView_MouseDoubleClick"  >
03      <ListView.View>
04        <GridView>
05          <GridViewColumn  Header="商品编号" DisplayMemberBinding =
    "{Binding Product_Code}" />
```

```
06              <GridViewColumn Header="商品名称" DisplayMemberBinding="{Binding
    Product_Name}"/>
07              <GridViewColumn Header="打折类型" DisplayMemberBinding="{Binding
    DiscountPrice_Type}"/>
08              <GridViewColumn Header="打折比例" DisplayMemberBinding= "{Binding
    DiscountPrice_Percent}"/>
09              <GridViewColumn Header="原价" DisplayMemberBinding="{Binding
    NormalPrice_Price}"/>
10              <GridViewColumn Header="折后价" DisplayMemberBinding= "{Binding
    DiscountPrice_Price}"/>
11              <GridViewColumn Header="开始时间" DisplayMemberBinding="{Binding
    DiscountPrice_StartDate}"/>
12              <GridViewColumn Header="结束时间" DisplayMemberBinding="{Binding
    DiscountPrice_EndDate}"/>
13              <GridViewColumn Header="状态" DisplayMemberBinding="{Binding
    DiscountPrice_State}"/>
14         </GridView>
15      </ListView.View>
16  </ListView>
```

在上述代码中，向 ListView 控件绑定了后端 DiscountInfoViewModel 类的 DiscountPriceInfos 属性。该属性通过 DiscountPriceInfoBLL 类的 GetAllDiscountPriceInfos() 方法完成数据获取，如代码 17.34 所示。

代码 17.34 DiscountPriceInfoBLL 类的 GetAllDiscountPriceInfos 方法代码片段

```
01  public ObservableCollection<DiscountPriceInfo> GetAllDiscountPriceInfos()
02  {
03      return new ObservableCollection<DiscountPriceInfo>(new
    DiscountPriceInfoService().GetAll().Where(o => o.DiscountPrice_State ==
    1 || o.DiscountPrice_State == 0).ToList());
04  }
```

在用户从打折信息列表中选择了某条打折信息对象后，可以对该信息进行修改或删除。这两个操作直接与后端 DiscountInfoViewModel 类的 UpdateCommand 和 DeleteCommand 命令进行绑定。这两个命令的代码片段如代码 17.35 所示。

代码 17.35 DiscountInfoViewModel 类的 UpdateCommand 和 DeleteCommand 命令代码片段

```
01  public DiscountInfoViewModel()
02  {
03      DeleteCommand = new CommandBase((o) =>
04      {
05          var r = o as Models.DiscountPriceInfo;
06          DeleteButtonVisibility = Visibility.Hidden;
07          DoDelete(r);
08          DiscountPriceInfos.Remove(r);
09      },
10      (o) =>{return true});
11      UpdateCommand = new CommandBase((o) =>
12      {
13          CurrentdiscountPriceInfo = o as Models.DiscountPriceInfo;
```

```
14              CurrentdiscountPriceInfo.DiscountPrice_State = 2;
15              DoUpdate(CurrentdiscountPriceInfo);
16          },
17          (o) =>{return true});
18      }
```

UpdateCommand 和 DeleteCommand 命令分别通过 DoUpdate()和 DoDelete()方法调用 DiscountPriceInfoBLL 类的 UpdateDiscountPriceInfo()和 DeleteDiscountPriceInfo()方法来完成向数据库中存入数据。

至此，打折信息管理模块介绍完毕。由于篇幅所限，这里不再展示其具体实现，请参见配套教材的相关资源。

17.6.7 人员管理模块

本系统主要支持两种角色，分别为收银员和超控员。收银员的权限仅为收银，而超控员可以执行超控操作以及其他的管理操作。人员管理模块的界面如图 17.29 所示。

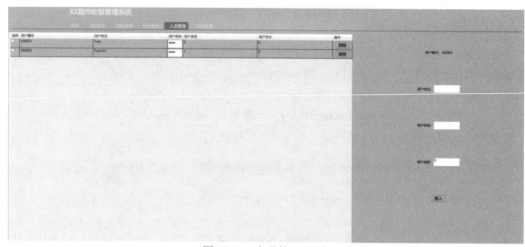

图 17.29 人员管理界面

本界面也是使用左右两栏的样式进行内容的组织。右侧为信息录入区域，左侧为现有人员列表区域。右侧为信息录入区域的前端代码如代码 17.36 所示。

代码 17.36 人员管理界面右侧信息录入区域前端代码片段

```
01  <Grid Grid.Column="1">
02      <StackPanel Orientation="Horizontal" Grid.Row="0" HorizontalAlignment
    ="Center" VerticalAlignment="Center" Margin="10">
03          <TextBlock Text="用户编号: "/>
04          <TextBlock Text="{Binding CurrentCasher.Casher_Code}"/>
05      </StackPanel>
06      <StackPanel Orientation="Horizontal" Grid.Row="1" HorizontalAlignment
    ="Center" VerticalAlignment="Center" Margin="10">
07          <TextBlock Text="用户姓名: "/>
08          <TextBox Text="{Binding CurrentCasher.Casher_Name, Mode=TwoWay,
    UpdateSourceTrigger=PropertyChanged}"/>
09      </StackPanel>
10      <StackPanel Orientation="Horizontal" Grid.Row="2" HorizontalAlignment
```

```
="Center" VerticalAlignment="Center" Margin="10">
11          <TextBlock Text="用户密码: "/>
12          <TextBox Text="{Binding CurrentCasher.Casher_PWD, Mode=TwoWay,
    UpdateSourceTrigger=PropertyChanged}"/>
13      </StackPanel>
14      <StackPanel Orientation="Horizontal" Grid.Row="3" HorizontalAlignment
    ="Center" VerticalAlignment="Center" Margin="10">
15          <TextBlock Text="用户类型: "/>
16          <TextBox Text="{Binding CurrentCasher.Casher_Type, Mode=TwoWay,
    UpdateSourceTrigger=PropertyChanged}"/>
17      </StackPanel>
18      <StackPanel Orientation="Horizontal" Grid.Row="4" HorizontalAlignment
    ="Center" VerticalAlignment="Center" Margin="10">
19          <Button x:Name="btn_Insert" Content="{Binding ButtonContent}"
    Command="{Binding InsertCommand}" CommandParameter="{Binding ElementName =
    btn_Insert}"/>
20      </StackPanel>
21  </Grid>
```

在上述代码中，自动生成用户编号是通过调用 CasherBLL 类的 GetInsertCasherCode()
方法实现的，如代码 17.37 所示。

代码 17.37　CasherBLL 类的 GetInsertCasherCode 方法代码片段

```
01    public string GetInsertCasherCode()
02    {
03        var result = GetAllCashers().ToList();
04        int max_Code = result.Max(o => int.Parse(o.Casher_Code));
05        string code = (max_Code + 1).ToString();
06        return code;
07    }
08    public ObservableCollection<Casher> GetAllCashers()
09    {
10        return new ObservableCollection<Casher>(new CasherService().GetAll());
11    }
```

上述代码首先通过 GetAllCashers()方法获取系统中的所有用户，再通过 Max()方法找到
编号为最大值的对象，在其基础上进行编号加 1 操作，从而生成新用户的编号。

在录入完新用户的基础信息后，用户单击"插入"按钮完成新用户的插入。其过程与
新增货品类似，只是此处调用的是 CasherBLL 类的 InsertCasher()方法，如代码 17.38 所示。

代码 17.38　CasherBLL 类的 InsertCasher 方法代码片段

```
01    public bool InsertCasher(Casher currentCasherInfo)
02    {
03        bool isSuccess = false;
04        var result = GetAllCashers().ToList();
05        if (result.Find(o => o.Casher_Code == currentCasherInfo.Casher_Code)
    == null)
06        {
07            new CasherService().Insert(currentCasherInfo);
08            isSuccess = true;
```

```
09          }
10          return isSuccess;
11      }
```

上述代码主要是通过 CasherService 类的 Insert()方法完成新用户的插入。

页面中左侧的人员列表部分的前端代码如代码 17.39 所示。

代码 17.39　左侧的人员列表部分的前端代码片段

```
01  <DataGrid Grid.Column="0" x:Name="datagrid_Cashers" ItemsSource= "{Binding
    Cashers}"
02      CanUserReorderColumns="False" CanUserResizeColumns="False"
    AutoGenerateColumns="False"
03      SelectionChanged="datagrid_Cashers_SelectionChanged" CanUserAddRows
    ="False">
04    <DataGrid.Columns>
05      <DataGridTemplateColumn>
06        <DataGridTemplateColumn.Header>
07          <TextBlock Text="选择"/>
08        </DataGridTemplateColumn.Header>
09        <DataGridTemplateColumn.CellTemplate>
10          <DataTemplate>
11            <RadioButton GroupName="List" IsChecked="{Binding
    IsSelected, Mode=TwoWay, RelativeSource={RelativeSource AncestorType=
    {x:Type DataGridRow}}}"/>
12          </DataTemplate>
13        </DataGridTemplateColumn.CellTemplate>
14      </DataGridTemplateColumn>
15      <DataGridTextColumn Width="*" Binding="{Binding Casher_Code}"
    Header= "用户编号"/>
16      <DataGridTextColumn  Width="*"  Binding="{Binding  Casher_Name,
    Mode=TwoWay, UpdateSourceTrigger=PropertyChanged}" Header="用户姓名"/>
17      <DataGridTemplateColumn>
18        <DataGridTemplateColumn.Header>
19          <TextBlock Text="用户密码"/>
20        </DataGridTemplateColumn.Header>
21        <DataGridTemplateColumn.CellTemplate>
22          <DataTemplate>
23            <PasswordBox Height="30" BorderBrush="LightGray"
    BorderThickness="2"
24  common:PasswordBoxBindingHelper.PasswordContent="{Binding Casher_PWD,
    Mode=TwoWay}"/>
25          </DataTemplate>
26        </DataGridTemplateColumn.CellTemplate>
27      </DataGridTemplateColumn>
28      <DataGridTextColumn Width="*" Binding="{Binding Casher_Type,
    Mode=TwoWay, UpdateSourceTrigger=PropertyChanged}" Header="用户类型"/>
29      <DataGridTextColumn Width="*" Binding="{Binding Casher_Status,
    Mode=TwoWay, UpdateSourceTrigger=PropertyChanged}" Header="用户状态"/>
30      <DataGridTemplateColumn>
31        <DataGridTemplateColumn.Header>
```

```
32                    <TextBlock Text="操作"/>
33                </DataGridTemplateColumn.Header>
34                <DataGridTemplateColumn.CellTemplate>
35                    <DataTemplate>
36                        <StackPanel Orientation="Horizontal">
37                            <Button x:Name="btn_Delete"  Content="删除" Margin=
       "10,0,10,0" Command="{Binding DataContext.DeleteCommand,RelativeSource=
       {RelativeSource Mode=FindAncestor,AncestorType=DataGrid}}" CommandParameter
       ="{Binding RelativeSource={RelativeSource Mode=FindAncestor, AncestorType=
       DataGrid}, Path=SelectedItem}"/>
38                        </StackPanel>
39                    </DataTemplate>
40                </DataGridTemplateColumn.CellTemplate>
41            </DataGridTemplateColumn>
42        </DataGrid.Columns>
43    </DataGrid>
```

上述代码中使用的是 DataGrid 控件来显示数据。该控件具有更强大的编辑功能，对于需要双向绑定的数据具有更好的操作性。首先页面通过调用 CasherBLL 类的 GetAllCashers() 方法获得所有用户对象信息与 DataGrid 进行绑定。在 DataGrid 中，可以通过单击每一行前面的单选按钮来完成对当前对象的选中，以便更新数据。

至此，人员管理模块介绍完毕。

17.7　小结

本章全面且详细地讲解了如何使用 C#语言，采用面向对象思想开发的一个基于 WPF 展示技术的完整的超市收银管理系统项目。通过本章的学习，不仅可以让读者对本书的理论知识进行实践，还可以对开发软件的整个过程有所了解。在加强动手练习的同时，对软件开发的全过程有了一定的体验，为后续学习高阶课程打下良好的基础。通过对项目的阐述，本章介绍了三层架构的开发框架以及前端的 MVVM 开发模式及其应用。通过若干模块功能的实现，使读者能更好地理解开发框架对软件开发效率提升所起到的重要作用。

参 考 文 献

[1] PERKINS B, HAMMER J V, REID J D. Beginning C# 7 Programming with Visual Studio 2017[M]. 齐立博，译. 8 版. 北京：清华大学出版社，2019.

[2] PRICE M J. C# 8.0 and .NET Core 3.0: Modern Cross-Platform Development[M]. 王莉莉，译. 4 版. 北京：清华大学出版社，2020.

[3] MACDONALD M. Pro WPF in C# 2012: Windows Presentation Foundation in .NET 4.5[M]. 王德才，译. 4 版. 北京：清华大学出版社，2019.

[4] 曾宪权, 曹玉松, 鄢靖丰. C#程序设计与应用开发[M]. 北京：清华大学出版社，2021.

[5] 甘勇, 邵艳玲, 王聃. C#程序设计[M]. 2 版. 北京：人民邮电出版社，2021.

图书资源支持

感谢您一直以来对清华大学出版社图书的支持和爱护。为了配合本书的使用，本书提供配套的资源，有需求的读者请扫描下方的"书圈"微信公众号二维码，在图书专区下载，也可以拨打电话或发送电子邮件咨询。

如果您在使用本书的过程中遇到了什么问题，或者有相关图书出版计划，也请您发邮件告诉我们，以便我们更好地为您服务。

我们的联系方式：

地　　址：北京市海淀区双清路学研大厦 A 座 714

邮　　编：100084

电　　话：010-83470236　010-83470237

资源下载：http://www.tup.com.cn

客服邮箱：tupjsj@vip.163.com

QQ：2301891038（请写明您的单位和姓名）

教学资源·教学样书·新书信息

人工智能科学与技术
人工智能|电子通信|自动控制

资料下载·样书申请

书圈

用微信扫一扫右边的二维码，即可关注清华大学出版社公众号。